동물생명공학

기초와 응용

Animal Science and Technology

지은이들

중앙대학교 동물생명공학과

허선진 (대표 연락 저자: hursj@cau.ac.kr)

길동용	김근배
김준모	류범용
문성환	박탄솔
방명걸	임신재
장문백	홍영호

그 외 집필에 도움을 주신 분들

중앙대학교 동물생명공학과

이다영, 윤승현, 이주현, 김재현, 정재원, 이병무, 구효진,

강수연, 이동호, 한수빈, 김덕윤, 임치웅, 정종식

동물생명공학

기초와 응용

초판인쇄 2023년 02월 28일
초판발행 2023년 02월 28일

지은이 중앙대학교 동물생명공학과 BK21 사업단
펴낸이 채종준
펴낸곳 한국학술정보(주)
주　소 경기도 파주시 회동길 230(문발동)
전　화 031-908-3181(대표)
팩　스 031-908-3189
홈페이지 http://ebook.kstudy.com
E-mail 출판사업부 publish@kstudy.com
등　록 제일산-115호(2000. 6. 19)

ISBN　979-11-6983-174-1　93530

동물생명공학

기초와 응용

Animal Science and Technology

중앙대학교 동물생명공학과 BK21 사업단 지음

머리말

  동물생명공학은 동물자원과학 및 축산학 분야를 기반으로 첨단생명과학 산업으로 발전해 나아가는 분야이다. 이에 따라 동물생명공학은 인류에게 필수적인 동물성 식품 및 기능성 동물 신소재를 개발하기 위해 전통 축산 분야의 동물생산 및 소재개발 기술과 첨단생명과학 기술을 융합하여 인류의 건강, 복지 및 식량문제를 해결하는 기술 개발과 산업의 창출이 기대되는 최신 생명공학 분야이다. 이러한 동물생명공학 분야를 이해하기 위해서는 동물자원의 생산과 이용 그리고 첨단생명공학의 적용에 이르기까지 전반적인 모든 과정을 상세하게 알아가고, 활용을 위한 기초 지식을 습득하는 것이 필요하다.

  본 저서는 동물생명공학을 전공하는 대학생뿐만 아니라 대학원생이 이 분야 전반에 대한 기초 지식과 응용 능력을 쌓는 데 도움을 주고자 하였다. 오랜 기간 동안 동물생명공학 관련 분야에서 연구와 강의를 수행해온 중앙대학교 동물생명공학과 모든 교수진들이 동물자원 및 축산 전반에 걸쳐, 최신 생명과학 기술의 접목 분야에 대한 지식과 정보들을 총망라해서 집필하였다.

  본 저서의 주요 내용은 동물의 품종과 육종, 번식, 동물 영양과 관리 및 동물성 식품생산, 그리고 동물 산업에서 이슈가 되고 있는 동물의 행동 복지와 최근 세포 및 조직공학이 접목된 생명공학 기술을 담고 있다. 동물생명공학 분야는 동물 산업을 기반으로 하여 광범위한 분야로 지속적인 발전을 이루고 있다. 따라서 이번 저서에서는 관련 학문 및 산업의 주요 내용들을 담으려고 노력했다. 하지만 관련된 모든 분야를 충분히 다루기에는 다소 부족함 또한 있는 것으로 생각된다. 앞으로 관련 분야의 새로운 정보와 이 글에서 소개되지 못했던 부분들을 더욱 보완하고 수정해 나갈 것을 다짐한다.

끝으로, 이 저서가 출판될 때까지 도움을 주신 모든 분들, 특히 원고 정리와 수정을 위해 애써 주신 여러 대학원생, 그리고 출판사 대표님과 편집부 여러분의 노고에 감사를 드리는 바이다.

또한 본 저서는 4단계 BK21 사업의 지원으로 이루어졌음에 감사드린다.

2023년 2월
중앙대학교 동물생명공학과 4단계 BK21 사업단장 류범용 및 교수진 일동

목
차

제3장
동물의 번식

제 1 장

주요 동물의 품종과 특징

소

건지 종(Guernsey)

학명	*Bos taurus taurus*
원산지	건지섬
특징	- 모색: 염황색 또는 적색에 백색 반점 - 초산월령: 26~28개월 - 체중: 암컷 450~500kg, 수컷 700~800kg - 체고: 암컷 125cm, 수컷 137cm
사육 방식	- 성질이 온순하여 관리하기에 매우 편리하고, 추위에 대한 저항성이 강함. - 홀스타인 종과 저지 종의 중간 정도의 방목 능력을 보유하여 방목 사육 적합함.
사육 현황	- 국내에서는 많이 사육하지 않음.
이용 현황/ 시장 현황	- 유지방은 노란 색소가 많아 황색유로 불리며, 지방구가 커서 고급 우유 또는 크림 및 버터의 원료 생산을 목적으로 이용됨.

브라만 종(Brahman)

학명	*Bos taurus indicus*
원산지	인도
특징	- 모색: 흰빛이 도는 회색 - 체중: 암컷 450~640kg, 수컷 700~1,000kg - 생시체중: 27~29kg
사육 방식	- 높은 온도와 습기에 견디는 힘이 강할 뿐만 아니라 특수한 질병에 강하여 아열대 지방이나 건조한 지역에서 방목 사육함.
사육 현황	- 미국 중남부와 오스트레일리아 북동부, 브라질 등 라틴아메리카 여러 나라와 열대 · 아열대 지역에서 사육함.
이용 현황/ 시장 현황	- 미국의 여러 품종과의 교잡용으로 많이 사용됨. - 한국에서는 제주도에서 한우 개량에 활용됨.

브라운스위스 종(Brown Swiss)

학명	*Bos taurus*
원산지	스위스 북부 한랭 고지
특징	- 모색: 담갈색, 회갈색, 암갈색, 쥐색 등 - 성성숙: 16개월령 - 체중: 암컷 540~630kg, 수컷 720~1,100kg - 체고: 암컷 130cm, 수컷 142cm
사육 방식	- 고랭지 방목 사육, 우사 사육
사육 현황	- 독일, 프랑스, 이탈리아 등에 분포함.
이용 현황/ 시장 현황	- 번식과 경제수명이 길어 대체적으로 수명이 10년 이상을 지나도 높은 생산 능력을 발휘하여 식육 생산을 목적으로 이용됨.

샤롤레 종(Charolais)

학명	*Bos taurus taurus*
원산지	프랑스 Charolais 및 Nievre 지방
특징	- 모색: 흰색, 유백색, 연갈색 - 임신 기간: 285일 - 체중: 암컷 700~800kg, 수컷 1,000~1,200kg - 체고: 성빈우 135~140cm, 　　　 종모우 141~145cm - 프랑스 전 축우의 약 10%를 차지함.
사육 방식	- 방목 사육, 우사 사육
사육 현황	- 프랑스 Departements Saone Et Loire, Nievre, Allier, Cher 및 Vende 지방에서 주로 사육함.
이용 현황/ 시장 현황	- 종모우는 실용축 생산에 주로 이용됨. - 국내 기후에 잘 적응하여 한우 개량 목적의 교잡우로 많이 이용되나 난산의 빈도가 높음.

쇼트혼 종(Shorthorn)

학명	*Bos taurus taurus*
원산지	영국 Durham, Northumberland, York 및 Lincoln 지역
특징	- 모색: 적색과 백색의 조합 - 성성숙: 16~20개월령 - 제중: 암컷 500~700kg, 수컷 900~1,100kg - 체고: 암컷 128~132cm, 수컷 135~145cm - 영국 내 육우 품종 중 가장 큰 편임.
사육 방식	- 방목 사육, 우사 사육
사육 현황	- 전 세계적으로 분포함.
이용 현황/ 시장 현황	- 성빈우는 순수 육용종, 종모우는 교잡종 생산 목적으로 이용됨.

에버딘앵거스 종(Aberdeen Angus)

학명	*Bos taurus*
원산지	영국 스코틀랜드
특징	- 모색: 흑색 - 성성숙: 16개월령 - 체중: 암컷 450~550kg, 수컷 800~1,000kg - 무각, 부드러운 피모, 짧고 가는 다리 등
사육 방식	- 방목 사육, 우사 사육 - 곡물사료 급여를 통한 비육 중심으로 사육함.
사육 현황	- 미국 및 아르헨티나 등에 분포함.
이용 현황/ 시장 현황	- 육질 및 풍미가 우수하여 가격 경쟁력이 높음.

에어셔 종(Ayrshire)

학명	*Bos taurus taurus*
원산지	영국 스코틀랜드 에어셔주
특징	- 모색: 염적색, 갈색, 흑갈색 등 - 성성숙: 16개월령 - 체중: 암컷 530~590kg, 수컷 700~1,000kg - 체고: 암컷 126cm, 수컷 138cm
사육 방식	- 방목 사육, 우사 사육 - 조사료 급여를 통한 비육 중심 사육
사육 현황	- 전 세계적으로 분포함.
이용 현황/ 시장 현황	- 암소의 경우 비육성이 좋고 육질이 우수하며, 비육 시 지방교잡도가 좋아 식육 생산 목적으로 이용됨.

저지 종(Jersey)

학명	*Bos taurus taurus*
원산지	저지섬
특징	- 모색: 담황갈색, 흑색 등 모색이 일정하지 않음. - 체중: 암컷 350~450kg, 수컷 550~700kg - 체고: 암컷 120~125cm, 수컷 130~145cm
사육 방식	- 주로 여름철에 방목 사육, 우사 사육
사육 현황	- 미국, 영국, 오스트레일리아 등에 분포함.
이용 현황/ 시장 현황	- 유량 및 유지생산량이 우수하여 전 세계적으로 널리 이용됨. - 저지섬에서는 순수 저지 종 번식을 통해 균일도가 높은 체형으로 개량하여 이용됨.

한우(Hanwoo)

학명	*Bos taurus coreanae*
원산지	한국
특징	- 모색: 황갈색, 흑색 - 성성숙: 14개월령 - 체중: 450~1,000kg - 체고: 120~130cm - 체장: 140~160cm
사육 방식	- 방목 사육, 우사 사육 - 번식우와 비육우를 구분하여 키우는 사육 방식임.
사육 현황	- 현재 국내 약 300만 마리 분포함.
이용 현황/ 시장 현황	- 과거에는 역용과 육용으로 겸용되었으나 현재에는 육용형으로 개량하여 이용됨.

헤리퍼드 종(Hereford)

학명	*Bos taurus taurus*
원산지	영국 중서부 Herefordshire
특징	- 모색: 적갈색 및 흰색 - 성성숙: 16~20개월령 - 체중: 암컷 600kg, 수컷 900kg
사육 방식	- 주로 방목 사육
사육 현황	- 미국, 영국, 오스트레일리아 등에 분포함.
이용 현황/ 시장 현황	- 도체생산 및 사료효율이 우수하며 적응능력이 좋아 전 세계적으로 널리 이용됨.

홀스타인 종(Holstein)

학명	*Bos taurus taurus*
원산지	네덜란드
특징	- 모색: 흑백색 - 체중: 암컷 500~750kg, 수컷 900~1,100kg - 체고: 암컷 145cm, 수컷 155cm - 유우 중 유생산 능력이 가장 우수함.
사육 방식	- 방목 사육, 우사 사육 - 조사료 중 목초, 엔실리지, 건초 등 급여 사육함.
사육 현황	- 전 세계적으로 분포함.
이용 현황/ 시장 현황	- 우유 생산을 위한 목적으로 이용됨.

흑모화 종(화우, Wagyu)

학명	*Bos taurus*
원산지	일본
특징	- 모색: 흑단갈색 - 체중: 암컷 420kg, 수컷 700kg - 체고: 암컷 124cm, 수컷 137cm - 화우는 흑모화 종, 갈모화 종, 일본단각 종, 무각화 종으로 총 4가지 종으로 구분됨.
사육 방식	- 번식우와 비육우를 구분하여 사육함. - 방목 사육, 우사 사육
사육 현황	- 일본에서 사육되는 육우 중 약 80% 이상 차지함.
이용 현황/ 시장 현황	- 번식우의 경우, 송아지를 사육하여 판매하는 목적으로 이용됨. - 비육우의 경우, 송아지를 비육하여 식육 생산을 위해 출하하는 목적으로 이용됨.

돼지

듀록 종(Duroc)

학명	*Sus scrofa domesticus*
원산지	미국 New Jersey주와 New York주
특징	- 모색: 담홍색 및 농적색 등 - 체중: 암컷 280~320kg, 수컷 300~350kg
사육 방식	- 돈사 사육 - 조사료 이용성 및 목초 기호성이 좋아 방목 사육에 적합함.
사육 현황	- 전 세계적으로 분포하였으며, 개량하여 사육함. - 국내에서는 대요크셔 종 및 랜드레이스 종 다음으로 가장 많이 사육함.
이용 현황/ 시장 현황	- 일당증체량 및 사료 이용성이 우수하여 1대잡종 또는 3원교잡종의 생산을 위한 부계로 이용됨.

랜드레이스 종(Landrace)

학명	*Sus scrofa domesticus*
원산지	덴마크
특징	- 모색: 백색 - 체중: 암컷 250kg, 수컷 300~350kg - 번식능력 및 비유능력 우수함. - 사료효율, 성장률 및 도체형질 우수함.
사육 방식	- 돈사 사육 - 비육, 번식 및 개량 중심 사육
사육 현황	- 전 세계적으로 분포하였으며, 개량하여 사육함.
이용 현황/ 시장 현황	- 교잡종 생산 시 모체로도 이용 가능함. - 베이컨형(Bacon type)으로 개량되어 식육 생산을 목적으로 이용됨.

버크셔 종(Berkshire)

학명	*Sus scrofa domesticus*
원산지	영국 Berkshire
특징	- 모색: 흑색, 안면과 네 다리 및 꼬리의 끝부분은 백색 - 복당산자수: 7~9두 - 체중: 200~250kg - 강건한 체질, 조사료 이용성 우수함.
사육 방식	- 돈사 사육 - 비육, 번식 및 개량 중심 사육
사육 현황	- 국내에서는 최근 사육두수가 크게 감소함.
이용 현황/ 시장 현황	- 육질이 우수하여 생육 및 햄 생산 목적으로 이용됨. - 국내 재래종 돼지 개량 목적으로 이용됨.

요크셔(대요크셔) 종(Large White)

학명	*Sus scrofa domesticus*
원산지	영국 Yorkshire
특징	- 모색: 백색 - 체중: 300~370kg - 번식능력, 발육능력 및 포유능력 우수함. - 조숙성 및 강건한 체질임.
사육 방식	- 돈사 사육 - 비육, 번식 및 개량 중심 사육
사육 현황	- 한국, 미국, 유럽, 중국, 일본 등 전 세계적으로 분포함.
이용 현황/ 시장 현황	- 육질이 좋은 육용형(Meat type)으로 식육 생산 목적으로 이용됨. - 랜드레이스 종 또는 듀록 종과 교배에 의해 생산된 1대잡종은 3원교잡종 생산을 위한 모계로 사용함.

요크셔(중요크셔) 종(Middle Yorkshire)

학명	*Sus scrofa domesticus*
원산지	영국 Yorkshire
특징	- 모색: 백색 - 체중: 200~250kg - 번식능력 및 포유능력 우수함. - 대요크셔 종 및 소요크셔 종간 교배에 의해 생산함.
사육 방식	- 돈사 사육 - 비육, 번식 및 개량 중심으로 사육함.
사육 현황	- 현재 국내에서는 사육되지 않음.
이용 현황/ 시장 현황	- 식육 생산 및 교잡종 생산 목적으로 이용됨.

웨일스 종(Welsh)

학명	*Sus scrofa domesticus*
원산지	영국 Welsh
특징	- 모색: 백색 - 복당산자수 많음. - 체중: 200~250kg - 매우 긴 체장 - 비육능력 및 도체형질 우수함.
사육 방식	- 돈사 사육 - 비육 중심 사육
사육 현황	- 주로 영국에서 사육, 1986년 국내에 처음 도입됨.
이용 현황/ 시장 현황	- 육용형(Meat type)으로 개량되어 식육 생산 목적으로 이용됨.

체스터 화이트 종(Chester White)

학명	*Sus scrofa domesticus*
원산지	미국 펜실베이니아주 Chester
특징	- 모색: 백색 - 복당산자수: 10두 - 체중: 암컷 210kg, 수컷 270kg - 조숙성 및 온순한 성질임. - 비유능력 및 번식능력 우수함. - 사료이용성이 우수하지만, 성장률이 빠르지 않아 과비가 되기 쉬움.
사육 방식	- 돈사 사육 - 번식 및 개량 중심 사육
사육 현황	- 주로 미국에서 사육됨.
이용 현황/ 시장 현황	- 랜드레이스 종과 같이 교잡종 생산 시 모계로 이용됨.

탬워스 종(Tamworth)

학명	*Sus scrofa domesticus*
원산지	영국 Tamworth
특징	- 모색: 적색 - 체중: 암컷 250~300kg, 수컷 300~350kg - 강건한 체질 및 온순한 성질임. - 만숙성, 다산성, 비유능력 우수함.
사육 방식	- 산야에 방목, 돈사 사육 - 비육 중심 사육
사육 현황	- 영국, 미국, 호주, 캐나다 등에 분포함.
이용 현황/ 시장 현황	- 베이컨형(Bacon type)으로 개량되어 식육 생산을 목적으로 이용됨.

폴란드 차이나 종(Poland China)

학명	*Sus scrofa domesticus*
원산지	미국 Ohio주
특징	- 모색: 흑색 바탕에 육백 - 복당산자수: 8두 내외 - 체중: 암컷 230~320kg, 수컷 390~450kg - 조숙조비(早熟早肥), 높은 도체율
사육 방식	- 돈사 사육 - 비육 중심 사육
사육 현황	- 국내에 품종이 도입되긴 하였지만, 보급되지는 못함.
이용 현황/ 시장 현황	- 육용형(Meat type)으로 개량되어 식육 생산 목적으로 이용됨.

햄프셔 종(Hampshire)

학명	*Sus scrofa domesticus*
원산지	영국 Hampshire
특징	- 모색: 흑색 바탕에 어깨와 앞다리에 흰 띠 - 복당산자수: 8~10두 - 체중: 암컷 230~320kg, 수컷 270~390kg - 강건한 체질 및 기후, 풍토 적응성 우수함. - 등지방두께가 얇지만, 도체 보존 시 도체 품질 저하됨. - 포유능력 및 성적 충동(Libido)이 약함.
사육 방식	- 방목 사육에 적합, 돈사 사육
사육 현황	- 국내에 품종이 도입되긴 하였지만, 사육두수가 감소함.
이용 현황/ 시장 현황	- 교잡종 생산 목적으로 이용됨.

닭

뉴햄프셔 종(New Hampshire)

학명	*Gallus gallus domesticus*
원산지	미국 New Hampshire
특징	- 누런색 피부, 담적색 정강이, 붉은색 귓불 및 고기수염 - 체중: 암컷 2.9kg, 수컷 3.9kg - 연간산란수: 180~200개 - 강건한 체질 및 온순한 성질 - 깃털발육 및 초기성장 능력 우수함. - 수정률이 높지만, 취소성이 낮음.
사육 방식	- 계사 사육
사육 현황	- 전 세계적으로 분포함.
이용 현황/ 시장 현황	- 고기의 맛이 좋고, 알을 많이 낳아 난육겸용종으로 이용됨.

레그혼 종(Leghorn)

학명	*Gallus gallus domesticus*
원산지	이탈리아 Livorno
특징	- 볏의 모양과 깃털의 색에 따라 11개의 내종으로 구분됨. - 체중: 암컷 2kg, 수컷 2.7kg - 초산일령: 150~160일 - 연간산란수: 200~250개 - 조숙성이지만, 취소성이 없음. - 강건한 체질 및 환경 적응성 우수함.
사육 방식	- 방사 사육, 계사 사육
사육 현황	- 전 세계적으로 분포, 국내에는 1910년부터 도입됨.
이용 현황/ 시장 현황	- 난용종으로 주로 알을 얻기 위한 목적으로 이용됨. - 최근에는 난육겸용종과 교잡종을 생성하여 산란성 및 육질 개선됨.

로드아일랜드레드 종(Rhode Island Red)

학명	*Gallus gallus domesticus*
원산지	미국 Rhode Island
특징	- 적갈색 깃털, 적색 귓불 및 황색 다리와 피부 - 볏은 홑볏, 장미볏 2종류로 구분 - 체중: 암컷 3kg, 수컷 4kg - 연간산란수: 200개 - 온순한 성질이며, 만숙성 및 지우성이지만 취소성을 가짐. - 부화와 육추에 능함. - 육질 및 육량 우수함.
사육 방식	- 방사 사육, 계사 사육
사육 현황	- 전 세계적으로 분포함.
이용 현황/ 시장 현황	- 육질과 육량이 우수하고, 취소성을 가지며 부화 및 육추에 능하여 난육겸용종으로 이용됨.

미노르카 종(Minorca)

학명	*Gallus gallus domesticus*
원산지	스페인 Minorca섬
특징	- 볏의 모양 및 우모의 빛깔에 따라 7종의 내종으로 구분됨. - 단관, 흰색 귓불 및 흑색 깃털의 미노르카 종이 대표적임. - 체중: 암컷 3.4kg, 수컷 4.1kg - 연간산란수: 180~220개 - 난중: 65g 전후 - 온순한 성질이며, 추위에 약함. - 낮은 수정률 및 부화율, 취소성이 없음.
사육 방식	- 방사 사육, 계사 사육
사육 현황	- 전 세계적으로 분포함.
이용 현황/ 시장 현황	- 난용종으로 주로 알을 얻기 위한 목적으로 이용됨.

브라마 종(Brahma)

학명	*Gallus gallus domesticus*
원산지	인도 Brahma Buffer
특징	- 밝은 적색의 볏, 안면, 고기수염, 귓불, 녹흑색 목털, 흑색 꼬리 및 다리털 - 체구가 가장 크고, 삼매관의 볏이 있음. - 체중: 암컷 4.5kg, 수컷 5.4kg - 연간산란수: 110~120개 - 강건한 체질, 온순한 성질 및 취소성이 강함. - 사료섭취가 과다하기 때문에 경제성이 낮음.
사육 방식	- 방사 사육, 계사 사육
사육 현황	- 미국 등 전 세계적으로 분포함.
이용 현황/ 시장 현황	- 육용종으로 주로 고기 생산을 위한 목적으로 이용됨.

오골계(Korean Ogol Chicken)

학명	*Gallus gallus domesticus Brisson*
원산지	동남아시아
특징	- 적흑색의 볏, 안면, 부리, 진한 흑색의 깃털, 회흑색의 피부 및 골격 - 체중: 암컷 0.6~1.1kg, 수컷 1.5kg - 연간산란수: 90개 - 비교적 신경질적인 성질, 강한 취소성 - 육추 시 환경변화에 민감한 반응, 성장함에 따라 환경적응력 상승함.
사육 방식	- 방사 사육, 계사 사육
사육 현황	- 인도, 중국, 한국, 일본 등에 분포함.
이용 현황/ 시장 현황	- 주로 고기 생산을 위한 목적으로 이용됨. - 국내에서는 품종 개량 및 보존이 불완전한 상태임. - 연산 화악리 오골계는 1980년 4월 천연기념물 제265호로 지정됨.

와이언도트 종(Wyandotte)

학명	*Gallus gallus domesticus*
원산지	미국 Wyandotte
특징	- 8종의 내종 중 흰 깃털, 붉은색 귓불, 황색 다리를 가진 백색종을 주로 사육함. - 장미볏 - 체중: 암컷 2.9kg, 수컷 3.8kg - 연간산란수: 150개 - 온순한 성질, 취소성이 있음. - 육질 및 육량 우수함.
사육 방식	- 방사 사육, 계사 사육
사육 현황	- 전 세계적으로 분포함.
이용 현황/ 시장 현황	- 난육겸용종으로 고기와 알을 생산하기 위한 목적으로 이용됨.

오핑턴 종(Orpington)

학명	*Gallus gallus domesticus*
원산지	영국 Orpington
특징	- 적색의 홑볏, 고기수염, 귓볼 - 깃털, 부리 및 정강이 색에 따라 담황색종, 흑색종 및 청색종으로 구분됨. - 체중: 암컷 3.6kg, 수컷 4.5kg - 연간산란수: 140개 - 육질 및 비육성 우수함.
사육 방식	- 방사 사육, 계사 사육
사육 현황	- 전 세계적으로 분포함.
이용 현황/ 시장 현황	- 난육겸용종이지만 고기 생산을 목적으로 한 육용종에 가까움. - 체구가 커서 애완용으로도 이용됨.

코친 종(Cochin)

학명	*Gallus gallus domesticus*
원산지	중국 중부 및 북부 지방
특징	- 내종은 담황색종, 흑색종, 백색종 등으로 구분됨. - 체중: 암컷 3.8kg, 수컷 5.0kg - 연간산란수: 90개 - 강건한 체질 및 온순한 성질임. - 추위에 대한 저항성이 크고, 취소성이 강함. - 몸집이 크고 산육성이 우수하며, 고기 맛이 좋음.
사육 방식	- 방사 사육, 계사 사육
사육 현황	- 전 세계적으로 분포함.
이용 현황/ 시장 현황	- 육용종으로 주로 고기 생산을 위한 목적으로 이용됨.

플리머스록 종(Plymouth Rock)

학명	*Gallus gallus domesticus*
원산지	미국 Massachusetts
특징	- 깃털의 색에 따라 7가지의 내종으로 구분됨. - 백색플리머스록 종 및 횡반플리머스록 종이 대표적임. - 체중: 암컷 3.5kg, 수컷 4.7kg - 연간산란수: 200개 - 강건한 체질 및 온순한 성질임. - 추위에 대한 저항성이 크고, 취소성이 있음. - 성장 속도가 빠르고, 수정률이 높음.
사육 방식	- 방사 사육, 계사 사육
사육 현황	- 전 세계적으로 분포, 국내에는 1910년경 도입됨.
이용 현황/ 시장 현황	- 백색플리머스록 종은 주로 육용종 생산 시 어미 계통으로 이용됨. - 횡반플리머스록 종은 난용종 생산에 주로 이용됨.

함부르크 종(Hamburg)

학명	*Gallus gallus domesticus*
원산지	독일 Hamburg
특징	- 우모의 색깔에 따라 6가지의 내종으로 구분됨. - 장미볏 - 체중: 암컷 1.8kg, 수컷 2.3kg - 연간산란수: 200~250개 - 경쾌하고 활발한 성질, 산란성 우수함. - 추위에 대한 저항성이 약함.
사육 방식	- 방사 사육, 계사 사육
사육 현황	- 전 세계적으로 분포함.
이용 현황/ 시장 현황	- 산란성이 우수하여 난용종 개발 목적으로 이용됨. - 현재에는 화려한 외모와 작은 체구로 인해 주로 애완용으로 이용됨.

오리

루앙 종(Rouen)

학명	*Anas platyrhynchos domesticus*
원산지	프랑스 Rouen
특징	- 모색: 수컷은 청록색, 순백색의 띠 및 적색, 암컷은 진한 갈색 - 체중: 암컷 3.9~4.1kg, 수컷 4.5~5.0kg - 연간산란수: 80개 - 강건한 체질 및 온순한 성질임. - 육질 우수함.
사육 방식	- 방사 사육, 오리사 사육
사육 현황	- 전 세계적으로 분포함.
이용 현황/ 시장 현황	- 육용종으로 주로 고기 생산을 목적으로 이용됨.

머스코비 종(Muscovy)

학명	*Cairina moschata*
원산지	미국, 남미
특징	- 백색, 청색, 흑색 등 모색에 따라 7가지의 내종으로 구분됨. - 안면에 붉은색 근육혹(Caruncle) - 체중: 암컷 2.25~3.20kg, 수컷 4.55~6.35kg - 연간산란수: 70~100개 - 강건한 체질, 투쟁성 및 취소성이 강함. - 어린 개체는 육질이 우수하나, 성장하며 육질이 저하됨.
사육 방식	- 방사 사육, 오리사 사육
사육 현황	- 전 세계적으로 분포함.
이용 현황/ 시장 현황	- 육용종으로 주로 고기 생산을 목적으로 이용됨.

에일스버리 종(Aylesbury)

학명	*Anas platyrhynchos domesticus*
원산지	영국 Aylesbury
특징	- 모색: 백색 - 오렌지색의 다리 및 부리 - 체중: 암컷 3.6~4.1kg, 수컷 4~4.5kg - 연간산란수: 30~100개 - 강건한 체질, 조기비육 가능함. - 육질 우수, 고기 맛이 좋음.
사육 방식	- 방사 사육, 오리사 사육
사육 현황	- 전 세계적으로 분포함.
이용 현황/ 시장 현황	- 육용종으로 주로 고기 생산을 목적으로 이용됨.

오핑턴 종(Orpington)

학명	*Anas platyrhynchos domesticus*
원산지	- 영국 - 에일스버리 종, 루앙 종, 인디안러너 종 등을 교잡한 것으로 추정됨.
특징	- 모색: 전체적으로 담황색 - 체중: 암컷 2.25~3.20kg, 수컷 2.25~3.40kg - 연간산란수: 200개 - 다산성 및 육질 우수함.
사육 방식	- 방사 사육, 오리사 사육
사육 현황	- 전 세계적으로 분포함.
이용 현황/ 시장 현황	- 난육겸용종으로 고기와 알을 생산하기 위한 목적으로 이용됨.

인디언 러너 종(Indian Runner)

학명	*Anas platyrhynchos domesticus*
원산지	동남아시아
특징	- 갈색, 백색 등 모색에 따라 8가지의 내종으로 구분됨. - 체중: 암컷 1.35~2kg, 수컷 1.6~2.25kg - 곧고 긴 체형 - 연간산란수: 150~200개 - 강건한 체질, 사양관리 용이함. - 다산성 및 육질 우수함.
사육 방식	- 방사 사육, 오리사 사육
사육 현황	- 전 세계적으로 분포함.
이용 현황/ 시장 현황	- 난용종으로 주로 알을 생산하기 위한 목적으로 이용됨.

캠벨 종(Campbell)

학명	*Anas platyrhynchos domesticus*
원산지	영국
특징	- 모색: 암색, 백색 및 카키색 - 주된 사육 품종은 카키 캠벨 종 - 제중: 암컷 1.8~2.2kg, 수컷 2.0~2.5kg - 곧고 긴 체형임. - 연간산란수: 200~300개 - 강건한 체질, 다산성
사육 방식	- 넓은 장소에 방사 사육
사육 현황	- 전 세계적으로 분포함.
이용 현황/ 시장 현황	- 대표적인 난용종으로 주로 알을 생산하기 위한 목적으로 이용됨.

페킨 종(Pekin)

학명	*Anas platyrhynchos domesticus*
원산지	중국
특징	- 전체적인 모색은 백색, 속은 담황색 - 오렌지색의 부리 및 다리 - 체중: 암컷 3.6kg, 수컷 4.1kg - 연간산란수: 200~300개 - 강건한 체질, 온순한 성질 및 조기비육 가능함. - 큰 체구와 발육이 빠른 것이 특징임. - 육질 및 고기 맛이 우수하며 특유의 냄새가 적음.
사육 방식	- 방사 사육, 오리사 사육(대군사육 적합)
사육 현황	- 전 세계적으로 분포함.
이용 현황/ 시장 현황	- 대표적인 난육겸용종으로 성성숙 이전은 육용종, 성성숙 이후는 난용종으로 이용 가능함.

거위

엠덴 종(Emden)

학명	*Anser anser domesticus*
원산지	독일
특징	- 모색: 백색 - 체중: 암컷 10~11kg, 수컷 11~12kg - 연간산란수: 50개 - 비교적 큰 체구 - 육질 우수, 고기 맛이 좋음.
사육 방식	- 사육 비율은 수컷 1마리, 암컷 3마리 비율이 적당함. - 넓은 장소에 집단 방사 사육
사육 현황	- 전 세계적으로 분포함.
이용 현황/ 시장 현황	- 난육겸용종으로 고기나 알을 생산하기 위한 목적으로 이용됨.

중국 거위(Chinese Goose)

학명	*Anser cygnoides domesticus*
원산지	중국
특징	- 모색: 갈색, 백색 - 체중: 암컷 4~9kg, 수컷 5~10kg - 연간산란수: 50~60개 - 다산성 및 육질 우수함.
사육 방식	- 넓은 장소에 집단 방사 사육
사육 현황	- 전 세계적으로 분포함.
이용 현황/ 시장 현황	- 난육겸용종으로 고기나 알을 생산하기 위한 목적으로 이용됨.

툴루즈 종(Toulouse)

학명	*Anser anser domesticus*
원산지	프랑스
특징	- 모색: 회색 - 체중: 암컷 8~9kg, 수컷 9~10kg - 연간산란수: 50~60개 - 목젖이 길게 늘어진 외형적 특징 보임. - 온순한 성질, 비육성 우수함. - 육질 우수, 고기 맛이 좋음.
사육 방식	- 넓은 장소에 집단 방사 사육
사육 현황	- 전 세계적으로 분포함.
이용 현황/ 시장 현황	- 육용종으로 주로 고기를 생산하기 위한 목적으로 이용됨. - '푸아그라' 생산을 위한 주요 공급원으로 이용됨.

칠면조

버번 레드(Bourbon Red)

학명	*Meleagris gallopavo*
원산지	미국 Kentucky
특징	- 모색: 적갈색, 담황색, 흰색 - 체중: 암컷 8.2kg, 수컷 15kg - 사료효율 및 성장률 우수함. - 육질 우수, 고기 맛이 좋음.
사육 방식	- 방사 사육
사육 현황	- 미국에서 주로 사육함.
이용 현황/ 시장 현황	- 육용종으로 주로 고기를 생산하기 위한 목적으로 이용됨. - 미국의 가장 대표적인 칠면조 품종임.

벨츠빌 스몰 화이트(Beltsville Small White)

학명	*Meleagris gallopavo*
원산지	미국 Virginia
특징	- 모색: 흰색 - 체중: 암컷 5.9kg, 수컷 10.5kg - 번식력 우수, 자연적 교미 가능함. - 매우 희귀한 품종임.
사육 방식	- 방사 사육
사육 현황	- 미국에서 주로 사육되었지만, 1970년대 이후로 거의 사육되지 않음.
이용 현황/ 시장 현황	- 육용종으로 주로 고기를 생산하기 위한 목적으로 이용됨.

브로드 브레스티드 화이트(Broad Breasted White)

학명	*Meleagris gallopavo*
원산지	미국
특징	- 모색: 흰색 - 체중: 암컷 16.3kg, 수컷 22.7kg - 인공수정만으로 번식 가능함. - 강건하고 온순한 성질임. - 기후 적응성 우수함. - 전 세계적으로 가장 인기 있는 품종임.
사육 방식	- 대형 축사에서 방사 사육
사육 현황	- 미국에서 주로 사육, 전 세계적으로 분포함.
이용 현황/ 시장 현황	- 육용종으로 주로 고기를 생산하기 위한 목적으로 이용됨. - 상업적으로 가장 널리 이용되는 품종임.

브론즈 터키(Bronze turkey)

학명	*Meleagris gallopavo*
원산지	북아메리카
특징	- 모색: 청동색 - 체중: 암컷 9.1kg, 수컷 16.3kg - 인공수성만으로 번식 가능함. - 매우 강건하고 온순한 성질임. - 기후 적응성 우수함. - 상대적으로 성장 속도가 느림.
사육 방식	- 방사 사육
사육 현황	- 미국에서 주로 사육되었지만, 현재에는 사육 개체수가 현저히 감소함.
이용 현황/ 시장 현황	- 육용종으로 주로 고기를 생산하기 위한 목적으로 이용됨.

블랙 터키(Black turkey)

학명	*Meleagris gallopavo*
원산지	유럽
특징	- 모색: 검은색 - 체중: 암컷 8.2kg, 수컷 15kg - 인공수정만으로 번식 가능함. - 강건하고 온순한 성질임. - 기후 적응성 우수함. - 육질 우수, 고기 맛이 좋음.
사육 방식	- 방사 사육
사육 현황	- 미국 및 유럽에서 주로 사육함.
이용 현황/ 시장 현황	- 육용종으로 주로 고기를 생산하기 위한 목적으로 이용됨. - 유럽 가축 보호국(Livestock Conservancy)에 의해 품종 보존 중임. - 미국 슬로푸드(Slow Food)의 멸종 위기에 처한 유산 식품 목록(Ark of Taste)에 포함됨.

어번(Auburn)

학명	*Meleagris gallopavo*
원산지	미국
특징	- 모색: 밝은 갈색 - 체중: 암컷 9kg, 수컷 16.3kg - 매우 희귀한 품종
사육 방식	- 방사 사육
사육 현황	- 미국에서 주로 사육되었지만, 현재에는 거의 사육되지 않음.
이용 현황/ 시장 현황	- 육용종으로 주로 고기를 생산하기 위한 목적으로 이용됨.

토끼

뉴질랜드 화이트(New Zealand White)

학명	*Oryctolagus cuniculus*
원산지	미국 California
특징	- 모색: 검은색, 적색, 흰색 - 체중: 4~4.5kg - 매우 온순하고 순종적인 성질 - 기후 적응성 우수
사육 방식	- 토끼장 입식 사육, 실내 사육
사육 현황	- 미국에서 주로 사육, 전 세계적으로 분포함.
이용 현황/ 시장 현황	- 모육겸용종으로 주로 털과 고기 생산을 목적으로 이용됨. - 온순한 성질로 인하여 애완용으로도 이용함. - 전 세계적으로 대표적인 실험동물임.

렉스(Rex)

학명	*Oryctolagus cuniculus*
원산지	프랑스
특징	- 모색: 검은색, 흰색, 갈색, 청색 등 - 체중: 3.4~4.8kg - 매우 활동적이고 순종적인 성질임. - 기후 적응성 우수함. - 높은 지능 보유함. - 부드럽고 조밀한 털 보유함.
사육 방식	- 토끼장 입식 사육, 실내 사육
사육 현황	- 전 세계적으로 분포함.
이용 현황/ 시장 현황	- 모용종으로 주로 털 생산을 목적으로 이용함. - 훈련시키기 쉽고 지능적이어서 애완용으로도 이용함.

벨지안 헤어(Belgian Hare)

학명	*Oryctolagus cuniculus*
원산지	벨기에
특징	- 모색: 검은색, 황갈색, 적색 등 - 체중: 2.7~4kg - 매우 활발하고 경계심이 강한 성질임. - 기후 적응성 우수함.
사육 방식	- 토끼장 입식 사육
사육 현황	- 미국 및 영국에서 주로 사육되었지만, 대중화되지 못함.
이용 현황/ 시장 현황	- 육용종으로 주로 고기 생산을 목적으로 이용함. - 가축 보호국(Livestock Conservancy)은 현재 이 품종의 보존 상태를 '위협'으로 규정함.

앙고라(Angora)

학명	*Oryctolagus cuniculus*
원산지	터키 Angora
특징	- 모색: 흰색, 밝은 갈색 등 - 체중: 2.5~3.5kg - 온순하고 순종적인 성질임. - 애정이 많고 지적인 품종임. - 기후 적응성 우수함. - 부드럽고 좋은 질감의 털을 보유함.
사육 방식	- 토끼장 입식 사육
사육 현황	- 전 세계적으로 분포함.
이용 현황/ 시장 현황	- 모용종으로 주로 가볍고 따뜻한 털실 또는 작물을 생산하기 위한 목적으로 이용함.

폴리시(Polish)

학명	*Oryctolagus cuniculus*
원산지	영국
특징	- 모색: 검은색, 흰색, 갈색 등 - 체중: 1.1~1.6kg - 온순한 성질임. - 호기심이 많고 높은 지능 보유함. - 기후 적응성 우수함.
사육 방식	- 토끼장 입식 사육, 실내 사육
사육 현황	- 미국에서 주로 사육함.
이용 현황/ 시장 현황	- 온순한 성질로 인하여 주로 애완용으로 이용함.

히말라얀(Himalayan)

학명	*Oryctolagus cuniculus*
원산지	아시아
특징	- 모색: 흰색 - 체중: 1~2kg - 검은색의 코, 귀 및 다리를 보유함. - 지능적이며 온순한 성질임. - 기후 적응성 우수함. - 부드럽고 좋은 질감의 털을 보유함.
사육 방식	- 토끼장 입식 사육, 실내 사육
사육 현황	- 전 세계적으로 분포함.
이용 현황/ 시장 현황	- 애정이 많고 온순한 성질로 인하여 주로 애완용으로 이용함. - 크기가 작아 모육 생산을 위한 상업적인 목적으로는 거의 이용되지 않음.

\# 사슴

꽃사슴(Sika deer)

학명	*Cervus nippon*
원산지	동북아시아
특징	- 모색: 갈색 - 몸에 흰 반점 보유함. - 체중: 암컷 60kg, 수컷 100kg - 암컷은 뿔이 없지만, 수컷은 가지 형태의 뿔을 보유함. - 녹용 생산량: 두당 평균 900g - 번식력이 강함. - 국내 기후 및 풍토 적응성이 우수함.
사육 방식	- 사슴장 입식 사육
사육 현황	- 아시아에서 주로 사육되며, 국내 사슴 품종의 약 59% 정도 차지함.
이용 현황/ 시장 현황	- 주로 녹용 생산을 위한 목적으로 이용함.

레드디어(Red deer)

학명	*Cervus elaphus*
원산지	유럽
특징	- 모색: 적갈색, 회갈색 - 수컷은 목둘레에 긴 털 보유함. - 체중: 암컷 100kg, 수컷 160kg - 녹용 생산량: 두당 2.5~3kg - 기후 적응성 우수함. - 육질 우수함.
사육 방식	- 사슴장 입식 사육
사육 현황	- 뉴질랜드에서 주로 사육, 국내 사슴 품종의 약 5% 정도 차지함.
이용 현황/ 시장 현황	- 주로 녹용 및 고기 생산을 위한 목적으로 이용함.

엘크(Elk)

학명	*Cervus canadensis*
원산지	북아메리카, 동아시아
특징	- 모색: 회색, 갈색 - 암컷, 수컷 모두 목둘레에 긴 털 보유함. - 체중: 암컷 300kg, 수컷 350~450kg - 녹용 생산량: 두당 9~16kg
사육 방식	- 사슴장 입식 사육
사육 현황	- 전 세계적으로 분포, 국내 사슴 품종의 약 34% 정도 차지함.
이용 현황/ 시장 현황	- 단위체중당 녹용생산량이 많아 주로 녹용 생산을 위한 목적으로 이용함.

양/염소

레스터 종(Leicester)

학명	*Ovis aries Linnaeus*
원산지	영국 Leicester
특징	- 모색: 흰색 - 체중: 암컷 80~100kg, 수컷 100~110kg - 양모 길이: 18~23cm - 산모량: 4~6kg - 암컷, 수컷 모두 뿔이 없음.
사육 방식	- 면양 사양 조건에 맞는 사양 관리 - 울타리가 있는 넓은 지역에서 방목 사육 및 실내 축사에서 관리
사육 현황	- 전 세계적으로 분포함.
이용 현황/ 시장 현황	- 육용종으로 주로 식육 생산을 위한 목적으로 이용함. - 육질이 좋고 양모가 두꺼워 품종 개량 목적으로 이용함.

링컨 종(Lincoln)

학명	*Ovis aries Linnaeus*
원산지	영국 Lincolnshire
특징	- 모색: 흰색 - 체중: 암컷 90~110kg, 수컷 135~155kg - 양모 길이: 25~36cm - 산모량: 암컷 7~9kg, 수컷 12~14kg - 암컷, 수컷 모두 뿔이 없음. - 기온이 낮고 습한 지역은 사육에 적합하지 않음.
사육 방식	- 면양 사양 조건에 맞는 사양 관리 - 울타리가 있는 넓은 지역에서 방목 사육 및 실내 축사에서 관리
사육 현황	- 전 세계적으로 분포함.
이용 현황/ 시장 현황	- 주로 품종 교잡을 통해 체중 및 양모의 길이를 증가시킬 목적으로 이용함. - 양모를 방적, 직조 및 기타 공예품 제조 목적으로 이용함.

랑부예메리노 종(Rambouillet Merino)

학명	*Ovis aries Linnaeus*
원산지	스페인
특징	- 모색: 흰색 - 체중: 암컷 65~90kg, 수컷 90~120kg - 양털 길이: 6~7cm - 산모량: 암컷 5~8kg, 수컷 7~11kg - 암컷은 뿔이 없지만, 수컷은 나선형의 뿔 보유함. - 강건한 체질, 기후 적응성 우수함. - 스페인 메리노 종을 프랑스에 도입하여 개량한 품종임.
사육 방식	- 면양 사양 조건에 맞는 사양 관리 - 울타리가 있는 넓은 지역에서 방목 사육 및 실내 축사에서 관리
사육 현황	- 프랑스를 중심으로 전 세계적으로 분포함.
이용 현황/ 시장 현황	- 주로 양모 및 식육 생산을 위한 목적으로 이용함.

아메리칸 메리노 종(American Merino)

학명	*Ovis aries Linnaeus*
원산지	스페인
특징	- 모색: 흰색 - 체중: 암컷 40~70kg, 수컷 65~100kg - 양털 길이: 5~7cm - 산모량: 암컷 5~8kg, 수컷 7~14kg - 암컷은 뿔이 없지만, 수컷은 나선형의 뿔 보유함. - 강건한 체질, 군거성이 강함. - 스페인 메리노 종을 미국에 도입하여 개량한 품종임.
사육 방식	- 면양 사양 조건에 맞는 사양 관리 - 울타리가 있는 넓은 지역에서 방목 사육 및 실내 축사에서 관리
사육 현황	- 미국을 중심으로 전 세계적으로 분포함.
이용 현황/ 시장 현황	- 주로 양모 생산을 위한 목적으로 이용함. - 육질이 우수하여 식육 생산 목적으로 이용함.

오스트레일리안 메리노 종(Australian Merino)

학명	*Ovis aries Linnaeus*
원산지	스페인
특징	- 모색: 흰색 - 체중: 암컷 35~80kg, 수컷 60~110kg - 양털 길이: 6~13cm - 산모량: 암컷 3~8kg, 수컷 7~15kg - 암컷은 뿔이 없지만, 수컷은 나선형의 뿔 보유함. - 강건한 체질, 강한 군거성 보유함. - 스페인 메리노 종을 호주에 도입하여 개량한 품종임.
사육 방식	- 면양 사양 조건에 맞는 사양 관리 - 울타리가 있는 넓은 지역에서 방목 사육 및 실내 축사에서 관리
사육 현황	- 호주를 중심으로 전 세계적으로 분포함.
이용 현황/ 시장 현황	- 모용종으로 가늘고 탄력이 우수한 질 좋은 양모 생산을 위한 목적으로 이용함.

자녠 종(Saanen)

학명	*Capra aegagrus hircus*
원산지	스위스 Saanen
특징	- 모색: 흰색 - 체중: 암컷 50~60kg, 수컷 70~90kg - 비유기간: 270~350일 - 총유량: 500~1,000kg - 암컷, 수컷 모두 뿔이 없음. - 온순한 성질, 내한성이 강함.
사육 방식	- 산양 사양 조건에 맞는 사양 관리 - 봄 및 여름에는 고지대 방목 사육, 가을 및 겨울에는 실내 축사에서 관리
사육 현황	- 전 세계적으로 분포, 국내에서도 다수 사육함.
이용 현황/ 시장 현황	- 대표적인 유용종으로 산양유 생산을 위한 목적으로 이용함. - 다양한 유용산양 개량을 위한 목적으로 이용함.

코리데일 종(Corriedale)

학명	*Ovis aries Linnaeus*
원산지	뉴질랜드
특징	- 모색: 흰색 - 체중: 암컷 55~80kg, 수컷 80~110kg - 양털 길이: 9~15cm - 산모량: 5~6kg - 강건한 체질, 환경적응력 우수함.
사육 방식	- 면양 사양 조건에 맞는 사양 관리 - 울타리가 있는 넓은 지역에서 방목 사육 및 실내 축사에서 관리
사육 현황	- 전 세계적으로 분포, 국내에서도 다수 사육함.
이용 현황/ 시장 현황	- 모육겸용종으로 양모 및 식육 생산을 위한 목적으로 이용함.

토겐부르크 종(Toggenburg)

학명	*Capra aegagrus hircus*
원산지	스위스 Toggenburg
특징	- 모색: 연한 갈색, 검은 갈색 등 - 체고: 암컷 54cm 이상, 수컷 72cm 이상 - 체중: 암컷 54kg 이상, 수컷 72kg 이상 - 유생산량: 분만 후 7~10개월간 평균 1.8kg - 유지율: 약 3% - 탄탄한 유방 보유, 기계착유 적응성 우수함. - 온순하며 활달한 성질임. - 강건한 체질, 기후 및 풍토 적응성 우수함.
사육 방식	- 산양 사양 조건에 맞는 사양 관리 - 울타리가 있는 넓은 지역에서 방목 사육 및 실내 축사에서 관리
사육 현황	- 미국 및 캐나다에서 주로 사육함.
이용 현황/ 시장 현황	- 유용종으로 주로 산양유 생산을 목적으로 이용함.

한국 재래산양(흑염소)

학명	*Capra aegagrus hircus*
원산지	한국
특징	- 모색: 검은색 - 체중: 암컷 30~40kg, 수컷 40~45kg - 일당증체량: 암컷 50g, 수컷 65g - 지육률: 45% - 정육률: 30% - 유지율: 약 3% - 암컷, 수컷 모두 뿔이 있음.
사육 방식	- 산양 사양 조건에 맞는 사양 관리 - 울타리가 있는 넓은 지역에서 방목 사육 및 실내 축사에서 관리
사육 현황	- 한국 일반농가에서 사육함.
이용 현황/ 시장 현황	- 육용종으로 주로 10개월 이상 사육한 흑염소를 고기 생산 목적으로 이용함. - 100일령의 수컷을 약용으로 이용함.

말

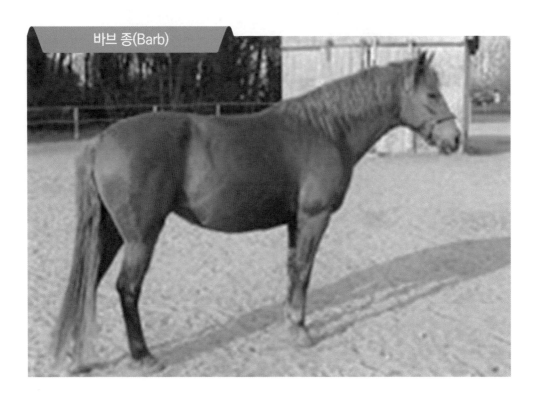

바브 종(Barb)

학명	*Equus caballus*
원산지	북아프리카
특징	- 모색: 흑색, 흑갈색, 적갈색 및 회색 - 체고: 142~152cm - 순종적이며 용맹한 성질임. - 속력 및 지구력 우수함.
사육 방식	- 육성마, 번식마, 운동마(경주마, 승용마)를 구분하여 운동량 및 영양 관리 - 방목 사육, 마사에서 관리
사육 현황	- 알제리, 모로코 등에서 소수 사육함.
이용 현황/ 시장 현황	- 현재는 다른 품종과의 교배가 허용되지 않아 초기 혈통 유지함. - 승용마로 이용함.

서러브레드 종(Thoroughbred)

학명	*Equus caballus*
원산지	영국
특징	- 모색: 갈색, 흑색, 회색 - 체고: 150~173cm - 대담한 성질임. - 속력 및 지구력 매우 우수함.
사육 방식	- 운동마(경주마, 승용마) 사양 기준에 따른 운동량 및 영양 관리 - 방목 사육, 마사에서 관리
사육 현황	- 전 세계적으로 분포함.
이용 현황/ 시장 현황	- 주로 3~6살까지 경주마로, 이후 20살까지 승용마로 이용함. - 전 세계적으로 대표적인 경주마임.

아랍 종(Arab)

학명	*Equus caballus*
원산지	아랍
특징	- 모색: 흑색, 흑갈색, 적갈색, 회색, 황색 - 체고: 145~155cm - 체중: 380~430kg - 높은 지능 및 예민한 감각 보유함. - 속력 및 지구력 우수함.
사육 방식	- 운동마(경주마, 승용마) 사양 기준에 따른 운동량 및 영양 관리 - 방목 사육, 마사에서 관리
사육 현황	- 전 세계적으로 분포함.
이용 현황/ 시장 현황	- 주로 경주마 및 승용마로 이용함. - 전 세계적으로 각종 개량마 및 종마로 이용함.

제주마(Jeju horse)

학명	*Equus caballus*
원산지	제주도
특징	- 모색: 흑색, 밤색, 적갈색, 회색, 담황색, 얼룩색 - 체고: 115~125cm - 체중: 244~249kg - 온순하고 순종적인 성질임. - 천연기념물로 지정됨.
사육 방식	- 운동마(경주마, 승용마) 사양 기준에 따른 운동량 및 영양 관리 - 방목 사육, 마사에서 관리
사육 현황	- 한국 및 일본에 주로 분포함.
이용 현황/ 시장 현황	- 경주마, 승용마 및 수레를 끄는 말로 이용함.

팔로미노 종(Palomino)

학명	*Equus caballus*
원산지	미국
특징	- 모색: 황갈색, 은색, 흰색 - 체고: 145~162cm - 체중: 500~520kg - 온화하고 순종적인 성질임. - 도약력 매우 우수함.
사육 방식	- 운동마(승용마) 사양 기준에 따른 운동량 및 영양 관리 - 방목 사육, 마사에서 관리
사육 현황	- 미국 및 영국에 주로 분포함.
이용 현황/ 시장 현황	- 주로 승용마로 이용함. - 영국에서는 어린이용 조랑말(Pony)로도 이용함.

개

골든 리트리버(Golden Retriever)

학명	*Canis lupus familiaris*
원산지	스코틀랜드
특징	- 모색: 짙은 갈색, 밝은 금색 등 - 체고: 51~61cm - 체중: 27~36kg - 기대 수명: 10~12년 - 순종적이며 높은 지능 보유함. - 애정이 많고 어린아이들과의 친화력이 좋음.
사육 방식	- 넓은 마당이 있는 집에서 사육
사육 현황	- 전 세계적으로 분포함.
이용 현황/ 시장 현황	- 사회성이 좋고 순종적이기 때문에 반려견으로 이용함. - 사냥, 경비, 시각장애인 안내 등의 목적으로도 이용함.

닥스훈트(Dachshund)

학명	*Canis lupus familiaris*
원산지	독일
특징	- 모색: 적색, 적갈색, 황색, 검은색 등 - 체고: 21~27cm - 체중: 5kg 이하(미니어처), 9~12kg(스탠더드) - 몸통이 길고 다리가 짧은 것이 특징임. - 기대 수명: 12~16년 - 지적이며 활달한 성질 보유함. - 몸통이 길어 추간판 탈출증 등 척추 질환에 취약함.
사육 방식	- 적절한 야외 운동과 식단 조절로 비만을 피하도록 조절, 실내 사육
사육 현황	- 전 세계적으로 분포함.
이용 현황/ 시장 현황	- 과거에는 사냥견으로 이용되었으나, 현재에는 반려견으로 이용함.

말티즈(Maltese)

학명	*Canis lupus familiaris*
원산지	지중해 몰타섬
특징	- 모색: 순백색 - 체고: 암컷 20~23cm, 수컷 21~25cm - 체중: 3~4kg - 부드러운 실크 모질 보유함. - 기대 수명: 12~15년 - 지능이 높고 활발한 성질임. - 유전적으로 눈 관련 질환 및 관절 질환 보유함.
사육 방식	- 주기적인 외출 및 털 관리 필요, 실내 사육
사육 현황	- 전 세계적으로 분포함.
이용 현황/ 시장 현황	- 애정이 많고 친화력이 좋아 반려견으로 이용함.

불도그(Bulldog)

학명	*Canis lupus familiaris*
원산지	영국
특징	- 모색: 적색, 갈색, 순백색 등 - 체고: 31~40cm - 체중: 암컷 18~23kg, 수컷 23~25kg - 기대 수명: 10~12년 - 순종적이고 침착하지만, 타인을 경계하는 성질임. - 식욕이 왕성하고 무는 힘이 강함. - 여름철 더위에 매우 약함.
사육 방식	- 적절한 야외 운동과 식단 조절로 비만을 피하도록 조절, 실내 사육
사육 현황	- 전 세계적으로 분포함.
이용 현황/ 시장 현황	- 과거 Bull-bating 투견으로도 이용되었지만, 현재에는 온화한 성질로 변화하여 주로 반려견으로 이용함.

비글(Beagle)

학명	*Canis lupus familiaris*
원산지	영국
특징	- 모색: 흰색, 황색, 갈색, 적갈색, 검은색 - 체고: 30~40cm - 체중: 9~12kg - 다산성이며 안정된 생리수치 유지함. - 기대 수명: 10~15년 - 지적이며 활발한 성질임. - 뛰어난 후각 보유함.
사육 방식	- 주기적인 외출 및 운동 필요, 실내 사육
사육 현황	- 전 세계적으로 분포함.
이용 현황/ 시장 현황	- 과거에는 사냥 및 실험동물 목적으로도 이용되었지만, 현재에는 주로 반려견 으로 이용함. - 후각이 매우 발달하여 마약 및 밀수품 탐지견으로도 이용함.

삽살개(Sapsaree)

학명	*Canis lupus familiaris*
원산지	한국
특징	- 모색: 검은색, 흰색 - 체고: 암컷 52~60cm, 수컷 55~63cm - 체중: 암컷 20~28kg, 수컷 22~30kg - 얼굴을 덮는 가늘고 긴 털 보유함. - 기대 수명: 10~12년 - 정적이며 충성심이 강하지만, 경계심 또한 강함. - 경산 삽살개는 천연기념물 제368호로 지정하여 혈통 보존 중임.
사육 방식	- 주기적인 외출 및 운동 필요, 실내 사육
사육 현황	- 한국에서 주로 사육
이용 현황/ 시장 현황	- 반려견으로 이용되며, (재)한국삽살개재단 및 한국삽살개보존협회에서 품종 보존 및 분양 관리 실시함.

시츄(Shih Tzu)

학명	*Canis lupus familiaris*
원산지	중국
특징	- 모색: 흰색, 갈색, 검은색 - 체고: 20~28cm - 체중: 4~7.2kg - 기대 수명: 10~18년 - 매우 영리하며 활발한 기질 보유함. - 다정하며 사교적인 성질임. - 대체적으로 식욕이 왕성함.
사육 방식	- 주기적인 외출 및 운동 필요, 실내 사육
사육 현황	- 전 세계적으로 분포함.
이용 현황/ 시장 현황	- 사교적이고 친근한 성질로 인하여 반려견으로 이용함.

요크셔 테리어(Yorkshire Terrier)

학명	*Canis lupus familiaris*
원산지	영국
특징	- 모색: 검은색, 갈색 - 체고: 18~25cm - 체중: 1.3~3.2kg - 기대 수명: 11~15년 - 순종적이지만 예민한 감각 보유함. - 주기적인 털 관리 필요함. - 전 세계적으로 가장 오래된 반려견 품종임.
사육 방식	- 주기적인 외출 및 운동 필요, 실내 사육
사육 현황	- 전 세계적으로 분포함.
이용 현황/ 시장 현황	- 친근하며 훈련시키기 쉬워 현재 반려견으로 이용함.

웰시코기(Pembroke Welsh Corgi)

학명	*Canis lupus familiaris*
원산지	영국
특징	- 모색: 흰색, 갈색, 검은색, 회색 등 - 체고: 25~30cm - 체중: 14~17kg - 기대 수명: 12~13년 - 몸통이 길고 다리가 짧음. - 영리하고 활발하며 운동량이 많은 것이 특징임. - 순종적이지만, 타인에 대한 경계심이 강함.
사육 방식	- 운동량이 많아 넓은 마당이 있는 집에서 사육하는 것이 적합함.
사육 현황	- 전 세계적으로 분포함.
이용 현황/ 시장 현황	- 순종적이며 친근한 성질로 인하여 반려견으로 이용함. - 경계심이 강하여 경비 목적으로도 이용함.

진돗개(Jindo Dog)

학명	*Canis lupus familiaris*
원산지	한국
특징	- 모색: 흰색, 황색 등 - 체고: 암컷 45~50cm, 수컷 50~55cm - 체중: 암컷 15~19kg, 수컷 18~23kg - 기대 수명: 14~15년 - 용맹하며 충성심이 강한 것이 특징임. - 깔끔한 성질 보유함. - 진도의 진돗개는 천연기념물 제53호로 지정하여 혈통 보존 중임.
사육 방식	- 넓은 마당이 있는 집에서 사육
사육 현황	- 한국에서 주로 사육함.
이용 현황/ 시장 현황	- 과거 경비 및 사냥 목적으로도 이용되었으나, 현재 반려견으로 이용함. - 진도 이외 지역에 반출하여 사육할 경우 진도군청의 공인 허가증 필요함.

콜리(Collie)

학명	*Canis lupus familiaris*
원산지	스코틀랜드
특징	- 모색: 검은색, 흰색, 흑갈색, 갈색 등 - 체고: 55~66cm - 체중: 20~30kg - 기대 수명: 12~14년 - 머리가 작고 주둥이가 긴 것이 특징임. - 애정이 많고 순종적인 성질임. - 지적이며 훈련시키기 쉬움.
사육 방식	- 운동량이 많아 넓은 마당이 있는 집에서 사육하는 것이 적합함.
사육 현황	- 전 세계적으로 분포함.
이용 현황/ 시장 현황	- 과거에는 주로 목양견으로 이용되었으나, 현재에는 반려견으로 이용함.

포메라니안(Pormeranian)

학명	*Canis lupus familiaris*
원산지	독일
특징	- 모색: 검은색, 흰색, 흑갈색, 갈색 - 체고: 14~18cm - 체중: 1.3~3.2kg - 기대 수명: 12~16년 - 왕성한 호기심과 우호적인 성질 보유함. - 지적이며 친근하지만 급한 성질임. - 주인과의 유대감이 높지만 분리불안증 발생 가능함. - 슬개골 탈구 및 기관허탈증이 흔히 발생함.
사육 방식	- 주기적인 외출 및 운동 필요, 실내 사육
사육 현황	- 전 세계적으로 분포함.
이용 현황/ 시장 현황	- 친근하며 유대감이 높아 반려견으로 이용함.

푸들(Poodle)

학명	*Canis lupus familiaris*
원산지	프랑스, 중앙 유럽
특징	- 모색: 검은색, 흰색, 청색, 회색, 은색 등 - 체고: 토이 푸들 25cm 이하 　　　　미니어처 푸들 25~35cm 　　　　미디엄 푸들 35~45cm 　　　　스탠더드 푸들 38cm 이상 - 체중: 토이 푸들 2~3kg 　　　　미니어처 푸들 3~6kg 　　　　미디엄 푸들 6~20kg 　　　　스탠더드 푸들 20~27kg - 기대 수명: 10~18년 - 활동적이며 기민한 성질임. - 순종적이며 지능 및 기억력이 좋음.
사육 방식	- 주기적인 외출 및 운동 필요, 실내 사육
사육 현황	- 전 세계적으로 분포함.
이용 현황/ 시장 현황	- 순종적이며 유대감이 높아 반려견으로 이용함.

고양이

노르웨이 숲(Norwegian Forest)

학명	*Felis catus*
원산지	노르웨이
특징	- 모색: 검은색, 흰색, 흑갈색 등 - 체중: 5.8~10kg - 기대 수명: 12~15년 - 호기심이 많고 활발한 성질임. - 사교적이며 유대감이 높은 것이 특징임. - 추운 환경 적응성 우수함.
사육 방식	- 야외 접근성이 좋은 집에서 사육
사육 현황	- 전 세계적으로 분포함.
이용 현황/ 시장 현황	- 애정이 많고 유대감이 높아 반려묘로 이용함.

러시안 블루(Russian Blue)

학명	*Felis catus*
원산지	러시아
특징	- 모색: 푸른빛을 띠는 은색 - 체중: 3~7kg - 기대 수명: 10~15년 - 주인에 대한 애정이 깊음. - 온순하고 조용한 성질임. - 영리하고 경계심이 강한 것이 특징임.
사육 방식	- 야외 접근성이 좋은 집에서 사육
사육 현황	- 전 세계적으로 분포함.
이용 현황/ 시장 현황	- 애정이 많고 온순한 성질로 인하여 반려묘로 이용함.

버먼(Birman)

학명	*Felis catus*
원산지	프랑스
특징	- 모색: 흰색, 흑갈색, 연갈색, 황색 등 - 체중: 2.7~5.4kg - 기대 수명: 12~16년 - 유대감이 높고 장난기가 많은 성질임. - 사교적이며 온순한 성질임.
사육 방식	- 활동할 수 있는 환경이 갖춰진 실내 사육
사육 현황	- 전 세계적으로 분포함.
이용 현황/ 시장 현황	- 사교적이며 온순한 성질로 인하여 반려묘로 이용함.

브리티시 쇼트헤어(British Shorthair)

학명	*Felis catus*
원산지	영국
특징	- 모색: 청회색 등 - 체중: 3~7.7kg - 기대 수명: 12~17년 - 인내심이 강하고 조심스러운 성질임. - 조용하고 온순한 성질임. - 사람과의 유대감이 높음.
사육 방식	- 활동할 수 있는 환경이 갖춰진 실내 사육
사육 현황	- 영국, 유럽 및 오세아니아 등지에 주로 분포함.
이용 현황/ 시장 현황	- 유대감이 높고 온순한 성질로 인하여 반려묘로 이용함.

셀커크 렉스(Selkirk Rex)

학명	*Felis catus*
원산지	미국 Montana
특징	- 모색: 검은색, 흰색, 갈색, 회색 등 - 체중: 4.5~7kg - 기대 수명: 10~15년 - 타 모종에 비해 털 빠짐 및 털 날림 적음. - 애정이 많고 온화한 성질임. - 유대감 및 친화력이 높은 것이 특징임.
사육 방식	- 활동할 수 있는 환경이 갖춰진 실내 사육
사육 현황	- 전 세계적으로 분포함.
이용 현황/ 시장 현황	- 친화력이 높고 온화한 성질로 인하여 반려묘로 이용함.

스코티시 폴드(Scottish Fold)

학명	*Felis catus*
원산지	스코틀랜드
특징	- 모색: 검은색, 흰색, 갈색, 회색 등 - 체중: 2.5~6kg - 기대 수명: 11~15년 - 접힌 귀를 가진 것이 특징임. - 용맹하고 매우 온화한 성질임. - 적응력 및 교감 능력 우수함.
사육 방식	- 활동할 수 있는 환경이 갖춰진 실내 사육
사육 현황	- 전 세계적으로 분포함.
이용 현황/ 시장 현황	- 온화한 성질과 교감 능력이 좋아 반려묘로 이용함.

스핑크스(Sphynx)

학명	*Felis catus*
원산지	캐나다
특징	- 무모종으로 분류되지만, 매우 짧고 부드러운 털 보유함. - 체중: 2.5~5.5kg - 기대 수명: 8~14년 - 눈과 귀가 비교적 큰 것이 특징임. - 친화력 및 유대감이 매우 높음. - 기후 적응성이 약해 특별한 주의 필요함.
사육 방식	- 활동할 수 있는 환경이 갖춰진 실내 사육
사육 현황	- 전 세계적으로 분포함.
이용 현황/ 시장 현황	- 주인과의 유대감이 높고 친화력이 좋아 반려묘로 이용함.

오리엔탈 쇼트헤어(Oriental Shorthair)

학명	*Felis catus*
원산지	영국
특징	- 모색: 검은색, 흰색, 회색, 갈색 등 - 체중: 2.3~4.5kg - 기대 수명: 10~15년 - 운동능력이 좋음. - 호기심이 많고 매우 활발한 성질임. - 지능적이며 사교적인 성질임.
사육 방식	- 활동할 수 있는 환경이 갖춰진 실내 사육
사육 현황	- 전 세계적으로 분포함.
이용 현황/ 시장 현황	- 주인에 대한 깊은 애정과 사교적인 성질로 인하여 반려묘로 이용함.

터키시 앙고라(Turkish Angora)

학명	*Felis catus*
원산지	터키
특징	- 모색: 흰색, 검은색, 주황색, 회색 등 - 체중: 3.3~4.9kg - 기대 수명: 12~18년 - 사냥 본능이 강함. - 지능이 높고 적응력이 우수한 것이 특징임. - 친근하지만 독립적인 성질이 강함.
사육 방식	- 활동할 수 있는 환경이 갖춰진 실내 사육
사육 현황	- 전 세계적으로 분포함.
이용 현황/ 시장 현황	- 우아하고 사교적인 성질로 인하여 반려묘로 이용함.

페르시안(Persian)

학명	*Felis catus*
원산지	페르시아(이란)
특징	- 모색: 검은색, 흰색, 연갈색, 회색, 흑갈색 등 - 체중: 3.2~5.4kg - 기대 수명: 10~12년 - 조용하고 온화한 성질 보유함. - 타 모종에 비해 활동량이 적음. - 친근하지만 독립적인 성질이 강함.
사육 방식	- 활동할 수 있는 환경이 갖춰진 실내 사육
사육 현황	- 전 세계적으로 분포함.
이용 현황/ 시장 현황	- 친근하고 온화한 성질로 인하여 반려묘로 이용함.

참고문헌

윤호백 (2015), 젖소의 기원, 젖소의 품종 및 특성.

임동현, 국립축산과학원, 우유의 성분 및 그 특성.

농촌진흥청, 농업기술길잡이100_사슴기르기.

농촌진흥청 (2020), 농업기술길잡이134 유산양, 진한엠앤비.

농촌진흥청 (2022), 농업기술길잡이134 말, 휴먼컬처아리랑.

https://www.nias.go.kr/lsbreeds/selectLsBreedsList.do?SearchCd=1. 국립축산과학원.

https://www.nias.go.kr/lsbreeds/selectLsBreedsList.do?SearchCd=2. 국립축산과학원.

https://www.nias.go.kr/lsbreeds/selectLsBreedsList.do?SearchCd=7. 국립축산과학원.

https://www.nias.go.kr/lsbreeds/selectLsBreedsList.do?SearchCd=6. 국립축산과학원.

https://www.nias.go.kr/lsbreeds/selectLsBreedsList.do?SearchCd=4. 국립축산과학원.

https://www.nias.go.kr/lsbreeds/selectLsBreedsList.do?SearchCd=5. 국립축산과학원.

https://www.nias.go.kr/front/prboardView.do?cmCode=M090814151125016&boardSeqNum=1072. 국립축산과학원.

https://www.nias.go.kr/lsbreeds/selectLsBreedsList.do?SearchCd=3. 국립축산과학원.

http://www.nongsaro.go.kr/portal/portalMain.ps;jsessionid=qmMr6Pxh2JlURT7ce2owzFICq1TSoTq0ANb1b0aXaO69awVBbcGtXg21y0NIhKYz.nongsaro-web_servlet_engine1. 농사로.

http://www.nongsaro.go.kr/portal/ps/psb/psbx/cropEbookLst.ps?menuId=PS65290&stdPrdlstCode=LP&sStdPrdlstCode=LP044245&totalSearchYn=Y#. 농업기술길잡이2_양계.

https://www.nongsaro.go.kr/portal/ps/psb/psbx/cropEbookLst.ps?menuId=PS65290&stdPrdlstCode=LP&sStdPrdlstCode=LP044162&totalSearchYn=Y#. 농업기술길잡이186_오리.

http://www.heritage.go.kr/heri/cul/culSelectDetail.do?s_kdcd=&s_ctcd=50&ccbaKdcd=16&ccbaAsno=03470000&ccbaCtcd=50&ccbaCpno=1363903470000&ccbaLcto=01&culPageNo=3&header=region&pageNo=1_1_3_0&returnUrl=%2Fheri%2Fcul%2FculSelectRegionList.do&assetnamel=. 문화재청 국가문화유산포털.

https://www.roysfarm.com/beltsville-small-white-turkey/. roysfarm.

https://www.roysfarm.com/broad-breasted-white-turkey/. roysfarm.

https://www.roysfarm.com/bronze-turkey/. roysfarm.

https://www.roysfarm.com/black-turkey/. roysfarm.

https://www.roysfarm.com/new-zealand-rabbit/. roysfarm.

https://www.roysfarm.com/rex-rabbit/. roysfarm.

https://www.roysfarm.com/belgian-hare/. roysfarm.

https://www.roysfarm.com/angora-rabbit/. roysfarm.

https://www.roysfarm.com/polish-rabbit/. roysfarm.

https://www.roysfarm.com/himalayan-rabbit/. roysfarm.

https://www.roysfarm.com/deer-breeds/#Sika. roysfarm.

https://www.roysfarm.com/deer-breeds/#Red_Deer. roysfarm.

https://www.akc.org/dog-breeds/golden-retriever/. American Kennel Club.

https://www.akc.org/dog-breeds/dachshund/. American Kennel CLub.

http://www.primate.or.kr/horse/area/asia/arab.html. primate.

https://farmer-online.com/ko/classification-of-breeds-of-turkeys/. farmer-online.

w&MAS_IDX=101013000786891. 두산백과.

w&MAS_IDX=101013000845309. 두산백과.

https://www.doopedia.co.kr/doopedia/master/master.do?_method=view&MAS_IDX=101013000825925. 두산백과.

https://www.doopedia.co.kr/doopedia/master/master.do?_method=view&MAS_IDX=101013000837331. 두산백과.

https://www.doopedia.co.kr/doopedia/master/master.do?_method=vie. 두산백과.

https://www.doopedia.co.kr/doopedia/master/master.do?_method=vie. 두산백과.

https://www.doopedia.co.kr/photobox/comm/community.do?_method=view&GAL_IDX=111031000801211. 두산백과.

https://www.doopedia.co.kr/photobox/comm/community.do?_method=view&GAL_IDX=110816000795695. 두산백과.

https://www.doopedia.co.kr/doopedia/master/master.do?_method=view&MAS_IDX=101013000851797. 두산백과.

https://www.doopedia.co.kr/doopedia/master/master.do?_method=view&MAS_IDX=101013000786859. 두산백과.

http://www.ihanwoo.kr/news/articleView.html?idxno=1811. 한우마당.

https://www.doopedia.co.kr/doopedia/master/master.do?_method=view&MAS_IDX=101013000898292. 두산백과.

https://www.doopedia.co.kr/doopedia/master/master.do?_method=view&MAS_IDX=101013000868040. 두산백과.

https://www.doopedia.co.kr/doopedia/master/master.do?_method=view&MAS_IDX=101013000864390. 두산백과.

https://ko.wikipedia.org/wiki/%EC%99%80%EA%B7%9C. wikipedia.

https://www.doopedia.co.kr/doopedia/master/master.do?_method=view&MAS_IDX=101013000749057. 두산백과.

https://www.doopedia.co.kr/doopedia/master/master.do?_method=view&MAS_IDX=101013000757070. 두산백과.

https://www.doopedia.co.kr/doopedia/master/master.do?_method=view&MAS_IDX=101013000835246. 두산백과.

https://www.doopedia.co.kr/doopedia/master/master.do?_method=view&MAS_IDX=101013000786854. 두산백과.

https://www.doopedia.co.kr/doopedia/master/master.do?_method=view&MAS_IDX=110810001221085. 두산백과.

https://www.doopedia.co.kr/doopedia/master/master.do?_method=view&MAS_IDX=110808001221015. 두산백과.

https://www.doopedia.co.kr/doopedia/master/master.do?_method=view&MAS_IDX=101013000786869. 두산백과.

https://www.doopedia.co.kr/doopedia/master/master.do?_method=view&MAS_IDX=101013000787674. 두산백과.

https://www.doopedia.co.kr/doopedia/master/master.do?_method=view&MAS_IDX=101013000788786. 두산백과.

https://www.doopedia.co.kr/doopedia/master/master.do?_method=view&MAS_IDX=101013000838254. 두산백과.

https://www.doopedia.co.kr/doopedia/master/master.do?_method=view&MAS_IDX=101013000787717. 두산백과.

https://www.doopedia.co.kr/doopedia/master/master.do?_method=view&MAS_IDX=101013000788791. 두산백과.

https://www.doopedia.co.kr/doopedia/master/master.do?_method=view&MAS_IDX=101013000699884. 두산백과.

https://www.doopedia.co.kr/doopedia/master/master.do?_method=view&MAS_IDX=101013000852791. 두산백과.

https://www.doopedia.co.kr/doopedia/master/master.do?_method=view&MAS_IDX=101013000725073. 두산백과.

https://www.doopedia.co.kr/doopedia/master/master.do?_method=view&MAS_IDX=101013000705553. 두산백과.

https://www.doopedia.co.kr/doopedia/master/master.do?_method=view&MAS_IDX=101013000837333. 두산백과.

https://www.doopedia.co.kr/doopedia/master/master.do?_method=view&MAS_IDX=101013000786981. 두산백과.

https://www.doopedia.co.kr/doopedia/master/master.do?_method=view&MAS_IDX=101013000851977. 두산백과.

https://www.doopedia.co.kr/doopedia/master/master.do?_method=view&MAS_IDX=101013000697578. 두산백과.

https://www.doopedia.co.kr/doopedia/master/master.do?_method=view&MAS_IDX=101013000751400. 두산백과.

https://en.wikipedia.org/wiki/Emden_goose. wikipedia.

https://en.wikipedia.org/wiki/Chinese_goose. wikipedia.

https://en.wikipedia.org/wiki/Toulouse_goose. wikipedia.

https://en.wikipedia.org/wiki/Bourbon_Red. wikipedia.

https://en.wikipedia.org/wiki/Beltsville_Small_White. wikipedia.

https://en.wikipedia.org/wiki/Bronze_turkey. wikipedia.

https://en.wikipedia.org/wiki/Broad_Breasted_White_turkey. wikipedia.

https://en.wikipedia.org/wiki/Norfolk_Black. wikipedia.

https://en.wikipedia.org/wiki/Auburn_turkey. wikipedia.

https://en.wikipedia.org/wiki/Bourbon_Red. wikipedia.

https://en.wikipedia.org/wiki/Rex_rabbit. wikipedia.

https://en.wikipedia.org/wiki/Belgian_Hare. wikipedia.

https://en.wikipedia.org/wiki/Angora_rabbit. wikipedia.

https://en.wikipedia.org/wiki/Polish_rabbit. wikipedia.

https://en.wikipedia.org/wiki/Himalayan. wikipedia.

https://en.wikipedia.org/wiki/Sika_deer. wikipediea.

https://en.wikipedia.org/wiki/Red_deer. wikipedia.

https://en.wikipedia.org/wiki/Elk. wikipedia.

https://en.wikipedia.org/wiki/Border_Leicester. wikipedia.

https://en.wikipedia.org/wiki/Lincoln_sheep. wikipedia.

https://en.wikipedia.org/wiki/Barb_horse. wikipedia.

https://en.wikipedia.org/wiki/Thoroughbred. wikipedia.

https://en.wikipedia.org/wiki/Golden_Retriever. wikipedia.

https://en.wikipedia.org/wiki/Dachshund. wikipedia.

https://ko.wikipedia.org/wiki/%EB%9F%AC%EC%8B%9C%EC%95%88_%EB%B8%94%EB%A3%A8. wikipedia.

https://ko.wikipedia.org/wiki/%EB%B2%84%EB%A8%BC. wikipedia.

https://ko.wikipedia.org/wiki/%EB%B8%8C%EB%A6%AC%ED%8B%B0%EC%8B%9C_%EC%87%BC%ED%8A%B8%ED%97%A4%EC%96%B4. wikipedia.

https://ko.wikipedia.org/wiki/%EC%8A%A4%ED%95%91%ED%81%AC%EC%8A%A4_(%EA%B3%A0%EC%96%91%EC%9D%B4). wikipedia.

https://ko.wikipedia.org/wiki/%EC%85%80%EC%BB%A4%ED%81%AC_%EB%A0%89%EC%8A%A4. wikipedia.

https://terms.naver.com/entry.naver?docId=1320197&cid=40942&categoryId=32624.

https://ko.wikipedia.org/wiki/%EC%8A%A4%EC%BD%94%ED%8B%B0%EC%8B%9C_%ED%8F%B4%EB%93%9C. wikipedia.

https://ko.wikipedia.org/wiki/%EC%98%A4%EB%A6%AC%EC%97%94%ED%83%88_%EC%87%BC%ED%8A%B8%ED%97%A4%EC%96%B4. wikipedia.

https://ko.wikipedia.org/wiki/%ED%84%B0%ED%82%A4%EC%8B%9C_%EC%95%99%EA%B3%A0%EB%9D%BC. wikipedia.

https://ko.wikipedia.org/wiki/%ED%8E%98%EB%A5%B4%EC%8B%9C%EC%95%88. wikipedia.

https://ko.wikipedia.org/wiki/%ED%8E%98%EB%A5%B4%EC%8B%9C%EC%95%88. wikipedia.

https://terms.naver.com/entry.naver?docId=989027&cid=46677&categoryId=46677. 네이버 지식백과.

https://terms.naver.com/entry.naver?docId=989036&cid=46677&categoryId=46677. 네이버 지식백과.

https://terms.naver.com/entry.naver?docId=3396989&cid=42883&categoryId=58401. 네이버 지식백과.

https://terms.naver.com/entry.naver?docId=1169346&cid=40942&categoryId=32624. 네이버 지식백과.

https://terms.naver.com/entry.naver?docId=1104903&cid=40942&categoryId=32624. 네이버 지식백과.

https://terms.naver.com/entry.naver?docId=4347965&cid=46677&categoryId=46677. 네이버 지식백과.

https://terms.naver.com/entry.naver?docId=1168107&cid=40942&categoryId=32624. 네이버 지식백과.

https://terms.naver.com/entry.naver?docId=5145971&cid=42883&categoryId=59597. 네이버 지식백과.

https://terms.naver.com/entry.naver?docId=1109572&cid=40942&categoryId=33562. 네이버 지식백과.

https://terms.naver.com/entry.naver?docId=566527&cid=46639&categoryId=46639. 네이버 지식백과.

https://terms.naver.com/entry.naver?docId=4347816&cid=46677&categoryId=46677. 네이버 지식백과.

https://terms.naver.com/entry.naver?docId=989090&cid=46677&categoryId=46677. 네이버 지식백과.

https://terms.naver.com/entry.naver?docId=1977896&cid=42883&categoryId=44356. 네이버 지식백과.

https://terms.naver.com/entry.naver?docId=1129953&cid=40942&categoryId=32624. 네이버 지식백과.

https://terms.naver.com/entry.naver?docId=5682723&cid=42883&categoryId=59597. 네이버 지식백과.

https://terms.naver.com/entry.naver?docId=1977911&cid=42883&categoryId=44356. 네이버 지식백과.

https://terms.naver.com/entry.naver?docId=989122&cid=46677&categoryId=46677. 네이버 지식백과.

https://terms.naver.com/entry.naver?docId=1144788&cid=40942&categoryId=33561. 네이버 지식백과.

https://terms.naver.com/entry.naver?docId=989134&cid=46677&categoryId=46677. 네이버 지식백과.

https://terms.naver.com/entry.naver?docId=1150524&cid=40942&categoryId=32624. 네이버 지식백과.

https://terms.naver.com/entry.naver?docId=1977899&cid=42883&categoryId=44356. 네이버 지식백과.

https://terms.naver.com/entry.naver?docId=1158325&cid=40942&categoryId=32624. 네이버 지식백과.

https://terms.naver.com/entry.naver?docId=1158866&cid=40942&categoryId=32624. 네이버 지식백과.

https://terms.naver.com/entry.naver?docId=1977895&cid=42883&categoryId=44356. 네이버 지식백과.

https://terms.naver.com/entry.naver?docId=1978751&cid=70092&categoryId=42884. 네이버 지식백과.

https://terms.naver.com/entry.naver?docId=1319001&cid=40942&categoryId=32624. 네이버 지식백과.

https://terms.naver.com/entry.naver?docId=1320191&cid=40942&categoryId=32624. 네이버 지식백과.

https://terms.naver.com/entry.naver?docId=1319014&cid=40942&categoryId=32624. 네이버 지식백과.

https://terms.naver.com/entry.naver?docId=1318999&cid=40942&categoryId=32624. 네이버 지식백과.

https://terms.naver.com/entry.naver?docId=1320199&cid=40942&categoryId=32624. 네이버 지식백과.

https://terms.naver.com/entry.naver?docId=1320192&cid=40942&categoryId=32624. 네이버 지식백과.

https://terms.naver.com/entry.naver?docId=1320201&cid=40942&categoryId=32624. 네이버 지식백과.

https://terms.naver.com/entry.naver?docId=1978745&cid=70092&categoryId=42884. 네이버 지식백과.

https://terms.naver.com/entry.naver?docId=1320196&cid=40942&categoryId=32624. 네이버 지식백과.

https://blog.naver.com/mstopia1123/221856704849. naver blog.

https://blog.naver.com/ikoreamiss/222081607118. 네이버.

https://www.purina.com/cats/cat-breeds/persian. purina.

https://slidesplayer.org/slide/11280146/. slideplayer.

https://themeat.tistory.com/145. 티스토리.

그림 1-1. 건지 종(Guernsey). https://en.wikipedia.org/wiki/Guernsey_cattle. wikipedia.

그림 1-2. 브라만 종(Brahman). https://en.wikipedia.org/wiki/American_Brahman. wikipedia.

그림 1-3. 브라운스위스 종(Brwom Swiss). https://en.wikipedia.org/wiki/Brown_Swiss_cattle. wikipedia.

그림 1-4. 샤롤레 종(Charolais). https://en.wikipedia.org/wiki/Charolais_cattle. wikipedia.

그림 1-5. 쇼트혼 종(Shorthorn). https://en.wikipedia.org/wiki/Shorthorn. wikipedia.

그림 1-6. 에버딘앵거스 종(Aberdeem Angus). https://en.wikipedia.org/wiki/Aberdeen_Angus. wikipedia.

그림 1-7. 에이셔 종(Ayrshire). https://ko.wikipedia.org/wiki/%EC%97%90%EC%96%B4%EC%85%94_
(%ED%92%88%EC%A2%85). wikipedia.

그림 1-8. 저지 종(Jersey). https://en.wikipedia.org/wiki/Jersey_cattle. wikipedia.

그림 1-9. 한우(Hanwoo). https://www.nias.go.kr/front/prboardView.do?cmCode=M090814150850297&boardSeqNu
m=3893&columnName=&searchStr=&currPage=1. 국립축산과학원.

그림 1-10. 헤리퍼드 종(Hereford). https://en.wikipedia.org/wiki/Hereford_cattle. wikipedia.

그림 1-11. 홀스타인 종(Holstein). https://en.wikipedia.org/wiki/Holstein_Friesian_cattle. wikipedia.

그림 1-12. 흑모화 종(화우, Wagyu). https://en.wikipedia.org/wiki/Wagyu. wikipedia.

그림 1-13. 듀록 종(Duroc). https://www.sedaily.com/NewsVIew/1VDVQFCEOA. sedaily.

그림 1-14. 랜드레이스 종(Landrace). https://www.britishpigs.org.uk/british-landrace. britishpigs.

그림 1-50. 뉴질랜드 화이트(New Zealand White). https://www.roysfarm.com/new-zealand-rabbit/. roysfarm.

그림 1-51. 렉스(Rex). https://en.wikipedia.org/wiki/Rex_rabbit. wikipedia.

그림 1-52. 벨지안 헤어(Belgian Hare). https://en.wikipedia.org/wiki/Belgian_Hare. wikipedia.

그림 1-53. 앙고라(Angora). https://www.thesprucepets.com/angora-rabbit-breed-profiles-1835793. thesprucepets.

그림 1-54. 폴리시(Polish). https://en.wikipedia.org/wiki/Polish_rabbit. wikipedia.

그림 1-55. 히말라얀(Himalayan). https://rabbitbreeders.us/himalayan-rabbits/. rabbitbreeders.

그림 1-56. 꽃사슴(Sika deer). https://www.roysfarm.com/deer-breeds/#Sika. roysfarm.

그림 1-57. 레드디어(Red deer). https://en.wikipedia.org/wiki/Red_deer. wikipedia.

그림 1-58. 엘크(Elk). https://en.wikipedia.org/wiki/Elk. wikipedia.

그림 1-59. 레스터 종(Leicester). https://stock.adobe.com/kr/search?k=Leicester+sheep&search_type=usertyped. Adobe stock.

그림 1-60. 링컨 종(Lincoln). https://en.wikipedia.org/wiki/Lincoln_sheep. wikipedia.

그림 1-61. 랑부예메리노 종(Rambouillet Merino). https://www.britannica.com/animal/Rambouillet-breed-of-sheep

그림 1-62. 아메리칸 메리노 종(American Merino). https://en.wikipedia.org/wiki/Merino. wikipedia.

그림 1-63. 오스트레일리안 메리노 종(Australian Merino). https://textilevaluechain.in/news-insights/australian-merino-wool-now-in-tehri-hills-india/. textilevaluechain.

그림 1-64. 자넨 종(Saanen). https://stock.adobe.com/kr/search/images?k=Saanen&search_type=usertyped. Adobe stock.

그림 1-65. 코리데일 종(Corriedale). https://www.nias.go.kr/lsbreeds/selectLsBreedsList.do#. 국립축산과학원.

그림 1-66. 토겐부르크 종(Toggenburg). https://en.wikipedia.org/wiki/Toggenburger. Wikipedia.

그림 1-67. 한국 재래산양(흑염소). https://m.blog.naver.com/PostView.naver?isHttpsRedirect=true&blogId=smilenias&logNo=220988873389. 국립축산과학원.

그림 1-68. 바브 종(Barb). https://en.wikipedia.org/wiki/Barb_horse. wikipedia.

그림 1-69. 서러브레드 종(Thoroughbred). https://en.wikipedia.org/wiki/Thoroughbred. wikipedia.

그림 1-70. 아랍 종(Arab). https://www.nias.go.kr/lsbreeds/selectLsBreedsList.do. 국립축산과학원.

그림 1-71. 제주마(Jeju horse). http://www.heritage.go.kr/heri/cul/imgHeritage.do?ccimId=1632518&ccbaKdcd=16&ccbaAsno=03470000&ccbaCtcd=50. 문화재청 국가문화유산포털.

그림 1-72. 팔로미노 종(Palomino). https://stock.adobe.com/kr/search/images?k=Palomino&search_type=usertyped. Adobe stock.

그림 1-73. 골든 리트리버(Golden Retriever). https://ko.m.wikipedia.org/wiki/%ED%8C%8C%EC%9D%BC:Golden_retriever.jpg. wikipedia.

그림 1-74. 닥스훈트(Dachshund). https://en.wikipedia.org/wiki/Dachshund. wikipedia.

그림 1-75. 말티즈(Maltese). https://en.wikipedia.org/wiki/Maltese_dog. wikipedia.

그림 1-76. 불도그(Bulldog). https://ko.wikipedia.org/wiki/%EB%B6%88%EB%8F%84%EA%B7%B8. wikipedia.

그림 1-77. 비글(Beagle). https://en.wikipedia.org/wiki/Beagle. wikipedia.

그림 1-78. 삽살개(Sapsaree). https://www.nias.go.kr/lsbreeds/selectLsBreedsView.do. 국립축산과학원.

그림 1-79. 시츄(Shih Tzu). https://ko.wikipedia.org/wiki/%EC%8B%9C%EC%B6%94. wikipedia.

그림 1-80. 요크셔 테리어(Yorkshire Terrier). https://en.wikipedia.org/wiki/Yorkshire_Terrier. wikipedia.

그림 1-81. 웰시코기(Pembroke Welsh Corgi). https://en.wikipedia.org/wiki/Pembroke_Welsh_Corgi. wikipedia.

그림 1-82. 진돗개(Jindo Dog). https://www.akc.org/dog-breeds/jindo/. American Kennel Club.

그림 1-83. 콜리(Collie). https://ko.wikipedia.org/wiki/%EC%BD%9C%EB%A6%AC. wikipedia.

그림 1-84. 포메라니안(Pormeranian). https://ko.wikipedia.org/wiki/%ED%8F%AC%EB%A9%94%EB%9D%BC%EB%8B%88%EC%95%88. wikipedia.

그림 1-85. 푸들(Poodle). https://en.wikipedia.org/wiki/Poodle. wikipedia.

그림 1-86. 노르웨이 숲(Norwegian Forest). https://www.purina.com.my/find-a-pet/cat-breeds/norwegian-forest. Purina.

그림 1-87. 러시안 블루(Russian Blue). https://www.purina.com.my/find-a-pet/cat-breeds/russian-blue. Purina.

그림 1-88. 버먼(Birman). https://www.purina.com.my/find-a-pet/cat-breeds/birman. Purina.

그림 1-89. 브리티시 쇼트헤어(British Shorthair). https://www.purina.com.my/find-a-pet/cat-breeds/british-shorthair. Purina.

그림 1-90. 셀커크 렉스(Selkirk Rex). https://www.purina.com.my/find-a-pet/cat-breeds/selkirk-rex. Purina.

그림 1-91. 스코티시 폴드(Scottish Fold). https://www.purina.com.my/find-a-pet/cat-breeds/scottish-fold. Purina.

그림 1-92. 스핑크스(Sphynx). https://www.purina.com.my/find-a-pet/cat-breeds/sphynx. Purina.

그림 1-93. 오리엔탈 쇼트헤어(Oriental Shorthair). https://www.purina.com.my/find-a-pet/cat-breeds/oriental-short-hair. Purina.

그림 1-94. 터키시 앙고라(Turkish Angora). https://ko.wikipedia.org/wiki/%ED%84%B0%ED%82%A4%EC%8B%9C_%EC%95%99%EA%B3%A0%EB%9D%BC. wikipedia.

그림 1-95. 페르시안(Persian). https://www.purina.com.my/find-a-pet/cat-breeds/persian-long-hair. Purina.

제 2 장

동물의 육종

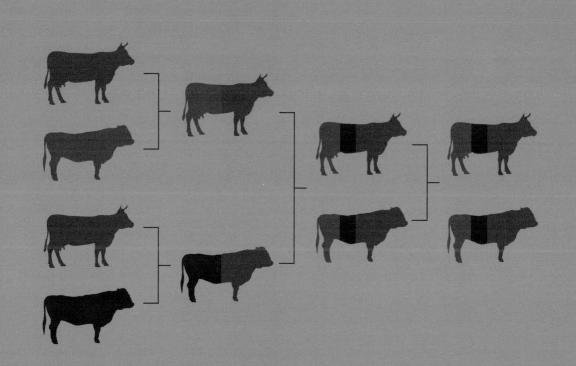

동물의 진화와 가축화

- 가축화는 대략 1만 2천 년 전부터 시작함.
- 가축화를 통해 고기, 지방, 섬유질을 공급할 수 있는 동물을 선발함.
- 가축화가 진행된 동물을 수송과 견인 용도로 사용함.

1. 축종별 가축화의 목적

- 가축화는 대략 1만 2천 년 전에 시작되었으며, 두 가지 주된 용도가 형성되었음.
- 처음에는 양, 소, 염소, 돼지, 개 등의 가축화를 통해 고기, 지방, 섬유질을 공급할 수 있는 동물을 선발하는 데 중점을 둠.
- 그다음으로 가축화 과정을 통해 동물의 행동이 이미 영향을 받은 뒤에, 동물을 수송과 견인 용도로도 사용하게 되었음.
- 이런 목적으로 선발된 주요 축종에는 소, 물소, 야크, 나귀, 말, 라마, 낙타 등이 있음.
- 대부분은, 동물이 사는 환경은 인간에 의해 좌우되었지만, 유목 같은 일부 생산시스템에서는 인간이 동물을 따랐음.
- 대륙 간 그리고 국가 간 동물의 교환이 어느 정도는 언제나 존재했지만, 식민주의 동안, 특히 19세기 이후에 증가했음.
- 오늘날까지도 품종 다양성의 클러스터가 존재함.
- 물소와 야크의 품종 다양성은 대부분 아시아에 있으며 말, 닭, 거위의 다양성은 대부분 유럽에, 카멜리드의 다양성은 라틴아메리카에 집중되어 있음.

2. 축종별 사육의 역사

- 현재 사육되고 있는 축종들은 유사 이전에 야생의 종에서 분화된 것들임.
- 여러 대에 걸쳐 목적하는 방향으로 선발해온 결과로 얻어진 새로운 종들임.
- 이종 간 교잡종이 생산되어 이것이 진화되어 새로운 축종이 됨(돼지, 면양).

1) 소의 사육 역사

- BC 약 5~6천 년경에 서아시아 지역에서 사육된 것으로 추정됨.
- 소의 원우는 *Bos Primigenium Bojanus*(Wild Urus, 원생원우)로 중세기 후반인 1627년까지 유럽에서 생존함.
- 한우의 경우, 신라 말기 지증왕 3년(502년)에 권농의 목적으로 우경을 장려하였다는 문

헌 기록이 있으며, 삼한 시대에 전국적으로 농경, 승용, 식용으로 사육됨.
- 육우는 1019년 한우의 대형화와 유용능력 개량의 목적으로 Simmental을 10마리 도입하여 교배 사육함.
- 유우는 철종 7년(1856년)에 유우에 관한 기록이 있음.

2) 양의 사육 역사

- 양은 개 다음으로 가축화된 동물이며 농경 시작 이전에 순화됨.
- 인류가 최초로 젖을 이용한 동물이 양이며, 우유의 이용은 양젖에서 유래함.
- 면양과 산양이 있으며, 우과(*Bovidae*)의 면양속(*Ovis*), 산양속(*Capra*)에 속함.
- 면양속과 산양속은 매우 흡사하여 학자들도 차이점을 명확하게 설명하기 힘듦.
- 산양의 축화연대는 신석기 시대로 소나 면양보다는 약간 늦음.
- 사용 목적에 따라 양은 모용종, 모육겸용, 육용종 그리고 장모정으로 나뉘며, 산양은 모용종, 유용종, 육용종으로 나뉨.

3) 닭의 사육 역사

- 일반적으로 BC 3000년경에 축화되었다고 하나, 최근에는 약 10000년 전에 축화되었다는 증거가 발견됨.
- 닭은 가장 먼저 축화된 가금류임.
- 우리나라의 경우, 언제부터 사육되기 시작하였는지 불분명하나, 삼국지 위지 동이전에 의하면 기원전 2000년부터 사육되기 시작함.
- 국내에는 개량종이 1903년 일본으로부터 Plymouthrock, White Leghorn 등의 품종이 들어옴.
- 난용종, 육용종, 난육겸용종 그리고 애완종으로 나뉨.

4) 돼지의 사육 역사

- 돼지는 대략 5000~7000년 전에 사육되기 시작함.
- 돼지는 멧돼지과의 짝수 발굽의 유제류속으로 분류됨.
- 돼지는 체중, 귀의 크기, 모색, 체형, 원산지 등에 의하여 품종이 분류됨.
- 원산지에 따라 영국종, 덴마크종, 벨기에종, 미국종, 동양종 등으로 나뉨.

멘델의 유전법칙(Mendelian inheritance)

그림 2-1. 멘델

- 멘델의 유전법칙은 오스트리아의 식물학자 그레고어 멘델(Gregor Mendel)이 완두콩을 이용한 7년의 실험을 정리하여 1865년에서 1866년 사이에 발표한 유전학의 법칙임.
- 발표 초기 그리 큰 관심을 받지 않았으나 20세기 초 이후 큰 영향력을 발휘함.
- 고전 유전학은 1915년 토머스 헌트 모건이 보페리-서튼 유전자 이론, 멘델의 유전법칙을 바탕으로 완성함.

1. 멘델이 완두를 사용한 이유

- 한 세대의 주기가 짧음.
- 대립형질이 뚜렷함.
- 염색체의 수가 적음.
- 교배가 쉬움.
- 자가수분이 용이함.
- 재배나 사육이 용이함.
- 한 번에 낳는 자손 수가 많음.
- 멘델은 7가지 형질을 선택, 각 형질에 대한 순종을 얻는 작업을 진행함.

2. 우열의 법칙

- 형질이 대립되는 개체끼리 교배 시 잡종 제1대(F1)에서는 우성 형질만 나타나며 열성 형질은 표현되지 않는 현상임.
  예) 흑색 무각 암소 × 적색 유각 수소의 교배: 흑색 무각 송아지(우성)

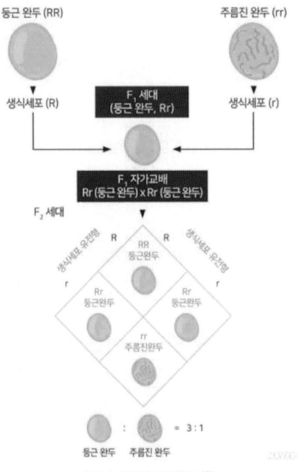

그림 2-2. 멘델의 단성잡종 실험

- 항상 '둥근 모양의 완두콩' 및 항상 '주름진 모양의 완두콩'을 열매로 맺는 순종을 얻음.
- 서로 다른 두 가지 형태의 순종(예를 들어, 둥근 콩×주름진 콩)을 교배하는 실험을 진행함.
- 이러한 실험을 단성잡종(monohybrid) 실험이라 함.
- 잡종 1대에서는 잡종 실험에 사용한 두 가지 순종 형질, 즉 두 가지 대립되는 형질(둥근:주름진) 중 한 가지 형질만 나타남.
- 잡종 1대를 자가교배하여 얻은 잡종 2대를 이용한 실험은 7가지 형질 모두 3:1의 비율로 표현형이 나타남.
- 통계적 개념을 가지고 있었던 멘델은 직관적으로 이 실험의 결과가 다음을 의미한다는 것을 알아냄.

① 형질을 결정하는 유전물질은 입자적 성질을 가지므로 서로 섞여 사라지지 않음.

② 서로 다른 두 가지 입자 형태로 존재함.

③ 형질을 결정하는 그 입자가 두 개씩 짝지어서 한 가지 형질을 결정함.

④ 함께 짝지어 있던 두 유전물질은 생식세포가 만들어지는 과정에서 정확하게 1:1로 분리되어 생식세포 하나에 한 개씩 들어가 있다가 수정될 때 합해지면 다시 유전물질 입자를 2개씩 가진 개체가 만들어짐. 이른바 분리의 법칙.

- 멘델이 단성교배 실험을 통해 알아낸 또 하나의 중요한 사실은 입자적 성질을 띤 유전물질이 짝지어 형질을 결정할 때 서로 간에 우열 관계가 있어서, 함께 있을 때 형질이 드러나는 우성 입자형(dominant)과 형질이 드러나지 않는 열성 입자형(recessive)이 있음.

3. 멘델의 잡종 1대 실험을 콩 모양 유전으로 다시 재구성함

- 콩 모양을 결정하는 유전물질 이름을 R이라고 하면 우성인 입자형을 R, 열성인 입자형을 r로 표시할 수 있음.

- 이를 단성교배 실험에 적용하면 RR(둥근 콩)과 rr(주름진 콩)을 교배한 셈이 됨.

- 잡종 1대는 따라서 Rr이 될 것임. 잡종 1대를 자가교배하는 실험은 바로 Rr(둥근 콩)과 Rr(둥근 콩)을 교배하는 것이며, 생식 과정에서 두 가지 입자형 유전물질이 정확하게 반반씩 쪼개지고, 꽃가루와 암술이 무작위적으로 만나므로 결국 [RR:Rr:rr=1:2:1]이라는 비율로 만들어짐.

- 이를 표현형 비로 보면 둥근 콩 : 주름진 콩=3 : 1이라는 결과에 이르게 됨.

- 이 실험에서 형질을 결정하는 입자형 유전물질은 유전자(gene)이며, 한 가지 형질을 결정하는 데 참여하는 두 가지 형태의 유전물질은 유전자형(allele)을 뜻함.

4. 분리의 법칙

- 잡종 제1대(F1)에서 나타나지 않은 열성 형질이 잡종 제2대(F2)에서 우성:열성 = 3:1의 일정한 비율로 나타나는 현상임.

백색 요크셔(Yorkshire) × 흑색 버크셔(Berkshire)의 교잡:

P 백색 요크셔(WW) × 흑색 버크셔(ww)

F1 백색(Ww) × 백색(Ww): 우열의 법칙

F2 Ww: Ww: Ww: ww: 분리의 법칙

1) 멘델의 가설

– 멘델의 단성잡종교배 실험 결과를 설명하기 위한 가설 3가지

　① 유전형질은 유전자(단위형질)에 의해 지배되며 그 유전자는 개체 내에서 쌍으로 존재함.

　② 같은 개체 내 서로 다른 두 개의 유전자가 함께 존재할 경우, 한 가지 형질만 발현되며, 발현되는 형질이 우성, 발현되지 않는 형질이 열성임.

　③ 개체 내 쌍으로 존재하는 유전자는 배우자 형성과정에서 하나씩 분리되어 다른 배우자(생식세포)로 분배되므로 배우자는 유전자를 하나씩만 보유함. 이는 분리의 법칙으로는 설명이 가능하지만, 우열의 법칙으로는 설명이 불가함.

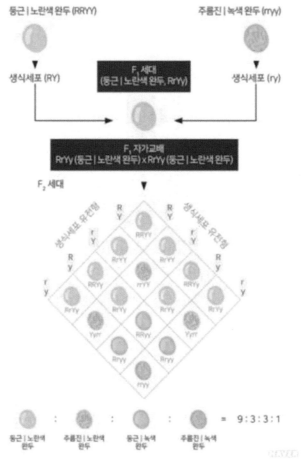

그림 2-3. 멘델의 양성교배 실험

- 서로 다른 두 가지 이상의 형질이 동시에 유전될 때에도 하나의 형질이 유전될 때 나타나는 유전현상과 같은 설명이 가능한지를 실험함.
- 콩 모양과 콩 색깔의 유전을 함께 테스트하는 양성교배(dihybrid cross) 실험임.
- '둥근/노란색 콩'(RRYY)과 '주름진/녹색 콩'(rryy)을 교배 = F1
- F1: 모든 콩이 'RrYy'의 유전자형 조합, 표현형은 '둥근/노란색 콩'
- F1의 자가교배, 즉 RrYy와 RrYy를 교배 = F2
- F2: 총 9가지의 유전자형, 4가지의 표현형
- 유전자형 - 'RRYY', 'RRYy', 'RRyy', 'RrYY', 'RrYy', 'Rryy', 'rrYY', 'rrYy', 'rryy'
- 표현형: 둥근/노란색 콩 : 둥근/녹색 콩 : 주름진/노란색 콩 : 주름진/녹색 콩 = 9 : 3 : 3 : 1
- 서로 다른 두 개의 형질에 대한 유전을 결정하는 유전자는 서로 영향을 주고받지 않음.
- 두 유전자가 서로 다른 염색체 위에 존재할 경우 독립법칙이 완전히 적용됨.
- 하지만 다수의 유전자가 한 염색체 위에 함께 존재하고 있는 경우가 많아 사실상 서로 다른 형질의 유전이 연관된 경우가 많음.
- 유전학 실험에서 멘델의 법칙에 위배되는 결과들이 나오게 되는 이유에 대해 설명 가능함.

5. 독립의 법칙

- 두 쌍의 대립형질이 함께 유전될 때, 각각의 형질은 서로 간섭하지 않고 우열의 법칙과 독립의 법칙에 따라 각각 독립적으로 유전됨.
- 이성교잡에서 3개 유전자 좌위의 대립인자 간 어떠한 간섭이 없이 각 대립인자의 유전자들이 독립적으로 유전됨.

  F2: 총 4가지의 표현형 - 9 : 3 : 3 : 1

  F2: 의 분리비
- 단성잡종: (3+1) = 3 + 1
- 양성잡종: (3+1)×(3+1) = 9 + 3 + 3 + 1
- 3성잡종: (3+1)×(3+1)×(3+1) = 27 + 9 + 9 + 9 + 3 + 3 + 3 + 1

대립유전자 간의 상호작용

1. 완전우성
- F1이 완전히 한쪽 어버이의 형질만을 표현하는 경우임.
- 특정 형질이 단일 유전자(R/r)의 지배를 받을 때, Rr의 표현형이 RR의 표현형과 같은 경우임.

2. 불완전우성
- F1이 양친의 중간형질을 나타내는 경우: 불완전우성 = 중간잡종
- 예) 닭: 역우(Frizzle), 모관과 비모관, 갈색란과 백색란, 각모와 무각모. 쇼트혼(육우): 적색 소와 백색소 교배 시 조모색 F2가 나타남.
- F2 조모색 분리비: 적색 : 조모색 : 백색 = 1 : 2 : 1

그림 2-4. 쇼트혼의 조모색(槽毛色, Roan)

3. 부분우성
- 대립형질에 있어서 부분적으로 서로 우성으로 작용 = 모자이크잡종, 구분잡종
  예) 안달루시안의 Blue gene

흑색 × 흑색 = 100% 흑색	백색 × 백색 = 100% 백색
흑색 × 백색 = 100% 청색	흑색 × 청색 = 50% 흑색, 50% 청색
흑색 × 백색 = 50% 청색, 50% 백색	청색 × 청색 = 25% 백색, 25% 흑색, 50% 청색

4. 성(공동우성)

- 하나의 유전자가 둘 이상의 우성 대립유전자를 보유함.
- 두 대립유전자의 형질이 우열성에 관계없이 독립적으로 잡종 F1에 함께 나타남.
  예) ABO식 혈액형의 A와 B 유전자

5. 대립유전자

- 동일 유전자좌에 3개 이상의 유전자가 존재할 때 1개의 유전자가 다른 2개 이상의 유전자에 대하여 우성인 것을 의미함.
- 서로 상호작용하여 상이한 표현형을 나타내지만, 모두 동일형질을 지배하므로 그 작용은 유사함.
- 원래 동일 유전자였던 것이 돌연변이에 의하여 생긴 것임.
  예) ABO식 혈액형, 누에의 반문, 면양의 뿔 유무, 닭의 우모색 등

비대립유전자 간의 상호작용

1. 보족유전자(Complementary gene)

- 2쌍 이상의 비대립유전자들이 하나의 형질에 관여하여 각기 고유 표현형과는 전혀 다른 제3의 표현형을 만들어내는 현상임.
- 예) 닭의 호두관, 야생우색, 집토끼 및 마우스의 야생모색 등
  분리비: 9 : 3 : 3 : 1 / 9 : 7 / 9 : 3 : 4
  닭의 완두관(rrPP) 및 장미관(RRpp)은 모두 홑볏에 대하여 우성임.
  F1: 호두관, F2: 호두관 : 장미관 : 완두관 : 홑볏 = 9 : 3 : 3 : 1
  호두관은 완두관(P) 및 장미관(R) 유전자가 공존 및 협력한 결과임.
  R이 1개: 장미관 P가 1개: 완두관 rrpp: 홑볏

2. 상위유전자(Epistatic gene)

- 유전자가 다른 비대립유전자의 역할에 따라 상위 및 하위로 나뉨.
- 비대립유전자가 우성유전자의 발현을 억제하는 경우: 상위유전자
- 비대립유전자가 우성유전자에 의해 발현이 억제되는 경우: 하위유전자
- 열성상위: 열성유전자에 의해 생성된 표현형이 다른 유전자 표현형을 지배함.

- 우성상위: 우성유전자에 의해 표현형이 다른 유전자 표현형을 지배함.
 예1) F2 닭의 우모색 분리비: 13 : 3
 예2) 생쥐의 유전자형에 따른 모색:

BB, Bb: 검은색 / bb: 갈색

색을 발현하는 다른 좌위의 유전자 C

CC, Cc: 착색을 도움 / cc: 착색을 방해함(알비노)

유전자형 BbCc의 교배가 이루어질 경우 표현형 분리비

검은색 : 갈색 : 알비노 = 9 : 3 : 4

- 상위성: 양친에는 없었던 새로운 형질이 F2에서 분리 및 발현될 때 비대립유전자들의 상호
  작용임.

3. 변경유전자(Modifying gene)
- 1군 유전자로, 특정 표현형을 담당하는 주 유전자와 공존할 때 그 작용을 변경시켜 표현형
  을 양적 또는 질적으로 변화시킬 수 있지만 단독으로 형질을 발현하지 못하는 유전자임.
- 변경유전자는 한 개 또는 여러 개일 수 있음.
- 특정 유전자형일 경우에만 변경작용의 효과가 뚜렷함.
- 질적 변경유전자 관여: 닭의 무미, 홑볏, 갈색란의 농담.
- 양적 변경유전자 관여: Holstein 종의 모색 중 백반의 크기, 집토끼의 흑백 무늬 등.

4. 동의유전자(Multiple or polymorphic gene)
- 유전자의 작용이 비슷하여 동일한 형질을 나타내는 독립된 유전자임.
- 동일 형질의 표현에 대해 비대립관계에 있는 2쌍 이상의 독립 유전자가 동일한 방향으로
  작용함.
- 중복유전자, 복다유전자, 중다유전자 등이 이에 속함.
- 중복유전자: 대립유전자 2쌍(우성 H/열성 h)이 어떤 한 형질에 대하여 같은 방향으로 작
  용하지만, 우성유전자 간 누적효과가 없어 HH와 Hh의 표현형이 같고, 단지 hh일 때에 한
  하여 표현형이 다를 때 이들을 이중유전자라고 칭함.
- 잡종 2대의 분리비 = 15 : 1
- 중다유전자: 주로 양적 형질의 유전에 관여하며, 동일 방향으로 작용되는 유전자 수가 극히
  많고, 그 개개의 유전자 작용이 극히 미소하여 표현력이 환경변이보다 작은 유전자임.
- 복다유전자: 유전자들이 누적된 작용역가의 크기에 따라 형질의 표현 정도가 달라지는 경
  우의 유전자임.

5. 억제유전자(Suppressor or inhibitor gene)

- 비대립 관계에 있는 2쌍의 유전자가 특정의 한 형질에 관여하는 경우 한쪽의 유전자는 특별한 발현작용이 없으면서 다른 쌍에 속하는 유전자의 작용을 발현하지 못하게 하는 경우의 유전자를 말함.
- 억제유전자와 피억제유전자는 각기 독립유전을 하므로 F2에서는 양성잡종 분리비의 변형인 13 : 2 또는 12 : 3 : 1 등의 분리비를 나타냄.
- 닭의 품종인 우성백 레그혼(Leghorn)종과 열성백 와이언도트(Wyandotte)종의 교배
- 억제유전자에 의한 우성백색
- F1은 모두 백색, F2에서는 양성잡종분리비의 변형인 백색 13 : 유색 3의 분리비
- 유색유전자의 발현이 억제됨.
- 닭의 억제유전자는 불완전우성이므로 hetero 상태에서 F1의 백색 13 중 7이 순백색, 6은 오백색(순수하지 않은 백색)

유전자의 특수 작용

1. 상시유전자(Analogous gene, Mimic gene)

- 표현형은 동일하거나 극히 비슷한 형질을 발현시키지만 전연 별개의 유전자가 관여하는 유전자임.
- 예)
  ① 백색 레그혼종의 백색깃털색은 우성백색이라 하는데, 이것은 우성유전자에 기인함. 백색의 플리머스록종, 오골계, 와이언도트종, 쟈보종 등의 백색 c에 기인함.
  ② 알비노는 유전자 a에 기인함.
  ③ 이들 I, C, a의 3유전자는 백색우성을 발현하는 상시유전자임.

2. 다면작용(Pleiotropism)

- 1개의 유전자가 2개 이상의 형질발현에 관계하는 현상 = 하나의 유전자가 여러 형질 지배함.
- 예)
  ① 소의 매끄러운 혀는 한 쌍의 상염색체성 단순열성유전자에 의하여 발현됨.
  ② 혀 표면의 작고 굳은 유두돌기가 미약하게 발달하여 표면이 매끄럽고 부드러우며 조직이 섬세하여 상처가 나기 쉬움.

③ 이 개체의 피모는 벨벳처럼 짧고 가늘며, 피부는 수직의 주름살임.

④ 송아지는 음수량이 많아 연변을 배설, 피모가 항상 더럽고 피부습진 발생이 잦음.

⑤ 뿔은 연하고 혈청 내 철분 함유율이 낮음, 적혈구의 헤모글로빈 농도 또한 정상에 비해 현저히 낮은 저색소성 빈혈증을 나타냄.

유전자의 돌연변이

1. 염색체
- 염색체(chromosome)는 유전정보를 전달하는 단백질과 DNA 분자로 이루어진 실과 같은 구조임.
- 본래 세포 내에서 DNA는 쉽게 분해되지만 염색체는 유전물질을 안전하게 저장하여 전달할 수 있는 기능을 함.

표 2-1. 가축의 염색체 수

소	돼지	닭	오리	말	염소	양
60	38	78	80	64	60	54

2. 돌연변이(Mutation)
- 염색체의 구조와 숫자가 변해 일어나는 염색체 돌연변이: 결실, 역위, 전좌
- DNA 구조가 변해 일어나는 유전자 돌연변이: 결실, 첨가, 치환
- 포유동물의 경우 1개의 유전자가 다음 세대에 변이를 일으킬 수 있는 빈도: 약 $10^{-5} \sim 10^{-6}$

성염색체 관련 유전현상

1. 반성유전(Sex-linked inheritance)
- 암수 공통으로 존재하는 성염색체(X)에서 암수의 성별에 따라 형질의 발현비율이 다르게 나타나는 유전현상임.
- 반성유전은 주로 X염색체상의 유전자에 이상이 생겨 열성으로 나타나는 경우가 대부분임.

- 수컷 Hetero형 반성유전: 수컷은 성염색체가 hetero(XY, XO)로, 암컷은 homo(XX) 포유 동물의 예는 극히 적음.
- 사람: 색맹, 혈우병, 안구진탕증, 시신경소모증, 거대각막증
- 가축: 개(혈우병, 크리스마스병), 고양이(귀갑-3색), 소(감모증)
- 암컷 Hetero형 반성유전: 암컷은 성염색체가 hetero(XY, XO, ZW), 수컷은 homo(XX, ZZ)
- 횡반 플리머스록(Plymouth rock)종 암탉과 흑색 미노르카(Minorca)종 수탉을 교배할 때 깃털 색의 유전방식
- 횡반 수컷과 흑색 암컷을 교배함.
  F1: 암수 모두 횡반
  F2: 암평아리의 절반 흑색 / 수평아리 모두 횡반
- 흑색 수컷과 횡반 암컷을 교배함.
  F1: 암평아리 흑색 / 수평아리 모두 횡반
- 어미의 횡반은 잡종 1대의 수컷에 유전되므로 이것을 십자유전(Criss-Cross inheritance) 이라 함.
  F2: 잡종 2대는 3 : 1로 분리되지 않고, 암수 각각 흑색 1 : 횡반 1
- 이형접합체상태의 횡반 수컷과 흑색 암컷을 교배함.
  F1: 암수 모두 흑색 1 : 횡반 1
- 닭의 반성형질: 횡반 외에도 만우성, 은색, 백색 다리 등임.
- 이를 이용하여 초생추에서 자웅 감별 가능 = 반성유전자웅감별법

2. 한성유전(Sex-limited inheritance)
- 유전자가 상염색체에 존재하지만, 성별에 따라 한쪽 성별에만 제한적으로 발현되어 한쪽 성별에서만 유전자의 형질이 나타남. 종성유전의 극단적인 형태임.
- 유전자가 Y 염색체에 있어 한성유전이라 함은 오류 = 성염색체인 Y에 존재하므로 반성유전임.
  예) 사람 손발의 물갈퀴유전, 백만어(수, XY형)의 등지느러미 흑색반점, 초파리의 단발유전자 등, 가축의 경우; 젖소(비유성), 닭(산란성)

3. 종성유전(Sex-controlled inheritance)
- 상염색체에 존재하는 유전자에 의해 발현되나, 그 개체의 발현은 성에 의해 영향을 받는 유전현상임.

- 상염색체에 있는 유전자의 유전자형은 동일하지만 호르몬의 작용 등으로 표현형적 차이가 생겨 한쪽의 성에서만 발현되거나 또는 한쪽의 성에서는 우성으로 발현되고 반대쪽 성에서는 열성으로 잠재하는 유전현상임.
  예) 사람(대머리), 가금(깃 형태, 볏 모양), 면양(Dorset horn과 Suffolk 교배 시 뿔의 유전양식), 가축의 뿔

4. 귀선유전(격세유전)
- 1계통에 우연히 또는 특정 교배를 실시하였을 때 선조의 형질이 나타나는 경우임. 예) 닭의 취소성
- 취소(就巢): 알을 품고 부화시키는 행동인 포란(抱卵 incubation)을 의미함.

치사유전자와 유전적 결함

1. 치사유전자(Lethal gene)
- 가축의 발생 또는 발육과정에서 일정한 시기에 생리적 또는 물리적 결함을 초래하여 개체를 죽게 하는 유전자임.

1) 치사작용: 수정란의 발육 초기부터 개체발생 또는 출생 초기에 이르기까지 형태적 이상이나 생리적 결함을 일으켜 그 개체를 죽음에 이르게 하는 작용임.
  - 수정과 동시에 수정란이 치사한 경우임.
  - 임신기간 중 치사한 경우임.
  - 분만과 동시에 치사한 경우임.

2) 치사유전자의 유전적 결함
  - 상염색체적 열성치사유전자: 선천적 무모, 사지결여, 수두, 선천적 수종, 상피결함
  - 우성형질을 동반한 열성치사유전자: 닭의 포복성(닭 날개와 다리가 짧아짐)
  - 저활성 결함: 반성나체돌연변이, 선천적 백내장, 장기재태(임신기간이 훨씬 지나 늦은 분만)

3) 가축에서 치사유전자작용에 의하여 발현되는 형질
  - 치사유전자: 소(선천성 무모), 닭(포복성), 면양(Karakul에서의 회색 피모), 연골발육부전

(불도그형), 장기재태, 태아미라변성, 선천성 수종, 하악부전, 상피부전, 사지단소, 말단결손 등
  - 반치사유전자: 선천적 백내장, 반무모, 선천적 곡계(congenital-flexed pasterns) 등

연관과 교차

1. 연관
- 하나의 염색체에 여러 유전자들이 함께 존재할 때, 이들 유전자는 서로 연관됨.
- 두 개 이상의 유전자가 같은 염색체 위에 있으면서 감수분열이나 수정과정에서 같이 행동함.
- DNA 염기서열의 일부가 조절부위와 구조유전자부위로 구성되어 특정한 단백질(효소) 1개를 생산할 수 있는 정보를 가진 단위임.

2. 교차(불완전연관)
- 제1 감수분열의 과정에서 상동염색체가 접합한 2가염색체의 염색분체 중 하나씩 서로 자신의 유전정보 일부만을 교환함으로써 연관되어 있던 유전자들이 서로 바뀌게 되어 나타나는 유전현상임.
- 서로 다른 두 유전자의 대립유전자 사이에서 재조합을 일으킴.
- 교차가 일어난다는 것은 DNA의 화학결합이 절단되고 염색분체가 교환됨.
- 연관된 유전자 간에는 교차가 잘 일어나지 않음.
- 세포분열의 과정에서 밀착한 상동염색체 사이에 절단 및 재결합에 의한 대응 부분의 교환이 일어나고, 이 결과 연관되는 대립유전자가 교환됨으로써 유전자재조합이 이루어짐.
- 교차는 일반적으로 진핵세포에서 일어나지만, 진행이 없는 세균이나 바이러스에서도 기본적으로 교차와 같은 현상이 일어남.
  예) [AB / ab]에서 각각의 염색체는 생식세포로 AB / ab만을 가짐. 교차가 일어나면 Ab, aB 같은 유전자조합을 가진 생식세포가 나타남.

3. 교차율(r)
- 연관되어 있는 두 유전자 사이에서 교차가 일어나는 빈도임.
- 교차율은 전체 생식세포 중 교차로 인하여 생긴 생식세포의 비율임.
- 동일한 염색체 위에 연관되어 있는 두 유전자 사이의 거리가 멀수록 교차가 일어날 기회가

많아져 교차율이 높아지고, 거리가 가까울수록 교차가 일어날 기회가 적어져 교차율이 낮아짐.

> 교차율(조환가, Recombination value) = {교차형 / (교차형+비교차형)} × 100

- 교차율은 전체 생식세포 가운데 교차에 의해 나타난 유전자조합을 가진 생식세포의 비율임.
- 교차형의 개체수를 총개체수로 나눈 값을 백분율로 나타냄.
- 실제로 교차가 일어나는 불완전연관의 경우: 교차율(%) = 0 〈 r 〈 50
- 어느 2쌍의 대립유전자에 대한 교차율이 0%인 경우: 교차가 전혀 일어나지 않은 것 = 2쌍의 대립유전자가 완전연관
- 교차율이 50%인 경우: 2쌍의 대립유전자가 독립, 분리되는 경우임.
- 교차율은 생식세포 형성과정에서 대립유전자의 완전연관, 불완전연관(교차), 독립분리 등을 판별하는 데 이용함.
- 양성잡종 AaBa에서 두 유전자 A, B가 불완전연관될 경우:
  ① 생식세포 분리비 = AB : Ab : aB : ab = n : 1 : 1 : n
  ② 교차율 = {100 / (n+1)}%, 0% = 완전연관 / 50% = 독립유전 / 일부 교차로 인한 새로운 유전자조합 = 0% 〈 r 〈 50%

염색체 지도

- 염색체지도: 염색체 위에 자리하고 있는 유전자의 위치와 유전자 사이의 상대적인 거리를 그림으로 나타낸 것임.
- 교차율과 유전자 사이의 거리는 비례 = 교차율로 연관되어 있는 두 유전자 사이의 상대거리를 계산함.
- 연관지도, 유전학적 지도, 세포학적 지도, 다선염색체지도 등임.
- 연관지도는 유전자 간 거리 단위가 교차율로 표시되며, 교차율을 기초로 작성함.
- 연관지도상 두 유전자 간 거리가 가까울수록 교잡 후대에 재조환형의 출현비율이 높음.
- 원칙적으로 상동염색체 벌 수와 유전자 연관군의 개수는 동일함.
  예) A, B, C 세 유전자가 서로 연관되었을 경우: 유전자 A와 B 사이의 교차율 10%, B와 C

사이의 교차율 2%, A와 C 사이의 교차율 8% = B와 C의 거리가 가장 가까우므로 염색
체상 세 유전자의 배열은 아래와 같음.

= A − C − B 또는 B − C − A

1. 3점 검정교배(Three-point testcross)

- 3개의 유전자에 대한 이형접합체를 3중 열성 동형접합체와 교배하는 것임.
- 3점 검정교배의 장점: 한 번 교배로 연관유전자 간의 재조합빈도를 알 수 있음. 2중 교차정
  보를 얻을 수 있음.

2. 염색체 지도의 이용

- 동물의 잡종 후대 교차율을 분리 예측 가능함.
- 육종계획(계통선발, 육종규모)을 체계적으로 수립 가능함.
- 사람, 초파리, 금어초, 누에, 쥐, 토끼, 벼, 보리, 옥수수 등의 염색체 지도가 만들어진 상태임.
- 대장균, 붉은 빵곰팡이, 효모균 등의 미생물 염색체 지도도 만들어짐.

염색체 이상에 의한 유전현상

1. 염색체의 구조적 변이

1) 결실 또는 삭제

- 염색체의 일부가 없어지거나 삭제됨(Lewis, 2005).
- 인간의 장애: 울프-허시호른증후군(4번 염색체 단완 일부 결실), 야콥센증후군(11 염색
  체 장완 끝 결실)

2) 중복

- 염색체의 일부가 복제되며 겹치는 현상임.
- 인간의 장애: 1A형 샤르코-마리-투스병(17번 염색체 말초미엘린단백질22 암호화 유전
  자 중복)

3) 전좌

- 한 염색체의 일부가 다른 염색체로 옮겨가서 결합하는 현상임.

4) 역위

- 염색체의 일부가 절단된 후 반대 방향으로 붙은 경우로, 불임이 되는 경우가 잦음.
- 염색체 절단은 자주 일어나지만, 보통의 경우 다시 원상태로 회복됨.

2. 염색체의 수량적 변이

1) 이수성

- 이수성은 염색체의 수가 정상인에 비해 몇 개 많거나 적은 돌연변이임.
  예) 다운증후군(21번 염색체 3개), 클라인펠터증후군(XXY, 남성), 터너증후군(XO, 여성)
- 염색체의 수가 많은 경우보다 적은 경우가 더 치명적임.
- 염색체 수가 $2n \pm 1$, $2n \pm 2$와 같이 변칙적인 것으로, 생식세포 분열 시 염색체의 비분리 또는 절단이 원인임.
- 이수현상
  ① 영염색체적(Nullisomic): $2n - 2$
  ② 단염색체적(Monosomic): $2n - 1$
  ③ 2중3염색체적(Double trisomic): $2n + 1 + 1$

2) 배수성

- 염색체의 수가 n개 단위로 더 많아지거나 적어진 돌연변이임.
- 감수분열 시 핵분열만 일어난 후 세포질분열이 일어나지 않거나, 방추사가 형성되지 않아 염색체가 한쪽으로만 이동하여 나타남.
- 염색체의 수가 n, 3n, 4n 등 기본수의 배수임.
  예) 씨 없는 수박(2n 콜히친처리 = 3n), 토끼(난자에 콜히친처리 = 3n 토끼 생산)

성 결정과 간성

- 성염색체는 성의 결정에 관여하는 염색체로, X / Y, Z / W로 표시함.
  예)
  ① XY형(사람, 포유동물, 초파리 등): XX 암컷, XY 수컷
  ② XO형(파충류 등): XX 암컷, XO 수컷
  ③ ZW형(조류): ZZ 수컷, ZW 암컷

1. 성의 결정

1) 성유전자설
- 사람을 포함한 가축의 경우, Y염색체에 수컷 결정유전자가 있어, XY는 수컷, XX는 암컷
  이 됨.
- 유전자 평형설: 성염색체와 상염색체에 있는 성유전자의 유전적 평형관계에 따라 성이
  결정됨.
- 수량설: 성유전자의 양적인 관점에서 성이 결정됨.

2) 성비(Sex ratio)
- 암수의 비
- 성비는 총개체 중 수컷의 비율 또는 암컷에 대한 수컷의 비율로 나타냄.
- 사람의 경우 여성 100명당 남성의 수로 나타냄.
  {수컷/(수컷+암컷)}×100, 수컷/암컷×100

2. 간성

1) 프리마틴(Free martin)
- 소의 이성쌍태(異性雙胎)에 있어 암컷에 나타나는 이상으로, 성의 형태는 간성
- 소의 이란성 쌍생아가 암컷과 수컷인 경우, 수컷은 이상이 없지만, 암컷은 난소에 장애
  가 있어 간성형 또는 정소와 유사한 구조를 가짐.
- 정소나 수정관이 발달하여 태어난 암컷은 생식기관에 결함이 생겨 새끼를 낳지 못함. 소
  에 있어 이성쌍태를 분만하는 경우 암컷은 불임이 되는 것이 일반적으로, 이와 같은 암

컷을 프리마틴이라 칭함.
- 이성쌍태 암컷의 약 90%는 프리마틴이 되지만, 10% 정도는 정상적인 암컷으로 번식이 가능함.
- 원인: 수컷 태아의 정소 발육이 암컷 태아의 난소보다 먼저 일어나 웅성호르몬이 먼저 난소에 작용하기 때문으로 알려짐.
- 소를 제외한 다른 포유류에서는 프리마틴을 찾아볼 수 없음.

2) 진반음양(Hermaphroditism)
- 한 개체가 난소와 정소를 각각 1개씩 가지거나, 양쪽의 성선(생식선)이 난정소(ovotestis)인 경우임.

3) 위반음양(Pseudohermaphroditism)
- 암컷의 생식기를 가지면서 제2차 성징은 수컷인 경우임.
- 외관성의 성과 생식선의 성이 일치되지 않는 것으로 가성반음양증이라고도 함.

가축 육종의 목표

- 축산물의 생산량 및 생산성 증대
- 축산물의 품질을 개선하여 소비자의 요구에 대응
- 축산법령으로 지정된 개량대상 가축: 한우, 젖소, 돼지, 닭, 오리, 말

1. 가축의 선발 & 교배
- 가축의 선발은 유전적으로 우수한 개체를 종축으로 이용하여 다음 세대 가축의 유전적 능력을 인위적으로 개량하려는 것임.
- 다음 세대를 생산하기 위하여 교배는 필연적임.
- 여기서 어느 것을 종축으로 이용할 것인가의 문제와 종축으로 선정된 암가축과 수가축을 어떻게 교배할 것인가 하는 문제는 매우 중요함.
- 과거의 종축선발은 혈통과 외모를 중시했지만, 현재의 종축선발은 혈통과 외모도 고려하지만, 가축의 유전 능력에 근거하여 선발함.

집단의 유전적 평형

1. 하디-바인베르크(Hardy-Weinberg) 법칙
- 개체군이 가지는 유전자풀(gene pool) 안에서 여러 유전자들의 비율은 세대를 거듭해도 그대로 유지된다는 법칙으로, 희귀한 유전자는 사라지지 않고 보존됨.

1) 유전자 빈도의 변화가 없는 평형을 이루는 조건;
- 인위적인 선발이 없어야 함.
- 유전적 부동(genetic drift)이 없어야 함.
- 부모 세대에 집단 간의 이주(Migration)가 없어야 함.
- 돌연변이가 없어야 함.
- 집단이 매우 크고, 무작위 교배가 이루어져야 함.

2. 유전자 빈도의 변화 요인

1) 돌연변이
- 한 개체가 가진 DNA에 변화가 생기면 유전자 돌연변이가 나타남.
- 돌연변이는 집단의 유전자풀에 새로운 대립유전자를 제공, 그 결과 유전자 빈도가 달라짐.
- 유전자 돌연변이는 DNA복제 또는 재조합과정에 관련된 효소의 오류로 발생함.
- 방사선, 담배 연기, 바이러스 등이 돌연변이를 유발함.
- 유전자 돌연변이에 의해 다음 세대에 전달되는 대립유전자임.
  예) 낫 모양 적혈구 빈혈증, 혈우병, 알비노, 색맹, 헌팅턴무도병 등

2) 자연선택
- 특정 형질을 가진 개체가 다른 개체보다 생존에 더 유리하고 자손을 많이 남기면 집단 내에서 유전자 빈도에 변화가 생기는 현상임.
- 자연선택은 환경변화에 적합한 개체의 생존율이 증가하는 형태로 나타남.
- 어떤 표현형이 생존에 유리한가에 따라 유전자 빈도가 달라질 수 있음.
  예) 곤충이 살충제에 내성을 가지는 경우 등

3) 이주(유전자 흐름), 격리

- 생식능력이 있는 개체나 배우자가 다른 개체군으로 이동하여 원래 집단에 없었던 새로운 대립유전자가 유입되는 현상임.
- 처음 이 대립유전자는 특정 지역에서 돌연변이에 의해 발생하였지만 다른 지역으로 이주하여 자연선택에 의해 빈도가 증가함.

예)

① 수컷 비비원숭이는 다른 수컷의 공격을 받고 다른 지역의 개체군으로 이동함.
② 꽃가루를 운반하는 바람이나 곤충에 의해 식물 개체군의 유전자 흐름이 발생함.
③ 유전자풀이 다른 집단의 경우, 작은 유전자 흐름도 개체군 내 유전자 빈도에 큰 변화를 일으키며, 이미 유전적으로 비슷한 집단 간에는 유전자 흐름의 영향이 적음.

4) 유전적 부동 및 병목현상

- 유전적 부동: 우연한 사건으로 대립유전자의 빈도가 예측할 수 없는 방향으로 변화함. 규모가 작은 집단의 경우 유전적 부동이 더 크게 나타남.
- 창시자 효과: 적은 수의 개체가 큰 집단으로부터 격리되어 새로운 집단을 만들 때 원래의 집단과 다른 유전자 빈도를 가진 집단이 형성됨.
- 병목현상: 화재나 홍수와 같은 갑작스러운 환경변화에 의해 집단의 규모가 급격히 줄어드는 현상. 천재지변을 겪고 난 후에 살아남은 생존자로 구성된 집단의 유전자 빈도는 원래 집단과 달라지며, 여러 세대를 거듭하며 유전자풀이 변화. 병목효과를 거친 집단은 개체수가 회복되어도 유전자풀이 단순하여 환경적응력이 낮음.

유전자 빈도와 유전자형 빈도

1. 유전자 빈도(Gene frequency)

- 유전자의 대립유전자가 얼마나 자주 개체군에 나타나는지의 여부임.
- 개체군 내 유전자좌상의 대립유전자의 상대적 빈도를 측정한 것임.
- 유전자 빈도는 어느 집단 전체의 비율이 1이 되도록 정의함.
- 유전자형 빈도는 한 집단에 속한 모든 개체의 특정 유전자형의 비율 계산함.
- 하나의 유전자위(locus)에 위치하는 한 쌍의 대립유전자(allele)를 A와 a라고 할 경우, AA / Aa / aa 3개의 유전자형이 존재함.

- AA / Aa / aa의 유전자형을 가진 개체의 빈도를 각각 P, X, Q라고 하면, P + X + Q = 1이 되도록 정의함.
- 유전자형이 AA인 개체는 2개의 A유전자를 보유, Aa는 A와 a를 하나씩 보유, aa는 2개의 a유전자를 보유. 따라서 A와 a의 합은 2배체 생식을 하는 생물체집단에 속하는 전 개체수의 2배임.
- A유전자의 빈도: p = AA개체의 빈도 + (1/2 × Aa개체의 빈도) = P + 1/2X
- 또한, $p + q$는 1이 되도록 정의하므로, $p = 1 - q$로 계산 가능함.

양적 형질의 변이 분석

1. 표현형가의 분할

1) 변이(Variation)
- 양적 형질에서 유전과 환경의 두 요인에 의해서 나타나는 개체 간 또는 집단 간의 능력 차이임.

2) 변이의 특징
- 개체 간의 차이로, 환경변이와 유전변이로 구분함.
- 변이의 크기는 선발과 연관 = 변이가 크면 선발이 용이함.
- 변이는 강력한 선발을 통해 감소함.
- 유전력; 전체 변이 중 유전변이가 차지하는 비율임.
- 환경 차이에 의해 발생하는 환경변이는 가축개량에 이용 불가함.
- 유전적 원인에 의한 유전변이만이 선발을 통해 가축개량에 효과적인 이용 가능함.
- 동일한 유전적 조성을 가진 가축이라도 환경이 다르면 상이한 변이가 나타남.
- 유전 여부에 따라 가축의 변이를 유전적 변이와 비유전적 변이로 구분함.
- 우량변이를 발견 및 선발하는 육종과정에서 유전적 변이는 중요한 육종의 소재임.
- 교잡에 의한 변이의 형성은 주로 잡종의 감수분열 때 염색체의 교차에 의하여 발생한 형질변화 또는 유전자 상호작용의 변화로 인하여 일어남.

3) 유전력 추정치가 높은 수치로 나타날 수 있는 조건
- 환경변이의 최소화
- 유전변이의 극대화
- 상가적 분산의 최대화

4) 변이의 크기를 나타내는 방법
- 어느 집단의 변이 크기를 나타내는 데에는 범위, 분산, 표준편차 등을 이용함.
- 범위(range): 가장 큰 값과 가장 작은 값의 차이임.
- 분산 또는 평균제곱: 각 측정치와 집단평균 간의 차이를 제곱한 값의 평균치임.
- 표준편차: 표준분산의 제곱근임.

양적 형질과 질적 형질

1. 양적 형질
- 특정 형질은 많은 수의 유전자에 의해 좌우되며, 개개인의 유전자 작용은 미약함.
- 여러 쌍의 유전자에 의해 좌우됨.
- 연속적인 변이를 나타냄.
- 변이가 정규분포를 나타냄.
- 경제적으로 중요함.
  예) 젖소의 비유량 및 유지율, 돼지 및 육우의 증체량, 닭의 산란 수 등

2. 질적 형질
- 불연속적이며, 하나 또는 극소수의 유전자에 의해 지배되는 성질임.
- 유전적으로 지배되는 정도가 강해서 상대적으로 환경의 영향을 덜 받게 됨.
- 체형, 뿔의 유무, 털색, 볏의 형태 등 양적으로 표현 불가능한 성질임.

표현형질의 분할

1. 표현형가란 개체의 형질 측정값

- 표현형가(Phenotypic value) = 유전자형가(Genotypic value) + 환경효과(E)
- 유전적 요인: 상가적 효과, 우성효과, 상위성 효과

2. 육종가

- 각각의 부모에서 유래된 유전자가 합쳐져 새로이 태어난 자손의 유전자형을 형성한 유전자들의 값임.
- 어떤 개체의 자손 세대에서 나타나는 유전자 효과의 평균치로, 이는 어떤 형질에 미치는 관련 유전자 각각의 효과 총합임.
- 가축의 육종가 = 상가적 유전형가의 총합임.
- 가축의 육종가 = 전달능력(Transmitting ability)의 2배임.
- 가축의 육종가 〉 실생산능력(Real producing ability)
- 육종가 = 유전력 X 선발차
- 육종가의 기본이 되는 유전적 효과: 상가적 효과
- 육종가 약식: $G = \overline{X} + h^2(X - \overline{X})$
    (단, $\overline{X}$: 개체기록의 평균치, h^2: 유전력, X: 개체능력치)
- 우성효과: 대립유전자 간의 상호작용에 의한 효과임.
- 상위성 효과: 비대립유전자 간의 상호작용에 의한 효과임.
- 유전자형가(G) = 육종가(A) + 우성효과(D) + 상위성 효과(I)
- 변이가 0이면 효율두 0%임.

3. 표현형 분산의 분할

- 형질변이의 유전적 분석은 양질 형질의 유전을 연구하는 중요한 수단임.
- 개체 간에서 볼 수 있는 표현형의 격차는 표현형 (공)분산으로 나타남.
- 표현형 (공)분산은 유전자형 분산과 환경분산으로 나뉨.
- 표현형 분산은 항시 양의 값을 취함.
- 표현형 분산 = 유전분산 + 환경분산
- 유전자형 분산 = 상가적 유전분산 + 우성분산 + 상위성 분산
- 상가적 유전분산 = 육종가의 차이에 의한 분산

4. 표현형 상관의 분할

- 표현형 상관: 양적 형질의 표현형에 나타나는 상관관계임.
- 상관관계의 결과는 상관계수(Correlation coefficient)로 나타냄.
- 상관계수의 범위는 −1~1까지이며, 모두 강한 선형관계를 의미함.
- 표현형 상관 = [두 형질 간의 표현형 공분산] / [두 형질의 표현형 표준편차의 곱]

유전분산과 환경분산

1. 형질발현에 있어서 유전과 환경 간의 관계

- 가축의 형질발현은 유전과 환경의 공동작용으로 나타남.
- 즉, 아무리 환경조건이 좋다 하더라도 그 개체가 태어날 때부터 가진 유전적 한계선을 초과하지 못함.
- 모색: 유전의 영향이 큼.
- 수태율: 환경적 요인에 의한 영향이 큼.

예) 굴토끼 중 황색지방 개체(yy)에게 xanthophyll이 함유되지 않은 사료 급여 시 피하지방이 백색이 되는 것은 야생토끼의 피하지방이 백색유전자(Y)에 의해 xanthophyll을 파괴하는 효소를 만들기 때문임.

굴토끼의 피하지방 색: 황색, 백색 / 백색유전자(Y) > 황색유전자(y)

YY, Yy: 백색 / yy: 황색

Xanthophyll 미함유 사료 급여 시: YY, Yy, yy 모두 백색 피하지방

유전모수

- 유전모수는 유전적 수량 형질을 해석할 때 표본에서 실측에 의하여 얻어진 통계량을 바탕으로 추측되는 모집단의 유전적 속성임.

유전력의 정의 및 이용

1. 유전력(Heritability)의 개념
- 유전력: 전체 분산 중 유전분산이 차지하는 비율임.
- 유전력 = 유전분산/표현형 분산
- 형질의 유전력이 높으면 표현형 변이 중 유전적 요인의 비중이 크고, 유전력이 낮은 형질은 환경요인의 영향이 상대적으로 더 크다는 것을 의미함.
- 유전력이 높다고 해서 그 형질이 환경에 의해 변화하지 않는다는 것은 아님.
- 모수(모집단 특성값): 추측 통계학의 개념으로는 전체의 일부를 조사하여 집단 전체를 알려고 하는 것임.
- 모집단에 대한 평균, 분산 등을 아는 것을 목적으로 함.

1) 좁은 의미의 유전력
- 표현형 분산에 대한 상가적 유전분산의 비율임.
- 상가적 효과는 유전력의 크기를 결정하는 데 가장 중요한 역할임.
- 좁은 의미의 유전력은 양친의 유전요인이 자손으로 전달되는 정도를 나타내는 척도임.
- 선발육종에서는 개량의 정도를 예측하는 지표로 이용함.
- 좁은 의미의 유전력 = 상가적 유전분산 / 전체 분산(표현형 분산)

2) 넓은 의미의 유전력
- 표현형 분산에 대한 상가적 유전분산뿐만 아니라 우성분산과 상위성 분산을 포함한 분산의 비율임.
- 넓은 의미의 유전력 = [상가적 유전분산 + 우성분산 + 상위성 분산] / 전체 분산(표현형 분산)

2. 유전력의 변이
- 유전력의 범위: 0~1, 유전효과가 없을 경우 = 0
- 유전효과에 의해서만 표현형이 결정될 경우 = 1
- 어떤 형질의 유전력을 1이라 가정한다면 이는 개체 간의 차이가 전부 유전자 간의 차이에 의함.
- 양적 형질의 경우는 최고치와 최저치를 갖기보다는 이들 사이의 값을 가짐.
- 작은 유전력: 0.0~0.2 / 큰 유전력: 0.4 이상

- 저도의 유전력: 20% 이하
- 중도의 유전력: 20~40%
- 고도의 유전력: 40~50% 이상
- 유전력이 클수록 유전효과가 표현형 값에 미치는 영향이 큼.
- 따라서 유전력이 클 때 표현형에 기초한 선발은 유전적 개량에 효율적임.
- 유전력이 낮은 형질의 예: 소의 수태율
- 유전력의 변이는 유전효과(종, 품종, 동물의 집단 등)의 변이와 환경효과(사양환경 등)의
  변이에 의해 좌우됨.

3. 유전력의 이용
- 유전력이 크면 개체선발이 효율적이고, 유전력이 작으면 가계선발이 효율적임.
- 유전력의 추정치를 이용하여 선발반응 예측이 가능함.
- 유전력의 추정은 혼합모형을 이용한 육종가를 추정하기 위해 실시함.
- 회귀: 변수 간 원인과 결과를 나타내는 것: 원인이 되는 변수(독립변수), 결과가 되는 변수
  (종속변수)
- 하나의 변수를 이용하여 다른 변수를 예측하고자 함.
- 유전력은 회귀계수의 두 배임.

유전력 측정방법

1. 분산분석을 이용한 측정
- 반형매 간의 유사도 또는 전형매 간의 유사도에 근거하여 추정함.
- 다수의 품종 또는 계통을 반복교배 하여 분석함.
- 반형매: 부모의 한쪽만 다른 형제자매임.
- 전형매: 양친이 동일한 형제자매임.
- 친부모에 대한 자식의 회귀에서 추정함.
- 실제 선발에 의해 세대를 진전시킴.
- 부친과 모친에 대한 자식의 회귀, 부친이나 모친의 평균에 대한 자식의 회귀
- 동일 부친 내 모친에 대한 자식의 회귀
- 선발실험에서의 추정법: 선발에 의해 집단평균치가 변화하는 양을 조사해 계산함.

유전상관(Genetic Correlation)

1. 유전상관의 개념

- 두 개의 형질을 지배하는 유전자가 동일염색체상에 존재하거나, 또 동일유전자라는 것 등의 원인에 의하여 이들 형질이 잡종집단 속에서 양 또는 음의 방향으로 동시에 변동하는 현상임.
- 닭의 초산일령이 늘어날수록 산란 수는 줄어들기 때문에 유전상관이 부의 관계임.
- 초산일령과 산란 수 간의 상관계수: -0.4~-0.6
- 유전상관 = [두 형질 간 유전공분산] / [두 형질 각각의 상가적 유전분산의 제곱근의 곱]

1) 표현형 상관(Phenotypic correlation)
- 표현형 상관은 한 형질에 대한 능력과 다른 형질에 대한 능력 사이 관계의 밀접한 정도 (일관성, 신뢰성)의 측정치임.
- 표현형 상관 = [두 형질의 표현형 공분산] / [두 형질의 표현형 표준편차의 곱]

2) 환경상관(Environmental correlation)
- 환경상관은 한 형질에 대한 환경효과와 다른 형질에 대한 환경효과 사이의 관계가 밀접한 정도(일관성, 신뢰성)의 측정치임.
- 육우에서 생시 체중과 이유 시 체중 사이의 환경상관: 0.1
- 태아기와 출생 후 환경 사이의 관계가 양의 상관이지만 매우 약함.

반복력(Repeatability)

1. 반복력의 개념
- 반복력(r): 한 개체에 대하여 특정 형질이 반복하여 발현되고 측정될 수 있다면 동일한 개체에 대해 측정된 기록 간에 상관관계가 형성되는데, 이에 해당하는 상관계수임.
- 젖소의 산차별 산유량에서와 같이 같은 개체에 두 개의 다른 기록 사이의 상관계수임.
- 반복력이 적용되는 형질: 산차(Parity)별로 측정될 수 있는 산유량, 산자수
- 반복형질의 예: 젖소(산유량), 말(경주 능력), 돼지(복당 산자수), 양(산모량)

2. 반복력의 변이, 추정 및 이용

- 반복력의 범위: 유전력과 마찬가지로 0~1이며, 반복력은 항상 유전력과 같거나 큰 값을 가짐.
- 반복력 = 유전력의 상한값
- 반복력이 클 경우: 우수한 기록을 가지는 개체로부터 우수한 기록을 예측 가능함.
- 반복력이 작을 경우: 우수한 기록을 가지는 개체가 다음 기록에서 우수할 가능성이 낮음.
- 반복력의 추정: 개체의 생산능력을 표현하는 최대가능생산능력 추정 가능, 선발 시 이용 가능함.
- 개체의 생산능력을 위한 선발: 최대가능생산능력에 기초한 영구환경효과까지 고려해야 함.
- 개체의 유전적 개량을 위한 선발과 다름.

  반복력 = [유전형 분산 + 영구환경분산] / 표현형 분산

선발

1. 선발의 개념과 종류

1) 선발: 다음 세대에 가축을 생산하는 데 쓰일 종축(種畜)을 고르는 것으로, 유전적으로 우수한 개체를 종축으로 이용하여 인간의 목적에 보다 적합하도록 다음 세대 가축의 유전적 조성을 변화시킴.
   - 선발의 목표: 경제적으로 중요한 형질을 개량하기 위함.

2) 선발의 중요한 기능
   - 우량종축의 선택
   - 유전자 빈도의 변화
   - 유전자형의 증가, 감소, 제거
   - 불량가축의 도태: 선발은 새로운 유전자를 창출하지 못하지만, 우수한 품종 육성, 경제 형질 개량, 가축 외모 개선 등의 효과가 있음.

3) 선발과 변이
   - 변이: 품종 또는 계통과 같은 하나의 집단에서 많은 수의 개체 간 차이임.
   - 변이의 크기: 범위, 분산, 표준편차 등을 이용할 수 있음. 측정에는 분산이 가장 널리 이용됨.

$$\text{표본의 분산: } S^2 = \frac{\Sigma (X-\overline{X})^2}{(n-1)}$$

S^2: 표본의 분산, X: 형질의 측정치, $\overline{X}$: 측정치 평균, n: 측정치의 수

4) 선발차

- 선발차(選拔差, Selection differential): 어떤 형질에 대한 모집단의 평균능력과 그 집단에서 종축으로 사용하기 위하여 선발된 개체들의 평균능력 간 차이임.
- 선발된 개체의 평균과 집단의 평균 간 차이임.
- 선발 전 집단 평균과 선발된 집단 평균과의 차이임.
- 선발차의 크기: 선발차가 크려면 우선 개량하고자 하는 형질의 변이가 커야 함. 일반적으로 암가축에서보다 수가축에서 선발차를 더 크게 할 수 있음.
- 정액의 인공수정을 통해 여러 마리의 암가축을 교배시킬 수 있어 강선발(또는 도태) 가능함.
- 선발차 계산: 선발차(S) = 종축으로 선발된 개체의 평균 − 모집단의 평균

5) 선발강도

- 선발차를 표현형 표준편차로 나눈 값으로, 표준화된 선발차라고 할 수 있으며 선발비율의 영향을 크게 받음.
- 측정단위가 다른 형질 간 선발차를 비교하는 데 사용함.
- 가축의 증식률과 밀접한 관계임.
- 선발강도가 낮아지는 것이 수가축에서보다 암가축에서 더 많은 경향이 나타남.
- 젖소 선발 시 선발강도를 높이기 위한 방법: 선발 대상군에서 선발축 두수를 줄임.

유전적 개량량

1. 유전적 개량량의 개념

- 유전적 개량량(선발반응; Selection response): 특정형질에 대한 선발에 의해 다음 세대에 얼마나 효과를 얻을 것인가를 나타내는 값임.
- 선발에 의한 개량효과는 집단의 평균이 선발에 의해 얼마나 변화하였는가를 측정하여 확인함.
- 한 세대 동안의 선발에 의해 기대되는 유전적 개량량(ΔG)의 계산

유전적 개량량(ΔG) $= h^2 \times S$	h^2: 유전력, S: 선발차
연간 유전적 개량량($\Delta G/L$) $= \dfrac{h^2 \times S}{L}$	L: 세대 간격

1) 유전적 개량량을 크게 하는 조건

- 형질의 유전력이 커야 함.
- 세대 간격이 짧아야 함.
- 대상 형질의 선발차가 커야 함.
- 육종가와 표현형가 사이 상관계수가 높아야 함.

2) 연간 유전적 개량량을 크게 하는 조건

- 집단의 규모를 크게 늘림.
- 세대 간격이 짧아야 함.
- 환경변이 〈 상가적 유전변이
- 선발된 집단 평균과 모집단 평균 사이의 차이가 커야 함.

선발효과를 크게 하는 방법

- 증가 필요: 유전력, 유전변이, 집단의 크기, 선발차
- 감소 필요: 환경변이, 세대 간격(젊은 가축을 번식에 이용)
- 균일한 사양관리 조건하에 사육함.
- 후보종축의 기초축 두수를 크게 함.

1. 선발차를 크게 하기 위한 조건

- 개량형질의 차이가 커야 함.
- 우수한 종축의 이용 및 계획적 선발의 수행
- 증식률이 증가하고, 사망률이 감소함.

2. 선발과 환경

- 종축선발은 형질이 충분히 발휘될 수 있도록 가장 좋은 환경에서 실시함.
- 종축선발은 불량한 환경하에서 실시되어선 안 됨.
- 종축선발은 그 자손이 사육될 환경조건하에서 실시함.
- 개량량을 크게 하려면 표현형 분산과 유전형 분산이 커야 함.
- 좋은 환경에서 종축선발이 유리함.

단일형질 개량을 위한 선발방법

1. 개체의 능력에 근거한 선발

1) 개체선발
- 개체의 능력만을 기준으로 하여 그 개체를 종축으로 선발하는 방법임.
- 가계, 선조, 형매 또는 자손의 능력은 전혀 무시하고 개체의 능력에만 근거하여 그 개체의 씨가축으로써의 가치를 주장하는 것임.
- 유전력이 높은 형질의 개량에 효과적으로 이용될 수 있음.
- 도체(屠體)에서 측정되는 형질과 같이 개체를 도살해야만 측정할 수 있는 형질은 선발 불가함.
- 일반적으로 유전력이 높은 형질개량을 위해서는 개체선발법이 효과적임.

〈장점〉
① 선발이 용이함.
② 유전력이 높은 형질의 개량에 효과적임.

〈단점〉
① 한쪽 성에만 나타나는 형질의 개량을 위해 개체선발법을 다른 쪽 성에 시도할 수 없음(산유량).
② 도체형질에 대해 개체선발 이용이 불가하여 후대검정, 가계선발, 형매검정 이용함.
③ 유전력이 낮은 형질의 개량에는 효과가 없음.

2) 추정생산능력(Most Probable Producing Ability, MPPA)

- 어떤 개체의 차기 생산능력을 추정함.
- 개체의 표현형에만 근거하여 개체의 육종가를 추정함.

$$추정생산능력 = 축군의 평균치 + \frac{기록수 \times 반복력}{1+(기록수-1)반복력} (개체의 일생에 걸친 생산기록의 평균치 - 축군의 평균치)$$

그림 2-5. 추정생산능력 계산식

3) 육종가

- 개체의 종축으로써의 가치임.
- 해당 개체가 반복하여 형질을 발현할 때 다음번 능력을 예측 가능함.
- 형질의 측정은 2~3회로 충분함.
- 육종가 = 유전력 × (측정치 - 축군의 평균)

2. 선조의 능력에 근거한 선발

1) 혈통선발

- 부모, 조부모 등의 선조 능력에 근거하여 종축의 가치를 판단해 선발하는 방법임.
- 선조 능력에 적절한 중요도를 두고 선발에 이용 시 개체선발에만 의존하는 것보다 큰 효과가 나타남.
- 선조 능력에 근거하여 종축가치 판단 시 개체와 혈연관계가 가까운 선조의 능력에 더 큰 비중을 둠.

〈장점〉

① 선조에 대한 능력이 이미 조사되어 있는 경우 자료를 쉽게 구할 수 있음.

② 자료가 없는 어린 개체의 선발에도 이용 가능함.

③ 한쪽 성에서만 발현되는 성질, 도살하여야만 측정할 수 있는 형질, 가축의 수명 등 측정에 오랜 시일이 소요되는 형질의 개량에도 이용 가능함.

〈단점〉

① 선조의 능력에 대한 기록이 부정확하거나, 환경요인의 영향을 많이 받는 경우 효율이 떨어짐.

2) 혈통선발 시 선조 능력에 대한 중요도 결정 시 고려 사항

- 평가대상개체와 선조 간 혈연관계의 정도
- 선조 능력의 정확한 기록 여부
- 개량하고자 하는 형질의 유전력
- 선조와 평가개체 간 환경상관 정도

3. 방계친척의 능력에 근거한 선발

- 방계친척: 전자매, 반자매, 전형제, 반형제, 숙모, 숙부 등 능력에 근거한 선발

1) 자매검정

- 암컷 개체의 유전 능력을 동복 자매의 능력을 통하여 검정함.
- 자(형)매의 능력에 근거하여 종축선발함.

〈활용〉
① 가금의 산란능력 개량에 주로 이용함.
② 한쪽 성에서만 발현되는 형질임.
③ 도살해야 측정 가능한 형질임.
④ 실무형질(All or None trait)임.

2) 형매검정

- 어떤 개체의 육종능력을 직접 알 수 없을 때, 그 형제자매의 능력을 통해 간접적 평가임.

〈활용〉
① 도살해야 측정 가능한 형질에 이용함.

4. 후대의 능력에 근거한 선발

1) 후대검정

- 자손의 평균능력에 근거하여 종축을 선발하는 방법임.
- 개체의 육종가 추정에 가장 이상적인 선발 방법임.
- 자손을 많이 생산할 수 있으므로 주로 수가축의 선발에 이용함.

〈이용〉
① 한쪽 성에서만 발현되는 형질의 개량(비유량 등)

② 유전력이 낮은 형질의 개량

③ 도살해야 측정 가능한 형질의 개량(도체율 등)

〈단점〉

① 검정기간이 길어 노령으로 폐사 또는 활용 불가능한 가축이 발생함.

② 많은 시설과 경비가 소요됨.

- 후대검정의 정확도를 높이는 방법

① 후대검정에 이용하는 개체당 자손 수를 늘리면 환경요인의 효과, 우성효과, 상위성 효과에 의한 영향이 감소 = 정확도가 증가함.

② 교배 시 수가축 수보다 암가축의 수를 많게 실시함.

③ 후대검정 시 교배되는 암가축의 유전적 능력을 고르게 분포시킴.

④ 환경요인의 영향을 균등하게 하기 위하여 여러 장소에서 검정을 실시함.

⑤ 후대검정이 되는 개체의 자손을 유사한 시기, 유사한 환경에서 사육하여 비교함.

⑥ 유전력이 낮은 형질의 개량: 개체선발보다 후대검정이 효과적임.

표 2-2. 한우 후대검정에 걸리는 시간

후대검정	시간
우량씨수소 교배계획 및 교배	3개월
씨암소의 임신기간	10개월
송아지 분만 및 육성	6개월
후보씨수송아지 당대검정	6개월
당대검정 자료정리, 후보씨수소 선발, 후보씨수소 교배계획 및 교배	3개월
후보씨수소의 배우자(암소) 임신기간	10개월
송아지 육성 및 도살	24개월
후대검정 자료정리 및 보증씨수소 선발	4개월

5. 가계의 능력에 근거한 선발

1) 가계선발

- 가계별 평균능력을 계산하고 우수한 가계를 선발함.

- 가계능력의 평균을 토대로 가계 내 개체를 전부 선발하거나 도태하는 방법임.

- 가계 내 개체 간 차이는 무시하고 가계의 평균능력에 근거하여 선발함.
- 가계: 개체 간 상호 혈연관계가 있거나 유전적 또는 표현형적으로 서로 비슷한 집단임.
  예) 전형매 가계, 반형매 가계
- 가계선발의 단점
  ① 많은 시설과 경비가 소요됨.
  ② 선발되는 가계 수가 적을 경우, 근친교배를 진행하여 능력이 저하될 가능성이 있음.

2) 가계선발의 이용
- 유전력이 낮은 형질의 개량 시 이용됨.
- 가계의 평균을 구하면 환경요인의 영향이 상쇄됨.
- 개체 간 공통환경요인 변이가 작을 경우(자돈 이유체중)
- 가계 구성원 수가 많을 경우 이용됨.
- 개량하려는 형질발현이 한쪽 성에서만 나타날 경우 이용됨.
- 실무형질 개량의 경우(뿔 유무) 이용됨.
- 가축수명과 같이 형질의 측정이 오랜 시간 소요되는 경우 이용됨.

3) 가계 내 선발
- 개체의 능력과 그 개체가 속한 가계의 평균능력과의 차이를 기준으로 하는 선발방법임.
- 가계능력을 무시하고 가계 내 개체들의 능력을 비교하여 선발함.
- 가계선발과 정반대의 선발방법임.
- 폐쇄된 집단 내에서 선발을 실시할 때, 근교계수의 상승을 낮게 하는 데 가장 효과적임.
〈장점〉
- 가계선발과는 달리 근친교배의 위험성을 작게 할 수 있음.
〈단점〉
- 표현형 분산이 작아지게 되어 선발의 효과가 낮아짐.

4) 개체와 가계의 결합선발
- 개체능력과 가계능력을 동시에 고려하여 선발하는 방법임.
- 각 한 가지만을 이용하는 방법보다 동시에 고려하여 선발하는 방법이 효과가 큼.
- 개체와 가계의 결합선발은 상대적 선발반응의 크기가 가장 큼.
- 산란계의 산란능력을 개량하기 위한 보다 효과적인 선발방법임.

6. 간접선발

1) 간접선발
- 두 형질 간 높은 유전상관을 나타내는 경우 측정이 용이한 형질을 개량함으로써 측정이 곤란한 형질을 함께 개량하는 선발방법임.
- 상관반응: X라는 한 형질의 선발에 의해 Y라는 형질에 나타난 반응임(유량과 유지율의 관계).

2) 간접선발의 이용성
- 개량하려는 형질의 정확한 측정이 곤란하고, 그 형질의 유전력이 낮은 경우 이용함(가축 성비).
- 개량하려는 형질이 한쪽 성에서만 발현되어 다른 쪽 성의 개체에 대해 선발이 불가능한 경우 이용함.

다수형질 개량을 위한 선발방법

1. 다형질 선발
- 가축을 개량할 때 1개의 형질만 개량하는 것이 아닌 여러 개의 형질을 개량하는 것임.
  예) 젖소의 경우 산유량뿐만 아니라 유지율, 유단백질률, 체형, 번식능력 등을 함께 개량함.
- 다형질 선발법: 선발지수법, 독립도태법, 순차적 선발법
〈장점〉
  ① 선발의 정확도가 증가함.
  ② 실질적으로 총체적 경제가치를 높일 수 있음.
  ③ 많은 양의 정보를 이용할 수 있음.

2. 독립도태법(Independent Culling Method)
- 각 형질(산유량, 유지율, 체형, 번식능력)에 대하여 동시에 그리고 독립적으로 선발함.
- 형질마다 일정 수준을 정하여 어느 한 형질이라도 그 수준 이하로 내려가는 개체는 도태시킴.
- 아무리 다른 형질이 우수하더라도 도태시킴.

3. 순차적 선발(Tandem Method)

- 우선 한 가지 형질에 대해 선발하여 그 형질이 일정 수준까지 개량되면 다음 형질에 대해 선발하여 한 번에 한 형질씩 개량 가능함.
- 한 가지 형질이 일정 기준의 개량량에 도달할 때까지 선발함. 그 후 제2, 제3의 형질로 넘어가는 형태임.
- 선발지수법에 비해 효과가 작아 이용 빈도가 낮음.

4. 선발지수법(Selection Index Method)

- 여러 형질을 종합적으로 고려하여 점수로 산출한 후 점수를 근거로 선발함.
- 가축의 총체적인 경제적 가치를 고려한 선발법임.
- 즉, 다수의 형질을 개량할 경우, 대상 형질의 경제적 가치를 감안하여 선발함.
  예) 돼지 개량 시 증체율, 산자수, 사료효율, 도체 품질 등 여러 경제적 형질을 동시에 고려하기 위한 선발방법임.

5. 선발지수

- 여러 형질을 종합적으로 고려하여 산출된 점수로, 형질마다 가중치 적용 가능함.
- 적용될 가축의 집단에서 조사된 자료를 근거로 함.
- 선발지수가 만들어진 집단에서 이용될 때 가장 효과적임.
- 산출하는 데 필요한 자료: 유전력, 상대적 경제가치 통계량, 유전상관계수(상가적 유전분산)
- 산출 시 이용되는 통계량: 각 형질의 표현형 분산, 각 형질 간의 표현형 공분산 또는 표현형 상관계수, 각 형질 간의 유전공분산 또는 유전상관계수(상가적 유전분산), 각 형질의 유전력 또는 상가적 유전분산, 각 형질의 상대적 경제가치

근교계수와 혈연계수

1. 근교계수

- 근교계수 산출:

$$F_X = \sum \left\{ \left(\frac{1}{2}\right)^{(n + n' + 1)} (1 + F_A) \right\}$$

n: 부친에서 공통선조까지의 세대수

n': 모친에서 공통선조까지의 세대수

F_A: 공통선조의 근교계수

Σ: 공통선조가 여럿일 경우 이를 모두 합산

- 근교계수의 값: 0~1, 또는 0~100%
- 어느 유전자좌에 있는 두 개의 유전자가 양친으로부터 전달받아 동일할 확률
- 동형접합상태인 유전자좌위의 비율
- 공통선조가 가지고 있는 유전자의 복제 확률
- 상동염색체상 유전자가 동일전수유전자일 확률
- 근교계수가 0인 경우: 개체의 부친과 모친 간에 전혀 혈연관계가 없음.

2. 혈연계수

- 혈연계수(rPQ)는 두 개체의 육종가 간의 상관계수로 정의함.
- 부친과 자식의 혈연관계는 1/2로 정의함.
- 조부와 손자는 평균적으로 유전자의 1/4을 공유, 혈연관계는 1/4
- 근친계수: 전형매 25%, 반형매 12.5%

- 혈연계수 산출:
$$r_{PQ} = \frac{\sum_{i=1}^{k} \left(\frac{1}{2}\right)^{n + n'} (1 + F_A)}{\sqrt{(1 + F_P)(1 + F_Q)}}$$

r_{PQ}: P와 Q 두 개체 간의 혈연계수

n: P에서부터 공통선조까지의 세대수

n': Q에서부터 공통선조까지의 세대수

F_P: P의 근교계수

F_Q: Q의 근교계수

F_A: 공통선조의 근교계수

3. 근교 퇴화현상

- 근교 퇴화현상: 근친도 상승에 따라 나타나는 불량한 결과임.

- 가축의 근친도가 올라가면 유전자의 homo성이 증가 = 기형 발현빈도가 높아짐.
- 각종 치사유전자 발현이 증가하고 번식능력, 성장률, 산란능력, 생존율 등이 낮아짐.
- 태아 사망률 증대, 이유 시 체중 저하(한우), 복당 산자수(한배 새끼 수) 감소(돼지) 등이 나타남.

근교계통(Inbreed line)의 육성

1. 육성개념
- 근교계통: 근친교배에 의해 생산된 계통임.
- 닭은 자손의 근교계수가 50% 이상인 경우 근교계통임.

2. Winters의 근교계통 육성
- 능력이 우수한 몇 개의 기초축을 선정하여 근친교배를 실시함.
- 근친교배 시 발생하는 불량계통 또는 계통 내 능력이 불량한 개체를 제거함.
- 고도와 저도의 근친교배를 융통성 있게 이용함.
- 다른 개체와 혈연관계를 무시하고 능력이 우수한 개체를 선발함.

교배방법

1. 순종교배(Purebred breeding)
- 순종교배: 같은 품종에 속하는 개체 간의 교배임.
- 순종교배는 품종의 특징을 유지하면서 축군의 능력을 향상시키기 위하여 이용함.
- 일반적으로 각종 가축에서 널리 사용됨(젖소 개량 등).
- 순종교배 종류: 근친교배, 계통교배, 동일 품종 내 이계교배, 무작위교배 등

2. 근친교배
- 근친교배: 집단 내 동형접합체 비율을 높게, 이형접합체 비율을 낮추는 교배법임.
- 강력유전과 관련이 있는 교배법임.

- 강력유전: 어떤 개체가 지니고 있는 뛰어나게 우수한 형질을 자손에게 확실하게 유전시키는 것임.
- 가축에서 흔히 일어날 수 있는 근친교배: 전형매, 반형매, 부낭간, 모자간, 숙질간, 사촌간, 조손간 교배 등

1) 근친교배의 유전적 효과
- 유전자의 homo성(동형접합체)을 증가시키고, hetero성(이형접합체)을 감소시킴.
- 형질발현에 영향을 주는 유전자를 고정시킴.
- 치사유전자와 기형의 발생 빈도가 증가됨.

2) 근친교배를 유익하게 이용할 수 있는 경우
- 유전자를 고정하고자 함.
- 불량한 열성유전자를 제거하기 위함.
- 축군 내에서 특히 우수한 개체가 발견되어 그 개체와의 혈연관계가 높은 자손을 생산하기 위함.
- 자본 부족으로 씨암가축 또는 정액을 구입할 능력이 없는 경우 이용함.
- 가계선발을 통한 가축의 유전적 개량을 도모하기 위한 경우 이용함.
- 근교계통을 만들어 계통 간 교배로 잡종강세를 이용하기 위한 경우 이용함.

3) 근친교배는 춘기발동을 지연시킴
- 춘기발동(Puberty): 성숙과정의 개시
- 춘기발동기: 춘기발동이 시작되는 시기(동물: 춘기발동기 / 사람: 사춘기)
- 주요 가축의 성 성숙 도달 월령
  ① 소: 8~11개월
  ② 돼지: 8개월
  ③ 말: 15~16개월
  ④ 면양, 산양: 6~8개월
- 젖소의 근친교배 시 나타나는 나쁜 영향
  ① 비유량, 유지생산량 감소, 생시체중, 일 년 시 체고, 활력 등
  ② 수태당 종부횟수의 증가
  ③ 암소의 번식능력 저하

④ 관절강직, 사산, 후구마비 등
- 젖소의 근친교배를 피할 수 있는 방법: 특정 지역 젖소의 근친교배 방지를 위해 지역별로 일정 기간마다 종모우를 교환하여 이용함.

3. 계통교배(Line Breeding)

- 어느 특정한 개체의 능력이 우수하고, 그 우수성이 유전적 능력에 기인한다고 인정될 때, 이 개체의 유전자를 후세에 보다 많이 남기고 또 그 개체와 혈연관계가 높은 자손을 만들기 위하여 이용하는 교배 방법임.
- 계통교배법은 특정 개체의 형질을 고정시키는 데 유용함.
- 이용 시, 근친도가 필연적으로 높아지게 되므로 근친 정도를 가능한 한 낮게 유지하여 근교퇴화에 의한 피해를 최소화해야 함.
- 단, 특정 개체의 우수성이 유전적 요인이 아닌 환경적 요인에 의한 것이라면 이 방법은 오히려 손해를 일으킬 수 있음.

4. 이계교배

- 이계교배: 동일 품종에 속하는 암소와 수소를 교배, 이들 암소와 수소는 서로 혈연관계가 먼 개체를 이용하는 방법임.
- 품종의 특징을 유지하면서 축군의 능력을 향상시키는 데 이용됨.
- 젖소의 번식능력, 생산능력, 활력 등의 개량에 많이 이용됨.

5. 무작위 교배

- 동일집단 내에서 암수가 서로 교배될 수 있는 확률을 완전 임의로 진행함.
- 유전자 빈도를 변화시키는 요인(선발, 이주 및 격리, 돌연변이)들이 작용하지 않을 때 무작위로 교배를 하는 큰 집단의 유전자 빈도와 유전자형 빈도는 오랜 세대를 지나더라도 변화하지 않음 = 하디 바인베르크(Hardy-Weinberg) 법칙

6. 잡종교배

1) 잡종교배의 유전적 효과

- 잡종강세(Heterosis): 혈연관계가 없는 개체끼리의 교배에서 잡종 제1대의 능력(성장률, 산자수, 수정률, 생존율, 비유량 등)이 부모의 능력 평균보다 우수하게 나타나는 현상임.

- 잡종강세의 효과가 최대로 나타날 수 있는 경우: 타 품종 간의 교배에 의한 F1 (F2에서는 없음)
- 잡종강세율 = {(F1의 평균 − 부모품종의 평균) / 부모품종의 평균} × 100

2) 잡종교배의 목적
- 이형접합체의 개체를 증가시키기 위함.
- 품종 또는 계통 간 상보성을 이용함.
- 잡종강세를 이용하기 위함.
- 유해한 열성인자의 발현을 가리기 위함.

3) 잡종강세의 이용
- 고기소, 젖소, 돼지, 닭, 면양, 산양 등
- 산란계: 4원교배, 3원교배, 2원교배 등
- 육용계: 모계 코시니, 부계 백색플리머스록종 등
- 돼지: 2품종 간 교배(F1 이용), 퇴교배, 상호역교배, 종료윤환교배, 윤환교배 등

4) 잡종강세를 일으키는 유전적 효과
- 우성효과
- 초우성효과
- 상위성효과

표 2-3. 돼지에서 품종 간 교배에 의한 잡종강세의 강도

구분	1대 잡종(F1)	3품종교배	퇴교배
생존자돈의 생시 체중(개체 체중)	1.96	0.39	14.57
생존자돈의 생시 체중(한배 새끼 전체 체중)	13.39	20.65	11.97
1복당 생존자돈의 수	11.22	20.19	−2.34
1복당 자돈의 총수	4.04	8.62	−11.85
1복당 이유자돈의 수	5.87	36.22	12.21
이유 시 한배 새끼의 전체 체중	24.84	60.76	38.89
사료효율	2.99	3.85	2.91
체중이 100kg에 달하는 일수	8.67	8.63	11.28

7. 품종교배

1) 품종 간 교배 및 계통 간 교배
- 품종 간 교배: 다른 품종에 속하는 개체 사이의 교배임.
- 계통 간 교배: 다른 계통에 속하는 개체 사이의 교배임.
- 품종 간 교배 또는 계통 간 교배는 이형접합체 비율이 증가하고, 동형접합체 비율이 감소 = 근친교배와 정반대

2) 가축의 품종 또는 계통 간 교배(잡종교배)의 목적
- 새로운 유전자의 도입
- 새로운 품종이나 계통의 육성
- 잡종강세의 이용
- 품종 간 및 계통 간 교배
- 근교계 간 교배종(Incross): 동일 품종 내에서 서로 다른 2개의 근교계통 간 교배에 의해 생산된 F1 잡종임.
- 이품종근교계 간 교잡종(Incrossbred): 다른 품종에 속하는 2개의 근교계통 간 교배에 의해 생산된 F1 잡종임.
- 품종계통 간 교잡, 톱교잡종(Topcross): 근교계통의 수가축과 비근교계통의 암가축에서 생산된 F1 잡종임.
- 이품종톱교잡종(Topcrossbred): 2개의 다른 품종 간의 교배에 있어 근교계통의 수가축과 근교되지 않은 암가축 사이의 교배에 의해 생산된 자손임.

3) 종간 교배와 속간 교배
- 종간 교배: 동물학상으로 동속이면서 종을 달리하는 두 개체 간의 교잡임.
  예) 암말(말속) × 수나귀(말속) = 노새: 힘이 좋아 역용으로 이용
- 속간 교배: 속을 달리하는 개체 간 교배임.
  예) 말 × 얼룩말, 닭 × 꿩, 염소 × 양, 수공작 × 암탉

8. 종료교배

1) 퇴교배(역교배)
- 2개의 다른 품종 또는 계통 간의 교배에 의해 생산된 1대 잡종을 양친의 어느 한쪽 품종이나 계통에 교배시키는 것임.

2) 상호역교배(Criss-crossing)
- 두 품종 또는 두 계통 간의 F1에 양친 중 어느 한쪽의 품종을 교배시키고 F2에는 양친의 다른 쪽 품종을 교배시키는 것임.

예) Landrace(♀) × Yorkshire(♂)

↓

F1(♀) × Landrace(♂)

↓

F2(♀) × Yorkshire(♂)

↓

F3(♀) × Landrace(♂)

↓

...

3) 3품종 종료교배
- 가축개체가 잡종임으로 인하여 얻어지는 개체 잡종강세효과뿐만 아니라 개체의 모친이 잡종으로 인하여 얻어지는 모체 잡종강세효과 모두 100%로 유지하기 위하여 돼지에서 가장 많이 이용되는 교배방법임.
- 3품종의 순종을 유지해야 하는 어려움 때문에 소규모 양돈장보다는 대규모 양돈시설에 적합함.

예) A(♀) × B(♂)

↓

F1(♀) × A(♂)

↓

F2(♀) × C(♂)

↓

F3

9. 윤환교배

1) 윤환교배의 개념
- 서로 다른 3품종을 매 세대 교대로 교배함.
- 즉, 2개 이상의 품종을 이용하여 생산된 암컷에 순종 수컷을 매 세대 교대로 교배하는 방법임.
- 유전적으로 다른 계통이나 품종 등을 윤환교배 하여 잡종강세를 이용함.
- 윤환교배는 3계통 또는 4계통에 응용됨(육용돼지에 이용).
- 돼지 윤환교배의 특징
  ① 3품종 중 암컷은 번식돈으로, 수컷은 비육돈으로 이용함.
  ② 사양관리와 교배의 설정 및 실행이 복잡함.
  ③ 품종 보상성의 이용도가 3품종 종료교배에 비해 떨어짐.
  ④ 2품종 간 윤환교배인 상호역교배는 개체 잡종강세효과가 더 떨어짐.

2) 3원윤환교배 방법
예) Landrace(♀) × Yorkshire(♂)

　　　　↓

　　F1(♀) × Duroc(♂)

　　　↓

　　　F2(♀) × Landrace(♂)

　　　　↓

　　　　F3(♀) × Yorkshire(♂)

　　　　　↓

　　　　F4(♀) × Duroc(♂)

3) 3원교잡
- 2개의 품종 간 2원교잡으로 태어난 자식을 어미로 하여 여기에 제3의 품종의 수컷을 교배함.
- 3원윤환교잡을 실시할 경우, 마지막으로 사용된 품종이 차지하는 유전적 조성은 57%임.
- 3품종 윤환교배는 한우에서 품종 간 교배를 실시할 때 번식용 암소 두수의 감소 방지에 도움.
- 4원교잡종: 1대 잡종을 모돈으로, 다른 2개의 품종에 의한 1대 잡종을 부돈으로 교잡돈 생산함.

4) 종료윤환교배

- 윤환교배 형태이나 3품종 또는 그 이상의 품종교배 후 종료하는 것임.
- 비육축(실용축)의 생산을 위해 주로 이용함.
- 윤환교배와 종료교배의 장점을 이용할 수 있는 방법임.
- 일정 비율의 암컷은 대체종빈축의 생산을 위해 윤환교배 실시함.
- 나머지 일정 비율의 교잡종 암컷은 종료종모축과 교배하여 실용축을 생산함.

10. 누진교배(Granding up)

1) 누진교배의 개념
- 개량종을 도입하여 능력이 불량한 재래종 가축의 능력을 단시간에 효과적으로 개량하는 데 이용함.
- 개량되지 않은 재래종의 능력을 높이기 위하여 지속적으로 개량종과 교배
- 개량종의 비율을 높임.
- 누진교배 방법

  예) 재래종(♀) × 개량종(♂)

  ↓

  F1(♀) × 개량종(♂)

  ↓

  F2(♀) × 개량종(♂)

  ↓

  F3(♀) × 개량종(♂)

  ↓

  ...

2) 누진교배 시 각 세대 자손의 유전적 조성 변화
- 재래종(♀)에 개량종(♂)을 3세대 간 누진교배시킬 경우, 나타난 자손 F3가 재래종 유전자를 가지는 비율은 12.5%
- 재래종을 5세대 동안 개량종과 누진교배시킬 경우, F5의 개량종 유전자비율은 96.875%

표 2-4. 누진교배 시 각 세대 자손의 유전적 조성 변화

세대	자손	
	재래종(%)	개량종(%)
1	50	50
2	25	75
3	12.5	87.5
4	6.25	93.75
5	3.12	96.88
6	1.56	98.44
7	0.78	99.22

3) 조합능력의 개량

- 조합능력(Combining Ability): 잡종강세를 이용하기 위해 특정 계통을 다른 계통과 교배시켜 얻은 자손 능력의 좋고 나쁨.
- 조합능력은 주로 계통에 대하여 사용하나 개체에 대하여 이용하는 경우도 있음.
- 조합능력은 일반조합능력과 특정조합능력으로 구분됨.
- 일반조합능력: 어느 계통을 여러 개의 다른 계통과 교배시켜 생기는 각종 F1의 평균능력 = 상가적 유전분산에 기인함.
- 특정조합능력: 2개의 특정한 계통 간 교배에 의해 생산된 F1의 능력과 이 두 계통의 일반조합능력에 의해 기대되는 값과의 차이 = 비상가적 유전분산에 기인함.

자손의 능력평균 = X계통의 일반조합능력 + Y계통의 일반조합능력
+ X와 Y계통의 특정조합능력

Mxy = GCx + GCy + SCxy

Mxy: X계통과 Y계통의 교잡에서 생긴 자손의 평균능력

GCx: X계통의 일반조합능력

GCy: Y계통의 일반조합능력

SCxy: X, Y계통 간의 특정조합능력

4) 상반반복선발법

- 조합능력을 개량하기 위하여 고안된 육종방법. 상반반복선발법, 상반순환선발법은 교배되는 품종이나 근교계 사이의 조합능력을 추정하는 데 이용함.

〈장점〉

　① 여러 개의 근교계통을 육성, 이들 상호 간의 교잡을 통해 조합능력이 가장 좋은 교잡
　　종을 선발하는 품종교배법에 비하여 실시하기가 용이함.

〈단점〉

　① 개량을 위한 세대 간의 간격이 길어지며 많은 비용이 소모됨.

　② 큰 가축을 개량하는 데 부적합함.

5) 검정교배(Test Cross)

－ 상반반복선발법에서 A계통과 B계통을 교잡하여 어느 개체가 우수한 교잡종을 생산하
　는지 알기 위해 실시하는 교잡방법임.

－ 교배에 의해 생긴 F1과 이 교배에 이용된 부모 중 어느 한쪽과 교배함.

－ F1의 유전자형을 알아보기 위해서 열성형질과 교배시킴.

－ 유전자형이 알려지지 않은 개체의 유전자형을 알기 위하여 실시함.

－ 이형접합체를 찾아내거나 불량 열성형질을 제거하기 위하여 주로 이용함.

－ 임신기간과 성 성숙이 빠른 동물에서 보다 효과적임.

6) 검정교배의 예

－ 순종인 둥근 완두(RR)를 열성인 주름진 완두(rr)와 교배시킬 경우에는 둥근 완두(Rr)만
　나타남.

－ 잡종인 둥근 완두(Rr)를 주름진 완두(rr)와 교배시킬 경우에는 둥근 완두(Rr)와 주름진
　완두(rr)가 1 : 1의 비로 나타남.

－ 열성인 주름진 완두와 교배했을 때 모두 둥근 완두만 나타나면 순종(RR)임.

－ 열성인 주름진 완두와 교배했을 때 둥근 완두 : 주름진 완두 = 1 : 1로 나타나면 잡종
　(Rr)임.

－ 검정교배 시 자손에서 열성개체가 나타나지 않으면 우성인 개체의 유전자형은 순종(동
　형접합)임.

－ 검정교배 시 자손에서 열성개체가 나타나면 우성인 개체의 유전자형은 잡종(이형접합)임.

축종별 육종(한우, 육우, 젖소)

1. 경제형질과 유전력

1) 한우의 경제형질
- 산육능력(발육능력)
- 생시체중, 이유 시 체중, 증체율, 사료효율 및 체형 등
- 육용우인 한우의 주요 개량대상형질
- 한우의 생시체중은 다른 품종에 비해 작음: 수송아지 – 24~25kg

  　　　　　　　　　　　　　　　　　　　　　암송아지 – 22~23kg

- 번식능력
  ① 수태율, 초산월령, 발정재귀일수, 수정횟수, 임신기간, 분만형태, 분만간격, 연산성, 장수성, 난산비율, 비유능력, 어미 소의 송아지 육성률 등
  ② 어미 소가 송아지를 낳는 과정부터 기르는 능력까지 포함함.
  ③ 육성을 완료한 송아지의 비율(%)로 나타냄.
- 도체품질
  ① 육질등급(형질): 육질, 근내지방도, 연도, 조직감 등
  ② 육량등급(형질): 지육률(지육량/도체중), 도체중, 등지방두께, 배최장
  ③ 근단면적(12 및 13번째 척추의 등심단면적) 등

2) 한우의 유전력
- 경제형질의 능력이 다음 세대의 자손에게 유전되는 정도임.

표 2-5. 가축의 유전력

형질	지표	유전력	비고
번식형질	분만간격, 분만난이도, 번식률(수태율, 종부횟수)	10~20%	낮은 유전력
발육형질	증체율, 사료효율, 체중, 체고	30~40%	중간 유전력
도체형질	근내지방도, 연도, 등심단면적, 등지방두께	50~70%	높은 유전력

- 유전력의 범위는 0~1, 또는 0~100% 범위
- 높은 유전력이란 다음 세대에게 전해지는 형질이 개체 자체가 가진 유전적 특성에 기인하

는 비율이 높다는 것을 의미함.

- 다음 세대의 능력 개량을 위해서 유전력이 높은 형질을 선정하여 육종함.
- 분석대상 형질: 한우의 주요 경제형질에 대한 표현형 평균, 표현형 상관, 유전력 및 유전상관
  ① 체중: 생시, 3, 6, 12, 18, 22, 24개월령
  ② 체위(11개 부위): 체고, 십자부고, 체장, 흉심, 흉폭, 고장, 요각폭, 곤폭, 좌골폭, 흉위, 전관위
  ③ 도체(4개 지표): 도체율, 등지방두께, 배최장근단면적, 근내지방도
  ④ 번식(8개 지표): 초종부일령, 초임일령, 초산일령, 분만 후 종부소요일수, 공태기간, 분만간격, 임신기간, 임신 소요 종부횟수

개량목표와 능력검정

1. 한우의 개량목표

1) 한우의 개량 방향
- 생산성 향상: 거세우와 비거세우로 구분하여 단위기간당 가축의 성장률, 사료효율 증진
- 품질의 고급화: 배최장근단면적, 근내지방도 점수를 증가시키고, 등지방두께를 감소시켜 품질을 고급화함.
- 번식능률: 일반적으로 소의 집단 내에서 임신할 수 있는 암소 두수에 대하여 젖을 뗀 송아지 두수의 비율을 의미함.

2) 번식능률의 특징
① 암소의 수태율과 송아지를 육성시키는 비율에 의하여 좌우됨.
② 소의 번식형질에 대한 유전력은 보통 0~10%로 낮은 유전력이므로 사양관리조건을 개선시켜 번식능률을 향상시켜야 함.
③ 개체별로 분만 등의 번식 사항을 기록 및 분석하여 불량한 개체를 조기에 발견하고 도태함으로써 번식능률의 향상을 기대할 수 있음.

3) 이유 시 체중

- 송아지가 젖을 뗄 때의 체중
- 송아지의 유전적 소질에 의하여 어느 정도 영향을 받지만, 어미 소의 비유능력 및 어미 소가 송아지를 기르는 육성능력에 의해서도 영향을 받음.
- 한우의 이유 시 체중은 어미 소(비유능력), 아비 소(유전능력), 송아지(성장잠재력)의 지표
- 한우의 이유 시 체중: 수송아지 – 176.4kg
  암송아지 – 138.1kg

4) 한우의 이유 후 증체율

- 증체율: 송아지가 젖을 떼고 나서 성장하는 속도임.
- 흔히 사용하는 일당 증체량 등과 동일한 개념임.
- 이유 후 증체율이 높을 경우: 사료 이용성이 좋으며 생산비가 저하됨.
- 이유 후 증체율은 이유 후 일당 증체량으로 표시함.
- 이유 후 증체율의 유전력: 0.4~0.6으로 높은 유전력 = 개량 효과가 높음.
- 한우의 사육비: 사육두수, 기간, 사료 채식량 등에 따라 영향을 받음.
- 증체율이 높을 경우, 일정 시설에서 일정 시간 내 보다 많은 소 사육 가능함.

5) 사료요구량

- 일정한 기간 내 섭취한 사료량을 증체량으로 나누거나, 증체량을 사료섭취량으로 나누어 계산한 값임.
- 한우나 고기소의 사육비에서 사료비가 대부분을 차지함.
- 사료요구량이 나쁜 소는 사료비를 줄일 수 없어 수익성을 올리기 힘듦.
- 사료요구량의 측정: 일정 체중에서 일정 체중에 도달할 때까지 측정함.
- 외국의 육우 사료요구량: 보통 체중 250kg부터 450kg까지 도달하는 기간에 걸쳐 측정함.
- 사료요구량 또한 유전력이 비교적 높고, 증체율과 상관관계가 존재함.
- 증체율이 빠른 개체를 선정해 간접적으로 사료요구량 및 사료효율 개선 가능.

6) 도체품질

- 고기 생산을 목적으로 하고 있으므로, 도체품질 지표 중 특히 배최장근단면적, 근내지방도, 도체율 등이 우수해야 함.
- 국내 생산 소고기는 축산물품질평가원의 축산물 등급판정 기준에 따라 도체중, 배최장

근단면적, 근내지방도, 등지방두께, 육색, 지방색, 조직감 및 성숙도 등을 조사함.
- 이에 따라 육량등급(A, B, C)과 육질등급(1++, 1+, 1, 2, 3등급)이 산출되며, 농가에서는 이러한 등급을 이용하여 축군의 개체평가 시 활용해야 함.
- 암소에 대한 도체형질을 평가하기 위하여 자손 및 혈연관계가 있는 개체의 도체성적자료를 조사하고, 아비 소의 능력을 이용하여 예측하는 것이 필요함.
- 최근, 살아 있는 상태에서 배최장근단면적, 등지방두께 및 근내지방도를 측정할 수 있는 초음파 생체단층촬영기술이 이용됨.

7) 체형과 외모
- 고기소의 생김새는 어느 정도 경제적인 가치를 가지고 있음.
- 이는 고기소의 시장가치가 몸매의 생김새 등에 의하여 영향을 받고 있기 때문임.

한우 종축의 평가와 선발

1. 한우의 선발과 개량

1) 능력검정에 의한 선발
- 일정기간 능력을 직접 검정하여 개체별 유전능력 판단 후, 선정하는 방법임.
- 당대검정과 후대검정의 방법으로, 연구기관 등의 검정기관에서 실시 중인 방법이며, 시간과 경비, 전문기술과 인력이 많이 필요함.

2) 외모에 의한 선발
- 소의 골격구조와 생리적 기능 간의 상호작용임.
- 품종별로 가장 우수한 체형과 자질 등을 제시한 심사표준에 의해 선발함.
- 선발이 간편하고, 가축품평회나 종축의 등록 시 이용됨.
- 한우의 개량점은 후구(요각-좌골)의 빈약과 사고(斜尻, 경사진 엉덩이) 등 육용체형임.
- 심사자의 주관에 치우칠 경향이 있음.

3) 한우의 개량방법
- 순종개량: 순종 품종으로 유지하기 위한 한우의 선발을 통한 품종개량임.
- 교잡개량: 한우와 다른 육우 품종교잡을 통한 능력개량임.

육우의 경제적 형질과 선발

1. 육우의 주요 경제형질
- 발육형질: 생시체중, 이유 시 체중, 이유 후 일당 증체량, 증체율, 사료효율 및 체형 등
- 번식형질: 수태율, 수태당 종부횟수, 발정재귀중단율, 수정횟수, 임신율, 임신기간, 분만간격, 연산성, 난산비율 등
- 육우에서 송아지 생산율: 우군 내 번식으로 사용되는 모든 암소에 대한 이유된 송아지 비율

1) 도체형질
- 육질등급(형질): 육질, 근내지방도, 연도, 조직감 등
- 육량등급(형질): 도체율, 도체중, 등지방두께, 배최장근단면적 등

2) 질적 형질
- 체형과 외모(털색, 피부색, 뿔의 형태 등)

표 2-6. 육우의 경제형질과 유전력

형질	유전력
수태율, 분만간격	0~10%
이유 시 체중	30~35%
임신기간, 생시체중	30~40%
도체율	35~40%
사료효율	30~50%
증체율	40~50%
이유 후 일당 증체량	40~60%
배최장근단면적	55~60%

2. 육우의 교잡목적
- 번식능력, 생존율, 초기 성장 등에서 잡종강세를 이용하기 위함.
- 품종 간 상보효과(Complementation)를 이용하기 위함.
- 새로운 유전인자를 도입하여 유전적 변이를 크게 하기 위함.
- 잡종강세 이용: 이유 시 체중, 이유 전 생존율 및 일당 증체량 향상을 위함.

3. 고기소 교잡종 생산을 위한 품종선택 시 고려할 사항

- 교배되는 품종 간에 서로 차이가 많아 상보성이 클 때 잡종강세도 크게 나타남.
- 사료자원과 기후조건에 대한 적응성이 높아야 함.
- 난산과 번식상의 문제가 야기되지 않도록 품종 선택 필요함.
- 육우들은 품종 간 생시체중과 초산일령이 현저히 다름.
- 잡종교배에 이용되는 종모우 및 종빈우도 엄격한 기준에 따라 선발 및 이용 필요함.

4. 육우의 품종

- 신품종 Santa Gertrudis를 만들기 위한 교배방법: Shorthorn × Brahman
- 안면백반 유전자 보유 품종: Hereford
- Brangus 종의 육종에 사용된 기초 품종: Brahman, Angus
- Beefmaster: Hereford 암소(약 25%)와 Brahman 황소(50%)와 Shorthorn 암소(25%)의 교잡종

5. 육우의 선발방법

- 어미 소의 도태는 자신의 능력과 자신이 낳은 송아지의 이유 시 체중에 근거함.
- 육우의 능력평가: 이유시 체중 보정 시 어미의 나이와 송아지 성별 고려함.
- 종모우의 능력을 검정하는 형질: 일당 증체량, 사료효율, 체형 등임.

6. 육우의 보증 종모우 선발체계

- 당대 검정에서는 산육형질이 주요 선발대상임.
- 육질을 고려할 경우 후대검정 후 선발함.
- 사료효율도 주요 선발대상임.

젖소의 경제형질과 유전력

- 젖소의 경제적 가치: 유량, 유지량, 단백질량, 무지고형분량 등 유성분, 번식능률, 체형, 착유속도, 분만난이도, 체세포 수, 생애수명 등

1. 번식능력과 유전력

- 젖소에서 주요 경제형질 중 하나인 비유량은 번식주기에 따라 변화함.
- 분만 후 일정기간까지 비유량 증가, 그 후 점차적으로 감소함.
- 유생산을 극대화시키기 위해 번식 횟수나 번식 시기를 최적으로 유지시키는 것이 매우 중요함.
- 번식형질: 번식효율, 수태당 종부횟수, 종부 개시일부터 수태일까지의 소요일수, 분만간격 등
- 번식형질의 대부분은 유전력과 반복력이 낮음.
- 번식형질의 상가적 유전분산이 낮은 것은 주로 환경의 영향이 큰 것을 의미함.
- 젖소의 번식능력 개량에 있어 고려되어야 할 주요 경제형질: 유전력 및 반복력
- 분만간격, 수태당 종부횟수, 공태기간, 분만 후 발정재귀일수, 다태성 및 불임성

표 2-7. 젖소 번식능력의 주요 경제형질에 대한 유전력과 반복력

구분	유전력	반복력
분만간격	0~10%	14~18%
수태당 종부횟수	0~19%	0~12%
공태기간	0~9%	0~10%

1) 유량과 유성분

- 젖소의 유량과 유지량은 가장 중요한 경제형질임.
- 유지량은 산유량과 유지율에 의하여 결정됨.
- 젖소의 산유능력 측정 시 규정된 표준 비유기간은 305일임.
- 산유량의 유전력: 20~30%
- 유지율의 유전력: 약 50%
- 산유량과 유지율은 유전력이 높은 편으로, 개체선발이 효과적임.

표 2-8. 젖소의 경제형질과 유전력

형질	유전력
생산수명, 번식효율	0~10%
총 고형분량	20%
체형평점	15~30%
비유량, 유지생산량, 유단백질생산량	20~30%
사료효율	30~40%
유단백질	45~55%
유지율	50~60%

2) 체형

- 쐐기형, 체심, 다리, 엉덩이, 유방형상 등의 기능적 형질이 젖소의 생애산유량에 큰 영향을 미침.
- 생애산유량과 우수한 체형의 후대를 생산하기 위해서는 기능적 형질을 충분히 발휘할 수 있는 우수한 체형을 가진 젖소의 선발이 매우 중요함.

표 2-9. 젖소의 생애산유량과 내구연한에 큰 영향을 미치는 선형 체형형질의 유전력

형질	유전력
발굽의 각도	10%
뒤 유방 너비	16%
앞 유방 부착, 뒤 유방 높이	18%
예각성	23%
엉덩이 너비	24%
유방의 깊이	25%
강건성	26%
체심	32%
키	37%

3) 기타 형질

- 수익성에 직간접적으로 영향을 주는 기타 경제형질: 환경에 대한 적응성, 질병에 대한 저항성, 착유속도, 분만난이도, 체세포 수, 생애수명 등
- 환경효과가 나타나는 형질: 착유횟수, 분만연령, 분만계절, 건유기간, 산유일수, 공태일수 등

2. 젖소의 개량목표와 특성

1) 젖소의 개량목표
- 번식효율의 향상
- 두당 유생산량 증가
- 유방염에 대한 저항성 증진
- 착유 시간 단축
- 유지율 증가
- 소비자 기호에 부합한 유질 향상 등

2) 젖소개량의 특성

- 젖소의 유생산능력은 비교적 쉽게 측정 가능함.
- 젖소의 유생산형질들은 수소에서 측정 불가함.
- 세대 간격이 길어 개량속도가 느림.
- 수소에 대한 선발강도 증진 가능함.
- 젖소 개량 시 주로 이용되는 유전자 작용: 상가적 유전자작용
- 젖소 개량 시 이용되는 예측치(Predicted difference, PD): 유전능력의 차이
- 젖소의 가장 이상적인 체형: 쐐기형(설상형)
- 건유기: 포유하지 않는 기간으로, 젖소에서 일정 착유기간 후 다음 비유기에 최대한의 우유를 생산하기 위하여 실시하는 약 60일(50~70일)이며, 이 기간에 영양소 공급, 치료 등 젖소의 건강관리를 실시함.

3) 젖소 검정

- 젖소의 검정은 검정 목적에 따라 씨수소를 선발하기 위한 검정과 암소의 산유 및 번식능력을 조사하는 유우군능력검정으로 구분함.
- 씨수소 선발을 위한 검정
  ① 당대검정: 후보씨수소를 선발하기 위함.
  ② 후대검정: 보증씨수소를 선발하기 위함.
- 유우군능력검정: 농가 또는 기관, 단체가 보유한 전체 암소 우군을 대상으로 실시, 검정 당일 검정원 입회 여부에 따라 입회검정, 자가검정으로 구분함.

3. 젖소 종축의 평가와 선발

1) 종축의 평가방법

- CDM법(Centering Date Method): 한 비유기의 생산량을 계산하는 방법, 1개월 간격으로 월검정을 10회 실시한 후, 월검정성적의 누계에 30.5를 곱하여 305일의 생산량 산출함.

2) 젖소 산유기록의 통계적 보정

- 젖소개체의 유전능력을 정확히 평가하고 환경요인이 서로 다름으로 인해 발생되는 개체 간의 차이를 비교하기 위해 환경효과를 통계적으로 보정한 기록을 이용함.
- 우유의 산유기록은 일반적으로 산유기간이 305일인 경우의 산유기록으로 환산함.

- 성숙우의 305일 산유기록으로 연령보정에 필요한 방법: 전체비교법, 병렬비교법, 혼합 모형법 등
- 1일 3회 착유한 유량은 2회 착유 시 유량으로 보정하여 개체 간 산유능력을 비교하는 것이 보편적임.
- 암소의 연령에 따른 산유량 차이를 보정하기 위해 성년형으로 보정함.
- 유지율이 다른 산유기록을 비교하기 위해 유지보정 유량(Fat corrected milk)을 계산함.

3) 젖소 산유기록의 통계적 보정 대상
- 착유일수
- 1일 착유횟수
- 암소의 분만 시 연령
- 건유기간, 공태기간
- 보정대상이 아닌 것: 수소의 연령, 분만체중 등

4. 연령보정계수 산출방법: 전체비교법, 혼합모형법, 품종연령평균법

1) BLUP법(Best Linear Unbiased Prediction): 최적선형불편추정법
- BLUP 지수는 가축의 생산을 평가하기 위해 1948년 Dr. C. R. Henderson에 의해 미국 에서 개발된 통계적인 분석을 이용하는 방법임.
- 가축의 경제형질에 대한 육종가와 유전모수를 추정함.
- 가축육종에 있어 종축의 평가방법으로, 특히 젖소 종모우의 평가방법임.
- BLUP의 개체 모형: 고정효과모형, 양의효과모형, 혼합효과모형 등
- Best: 오차의 분산을 최소화한다는 의미임.
- Unbiased: 진정한 값과 예측치가 일치한다는 의미임.
- Linear: 추정치가 선형함수로 된다는 의미임.

2) TIM법(Test Interval Method)
- 전 비유기간을 매 검정일의 검정간격으로 나눈 후, 각 검정 간격의 생산량을 이전 검정 성적과 금번 검정성적을 함께 이용하여 산출한 후 이들을 누계하여 산유량을 추정하는 방법임.

    TIM=[(검정일 간격-1)×(전검정일 산유량 + 검정일 산유량)]/2 + 검정일 산유량

3) 종빈우선발

- 우군 내의 평균 비유량과 유사한 시기에 분만된 암소의 기록을 비교함.
- 우군 내 각 개체의 육종가를 계산하여 암소의 선발 및 도태를 실시함.
- 가계능력을 이용함.
- 산유기록의 통계적 보정을 이용함.
- 유량에 대한 유전능력이 상위 4%이고, 평균유지율이 4%인 개체를 선발함.

4) 종모우선발

- 딸의 능력, 자매능력, 어미능력 등을 고려하여 선발함.
- 후대검정이 종모우 선발에 효과적임.
- 종웅지수 = 양친등가지수와 종모우회귀지수를 사용함.

5) 체형능력종합지수(Type-production index)

- 한국형 체형능력종합지수: Korea Type-Production Index, KTPI
- 유지방 2.5, 유단백 1.5, 체형 1, 유방종합지수 1의 비율로 계산됨.
- 미국형 체형능력종합지수(Type-production index): 체형과 생산능력을 종합한 지수임.
- 유단백 27, 유지방 16, 체형 10, 예각성 -1, 유방지수 12, 발굽과 다리 6, 생애지수 9, 체세포 -5, 임신율 11, 분만난이도 -2, 딸소 사산율 -1의 비율로 계산함.

돼지의 경제형질과 유전력

1. 돼지의 경제적 개량형질

- 복당 산자수, 이유 시 체중, 이유 후 성장률, 사료효율, 도체의 품질(도체장, 배최장근단면적, 도체율, 햄-로인 비율, 등지방두께, 근내지방도)
- 돼지의 경제형질에 해당하지 않는 것: 유량, 포유 시 비유량

1) 복당 산자수(한배 새끼 수)

- 출생 시와 이유 시에 측정함.
- 유전력이 낮기 때문에 개체선발을 하였을 경우 유전적 개량량이 낮음.

2) 이유 시 체중

- 한배 새끼 육성률과 더불어 어미돼지의 자돈 육성능력을 나타내는 지표임.
- 새끼 돼지는 이유 시 체중이 큰 것이 좋으며, 모돈의 비유능력에 영향을 받음.

3) 이유 후 성장률

- 이유 시부터 시장출하 체중에 도달할 때까지의 일당 증체량으로 평가함.
- 이유 후 증체율과 사료효율 간에는 아주 높은 유전상관이 있음
- 이유 후 일당 증체량을 개량하면 사료효율이 개선 = 사료비 개선

4) 사료효율

- 돼지 육종에 있어서 가장 중요한 형질임.
- 사료효율이 높을수록 수익성이 높음.

$$사료효율 = \frac{중체량}{사료섭취량} \times 100$$

$$사료요구율 = \frac{사료섭취량}{중체량} \times 100$$

5) 돼지의 경제형질 간 유전력(heritability)

- 돼지의 경제형질 중 일반적으로 유전력이 가장 높은 것: 체장(50~60%)
- 돼지의 경제형질에 대한 유전력이 가장 낮은 것: 복당 산자수(5~10%)

표 2-10. 돼지 경제형질의 유전력

형질	유전력
복당 산자수	5~10%
복당 이유두수	5~15%
이유 시 체중	10~20%
21일령 복당 체중	15~25%
일당 증체량	20~30%
사료요구율	25~30%
도체율	25~35%
체형평점, 젖꼭지 수	30~40%
린컷의 퍼센트	35~40%
햄퍼센트	40~50%
등지방두께	40~55%
배최장근단면적	45~55%
체장	50~60%

돼지의 개량목표와 능력검정

1. 돼지의 육종 목표
- 복당 산자수를 많게 하고 육성률을 향상시킴.
- 사료효율을 개선하여 사료비 절감.
- 등지방두께가 적당하며, 배최장근단면적이 넓고, 도체율 및 정육률을 향상시킴.
- 성장률이 빠르도록 개량하여 시장 출하일령 단축시킴.

2. 돼지의 모돈생산능력지수(Sow Productivity Index, SPI)
- 모돈의 번식, 육성능력이 산차에 따라 달라지므로 모돈 생산능력지수는 산차에 대해 보정함.
- 가능한 경우 위탁포유를 통해 복당 포유개시 두수를 6~12두로 설정함.
- SPI의 계산에는 생후 21일령에 모돈이 육성한 한배새끼돼지의 수와 한배새끼돼지의 체중을 측정함.
- 한배 새끼의 전체 체중을 생후 21일령에 측정하지 못할 경우 보정계수로 통계보정 실시함.
- SPI = 6.5NBA + 22ALW(NBA: 해당 모돈의 복당 산자수, ALW: 21일령 복당 체중)

3. 돼지 계통조성의 목적
- 우수 유전자를 영속적으로 유지 및 활용 가능함.
- 우수한 유전자를 고정함으로써 유전자개량을 극대화시키고 외국으로부터의 무분별한 종돈 수입을 줄일 수 있음.
- 제일성유전적 균일정도 증진 가능함.
- 유전적 능력이 유사하고 체격과 체중이 균일한 계통조성돈 생산
- 생산목표에 대한 결과예측과 반복을 통해 도축가공 및 지육유통업체 수익 증진
- 효과적인 잡종강세효과가 나타남.
- 계통조성을 통해 순종의 순수도를 높임으로써 잡종강세효과를 최대화하여 생산성 증진
- 유전력이 낮은 번식형질의 향상
- 궁극적으로, 소비자에게 균일한 품질의 돈육을 공급하며 돈육일지(생산자 및 생산방법)를 알려줄 수 있는 '상표화 돈육'을 시도함.

4. 피라미드형

- 피라미드형 돼지 집단 구조는 돼지의 유전적 개량과 능력 향상에 효과적인 것으로 평가됨.
- 피라미드형 돼지 집단구조는 [중핵돈군 − 증식돈군 − 실용돈군]으로 이어짐.
- 중핵돈군: 유전적으로 능력이 우수한 돼지를 보유, 순종교배에 의해 계통 유지 필요. 중핵돈군에서 반드시 능력검정과 후대검정을 실시함.
- 증식돈군: 중핵돈군에서 받은 돼지를 이용하여 잡종강세효과가 최대로 발현될 수 있도록 교배함.
- 실용돈군: 증식돈군에서 분양받은 종돈을 이용하여 출하돈을 생산. 실용모돈단계에서 생산된 돼지들은 모두 비육출하함.

표 2−11. 돼지 집단의 피라미드 3단계 구조

구분	기능	특징
원원종 (Great Grand Parent, GGP)	중핵돈군	순종라인이 유지, 개량되는 단계 여러 형질에 대한 검정, 유전능력평가, 선발 진행
원종돈 (Grand Parent, GP)	증식돈군	중핵돈군으로부터 가져온 개량된 돼지들을 이용하여 비육돈 생산에 쓰이는 실용돈군을 늘리는 단계
실용돈군 (Parent Stock, PS)	실용돈군	증식돈군에서 분양받은 종돈과 돼지인공수정센터에서 보유하고 있는 듀록종과의 교배를 통하여 출하돈을 생산하는 단계

5. 스트레스 감수성의 개량

- Porcine stress syndrome(PSS): 돼지는 여러 스트레스 인자에 대해 감수성이 높은 동물로 스트레스에 특이적인 반응을 보이는 병적 현상을 돼지 스트레스 증후군이라고 함.
- PSS 양성출현율이 가장 높은 품종: 피어트레인(Pietrain)종
- PSS 양성출현율이 가장 낮은 품종: 듀록(Duroc)종

1) 돼지의 스트레스 감수성(PSS) 여부를 판정하는 방법

- 할로텐(Halothane) 검정법: 돼지에서 PSS를 검정하는 데 널리 이용. PSS돈의 검사방법으로, 정확도가 가장 높은 방법임(95% 이상).
- DNA검사법: PSS는 라이아노딘 리셉터(Ryanodine Recepter)의 1843번째 염기가 사이토신(Cytosine)에서 티민(Thymine)으로 돌연변이를 일으켜 유발함.

6. 돼지에서의 잡종강세

- 새끼 돼지의 사산비율이 낮고 출생 시 활력이 강하여 이유 시까지 생존율이 높음.
- 잡종은 순종에 비하여 이유 후 성장이 빨라 일당 증체량이 높음.
- 잡종 종모돈의 산자능력이 우수함.
- 돼지에서 잡종강세현상을 이용하기 위하여 품종 간 교배를 많이 실시 중임.
- 수퇘지로 사용되는 품종의 특징: 일당 증체량, 사료요구율, 근내지방도 등임.
- 돼지의 육성에서 잡종강세를 최대한 이용하기 위한 교배방법: 3원종료교잡종 생산함.

돼지 종축의 평가와 선발

1. 돼지의 능력검정 및 후대검정

1) 능력검정
- 종돈으로 쓰일 돼지 자체의 능력을 기준으로 정함.
- 여러 마리의 수퇘지를 일정한 사양관리 조건하에서 사육하여 일당 증체량, 등지방두께, 체형 등을 조사함.
- 후대검정에 비해 시설과 비용이 적게 듦.
- 돼지의 능력검정소를 설치하여 검정함.

2) 돼지의 후대검정
- 종축가치를 생산한 자돈의 능력에 근거하여 평가하는 방법임.
- 후대검정, 개체선발, 혈통선발을 함께 이용하는 경우가 많음.
- 형매검정: 돼지에서 도체 품질의 개량을 위하여 가장 많이 이용하는 검정방법임.

2. 돼지의 교배법 및 품종
- 3원교배 = [다산계 A(우) × 다산계 B(송)](우) × 육질우수 C(송)
- 3원종료교배: 국내 비육돈 생산에 가장 널리 사용되는 방법, 모체 잡종강세효과와 개체잡종효과를 각각 100%씩 이용할 수 있는 교배법임.
- 3품종종료교배: 대규모 양돈장에서 주로 이용, 교잡종의 능력이 가장 우수하게 나타나는 교배법임.

- Limousin: 돼지 교잡종 생산을 위한 부모돈의 품종으로 가장 적합하지 못함.
- Landrace: 산자수가 많고, 비유능력이 양호하며 새끼돼지를 잘 키움.

3. 기타 주요 사항

- 종빈돈 선발을 위한 이유자돈의 정상 유두는 12개 정도가 이상적임.
- 돼지 도체의 등지방두께를 조사하는 데 이용되지 않는 부위: 제7요추
- 돼지 도체형질 조사법으로, 초음파를 이용하여 측정하는 형질임.
- 등지방두께, 등심단면적, 정육률 및 근내지방도
- 돼지의 검정소 능력검정에서는 검정성적 평가에 선발지수를 사용함.
- 등지방두께는 개체선발을 이용하여 효과적으로 개량할 수 있는 돼지의 형질임.

닭, 오리의 경제형질과 유전력

표 2-12. 닭의 품종(산란계, 육용계)별 경제형질

품종	경제형질
산란계	생존율, 초산일령, 산란율, 산란지수, 사료요구율, 평균난중, 체중, 수당 사료 섭취량, 난각질
육용계	생체중, 증체량, 성장률, 사료섭취량, 사료효율, 체지방, 복강지방, 체형, 도체율, 다리 결함, 육성률, 번식능력, 질적 형질

1. 산란율(능력)

- 근본적으로 지배되는 형질은 유전적 요소로, 복잡한 유전양식을 가짐.
- 산란성은 유전력이 낮아 개체선발법으로 효과가 적음.
- 산란율에 영향을 미치는 대표적인 요소: 일조량 감소, 질병, 알 품기, 영양실조 및 스트레스
- 초년도의 산란 수를 지배하는 GOODALE-HAYS의 산란 5요소
  ① 조숙성: 계군의 산란율이 50%에 도달하는 초산일령으로, 조숙할수록 산란 수가 많음.
  ② 취소성: 알을 품거나 병아리를 기르는 성질. 환경요소보다 유전에 의한 영향이 더 큼. 취소 중에는 산란을 중지하므로 취소성이 낮은 것이 산란율에 유리함.
  ③ 동기휴산성: 늦가을부터 초봄까지 일조시간이 짧아져 휴산하는 성질임.
  ④ 산란강도: 연속 산란일수의 장단을 의미함.
  ⑤ 산란지속성: 일반적으로 초산일로부터 다음 해 가을 털갈이로 휴산하기까지의 기간. 초년도 산란기간의 장단 = 연간 산란 수에 가장 큰 영향을 주는 성질임.

2. 산육능력의 유전과 개량

- 병아리의 성장률(증체속도)과 체형 등이 산육능력과 관계가 있으며, 닭의 산육능력과 가장 관계가 깊은 요소는 성장 속도임.
- 성장률에 대한 유전력: 0.4~0.5 또는 40~50%
- 생체중과 정강이 길이 간의 높은 상관관계
- 성장률: 수평아리 〉 암평아리
- 기타 주요 사항
  ① 부화율: 산란계의 경제형질 중 유전력이 가장 낮은 형질임.
  ② 난중의 유전능력: 40~50%(산란계에서 30~40주령에 측정 시)
  ③ 성비: 간역형질(Threshold character)에 해당함.
  ④ 간역형질: 표현형이 불연속적으로 표현되지만, 표현형의 유전방식이 환경요인 등에 의해 연속적으로 변화함.

3. 개량목표와 능력검정(가축검정기준)

1) 산란계의 선발요건과 개량목표
- 산란을 많이 할 것(다산성)
- 산란기간 내 폐사율이 낮을 것(생존율)
- 난질이 양호하고 난중이 무거운 것
- 사료효율이 높을 것
- 몸 크기가 작은 것

2) 닭의 산란능력 개량을 위해 고려할 사항
- 능력이 우수한 기초 계군을 확보함.
- 산란성 향상을 위한 유효 선발방법을 선택함.
- 단기검정법을 이용하여 세대 간격을 감소시킴.
- 사육규모 확대로 선발강도 증가시킴.

3) 육용계의 선발요건과 개량목표
- 정강이 길이가 긴 것(1차 선발: 4~6주령 / 2차 선발: 10~12주령)
- 우모의 발육이 빠르고 백색일 것(육계의 도체품질을 좋게 하는 우모의 특징)

- 건강하고 산란능력이 우수
- 사료요구율이 낮은 것
- 가슴과 다리 부분의 착육성이 높은 것
- 특히 수탉 선발에 유의함.
- 육용계에서 생체중의 실현 유전력: 0.3~0.4 또는 30~40%
- 성장에 관련된 형질의 유전력이 높은 편 = 개체선발이 효과적임.
- 개체선발: 육용계의 선발에서 복강지방에 대하여 선발할 경우 이용하기 어려움.
- 육용계의 복강지방 측정법: 캘리퍼스, 초음파 단층촬영, 혈장 중 초저밀도지단백질 (VLDL) 측정
- 부계통: 성장률과 체형, 체지방, 사료효율, 수정률 등을 고려하여 선발함.
- 모계통: 성장률보다 산란율 또는 부화율과 같은 번식능력을 고려함.
- 육용계 생산을 위한 이상적인 종계의 교배체계: 겸용종(♀) × 육용종(♂)

4. 종축의 평가와 선발

1) 산란계의 능력검정성적
- 유색계통: 체중과 사료요구율, 백색계통: 산란율이 유리함(생존율과 산란율 등에 큰 차이가 없음).
- 산란지수(Hen house index): 일정기간의 총 산란 수를 그 기간 최초의 마릿수로 나눈 것임.
- 산란 수와 생존율을 결합하여 총 산란 수를 검정개시 시 생존한 닭의 마릿수로 나눈 것임.

$$\text{산란지수} = \frac{\text{일정기간의 총 산란수}}{\text{검정개시 시 생존 암탉수}}$$

- 산란율(Hen day egg production rate): 일정기간의 총 산란 수를 기간 내 생존 암탉 수로 나눈 것임.

$$\text{산란율} = \frac{\text{일정기간의 총 산란수}}{\text{검정기간 내 생존한 암탉수}}$$

2) 품종, 성장률, 체형의 차이
- 백색종인 레그혼(leghorn)과 겸용종은 부화 후 4주령까지 성장률에 차이가 없으나, 8주령에서는 겸용종의 성장률이 높게 나타남.

- 성장률 및 체중: 수평아리 > 암평아리
- 정강이 길이: 성장률 측정의 척도, 길이가 긴 계통이 짧은 계통보다 성장률과 사료효율이 높음.

3) 달걀 형질의 개량
- 난형은 알의 길이에 대한 알 넓이의 비율인 난형지수로 나타냄.
- 난형지수: 달걀의 폭과 길이를 캘리퍼스로 측정하여 계산한 비율임.
- 난형지수 = (알의 넓이 / 알의 길이) × 100
- 최적 난형지수: 74
- 양호 난형지수: 72~76
- 난형은 타원형이 적당하며 너무 길거나 둥글면 포장이 힘들며 상품가치가 저하함. 정상치를 벗어나는 경우 포장과 수송 도중 달걀이 파손될 가능성이 높음.
- 난중: 고도의 유전력을 가지는 형질, 개체선발로 개량 가능함.

참고문헌

나기준 (2007), 축군의 능력개량을 위한 검정과 선발, 한국종축개량협회.

나기준 (2007), 가축개량 의의와 효과 및 전망, 한국종축개량협회.

나기준 (2007), 축군의 능력검정과 선발방법, 한국종축개량협회.

남영우 외 1명 (2003), 농업유전학, 한국방송통신대학교출판부.

농림축산식품부 (2018), 가축검정기준, 국가법령정보센터.

오봉국 (1972), 가금육종-질적형질에 관한 유전, 대한양계협회.

조명래 외 7명 (2010), 농업생태계 다양성의 보존과 활용, 국립농업과학원.

한국과학기술원 (2010), 인간 유전체연구에 대한 사회적 신뢰 구축에 대한 연구.

황의경 외 1명 (2002), PCR-RFLP 기법을 이용한 Porcine Stress Syndrome의 진단, 수의학회지.

Fuso G. 외 1명 (2019), The biology of reproduction, Cambridge University Press.

Jane B. Reece 외 2명 (2011), Campbell Biology, Chapter 15. Chromosomal Basis of Inheritance.

J. C. Hermes (2003), Why did my chickens stop laying?, Oregon State university.

Lewis R. (2005), Human Genetics: Concepts and Applications, 6th Ed. McGraw Hill, New York.

Zhang J. (2003), Evolution by gene duplication: an update, Trends in Ecology & Evolution.

위키백과, 멘델의 유전법칙, https://ko.wikipedia.org/wiki/%EB%A9%98%EB%8D%B8%EC%9D%98_%EC%9C%A0%EC%A0%84%EB%B2%95%EC%B9%99#%EA%B0%81%EC%A3%BC.

위키백과, Genetic lingkage, https://en.wikipedia.org/wiki/Genetic_linkage#cite_note-5.

위키백과, Chromozomal crossover, https://en.wikipedia.org/wiki/Chromosomal_crossover.

위키백과, 염색체 전좌, https://ko.wikipedia.org/wiki/%EC%97%BC%EC%83%89%EC%B2%B4_%EC%A0%84%EC%A2%8C.

위키백과, 종계, https://ko.wikipedia.org/wiki/%EC%A2%85%EA%B3%84.

pmg 지식엔진연구소, 역위, 시사상식사전, https://terms.naver.com/entry.naver?docId=933455&cid=43667&categoryId=43667.

두산백과, 프리마틴, https://terms.naver.com/entry.naver?docId=1159604&cid=40942&categoryId=32327.

pmg 지식엔진연구소, 하디-바인베르크의 법칙, 시사상식사전, https://terms.naver.com/entry.naver?docId=933582&cid=43667&categoryId=43667.

농촌진흥청, 유전모수, https://terms.naver.com/entry.naver?docId=164470&cid=43658&categoryId=43658, 농업용어사전: 농촌진흥청.

Nature Education, threshold trait, https://www.nature.com/scitable/definition/threshold-traits-121/#:~:text=Quantitative%20traits%20that%20are%20discretely,the%20trait%20(underlying%20liability.

한국종축개량협회, 근친퇴화, https://www.aiak.or.kr/helpdesk/dictionary.jsp.

한국종축개량협회, 독립도태법, https://www.aiak.or.kr/helpdesk/dictionary.jsp.

그림 2-1. 멘델. https://terms.naver.com/entry.naver?docId=389205&cid=41978&categoryId=41985. 네이버 지식백과.

그림 2-2. 멘델의 단성잡종 실험. https://m.blog.naver.com/sohoon1002/221942785306. 네이버 지식백과.

그림 2-3. 멘델의 양성교배 실험. https://m.blog.naver.com/sohoon1002/221942785306. 네이버 지식백과.

그림 2-4. 쇼트혼의 조모색(槽毛色, Roan). https://en.wikipedia.org/wiki/Roan_(color). 위키피디아.

그림 2-5. 추정생산능력 계산식. https://cutecow.tistory.com/entry/%EC%B6%94%EC%A0%95%EC%83%9D%EC%82%B0%EB%8A%A5%EB%A0%A5-%EC%83%9D%EC%82%B0%EB%8A%A5%EB%A0%A5%EC%B6%94%EC%A0%95%EC%B9%98-%EA%B3%84%EC%82%B0%EB%AC%B8%EC%A0%9C. 티스토리.

동물생명공학

제 3 장

동물의 번식

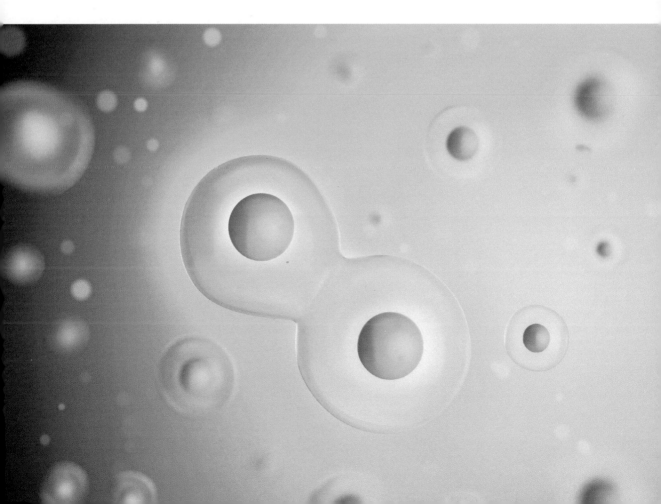

수컷의 생식기관 구조와 기능

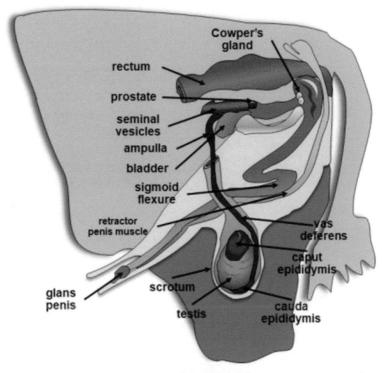

그림 3-1. 수소의 생식기관

Ampulla(정관 팽대부), Bladder(방광), Caput epididymis(정소상체 두부),
Cauda epididymis(정소상체 미부), Cowper's gland(쿠퍼선), Glans penis(귀두), Prostate(전립선), Rectum(직장), Retractor penis
muscle(음경후인근), Scrotum(음낭), Seminal vesicle(정낭선), Sigmoid flexure(음경S형만곡부), Testis(정소), Vas deferens(정관)

1. 정소

1) 정소의 구조

- 정소(testis, 고환): 수컷의 생식선(gonad)으로서 정자(spermatozoon)를 생산하고 웅성
호르몬(androgen)을 분비하는 기관으로 음낭 속 좌우 각 1개씩 위치함.
- 세정관(seminiferous tubule): 한 층의 기저막과 여러 층의 정자형성 상피로 구성. 성숙
한 포유동물에서 정자형성(spermatogenesis)이 일어나는 장소. 모든 세정관은 최종적으
로 필요시 정자를 외부로 수송하는 사정관인 정관(vas deference)으로 합쳐짐.

2) 정소의 기능

- 호르몬분비: 정소의 세정관 사이를 구성하는 간질조직 속에 매몰되어 있는 간질세포 (Leydig cell)에서는 황체형성호르몬(luteinizing hormone, LH)의 영향을 받아 androgen 을 분비. 정소의 활동은 시상하부(hypothalamus)에서 합성·분비되는 peptide 가운데 뇌하수체(pituitary) 전엽에 작용하여 성선자극호르몬(gonadotropin)의 생산·방출을 촉진하는 성선자극호르몬방출호르몬(gonadotropin releasing hormone, GnRH)으로부 터 조절이 시작됨.

- 정자형성(spermatogenesis): 정소 내 세정관에서 원세포(spermatogonium)로부터 유사 분열과 감수분열에 의하여 정자가 형성. Sertoli cell(지지세포)은 정자형성에 도움을 주 는 세포로 정소에서 정자가 만들어질 때 정자형성세포(spermatogenic cell)를 유지하며 영양과 대사에 관여하여 nurse cell이라고도 불림. 정소액은 정소의 림프관이나 지지세 포의 분비물로 구성됨.

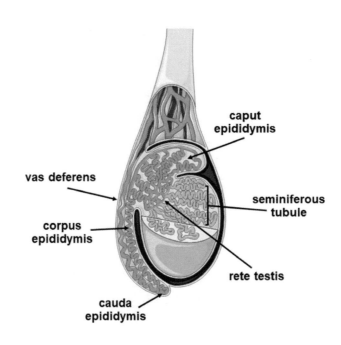

그림 3-2. 정소의 구조

Caput epididymis(정소상체 두부), Cauda epididymis(정소상체 미부),
Corpus epididymis(정소상체 체부), Rete testis(정소망), Seminiferous tubule(세정관),
Vas deferens(정관)

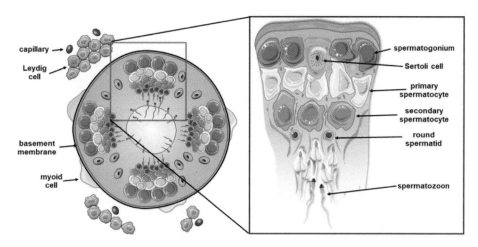

그림 3-3. 세정관 구조

Spermatogonium(정원세포), Sertoli cell(지지세포), Primary spermatocyte(제1차정모세포), Secondary spermatocyte(제2차정모세포), Round spermatid(등근 정세포), Spermatozoon(정자), Capillary(모세혈관), Leydig cell(라이디히세포), Basement membrane(기저막), Myoid cell(근모양세포)

2. 정소상체(epididymis, 부고환)

- 정관과 정소를 연결하는 심하게 굴곡진 가늘고 긴 관 형태의 기관
- 구성: 두부(caput), 체부(corpus), 미부(cauda)

① 두부: 정소를 빠져나온 12~20개의 정소수출관(efferent ductule)이 합쳐져 한 줄기의 정소 상체관을 형성. 정소상체 두부의 상피를 구성하는 주세포(principal cell)는 정소망액(rete fluid)의 상당 부분을 흡수하여 농축

② 체부: 정소상체 중 가장 긴 부분으로 정자가 이곳을 통과하는 동안 성숙과정의 상당 부분이 이루어짐.

③ 미부: 정소상체 말단에 굵은 부분으로 정관과 연결. 정자가 사출되기 직전까지 저장됨.

3. 음낭(scrotum)

- 정소와 정소상체를 감싸고 있는 주머니로 근육층으로 이루어짐.
- 정자합성을 위해 정소 및 정소상체 온도를 4~7℃ 낮게 유지함.
- 피부는 얇고 유연하며 피하지방이 거의 없고 땀샘이 잘 발달되어 있어 열 발산에 적합함.
- 피부 안쪽에는 육양막(tunica dartos)과 근섬유(정소근)가 존재하여 온도에 따라 수축작용이 일어남.
- 외부 온도가 높을 경우에 음낭 표면의 주름이 펴지면서 늘어지고, 땀을 분비하여 온도를 낮춤.
- 외부 온도가 낮을 경우에 주름이 생기면서 몸쪽으로 당겨 올라가며 체온 발산을 줄임.

4. 음경

- 음경의 구조: 근부, 체부, 유리선단부
- 음경은 수컷의 배설 및 교미기관으로 소변의 배설과 암컷의 생식기관 내 정액 주입됨.

5. 부생식선(accessory sex gland)

- 정낭선(seminal vesicle), 전립선(prostate), 요도구선(쿠퍼선, Cowper's gland)으로 구성됨.

1) 정낭선

- 한 쌍의 선체로 정관 팽대부 옆에 위치하며, 알칼리성 분비물을 배출. 대부분의 포유동물에서 사정되는 정액 중 대부분은 이곳에서 분비됨.
- 특히 정액 내 프로스타글란딘(prostaglandin)도 이곳에서 분비. 분비액은 정자를 보호하는 유백색을 띤 점조성 액체. 고농도의 단백질, 칼슘, 구연산, 과당 및 여러 종류의 효소를 함유함.
- 소 정액의 32~40%, 돼지 정액 중 정자를 제외한 정장(seminal plasma)의 대부분이 정낭선에서 분비됨.

2) 전립선

- 선 조직과 이를 둘러싼 섬유근조직으로 이루어진 기관으로 방광경의 등쪽(배측, dorsal)에 부착되어 있으며 요도를 중심으로 동심원 형태로 배열됨.
- 전립선은 정액에 특유의 냄새를 부여하는 엷고 불투명한 액체를 분비. 전립선액은 유백색으로 알칼리성이며, 정자의 운동과 대사에 관여함.

3) 요도구선(쿠퍼선, Cowper's gland)

- 골반강의 출구에 가까운 한 쌍의 작은 구형 분비선임.
- 정액 사출에 앞서 분비되며 요도의 세척 및 중화하는 역할 수행함.

6. 정관

- 정관은 정소상체 미부에서 요도까지의 관으로 정자를 운반하는 가늘고 긴 통로이며, 1쌍으로 이루어짐.

7. 요도(urethra)

- 요도구부와 음경부로 구분. 수컷의 요도는 소변 배출과 정액 사출 통로임.

표 3-1. 수컷의 생식기관별 주요 기능

기관	기능
정소	정자의 생산, 웅성호르몬 생산
정소상체	정자의 저장, 성숙, 이동
음낭	정소의 지지, 온도조절, 보호
음경	교미기관, 배설기관
정낭선	정액의 영양물질, 완충액 등을 함유한 액체 분비
전립선	정액 특유의 냄새를 부여하는 액체 분비, 정자의 운동과 대사에 관여
요도구선	요도의 세척 및 중화
정관	정자가 이동하는 1쌍의 통로
요도	소변의 배출 및 정액의 사출 통로

암컷의 생식기관 구조와 기능

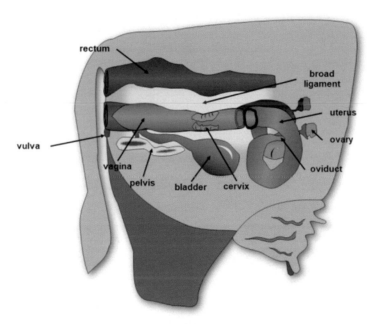

그림 3-4. 암컷의 생식기관

Broad ligament(광인대), Cervix(자궁경부), Ovary(난소), Oviduct(난관), Pelvis(골반), Uterus(자궁),
Vagina(질), Vulva(외음부), Rectum(직장), Bladder(방광)

1. 난소(ovary)

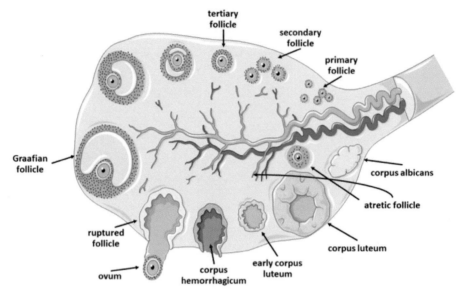

그림 3-5. 난소의 구조

Atretic follicle(폐쇄난포), Corpus albicans(백체), Corpus hemorrhagicum(출혈포), Corpus luteum(황체), Graafian follicle(그라아프난포, 포상난포), Ovum(난자), Primary follicle(제1차난포), Ruptured follicle(파열난포), Secondary follicle(제2차난포), Tertiary follicle(제3차난포)

1) 난소의 구조

- 자궁의 좌우에 각각 1개씩 존재하며 구형 또는 타원형 모양으로 남성의 정소와 발생학적으로 상동함.
- 난소는 중앙에 수질(medulla)이 있으며, 그 바깥에 피질(cortex)로 구성됨.
  ① 수질: 기질(stroma)과 많은 원시난포(primordial follicle)로 구성됨.
  ② 피질: 성숙된 포유가축의 난소에서 혈관, 림프관 및 신경이 분포함.

2) 난소의 기능

- 수정에 필요한 성숙된 난자를 발정기에 배란시키고, 배란된 난자가 수정이 이루어지고 나아가 착상에 성공할 수 있도록 자궁, 난관 및 주위 조직을 적절히 준비하는 기능 및 자성호르몬을 생산함.

3) 난포의 종류

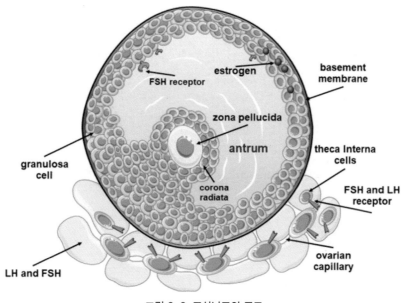

그림 3-6. 포상난포의 구조

Antrum(난포강), Corona radiata(방사관세포), FSH receptor(FSH수용체), Granulosa cell(과립막세포), Theca interna
cell(내협막세포), Zona pellucida(투명대)

① 원시난포(primordial follicle)
- 난소의 발생과정에서 형성되는 최초의 난포. 하나의 제1차난모세포(primary oocyte)를
  한 층의 편평한 난포세포(follicular cell)가 둘러싸고 있는 난포로 제1차감수분열 전기에
  서 분열을 정지한 상태임.
② 제1차난포(primary follicle)
- 하나의 난모세포를 한 층의 편평한 난포세포가 둘러싸고 원시난포는 난포의 성장과 더
  불어 두께가 증가하여 입방(정사각) 또는 원주상 상피로 변화되는데, 이를 제1난포라
  함. 난모세포와 과립막세포 사이에 투명대(zona pellucida)가 나타나며, 간극결합(gap
  junction)에 의해 세포 간 연결통로를 형성함.
③ 제2차난포(secondary follicle)
- 난모세포가 발육되어 이를 감싼 과립막세포(granulosa cell)도 분열 및 증식하여 여러 층
  을 이룸. 단일 층이던 과립막세포 층이 2~3층으로 증가. 난포와 경계를 이루던 난포 주
  위 기질세포가 변형되어 협막세포(theca cell)로 분화함.

④ 제3차난포(tertiary follicle)
- 난포세포의 과립막세포가 증가하여 난포액을 분비하게 되고 난포강(antrum)을 형성하므로 주머니 모양의 난포가 됨. 이를 포상난포(vesicular follicle)라고도 함.

⑤ 그라아프난포(Graafian follicle)
- 발달하는 여러 개의 난포 중 배란 직전의 가장 크게 발달한 난포로 완전히 성숙되었으며 잘 발달된 난포강이 존재. 난모세포는 난포의 과립막에 싸여 난구세포(cumulus cell)를 형성함.

⑥ 난포의 파열(배란)
- 배란은 LH의 급증 후 그라아프난포의 외부 난포벽에서 파열이 발생하여 난자와 난포액을 방출. 난포의 배란구(stigma, 파열부)에서 파열이 일어남.

⑦ 출혈체(corpus hemorrhagicum)
- 파열된 난포의 과립막에는 내협막에서 유래하는 혈관이 생김. 이때 이 혈관에서 누출된 혈액이 파열난포의 내강에 응고되는데 이를 출혈체라 함.

⑧ 황체(corpus luteum) 형성
- 배란 후 비대한 과립막세포와 내협막세포는 황체세포로 전환되어 황체를 형성. 이 과정은 LH에 의해 촉진. 황체세포의 세포질에는 황색 색소인 lutein을 함유하는 유지방과립이 많아 황색을 띰.

⑨ 백체(corpus albicans)
- 황체가 퇴행할 때는 황체조직이 감소되며 황색 세포에서 지방변성이 일어나 백색으로 변함. 이런 백색의 작은 황체를 백체라 함.

2. 난관(oviduct)

1) 난관의 구조
- 난관은 난소와 자궁 사이를 기능적으로 연결하는 심하게 굴곡진 관상기관임.
- 난자와 정자의 수송통로로 난관간막에 의하여 유지되는 난소와 자궁각으로 연결되는 관으로 난관벽은 점막, 근층, 장막의 3층으로 이루어짐.
- 난관의 구분: 누두부, 팽대부, 협부로 나뉨.
① 누두부(infundibulum): 난관채(fimbria)가 있음.
② 난관채: 배란 시 난소의 표면에 있는 난자를 난관누두부 속으로 쓸어 넣는 역할을 함.
③ 팽대부(ampulla): 난관의 누두부를 지나면 두께가 두꺼운 팽대부 부분으로 이어지며

협부(isthmus)에 연결. 정자와 난자가 만나서 수정이 이루어지는 부위임.

④ 협부: 직접 자궁각(uterine horn)에 연결(함난관자궁 접속부)됨.

표 3-2. 동물별 난관의 길이

구분	소	돼지	말	면양
난관의 길이	20~25cm	15~30cm	25~30cm	15~19cm

2) 난관의 기능

- 난관은 난자와 정자를 거의 동시에 반대 방향으로 운반시키므로 두 생식세포의 만남의 장소를 제공하고 수정이 이루어지도록 함.
- 수정란의 초기 발달 장소가 되며 이를 자궁으로 이송하는 기능을 수행함.

3. 자궁(uterus)

1) 자궁의 형태

- 2개의 자궁각, 자궁체, 자궁경으로 이루어짐.
- 자궁의 형태: 쌍각자궁, 분열자궁, 중복자궁, 단자궁 등이 있음.

① 쌍각자궁(bicornuate): 한 쌍의 긴 자궁각(uterine horn)과 하나의 짧은 자궁체(uterine body)로 구성. 돼지의 자궁각의 길이는 120~150cm나 되어 많은 새끼를 임신하기 적합함.

② 분열자궁(bipartite): 쌍각자궁에서처럼 길고 뚜렷하지는 않지만 좌우의 자궁각이 구조적으로 분리된 자궁. 자궁경관 앞까지 현저한 자궁체가 존재함.

③ 중복자궁(duplex): 독립적으로 각각의 자궁경관에 연결된 형태의 자궁임.

④ 단(일)자궁(simplex): 커다란 자궁체와 자궁경으로만 구성된 형태의 자궁으로 사람이나 영장류에서 나타나는 자궁의 형태임.

표 3-3. 동물 자궁의 형태

자궁의 형태	구성	가축
쌍각자궁	자궁경관 바로 앞 작은 자궁체, 두 개의 긴 자궁각	돼지
분열자궁	자궁경관 앞 뚜렷한 자궁체, 두 개의 자궁각	소, 말, 개, 고양이, 산양
중복자궁	각각의 자궁경관에 연결된 자궁 형태	설치류, 토끼류
단자궁	자궁각 없음	사람, 영장류

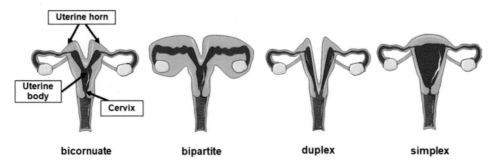

그림 3-7. 동물 자궁의 형태

Bicornuate(쌍각자궁), Bipartite(분열자궁), Duplex(중복자궁), Simplex(단자궁)

2) 자궁의 기능

- 수정란을 착상시켜 태반을 형성하고 태아의 개체발생을 완료하는 생식기관임.
- 포유가축의 자궁이 수행하는 생리학적 기능
① 난자와 정자의 수송
② 황체기능의 조절
③ 수정란 착상
④ 임신 유지 및 분만 개시

3) 자궁의 구조

- 자궁내막: 자궁각의 내면에 있는 상피선층과 결체조직으로 이루어짐. 선의 발달이 현저하게 나타남.
- 반추동물의 경우, 궁부성 태반으로 자궁소구(caruncle)와 융모막의 융모(cotyledon)가 결합하여 영양공급. 외층과 내층의 자궁근층으로 구성됨.

4. 자궁경관(cervix)

1) 자궁경관의 구조

① 두꺼우며 탄성이 없음.
② 여러 형태의 융기로 이루어짐.
③ 자궁체와 질 사이에 위치하며 자궁에서 개구(연결)되는 하나의 관임.
④ 발정기 때 정자가 들어가는 경우 또는 분만 시에 이완되며 그 외에는 닫힌 상태를 유지함.
⑤ 반추동물의 자궁경관 융기는 윤상환(annular rings, 오염물질이 자궁 내 침투하는 것을 막음)으로, 횡 또는 나선형으로 연결. 소에는 3~5개의 주름(추벽)이 존재함.

2) 자궁경관의 기능

① 자궁 내로의 세균의 감염을 방지함.

② 교배 후 정자의 일시적인 저장소 역할을 함.

③ 생존할 수 있는 정자는 수송하며, 생존능력이 없는 정자는 배출함.

④ 태아만출(분만) 시 산도 역할. 분비상피세포는 발정 시 자궁경관에서 점액 분비함.

5. 질(vagina)

- 암컷의 생식기로 얇은 막의 탄력성 있는 관 형태임.

- 질은 자궁경과 외음부 사이에 위치함.

- 질벽은 점막, 근층, 장막으로 구성됨.

- 질 바깥층은 장막, 안쪽 층은 평활근, 원형의 긴 근섬유로 이루어짐.

- 대부분 점액성 층이며, 분만 시 태아와 태반을 만출하는 팽창성이 큰 통로임.

6. 외부생식기(vulva)

- 외부생식기: 질전정(vaginal vestibule), 대음순(labia majora), 소음순(labia minora), 음핵 (clitoris) 등으로 구성됨.

① 질전정: 생식기관과 요도기관을 가지는 암컷 생식기관의 일부. 외요도구에 질을 연결. 질 정전선(바르톨린선)은 발정기간에 활동적으로 윤활작용이 있는 점액을 분비함.

② 소음순: 음순의 언저리나 안쪽 주름으로 수컷의 음경포피와 상동, 가축에는 두드러지지 않음.

③ 대음순: 음순의 언저리나 바깥쪽 주름으로 수컷의 음낭과 상동, 외부에서 관찰 가능함.

④ 음핵: 수컷의 음경귀두부와 상동, 발정기간 동안 팽창함.

표 3-4. 암컷의 생식기관별 주요 기능

기관	기능
난소	난자의 생산, 자성호르몬(에스트로겐)생산, 황체호르몬 생산
난관	정자와 난자의 이동 통로 및 수정 장소
자궁	수정란과 태아의 발육장소 및 기능 유지
자궁경관	자궁의 미생물학적 오염 방지, 정액의 저장소 및 정자의 이동 통로
질	교접기관, 자연종부 시 정액의 사정 부위
음순	외부로 열려 있는 생식기관

생식세포의 형성과 생리

1. 정자형성과 생리

1) 정자형성(spermatogenesis)
- 정자는 정자형성이라는 특수한 과정에 의해 세정관 상피에서 발생함.
- 정원세포(spermatogonia)가 유사분열(mitosis)을 약 10번 정도 거치며 분화하여 제1차 정모세포(primary spermatocyte, tetrad, diploid)가 됨.
- 제1차정모세포(2n)는 감수분열(meiosis)하여 제1분열로 2개의 제2차정모세포(secondary spermatocyte, dyad, haploid)가 되며, 제2분열로 총 4개의 정세포(spermatid, monad, haploid)가 형성되며, 이들 정세포는 핵염색질의 농축 및 꼬리를 갖는 정자가 됨.
- 이 과정을 정자완성(spermiogenesis)이라 함. 제1정모세포는 제1감수분열을 통하여 X염색체 혹은 Y염색체를 함유하는 제2차정모세포를 형성함.
- 소의 경우 정원세포가 정세포로 발달하는 데 45일 정도 소요됨.

2) 포유동물에서 정자의 완성과정
① 골지기: 골지체 내 전첨체과립이 형성되는 시기임.
② 두모기: 첨체과립이 정자세포의 핵표면에서 확산되는 시기임.
③ 첨체기: 핵, 첨체 및 미부의 형태가 변화하는 시기임.
④ 성숙기: 타원형 두부를 가긴 정자세포가 세정관강에 유리될 수 있는 형태로 변화하는 시기임.

3) 정자의 형태와 구조

① 두부
- 주로 핵으로 구성. 염색체 보유함(DNA 함유).
- 암가축의 생식기관 내에서 수정 전 수정능력획득 시 주로 변화가 일어나는 부위로 가장 앞쪽인 첨체는 아크로신(acrosin), 하이알루론산 분해효소(hyaluronidase) 등을 함유함.

② 경부
- 정자의 두부와 미부를 연결. 수정 후 잘려나감.

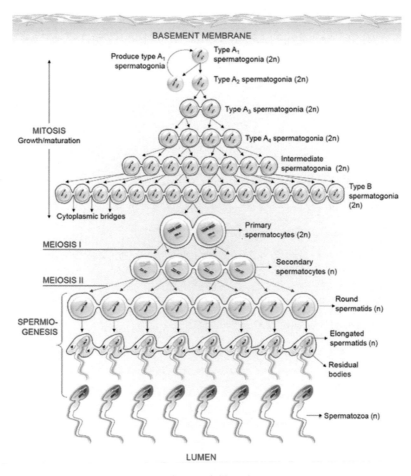

그림 3-8. 정자형성과정

Diploid(2배체), Dyad(2분염색체), Haploid(반수체), Meiosis(감수분열), Mitosis(유사분열), Monad(1분염색체),
Primary spermatocyte(제1차정모세포), Secondary spermatocyte(제2차정모세포), Spermatogonia(정원세포),
Spermatid(정세포), Spermiogenesis(정자완성), Tetrad(4분염색체)

③ 미부

- 정자의 운동기관으로 중편부, 주부, 종부로 구성됨.

　(1) 중편부: 미토콘드리아를 보유하여 정자의 운동에 필요한 에너지를 합성하여 공급함.

　(2) 주부: 파동에 의하여 정자를 추진하는 역할임.

　(3) 종부: 운동성 축사(axoneme, 9+2 구조)가 원형질막으로 둘러싸여 있음.

4) 정자의 운동성

- 정자의 운동성에 영향을 미치는 주성: 주류성, 주화성, 주촉성, 주전성, 주지성 등이 있음.

- 주류성: 정액의 흐름에 거슬러 이동하는 성질임.
- 주화성: 질점액, 자궁점액, 난포액에 함유되어 있는 특정 화학성분의 방향으로 이동하는 성질임.
- 주촉성: 기포, 세균, 먼지 등의 접촉성 물질 주위로 이동하는 성질임.
- 주전성: 특정 전극의 방향으로 선택적으로 이동하는 성질임.
- 주지성: 중력을 중심으로 이동하는 성질임.

5) 정자의 생존성과 운동성에 영향을 미치는 요인
- 사출된 정자의 생존성과 운동성에 결정적 영향을 미치는 요소임.
- 온도(빛, 산소), pH, 삼투압, 전해질, 비전해질 등이 있음.
- 온도가 상승하면 대사활동의 증가로 운동성이 증가, 생존성은 감소함(한계온도 초과: 모두 감소).
- 온도가 내려가면 운동성이 감소, 생존성은 증가함.
- 초저온 동결 보존: 대사활동의 정지로 반영구적 보존 가능, 급속냉각 시 정자 활력 저하됨.
- 직사광선: 정자의 활력을 일시적으로 증가시키나, 곧 유해하게 작용함.
- 정자의 운동성을 가장 정상적으로 유지하는 온도: 37~38℃
- 정자의 운동이 가장 활발한 pH: 7.0
- 산성 또는 염기성 환경: 정자의 운동이 급격하게 저하됨.
- 정자에 존재하는 당류는 유기산으로 분해되며, pH가 산성으로 변할 경우 생존성 감소함.
- 정액 보관 시 생존성을 높이기 위해 완충제(인산염, 구연산염, 중탄산염) 첨가 필요함.

난자형성과 생리

1. 난자형성(oogenesis)
- 개체발생의 초기에 분화된 원시생식세포가 태아의 성이 암컷으로 결정된 후 생식선융기가 난소로 발달되어 배아세포를 거쳐 난원세포(oogonium)가 됨.
- 난원세포는 태생기의 난소에서 유사분열을 반복하여 그 수가 증가(증식기), 곧이어 분열을 중지하고 사춤기에 진입하여 핵 및 세포질의 용적이 현저히 증가하는 난모세포가 됨.
- 난원세포는 제1차난모세포(primary oocyte, tetrad, diploid) 단계로 진입 후 제2차난모세포(secondary oocyte, dyad, haploid)와 제1극체(first polor body)로 분열됨.

- 난모세포는 두 번의 감수분열, 즉 제1성숙분열과 수정이 이루어지면 제2성숙분열을 거쳐 난세포와 제2극체로 분열됨. 제1성숙분열 완료까지를 제1차난모세포, 제2성숙분열 완료까지를 제2차난모세포라 칭함.
- 하나의 난모세포는 1개의 난자(oocyte)로 발달. 배란 직전 제1차난모세포가 제1성숙분열로 감수분열하며 제2차난모세포가 되어 제1극체를 방출. 즉, 제1극체 방출 후 난자가 배란되며 수정 직후 제2극체를 방출함.

2. 난자의 구조 및 생리

1) 난자의 구조

- 배란 직전의 난자는 여러 층의 과립막세포로 싸인 상태이며 방사관(난자 쪽에 결합된 과립막세포를 지칭)은 투명대 바깥쪽에 형성되어 난자발육에 필요한 영양물질 공급함.
- 난자의 표면은 난황막(vitelline membrane, 체세포의 원형질막과 유사한 기능을 가지기 때문에 난세포막이라고도 함)과 투명대로 둘러싸임.
- 난자의 내부는 난황으로 차 있으며, 수정 후 난황의 수축으로 투명대와 난황막 사이 위

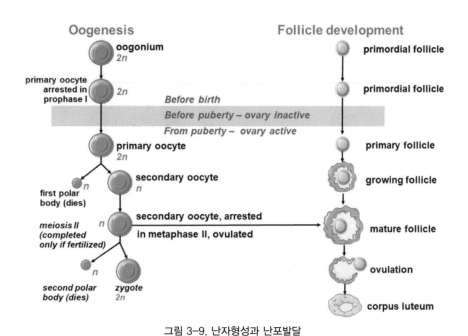

그림 3-9. 난자형성과 난포발달

First polar body(제1극체), Metaphase II(중기 II), Oogonium(난원세포),
Primary oocyte(제1차난모세포), Prophase I(전기 I), Secondary oocyte(제2차난모세포),
Second polar body(제2극체)

란강(perivitelline space)이 생성되며 이 안에 극체가 존재함.

- 난황은 핵, 미토콘드리아, 소포체, 골지체, 리보솜, 리소좀, 피층과립(endoplasm) 등으로 이루어짐.

2) 난자의 생리

- 대부분 포유동물의 배란은 난모세포가 제2감수분열 중기상태일 때 일어남.
- 배란된 난자는 정자와 수정 후 제2성숙분열을 하며 제2극체를 방출함.
- 난자에 정자가 침입하면 투명대가 다정자침입(polyspermy)을 막기 위하여 투명대반응 (zona reaction)을 함.
- 정자가 난자와 결합하는 것에 대한 반응으로 피질 활면소포체(smooth endoplasmic reticulum)에서 칼슘이온이 방출되면 피층과립이 세포 외로 방출되어 위란강으로 들어가 정자가 더 이상 침투할 수 없도록 방어함.

번식에 관련된 내분비작용

1. 내분비와 호르몬의 정의

1) 내분비의 개념

- 동물체의 특정한 조직이나 기관에서 합성 및 분비된 물질이 특정한 도관을 거치지 않고 직접 체액(혈액 및 림프액)을 통해 신체의 다른 부위나 표적세포로 운반되어 그 부위의 활동이나 생리작용을 조절함.
- 호르몬(hormone): 내분비선에서 분비되는 특수한 유기화합물임.
- 표적기관: 호르몬의 지배를 받아 생리작용을 발휘하는 신체 기관임.
- 표적세포: 호르몬의 수용체(receptor)를 가진 세포임.

2) 내분비선(endocrine gland)

- 분비선(secretory gland) 가운데 분비물을 운반하는 도관이 없어 분비물(hormone)을 체액(혈액 및 림프액) 중으로 방출하는 형태의 분비선임.
- 포유동물의 내분비선: 시상하부의 뇌하수체, 송과선, 흉선, 갑상선, 부갑상선, 부신, 췌장, 랑게르한스섬(islet of Langerhans), 정소 및 난소 등이 있음.

3) 호르몬의 개념 및 특성

- 호르몬(hormone)의 개념
- 신체의 특정한 기관이나 조직, 또는 조직 내의 세포에서 합성된 다음, 체액(혈액 및 림프 액)을 통해 신체의 다른 부위로 운송되어 그 부위의 활동이나 생리적 과정에 특정 영향을 미치는 특수한 유기화합물의 총칭임.
- 호르몬은 구성 성분에 따라 지질의 일종인 스테로이드계 호르몬, 단백질로 구성된 호르몬, 아미노산으로부터 유도된 아민계 호르몬으로 나누어짐.
- 호르몬의 특성임.
- 내분비선에서 생성 및 분비되어 체액을 따라 이동하며 표적세포에만 작용함.
- 표적세포에는 수용체가 있어 호르몬에 특이적으로 반응함.
- 생성장소와 작용장소가 다름.
- 특정 조직이나 기관의 생리작용을 조절함.
- 반감기가 짧으며, 극히 적은 양으로 효과를 나타냄.
- 분비량이 적절하지 못하면 결핍증 또는 과다증이 나타남.
- 생체의 생장과 생식기관 발달 등의 변화를 일으킴. 신경계와 함께 항상성 유지에 관여함.
- 종간 특이성이 없어 척추동물의 경우 동일 내분비선에서 분비된 호르몬은 동일 효과임.
- 호르몬에 의한 반응은 신경계에 비해 느리지만 비교적 지속적인 효과를 나타냄.

2. 호르몬의 분류

1) 호르몬의 기능상 2종류 분류

- 생식관련 제1위적 호르몬(primary hormone of reproduction)임.
- 생식활동을 직접 조절: 시상하부, 뇌하수체 전후엽, 성선(정소 및 난소), 태반 등이 있음.
- 생식관련 제2위적 호르몬(secondary hormone of reproduction)임.
- 다른 생식(번식)계통에 직간접적으로 영향을 미쳐 생식활동을 조절함.

표 3-5. 뇌하수체호르몬(전엽, 후엽)

뇌하수체 호르몬	
뇌하수체 전엽 호르몬	기능
Growth hormone, somatotrophin 성장호르몬	조직 및 골격의 성장 촉진
Prolactin 유즙분비호르몬	유즙합성, 모성행동유발(취소성)
Thyroid stimulating hormone (TSH)	Thyroxin 분비 자극, Iodine 섭취 조절
Adrenocorticotropin (ACTH) 부신피질자극호르몬	Glucocorticoid 방출
Follicle stimulating hormone (FSH) 난포자극호르몬	난자 및 정자 생성촉진
Luteinizing hormone (LH) 황체형성호르몬	난소 및 정소자극, 배란촉진

뇌하수체 호르몬	
뇌하수체 후엽 호르몬	기능
Vasopressin 바소프레신: Antidiuretic hormone (ADH)	항이뇨호르몬, 신장에서 수분재흡수 증가
Oxytocin 옥시토신	자궁수축, 유선세포 자극, 유즙분비촉진

2) 분비기관 중심 분류

- 정소호르몬: 안드로겐(테스토스테론) 등이 있음.
- 난소호르몬: 에스트로겐, 프로게스테론 등이 있음.
- 태반호르몬: 임마혈청성 성선자극호르몬(PMSG), 임부태반융모성 성선자극호르몬(hCG), 태반성 락토겐(hPL) 등이 있음.

3) 화학적 성분별 호르몬의 분류

- 펩타이드호르몬(peptide hormone): GnRH(성선자극호르몬방출호르몬), 옥시토신 등이 있음.
- 단백질호르몬: LH(황체형성호르몬), FSH(난포자극호르몬), inhibin(인히빈), prolactin(프로락틴), activin(액티빈) 등이 있음.
- 스테로이드호르몬: 성호르몬[테스토스테론, 에스트로겐, 프로게스테론], 부신피질호르몬[Cortisol] 등이 있음.
- 프로스타글란딘(prostaglandin, PG): 20개의 탄소로 구성된 불포화 수산화 지방산임.

4) 호르몬의 조절기전

① 정(正)의 피드백(Positive feedback)

② 부(負)의 피드백(Negative feedback)

- 피드백 기전에 의한 분비조절

- 정(正)의 피드백(Positive feedback)

- 정(+)의 메커니즘: 하위기관에서 분비한 호르몬이 상위기관의 호르몬분비를 촉진

- 난소에서 분비되는 에스트로겐이 시상하부의 배란 전 방출조절 중추를 자극하여 GnRH 분비를 유발시켜 뇌하수체로부터 황체형성호르몬을 방출시키는 조절 기전임.

- 성숙한 포유동물에서 배란 직전 호르몬의 혈중농도가 급상승하여 배란을 유도하는 기전임.

- 정의 피드백을 하는 호르몬은 뇌하수체호르몬인 황체형성호르몬과 난소호르몬인 에스트로겐임.

- 암컷에서는 난소에 황체가 존재할 경우 황체에서 분비되는 프로게스테론에 의한 부의 피드백 기전의 영향으로 뇌하수체의 성선자극호르몬 분비가 억제됨.

- 그러나 발정주기의 진행과 더불어 황체가 퇴행되면 부의 피드백이 해제되어 난포가 발달함.

- 따라서 에스트로겐이 분비되며, 이는 뇌하수체계에 정의 피드백 기전으로 LH-surge(LH-급증)를 유도하여 감수분열이 시작되고 배란이 일어나게 됨.

- 부(負)의 피드백(Negative feedback)

- 부(-)의 메커니즘: 하위기관에서 분비한 호르몬이 상위기관의 호르몬분비를 억제

- 수컷에서는 뇌하수체 전엽에서 분비되는 황체형성호르몬이 정소의 간질세포(Leydig cell)를 자극하여 안드로겐의 분비를 자극함.

- 분비된 안드로겐은 시상하부의 황체형성호르몬방출호르몬의 분비를 억제하여 황체형성호르몬 방출을 억제함.

- 하위호르몬인 안드로겐에 의하여 상위호르몬인 황체형성호르몬의 분비가 억제되는 기전임.

5) 피드백의 거리에 따른 분류

- 자가피드백(Auto feedback): 부신피질자극호르몬이나 난포자극호르몬과 같이 뇌하수체 전엽에서 분비되는 호르몬이 직접 뇌하수체 전엽에 작용하여 자신의 분비기능을 조절함.

- 단경로피드백(Short-Loop feedback): 뇌하수체에서 분비되는 성선호르몬이 직접 시상하부에 작동하는 피드백임.

- 장경로피드백(Long-Loop feedback): 성선호르몬의 자극으로 생식선에서 분비된 서스

테로이드호르몬에 의한 피드백에 의해 조절되는 과정임.
- 성선자극호르몬(FSH와 LH)은 정 또는 부의 피드백과 단경로 또는 장경로 피드백을 통한 조절기전에 의하여 분비가 조절됨.

6) 신경에 의한 조절
- 교미 또는 자궁경에 대해 물리적으로 자극함.
- 흡유 또는 착유에 의한 유방의 물리적 자극함.
- 물리적 자극에 의해 신경계가 자극받으면 신경계의 자극이 뇌하수체에 전달되어호르몬 분비 조절함.

3. 성선자극호르몬

표 3-6. 내분비선에서 생성되는 호르몬 종류 및 주요 작용

내분비선	호르몬	주요 작용	조절자
뇌하수체 전엽	성장호르몬(GH)	성장 및 대사기능촉진, 분만 시 모유생산자극	시상하부호르몬
	갑상선자극호르몬(TSH)	갑상선의 타이록신 분비촉진 대사조절 작용으로 임신 시 태아발달 촉진	혈중 T_4 농도
	부신피질자극호르몬(ACTH)	Glucocorticoid 분비촉진	Glucocorticoid
	난포자극호르몬(FSH)	난자 및 정자 생성촉진 정소 간질세포를 자극하여 테스토스테론 분비 난소에서 에스트로겐 분비유도	시상하부호르몬
	황체형성호르몬(LH)	난소 및 정소자극을 통해 에스트로겐, 프로게스테론, 테스토스테론 분비, 배란촉진 정소 간질세포를 자극하여 안드로겐 분비	시상하부호르몬
	프로락틴(Prolactin)	유선세포 발육, 유즙합성촉진 (유즙분비) 모성행동유발(취소성)	시상하부호르몬
뇌하수체 후엽	옥시토신(oxytocin)	자궁수축, 유선세포 자극, 유즙분비촉진 (유즙강화)	신경계
송과체	멜라토닌(Melatonin)	하루 또는 계절적 생체리듬 조절에 관여	일조주기
정소	안드로겐(Androgen)	정자형성촉진: 남성 2차 성징 발달 및 유지	FSH, LH
난소	에스트로겐(Estrogen)	자궁속막 발달촉진, 배란촉진	FSH, LH
	프로게스테론(Progesterone)	배란억제, 임신유지	FSH, LH

4. 시상하부 호르몬

1) 시상하부 호르몬의 개념
- 시상하부는 시상의 바로 밑, 제3뇌실의 벽을 따라서 존재함.
- 시상하부의 중요 기능은 뇌하수체를 경유하여 신경계와 내분비계를 연결함.
- 시상하부는 대사과정과 자율신경계의 활동을 관장함.
- 신경호르몬들을 합성 및 분비하며, 이들은 차례로 뇌하수체호르몬들의 분비를 자극 또는 억제함.

2) 시상하부 호르몬의 종류

표 3-7. 시상하부의 방출호르몬과 억제호르몬

시상하부 호르몬	종류	기능
방출호르몬 (Releasing hormone)	성선자극호르몬방출호르몬(GnRH, GTH): 황체형성호르몬 방출호르몬(LHRH), 난포자극호르몬 방출호르몬(FSHRH, FRH)	LH 및 FSH 분비촉진 (성선자극호르몬 분비촉진)
	갑상선자극호르몬 방출호르몬(TRH)	TSH 분비촉진
	부신피질자극호르몬 방출호르몬(CRH)	ACTH 분비촉진
	프로락틴 방출호르몬(PRH)	Prolactin 분비촉진
	성장호르몬 방출호르몬(GHRH)	GH 분비촉진
억제호르몬 (Inhibiting hormone)	프로락틴 억제호르몬(PIH)	Prolactin 분비억제
	성장호르몬 억제호르몬(GHIH)	GH 분비억제

5. 뇌하수체 호르몬

1) 뇌하수체 호르몬의 개념
- 뇌하수체는 간뇌의 시상하부 아래에 위치한 작은 내분비기관으로 2개의 엽(전엽과 후엽)으로 이루어짐.

2) 뇌하수체 호르몬의 분류
① 뇌하수체 전엽
- 성장호르몬, 갑상선자극호르몬, 부신피질자극호르몬, 난포자극호르몬, 황체형성호르몬, 프로락틴 등이 있음.

② 뇌하수체 후엽

- 옥시토신, 바소프레신 등이 있음.

3) 뇌하수체 호르몬의 생리작용

① 성장호르몬(growth hormone, GH)

- 성장호르몬(somatotropic hormone, STH, somatotropin)은 뇌하수체 전엽에서 분비되는 펩타이드 호르몬
- 조직과 골격의 성장촉진, 분만 시 모유 생산 자극함.

② 갑상선자극호르몬(tyroid stimulating hormone, TSH)

- 갑상선 성장을 자극, 갑상선호르몬인 thyroxine 분비함.
- 대사조절작용으로 임신 시 태아 발달 촉진함.

③ 난포자극호르몬(follicle stimulating hormone, FSH)

- 성선을 자극하여 에스트로겐을 분비, 난자와 정자가 발달하는 것을 도움.
- 정소 간질세포(Leydig cell)를 자극하여 테스토스테론 분비, 정자형성촉진 난포의 성장과 성숙을 자극함.
- 난소에 대한 작용: 난포 발육촉진, 난포액의 분비촉진, 에스트로겐 분비 유도 등이 있음.

④ 황체형성호르몬(luteinizing hormone, LH)

- 성호르몬인 에스트로겐, 프로게스테론, 테스토스테론 분비 자극 및 촉진함.
- 배란 후 황체 형성에 중요한 역할을 함.
- 배란 직전 급증, 암가축의 배란을 유발함.
- 정소 간질세포를 자극하여 웅성호르몬인 안드로겐(Androgen)을 분비=성욕 자극
- 프로락틴(prolactin; 최유호르몬, 황체자극호르몬)
- 설치류 동물의 황체를 유지하는 호르몬임.
- 유선세포 발육, 유즙분비, 모성행동유발 등의 기능을 함.
- 유즙분비: prolactin / 유즙강화(letdown): oxytocin

⑤ 옥시토신(oxytocin)

- 펩타이드계 호르몬
- 포유동물의 유선에서 유즙을 배출함.
- 분만 시 자궁근을 수축시켜 태아를 만출함.

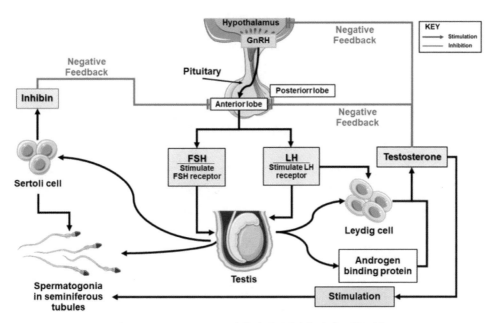

그림 3-10. GnRH, FSH, LH가 웅성 생식기관에 미치는 상호작용

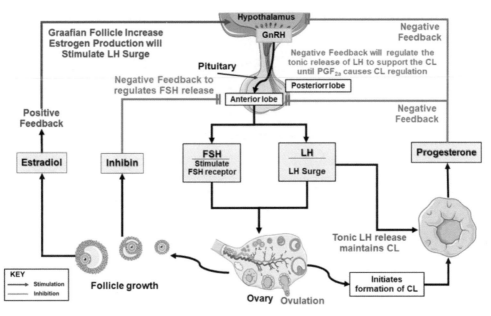

그림 3-11. GnRH, FSH, LH가 자성 생식기관에 미치는 상호작용

- 자궁근의 강한 수축을 위해서는 estrogen의 자극이 있어야 함.
- 축산 분야에서 분만 지연 시 분만촉진제로 이용하거나 유즙의 강하를 유도함.

6. 태반성 호르몬

1) 태반성 호르몬의 개념
- 임신한 포유동물의 태반이나 자궁내막에서 분비. 태반호르몬을 총칭함.
- 태반성 호르몬: 임마혈청성 성선자극호르몬, 융모성 성선자극호르몬, 태반성 락토겐 등이 있음.

2) 태반성 호르몬의 생리적 작용
① 임마혈청성 성선자극호르몬(Pregnant mare's serum gonadotropin, PMSG)
 - 젖소의 난소에서 난포가 발육되지 않아 무발정이 지속될 때의 치료제로 가장 적합. 난포자극호르몬(FSH)의 대용으로 자주 쓰임.
 - 난포발육, 배란, 황체형성, 성욕증진, 간질세포 발달에 관여함.
② 임부태반융모성 성선자극호르몬(Human chorionic gonadotropin, HCG)
 - 난소를 자극하여 배란을 유도함.
 - 황체를 형성, 황체로부터 프로게스테론의 분비를 증가시킴.
 - 임신한 여자의 태반에서 분비되는 호르몬, LH와 유사한 생리적 작용을 함.
 - 가축의 난소위축, 난소낭종, 발정미약, 배란장애 등 번식장애의 치료에 임상적으로 널리 이용됨.
③ 태반성 락토겐(Human placental lactogen, HPL)
 - GH와 유사한 작용을 함.
 - 태아 성장과 유즙 분비를 촉진함.
 - FSH, LH: 난소에서 난포를 완전히 발육시켜 배란이 일어나는 데까지 필요한 호르몬임.

7. 성선호르몬

1) 성선호르몬의 개념
- 유의어: [생식소, 생식선, 성샘, 성선] 호르몬
- 수컷의 생식선: 고환, 암컷의 생식선: 난소

① 성스테로이드 호르몬: 웅성호르몬(테스토스테론), 자성호르몬(에스트로겐), 프로게스테론 등 분비함.
② 단백질호르몬: 릴렉신, 인히빈, 액티빈 등을 분비함.

8. 웅성호르몬(androgen)

1) 웅성호르몬의 개념
- 웅성호르몬의 작용을 나타내는 물질에 대하여 총괄적으로 안드로겐(androgen)이라 칭함.
- 테스토스테론(testosterone)은 생리적 활성이 가장 높은 스테로이드계 호르몬임.

2) 웅성호르몬의 생리적 작용
- 정소에서 분비되는 호르몬으로 정자 형성에 관여함.
- 태아의 성분화 및 정소하강에 관여. 웅성의 부생식기관(정소상체, 정관, 음낭, 전립선, 정낭선, 요도구선, 포피)의 성장 및 기능을 발현함.
- 수컷의 제2차 성징발현으로 세포의 질소 축적에 의한 근골격의 성장에 관여함.
- 음낭 내의 온도 조절작용을 함.
- 수컷 포유동물에서 정자 형성에 관계된 호르몬: 안드로겐, 황체형성호르몬, 성선자극호르몬 등이 있음.

9. 자성호르몬(estrogen / progesterone)

1) 자성호르몬의 개념
- 척추동물의 난소 안에 있는 난포에서 분비되는 자성(雌性)호르몬으로 에스트로겐과 프로게스테론 등이 있음.

① 에스트로겐
- 난포호르몬으로, 난소에서 주로 합성되고 분비되는 호르몬임.
- 태반, 부신, 정소에서도 합성되지만 양은 그리 많지 않음.
- Estradiol-17β: 생리적 활성이 가장 큰 대표적인 난포호르몬임.
- 난포 속에는 에스트론(estrone), 에스트라다이올(estradiol-17β), 에스트라이올(estraiol)이 있고, 이 중 estradiol-17β가 분비량 및 생물활성이 가장 높음.
- 유선관계의 발달, 제2차 성징의 발현 등에 관여함.

② 프로게스테론

- 난소의 황체에서 주로 분비되는 황체호르몬임.
- 배반포의 착상에 필요한 자궁의 준비적 변화를 유발함.
- collagen의 합성을 촉진하는 protocollagen hydroxylase의 활성을 증대하여 임신 시 자궁의 비대에 필요한 교원질(collagen)을 공급함.
- 착상, 임신 유지, 자궁액의 분비증대, 유선자극, 유선포계의 발달 등 생리작용을 담당함.
- 수정란의 착상과 임신의 유지에 적합하도록 부생식기관의 기능발현을 조절하는 성선임.

③ 자극호르몬

- 임신 중 옥시토신의 자궁수축작용이 일어나지 못하게 하는 호르몬임.
- 분만이 개시될 때 프로게스테론의 분비가 상대적으로 감소함.
- 높은 농도의 프로게스테론은 시상하부를 통한 부의 피드백 작용으로 난포자극호르몬과 황체형성호르몬의 분비를 억제하여 발정과 배란을 억제함.
- 임신과 가장 높은 관련이 있는 호르몬: 황체호르몬(progesterone, progestogen, progestin, gestagen)임.

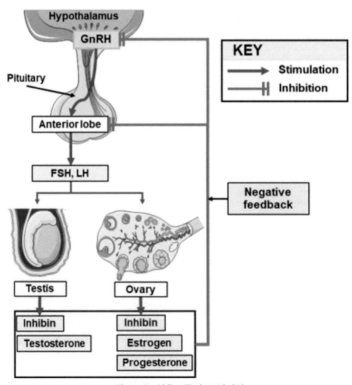

그림 3-12. 성호르몬과 표적기관

표 3-8. 성호르몬

구분	생산 부위	주요 생리적 작용
안드로겐	정소간질세포	수컷 부생식기자극, 정자형성촉진, 동화작용
에스트로겐	난소(태반, 정소)	암컷 부생식기자극, 발정유지
프로게스테론	난소(태반)	암컷 부생식기자극, 착상과 임신 유지에 관여
난포자극호르몬	뇌하수체 전엽	난자 및 정자 생성촉진 정소 간질세포를 자극하여 테스토스테론 분비 난소에서 에스트로겐 분비 유도
황체형성호르몬	뇌하수체 전엽	난소 및 정소자극을 통해 에스트로겐, 프로게스테론, 테스토스테론 분비, 배란촉진 정소 간질세포를 자극하여 안드로겐 분비
프로락틴	–	유선비유자극, 게스타겐(황체호르몬) 분비
태반융모성 생식선자극호르몬(HCG)	사람, 태반, 융모막	LH와 같은 작용, 황체기능 보강
임마혈청성 생식선자극호르몬(PMSG)	임신과 태반(내막반)	FSH 및 LH와 같은 작용, 부황체 형성
태반성황체자극호르몬	태반(흰쥐, 사람)	프로락틴과 같은 작용, 황체기능 보강
옥시토신(후엽호르몬)	뇌하수체 후엽	자궁수축, 유선세포 자극, 유즙분비촉진 (유즙강화)
기타 황체퇴행인자	자궁내막 황체 및 임신자궁	황체 퇴행, 산도 개장, 골반인대 이완, 자궁운동 억제

10. 기타 번식 관련 호르몬

1) 프로스타글란딘(prostaglandin, PG)의 개념
- 프로스타글란딘은 프로스탄산 골격을 가지는 일련의 생리활성물질로, 아라키돈산에서 생합성되는 에이코사노이드($C20 : 4$)의 하나로 다양한 종류가 있음.
- 프로스타글란딘과 트롬보산을 아울러 프로스타노이드라고 칭함.

2) 프로스타글란딘의 생리작용
① 교배 시 수컷 및 암컷의 생식도관을 수축시켜 정자의 이동을 촉진함.
② 성주기를 반복하는 동물의 자궁은 $PGF_{2\alpha}$를 분비해 황체의 수명을 조절함.
③ 분만기에 분비된 $PGF_{2\alpha}$는 황체를 퇴행시키고, 자궁근 및 위와 장도관 내 윤활근의 수축을 자극하므로 분만 시 분만촉진제의 역할임.
④ 포유가축에서 발정의 동기화, 분만 시기의 인위적 조절, 번식장애 등의 치료에 광범위하게 쓰임.

⑤ 분만관리의 편리성을 위하여 분만을 인위적으로 유도하는 데 이용. 난소에 황체낭종이 발생하여 발정이 일어나지 않을 경우 치료제로서 가장 적합함.

⑥ 임신 말기에 주사해 분만을 유기할 수 있는 호르몬제. 임신 말기의 돼지에서 분만유기를 위하여 주로 사용되는 호르몬은 Dexamethasone($PGF_{2\alpha}$)임.

⑦ 가축에게 프로스타글란딘을 투여하면 프로게스테론이 가장 현저히 감소함.

⑧ 분만 시 작용하는 호르몬임.

11. 릴랙신과 인히빈

1) 릴랙신(Relaxin)

① 임신기의 암컷에서 분비되는 polypeptide hormone으로, 주로 임신황체에서 분비되지만, 말, 토끼, 고양이 및 원숭이 같은 동물은 태반에서도 분비됨.

② 릴랙신이 기능을 발휘하기 위해서는 난포호르몬의 선행작용이 있어야 함.

③ 난포호르몬의 전처리를 받은 릴랙신은 치골결합을 분리시켜 태아가 용이하게 골반을 통과하도록 함.

④ 난포호르몬과 협동하여 유선발육을 촉진시킴.

⑤ 릴랙신은 임신 중 태반이나 자궁내막에서 분비되는 단백질계 호르몬임.

⑥ 릴랙신은 난포벽에 있는 결합조직을 붕괴시켜 배란을 유도하는 생리작용임.

⑦ 임신 시 릴랙신과 프로게스테론과의 공동작용으로, 자궁근의 수축을 억제하여 임신을 유지시키며, 에스트라다이올과 동시에 투여하면 유선의 성장을 촉진함.

2) 인히빈(Inhibin)

① 분비 장소: 암컷, 포상난포의 과립막세포, 수컷, 정소의 정조세포(Sertoli cell)에서 분비됨.

② 뇌하수체의 FSH에 의하여 분비가 자극됨.

③ 생리작용은 시상하부 - 뇌하수체 축에 부의 피드백 작용으로 FSH 분비 억제함.

④ 그러나 LH의 분비에는 영향을 미치지 못함.

⑤ 인히빈은 암컷 난포형성 과정의 후반부에 많이 분비됨.

⑥ 배란 직전에 발생하는 FSH의 합성과 분비의 억제를 유발함.

⑦ 수컷에서 왕성한 정자형성이 이루어질 때, 인히빈의 분비가 급격히 증가함.

⑧ FSH 분비가 억제되어 정자형성이 억제됨.

⑨ 뒤이어 인히빈의 분비가 저하되면 정자형성이 재개됨.

⑩ 따라서, 정자형성이 왕성한 수컷: 인히빈 농도가 낮음.

- 정자형성장애가 있는 수컷: 인히빈의 농도가 증가함.

가축의 번식생리

1. 가축의 성 성숙 및 발정

1) 성 성숙과정과 변화

- 성 성숙과정이 시작되는 시기: 사춘기부터 시작하나 교배가 가능하려면 소의 경우 몇 개월이 더 걸림.
- 수컷 가축의 성 성숙: 정자합성기능이 완성하고, 부생식선 발달로 교미와 사정이 가능하여 암컷을 임신시킬 수 있는 상태에 도달한 시기임.
- 암소의 성 성숙: 배란 가능한 성숙난포를 가지고 행동학적으로 첫 발정(춘기발동)이 나타나고 교미 시 임신 가능함.
- 사춘기, 성 성숙기, 번식 적령기는 구별되어 이해하여야 함.
- 암컷 포유가축: 배란, 발정이 반복되면서 수컷과 교미하여 임신이 가능한 성 성숙기에 도달함.

표 3-9. 가축의 암컷 성 성숙월령 및 번식적령

구분	성 성숙월령	번식적령
소	6~10개월	14~22개월(평균 16~18개월령)
젖소	8~13개월	홀스타인 암소의 평균 체중: 300~400kg
돼지	5~8개월	8~12개월(암, 수 평균 10개월), 체중 120kg 이상
면양	6~8개월	9~18개월(산양 12~18개월)
말	15~24개월	24~48개월

2) 성 성숙 발현기전

① 암컷의 성 성숙기전
- 어린 가축의 성 성숙은 [시상하부 - 뇌하수체 - 난소]의 상호작용에 의해 조절됨.
- 미성숙단계: Tonic center의 작용으로 GnRH의 분비가 억제됨.
- 성 성숙이 되면 tonic center의 기능이 둔화되어 GnRH의 분비량이 증가함.
- 에스트로겐의 분비량이 적어서 surge center에 대한 자극이 미약하여 GnRH의 분비 자극 불가함.
- 시상하부에서 분비되는 GnRH는 뇌하수체 전엽에서 FSH와 LH 분비를 자극함.
- 분비된 FSH와 LH는 난소에서 에스트로겐의 분비를 자극함.
- 증가된 에스트로겐은 surge center를 자극해 다량의 GnRH 분비를 유도함.

② 수컷의 성 성숙기전
- 수컷의 성 성숙은 [시상하부 - 뇌하수체 및 성선]의 상호작용에 의해 조절됨.
- 미성숙 수컷: Tonic center의 작용으로 GnRH의 분비가 억제됨.
- GnRH의 분비억제로 FSH와 LH의 분비자극이 미약하여 정소에서 테스토스테론의 분비가 촉진되지 않음.
- 성 성숙이 된 수컷의 정소에서 분비된 테스토스테론은 aromatase에 의해 에스트로겐으로 전환됨.
- 전환된 에스트로겐은 tonic center의 작용을 억제하여 GnRH 분비를 촉진함.
- GnRH의 분비량 증가로 FSH와 LH의 분비량 증가함.
- FSH, LH 및 테스토스테론의 증가로 세정관 상피의 생식세포 및 정조세포(Sertoli cell) 등에 작용하여 정자를 형성하고 성욕을 일으킴으로써 성 성숙이 발생함.

2. 성 성숙에 영향을 미치는 요인

1) 유전적 요인
- 동물종, 품종 및 계통 간에 성 성숙 시기의 차이가 존재함.
- 동일한 가축에서 체구가 큰 품종이 작은 품종보다 성 성숙이 빠름.
- 수명이 짧은 동물이 성 성숙이 빠르고, 수명이 긴 동물이 느림.
- 교잡종(잡종번식)이 순종보다 성 성숙이 빠름.
- 근친교배는 소, 돼지, 면양 등에 있어서 성 성숙을 지연시킴.

2) 영양적 요인
- 영양이 부족한 개체의 성 성숙은 지연됨.
- 비만일 경우 성 성숙이 지연됨.
- 소에 있어서 성 성숙 시기에 가장 크게 영향을 미치는 요인은 체중(비만)임.

3) 온도 요인
- 고온 환경하에서 사양된 개체의 성 성숙은 지연됨.
- 극단적으로 온도가 높거나 낮을 때, 대부분 가축의 성 성숙은 지연됨.

4) 사육방법
- 사육시설, 위생상태와 같은 환경조건도 성 성숙에 영향을 미침.
- 돼지는 개체사육보다 공동사육을 할 경우에 성 성숙이 빨라짐.
- 암소의 경우, 수소와 접촉시켜 키우거나 수소의 오줌에 접촉시키면 성 성숙이 빨라짐.

5) 계절적 요인
- 출생 계절에 따라 성 성숙 시기가 달라질 수 있음.
- 계절번식동물 중 출생 시기가 늦은 개체는 성 성숙이 지연됨.
- 계절 요인 중 가장 많은 영향을 주는 요인은 광주기성(일조시간)임.

6) 계절번식
- 가축의 번식 계절에 영향을 미치는 요인: 일조시간의 장단, 온도, 내분비학적 기구 등이 있음.
- 계절번식동물(특히 면양)의 성 성숙에 대하여 가장 큰 영향을 미치는 요인은 일조시간임.
  ① 장단일싱 일조시간: 성 중추를 자극하여 시상하부의 GnRH를 분비, 이깃이 뇌하수체 전엽을 자극, FSH와 LH 분비 촉진, 발정을 유발함.
  ② 온도: 일조시간에 비하면 그 영향이 약하나, 번식 계절의 개시에 영향을 주는 중요 요인 중 하나임.

7) 계절번식가축
  ① 주년성 번식동물(계절적 영향이 적어 연중번식이 가능): 소, 돼지, 설치류 등이 있음.
  ② 비주년성 번식동물임.
  ③ 단일성 번식동물: 면양, 산양, 염소, 사슴, 노루, 고라니 등이 있음.
  ④ 장일성 번식동물: 말, 당나귀, 곰, 밍크 등이 있음.

발정

1. 성주기의 길이와 지속 시간

1) 발정의 개념
- 성 성숙기에 도달해야 발정이 개시됨.
- 발정주기는 주기적이고 연속적으로 일어남(무발정기간 제외).
- 발정기(Estrus)란 암컷이 수컷의 교미를 허용하는 시기로, 수컷을 허용하는 행동을 동반함.
- 발정주기는 [발정 전기 − 발정기 − 발정 후기 − 발정 휴지기]로 구분됨.
- 발정기의 생식기관은 에스트로겐의 영향하에 놓임.
- 발정 후기는 프로게스테론 영향하에 놓임.
- 성 성숙에 도달한 암컷이 임신하지 않았으면 일정한 간격으로 발정이 반복됨.

2) 발정주기
- 한 발정기의 개시로부터 다음 발정기 개시 직전까지의 기간임.
- 발정주기 종류
  ① 완전발정주기: 난포발육, 배란 및 황체형성이 주기적으로 반복됨.
  ② 불완전 발정주기
  - 불완전 발정주기에서도 난포발육, 배란 및 황체형성이 반복됨.
  - 불완전 발정주기의 황체는 교미자극에 의하여 분비기능이 발생함.
  - 불완전 발정주기는 4~6일 간격으로 반복됨.
  ③ 지속성 발정주기
  - 난소에 소량의 성숙난포가 존재하면서 발정이 지속됨.

표 3-10. 가축별 발정주기, 발정지속기간 및 배란기간

구분	번식특성	발정주기(일)	발정지속 시간(시간)	배란 시간(시간)
소	연중	21~22	18~20	발정종료 후 10~11
돼지	연중	19~21	48~72	발정개시 후 35~45
말	장일성	19~25	4~8(일)	발정종료 전 24~48
면양	단일성	16~17	24~36	발정개시 후 24~30
산양	단일성	21	32~40	발정개시 후 30~36
개	연 1~2회	약 6~8(개월)	8~10(일)	발정개시 후 24~48
고양이	연 2~4회	14~21	4~14(일)	교미자극 후 24~30

3) 발정주기와 발정동물

- 단발정동물(1년에 한 번의 발정기): 개, 곰, 여우, 이리 등이 있음.
- 다발정동물(1년에 수회, 주기적 발정주기): 소, 돼지, 말 등이 있음.
- 계절적 다발정동물(장일성, 단일성): 양, 말, 고양이 등이 있음.

① 번식적령기
- 가축의 번식을 번식적령기 이전에 시작할 경우임.
- 수태율, 생시 체중이 낮음.
- 난산이 많음.
- 비유량이 적어 어린 가축의 발육이 불량함.
- 어미의 체성장 지연, 번식수명 단축됨.

② 성주기에 따른 생식기의 변화
- 발정단계
- 포유가축 암컷의 발정주기 4단계
[발정 전기 – 발정기 – 발정 후기 – 발정 휴지기]

③ 발정 전기
- 발정 휴지기로부터 발정기로 이행하는 시기, 발정이 시작되기 직전 단계임.
- 난소에서 난자를 배출시키기 위한 준비와 교미를 위한 준비 기간임.
- 이 단계에서는 수컷을 허용하지 않음.
- 발정 전기의 지속 시간: 소 1일, 말 1~2일, 돼지 1~7일임.

④ 발정기
- 발정기는 난포로부터 에스트로겐이 왕성하게 분비하여 생식계가 에스트로겐 영향하에 놓이게 됨.
- 암컷은 몹시 흥분하게 되고, 수컷의 집근 및 승가를 허용힘.
- 소와 산양을 제외하고 대부분의 가축이 이 기간에 배란이 일어남.

표 3-11. 축종별 발정지속 시간

구분	발정지속 시간(시간)
소	18~20
돼지	48~72
말	4~8(일)
면양	24~36
산양	32~40
개	8~10(일)

⑤ 발정 후기
- 발정기 다음에 이어지는 시기로, 높았던 에스트로겐 농도가 낮아지며 프로게스테론의 농도가 높아지며 황체가 형성됨.
- 발정기 때의 흥분이 가라앉음.
- 자궁내막에서 자궁선이 급속도로 발달함.
- 소에선 자궁 내 출혈 또는 발정에 의한 출혈이 외부로 나타남.
- 보통 배란 후 24시간, 발정개시 후 50~71시간에 일어나며, 임신 여부와 무관하게 발생함.
⑥ 발정 휴지기
- 발정 후기 이후부터 다음 발정 전기까지의 기간
- 난소주기와 대응되는 시기: 황체기
- 발정과 배란이 일어난 후 만약 임신이 되지 않았을 경우, 자궁을 비롯한 모든 생식계는 서서히 원래 상태로 돌아가기 시작함.

표 3-12. 발정 휴지기 기간

구분	발정휴지기(일)
소	발정주기 이후 5~16, 17
돼지, 면양	발정주기 이후 4~13, 15
말	발정주기 이후 14~19

4) 발정과 배란
- 발정주기 기간 중 난소에서 일어나는 생리적 변화 순서
  [난포발육 - 성숙 - 배란 - 황체형성 - 퇴행]
- 소를 제외한 대부분의 가축에서 배란이 일어나는 단계는 난소주기의 황체기임.
- 성숙한 암컷 가축의 난관 분비액이 분비됨.
- 스테로이드호르몬에 의해 양이 조절됨.
- 수정란의 발달에 알맞은 환경이 제공됨.
- 주입된 정자의 수정능획득이 유도됨.
- 포유가축 암컷에서 배란 직전의 성숙난포가 배란에 이르기까지 일어나는 3가지 중요한 과정
- 난모세포의 세포질과 핵의 성숙
- 세포외벽의 파열
- 과립막세포 사이에 존재하는 세포결합의 손실이 발생함.

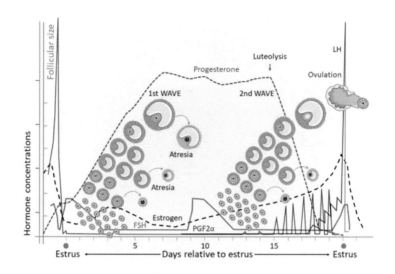

그림 3-13. 소의 발정주기 중 성호르몬 프로화일, 배란과 발정

5) 기타 동물의 성주기

- 개, 여우 등은 제1차 성숙분열(감수분열)이 완성되기 전에 배란이 일어남.
- 동물 중 교미를 해야 배란이 일어나는 것(교미배란): 토끼, 고양이, 밍크
- 일정한 성주기가 없음.
- 대부분의 포유동물은 자연배란 동물이지만, 토끼, 고양이, 밍크 등은 통상 교미자극에 의해 배란이 유도되며 교미자극이 없으면 발육한 난포는 퇴행함.
- 성 성숙이 완료된 시기에서도 교미자극이 가해지지 않는 한 배란이 일어나지 않고 발정 지속됨.

6) 발정징후

① 소의 발정징후

- 수소의 승가를 허용함.
- 다른 암소에게 올라타거나 다른 암소의 승가 또한 허용함.
- 식욕감퇴 발생함.
- 거동이 불안하며, 평상시보다 보행 수가 2~4배 증가함.
- 다른 소의 주위를 배회하는 경우가 잦아짐.
- 눈에 활기가 있고, 신경이 예민하며, 귀를 자주 흔들고, 소리를 지르거나 자주 소리 내어 울음.
- 소변을 소량씩 자주 눔.
- 외음부는 충혈되어 붓고 밖으로 맑은 점액이 흘러나옴.

② 돼지의 발정징후
- 허리를 누르면 부동반응(허용)을 나타냄.
- 다른 돼지의 승가를 허용함.
- 식욕감퇴로 사료 섭취량이 감소함.
- 거동이 불안하고, 입에 거품이 발생함.
- 외음부가 충혈되고 부풀어 며칠간 붉은 분홍빛을 나타내고, 질 밖으로 점액이 분비됨.

2. 분만 후 발정재귀
- 발정재귀: 분만 후 발정이 재개되는 것을 뜻함.

1) 소 분만 후 발정재귀
- 한우의 송아지 분만 후 발정재귀일수: 평균 50~60일 사이(30~90일)
- 한우 암소의 발정재귀에 영향을 주는 요인
① 어미 소 자궁회복의 정도: 영양 수준이 적절하지 못하면 발정재귀일수가 늦어짐.
② 어미 소 포유지속의 여부
③ 포유를 지속할 경우 어미 소의 체내 호르몬의 변화(옥시토신, 프로락틴의 지속적인 분비)로 인하여 발정재귀가 늦어지거나 미약발정이 발생하여 발정발현 파악이 어려움.
④ 포유 중인 송아지를 조기 이유할 경우, 발정재귀일이 앞당겨질 수 있음.
⑤ 어미 소의 월령과 산차 함.
⑥ 어리고 산차가 적을수록 발정재귀일이 늦어지므로 성 성숙이 완전히 이루어지지 않은 소에 수정을 하는 것은 결과적으로 번식연한을 단축시키는 결과를 초래함.
⑦ 고전적으로는 꼬리 앞쪽에 페인트나 분필을 칠하여 승가 여부로 발정을 감지하였으나 최근에는 축산농가에 최첨단 정보기술(IT)을 접목한 축산 자동화 시설이 한창 가동 중임. 대표적인 것이 우보(牛步) 시스템으로 센서와 무선통신 기능이 장착된 일명 만보계를 암소의 발목에 착용시킨 후 걸음 패턴의 변화를 파악함으로써 발정기를 진단하는 시스템임.

2) 돼지 분만 후 발정재귀
① 자돈 이유 후 10일 이내(평균 7일)에 발정이 오면 배란비율이 높아지고, 수정능력이 좋아지며 착상하는 수정란이 많아 산자수가 증가하는 긍정적인 효과가 있음.
② 이유로부터 발정이 발현될 때까지의 기간은 사양형태, 임신 중 사료 및 단백질 섭취량, 비유 중의 라이신 섭취량, 포유기간 등에 영향을 받음.

③ 발정재귀가 지연되는 경우
  (1) 포유모돈이 사료를 충분히 먹지 못하는 경우임.
  (2) 포유모돈이 충분한 물을 섭취하지 못하는 경우임(니플의 위치 이상, 결함, 분당 1.5L 이하의 급수기).
  (3) 포유모돈에 공급되는 영양이 불충분하여 포유자돈에게 과도하게 영양이 손실되는 경우임.
  (4) 포유모돈의 사료가 신선하지 않거나 급이기 내 사료가 상한 경우임.
  (5) 조기이유(2주 이내)로 이유 후 발정재귀일이 불규칙하여, 이유 후 무발정 빈도가 증가하는 경우임.

가축의 교배

1. 가축의 성행동

1) 소의 성행동
  ① 암소의 성행동
  - 암소가 발정하면 평상시보다 2~4배 정도 많이 돌아다니며, 사료섭취량이 감소함.
  - 외음부가 충혈되고 부어 있거나 맑은 점액이 흘러나옴.
  - 다른 소에 승가하려고 하며, 발정이 최성기에 도달하면 승가를 당해도 선 자세를 유지함.
  - 수소의 승가를 허용하면 수정적기는 대략 12시간 이후임.
  ② 수소의 성행동
  - 본능적으로 생식기, 분변의 냄새를 맡음.
  - 암소의 발정 배설물이 묻은 의빈대를 보면 매우 흥분함.
  - 수소는 시각, 청각, 후각에 의한 자극으로 암소에 접근하며 접촉에 의한 자극은 성행동에 있어서 최고의 자극이 됨.
  - 수소는 암소의 소변을 핥고 냄새를 맡아 자극을 받고 플레멘(Flehmen)반응을 함.
  - 플레멘(Flehmen)반응: 고개를 위로 들고 윗입술이 웃는 듯한 모습으로 뒤집어지는 행동을 뜻함.

2) 돼지

- 암퇘지는 교배적기 전 수퇘지의 교미를 거부함.
- 주위 환경에 아주 민감해지고, 수퇘지를 찾아다니며 이상한 소리로 계속 웅성댐.
- 사료에 거의 관심을 보이지 않음.
- 다른 암퇘지나 수퇘지의 승가를 허용함.
- 허리 또는 엉덩이를 누르거나 밀면 특이한 소리를 내며 부동반응 또는 교미자세를 취함.
- 경산돈에서보다 미경산돈에서 더욱 현저히 나타남.
- 수퇘지는 승가 전 음경을 외음부 주변에 마찰시키는 예비행동을 나타냄.

3) 면양, 산양

- 발정한 암면양은 긴장된 상태로 숫양을 찾아 울타리 주변을 걸으면서 욺.
- 숫양이 없을 경우, 뚜렷한 발정징후를 나타내지 않는 것이 보통임.
- 숫양에 접근해 구애하며, 꼬리를 자주 좌우로 흔들면서 숫양의 승가를 허용함.
- 외음부는 눈에 띄게 충혈하거나 종창하지 않고, 점액도 거의 누출되지 않음.
- 산양의 발정징후도 면양과 거의 같으나, 꼬리를 좌우로 흔드는 것이 면양보다 더 심함.

4) 말

- 발정한 말은 흥분하여 사료를 먹지 않음.
- 수말에 대해서 더 관심을 보이며 따라다니지만, 교미 허용 시간에 이르기 전에는 수말의 접근을 허용하지 않음.
- 수말은 발정 중인 암말의 냄새를 맡을 때 플레멘반응을 함. 이는 공기 중 성호르몬인 페로몬을 감지하기 위한 것임.
- 암말은 시간이 경과됨에 따라 수말에게 더욱 접근하여 승가를 유도함.
- 꼬리를 들어 올리고 배뇨자세를 취하며 소변을 자주 눔.
- 암말은 종창된 외음부의 음순을 개폐하면서 질 점액과 음핵을 노출시키는 행동(라이트닝)을 2~3초간 주기적으로 반복하다가 수말의 승가를 허용함.

2. 교배적기

- 가축의 교배적기를 결정하는 생리적 요인임.
- 발정지속 시간
① 배란 시기와 정자가 수정능력을 획득하는 데 요하는 시간임.

② 자축(암컷)의 생식기도 내에서 정자가 수정능력을 유지하는 시간임.

③ 배란된 난자가 자축의 생식기도 내에서 수정능력을 유지하는 기간임.

④ 수정 부위까지의 정자수송 시간임.

표 3-13. 가축들의 교배적기(수정적기)

구분	교배적기	특징
소, 젖소	발정 중기부터 발정 종료 후 6시간 내 발정 개시 후 12~18시간 발정 종료 전후 3~4시간 사이 아침 9시 발정 확인: 당일 오후 오전(9~12시) 발정 확인: 당일 저녁, 다음 날 새벽 오후 발정 확인: 다음 날 아침까지	다른 소가 승가하는 것을 허용할 때 수정
돼지	수퇘지 허용 시점부터 10~26시간 아침에 발정 확인: 당일 오후~다음 날 아침	외음부 발적, 종창이 최고조를 지나 약간 감퇴, 첫 발정 시 8~10개의 난자를 배란
말	배란 후 2시간 이내(최고의 수태율)	직장검사 후 배란와가 닫혀 있지 않는 시기
면양	발정 개시 후 25~30시간	
개	배란 전 54시간~배란 후 108시간(약 7일간)	

수정

1. 정자와 난자의 이동

1) 정자의 이동
- 교미에 의해 사정된 정자는 자궁의 수축운동과 흡인작용 및 정자의 운동성 등에 의해 이동함.
- 이동경로: 자궁체 – 자궁각 – 난관팽대부(수정부위)
- 난관팽대부까지의 이동에는 에스트로겐과 옥시토신 등 내분비적 요인이 관여함.
- 정자는 자궁과 난관을 이동하는 동안 수정능력을 획득(capacitation)한 후 난관팽대부에 도달함.
- 수정능력획득: 정자 성숙의 2번째 단계이며, 수정능력을 부여하는 생리학적 변화, 첨체반응, 꼬리변화(운동성 변화), 정자의 운동 패턴 변화, 정자의 과활성 변화(난자의 난구, 방사관층 및 투명대를 침입할 수 있게 변화)와 상관관계가 있음. Ca^{2+}와 크게 관련됨.
- 수정능력획득의 효과
  ① 정자 두부: 난자의 바깥층으로 침투할 수 있도록 첨단체막이 변화함.

② 정자 꼬리: 더 큰 이동성을 위해 화학적으로 변화함.
- 정자가 수정 부위까지 도달하는 데 걸리는 시간임.
  ① 설치류: 1시간 내외임.
  ② 가축(소, 돼지, 면양): 2시간 이상임.

2) 난자의 이동
- 난포에서 방출된 난자는 난관 내의 섬모운동으로 난관 내로 이동함.
- 난관 내로 들어온 난자는 상피의 섬모운동과 난관벽의 근육운동에 의하여 0.1mm/min
  의 속도로 신속히 팽대부 하단으로 운반되어 정자와 만나게 됨.
- 난자의 운반은 난관채의 형태, 배란 시 난소표면과 난관채의 상호관계, 난포에서 방출되
  는 과립막세포, 난관액과 난구세포의 생리적 작용 등에 영향을 받음.

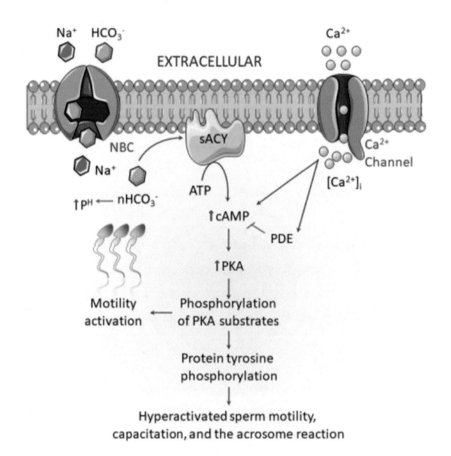

그림 3-14. 정자의 수정능획득 기전

표 3-14. 배란된 난자가 수정될 때까지 난관에서의 수송 시간

구분	수송 시간
소	72~90
돼지	48~50
말	98
양	72
쥐	72

2. 생식세포의 수정능력

1) 수정능력 부여
- 수정 전 첨체반응(acrosome reaction)을 일으킬 수 있는 능력임.
- 투명대(zona pellucida)에 부착하는 능력임.
- 과운동성(hyperactivation)을 획득함.

① 정자의 수정능력
- 정자가 수정능력을 최종적으로 획득하는 장소는 난관임.
- 정자가 암컷의 생식기도 내의 수정능획득 인자에 의해 수정능력을 획득함.
- 난소호르몬: 정자의 수정능획득에 있어서 큰 영향을 미침.
- 첨체반응: 수정능획득에 수반되는 형태적 변화임.
- 정자는 투명대를 통과하여 난자의 세포질에 진입하는 것으로 수정함.
- 소에서 수정란이 투명대로부터 탈출(부화)되는 시기: 배란 후 10~11일임.

2) 정자의 첨체반응
- 수정능을 획득한 정자가 난자의 투명대를 통과하기 위하여 일어나는 현상임.
① 아크로신(acrosin): 정자 두부에서 방출되는 효소 중 하나로, 난자의 투명대를 용해하는 효소임.
- 정자의 침투 통로를 만듦.
② 하이알루로니데이스(hyaluronidase): 정자가 난구세포를 헤치고 투명대 표면에 도달하는 것을 도움.

3) 난자의 수정능력

- 배란 직전 제1극체를 방출하고 제2감수분열 중기에 배란되어 수정능력을 획득함.
- 난자는 대개의 경우 배란 후 12~24시간 정도 수정능력을 유지함.
- 암컷 생식기관 내에서 난자의 수정능력 보유 시간은 정자의 수정능력 보유 시간보다 짧음.
- 인공수정 시간이 늦게 시행될 경우 난자는 그 수정능력 말기에 수정되기 때문에 수정란이 착상하지 못할 수 있음.
- 난자가 노화되면 유산, 배아 흡수 및 이상 발생 등이 일어날 수 있음.
- 포유가축에서 수정이 이루어질 때 정자 수 제한, 투명대 반응, 난황막 차단 등으로 다정자침입(polyspermy)을 방지함.

표 3-15. 정자와 난자의 수정능력 보유 시간

가축	정자 수정능력 보유 시간(시간)	난자 수정능력 보유 시간(시간)
소	24~48(평균 30~40)	8~12(최대 12~24)
돼지	28~48	8~10
말	72~120	6~8
면양	30~48	16~24

4) 수정의 개념

- 단 1개의 정자만이 난자 속으로 들어가 정자가 난자에 도달하면 그 장소에서 수정돌기가 발생함.
- 이 수정돌기를 통해서만 정자의 머리 부분(핵이 존재)만 난자 속으로 들어감.
- 난자(제2차 난모세포, 조류와 포유류)와 정자가 합체하여 단일세포인 접합자(zygote)를 형성하는 과정임.
- 수정과정은 난자와 정자의 접촉으로 시작되어 정자의 난자 내 침입, 난자의 활성화, 자웅전핵(pronucleus)의 형성과정을 거쳐 두 전핵의 융합으로 완료됨.

5) 수정과정(발생과정)

- 수정(fertilization): 정자와 난모세포가 접촉 시 시작하여 전핵으로 융합하고 종료함.
- 정자의 수정능획득 – 첨체반응 – 정자 두부의 원형질(첨체외막) 파괴 – 첨체효소 방출됨.
- 난자반응

① 투명대반응: 정자가 침입하면 다음 정자가 들어오지 못하게 함.

② 난황막통과: 하나의 정자가 투입되면 나머지의 정자는 출입금지 됨.

③ 투명대반응, 난황막봉쇄가 일어나지 않을 경우, 다정자침입 발생함.

④ 제2극체가 방출되고, 미토콘드리아가 정자의 꼬리를 분해하며 전핵을 형성함.

⑤ 두 개의 전핵이 형성되고, 이들이 융합하여 하나의 수정란이 만들어짐.

⑥ 소의 경우, 교배(인공수정) 후 정자와 난자가 난관팽대부에서 만나 수정이 완료됨 (20~24시간).

6) 이상수정

① 다정자수정

- 한 개 이상의 정자가 들어가 수정되는 현상, 다수체라고 함.

- 염색체 수가 다배체가 되어 발생 초기에 퇴화됨.

- 다정자수정이 일어나는 이유임(포유동물).

- 배란된 후 너무 늦게 인공수정(교미)시키는 경우임(적기에 교미시키지 못하거나 늦춘 경우, 난자 노화).

- 각종 열이 발생하는 병에 걸린 경우, 기온이 높은 경우임(체온, 기온이 높을 때 배란된 난자).

② 다란핵수정: 난자에서 유래된 2개의 핵이 진입한 정자 핵과 융합되면서 3배체를 형성하는 현상임.

③ 단위생식: 단위생식 또는 처녀생식은 남성 정자에 의한 수정 없이 배아가 성장, 발달하는 것임.

- 난자의 염색체가 극체(polar body)와 결합하여 두 벌이 되어 수정란이 되는 형태로 일어남.

④ 소에서 발생되는 프리마틴(Freemartin)

- 성(性)이 다른 다태아로 태어난 암송아지 중 생식기의 발육 불량으로 번식능력을 소실한 상태임.

- 원인: 암수 쌍태로 쌍방의 혈액이 태반을 통해 교류되어 수컷의 성호르몬이 암컷의 생식기 발육을 억제하기 때문에 발생함.

- 수컷은 이상이 없지만, 암컷은 난소에 장애가 있어 간성형 또는 정소와 유사한 구조를 가짐.

- 이성 쌍둥이의 암송아지 중 약 10%는 정상적인 생식능력을 가짐.

- 중간적인 양성 생식기관을 가짐(간성).

- 정상적인 암컷과 비슷한 외부생식기를 가짐.
- 정소와 여러 가지 유사점을 가진 변이한 난소를 가짐.
- 출생 직후 프리마틴 송아지는 외견상 정상 암송아지와 별 차이가 없음.
- 일반적으로 외음부가 약간 작고, 음모가 길며, 음핵이 커 눈에 띄기도 함.
- 성 성숙기가 지나도 발정이 오지 않음.
- 만 한 살이 지나면 외모와 성격이 수컷과 비슷해짐.

3. 착상

1) 난할과정과 수정란의 이동
- 난자가 난관팽대부에서 수정이 되면 이동과 동시에 난할을 진행함.

① 난할(cleavage): 수정란은 곧 체세포분열을 하여 그 수를 늘리는데, 이와 같은 수정란의 세포분열임.
② 할구(blastomere): 세포분열로 생긴 각각의 세포
- 수정 – 2세포기 - 4세포기 - 8세포기 - 16세포기 - 32세포기 – 상실배기(morula stage) – 배반포기(blastocyst stage) – 착상(implantation) – 낭배기(gastrula stage)
- 난할과정이 진행되며 상실배기가 됨.
③ 상실배: 16세포기와 32세포기 사이 분할기의 배(胚). 모양이 오디 열매와 같아서 붙여진 이름임.
- 상실배가 더 발달하면 배반포기(상실배와 낭배의 중간기)가 됨.
④ 배반포기: 모축 자궁에 착상 직전 수정란의 단계
- 배반포의 형성과 발달과정 중 수정란에서 태반과 태막이 되는 것은 영양배엽(trophoblas, 영양막)이고, 내부세포괴(inner cell mass)는 태아로 발달함.
- 배의 주머니에 액체가 고여 내강을 만들며, 분할된 세포들이 내강을 둘러쌈.
- 마지막에 착상이 이루어짐.

2) 수정란의 이동
① 난관 내 이동
- 수정란이 난관을 통해 자궁에 도달하는 시기인 난관팽대부 내 난자의 이동은 빠르게 진행됨.

- 수정란의 이동은 난관 내 섬모의 운동과 난관근육의 수축운동에 의해 이루어짐.
- 보통 에스트로겐은 자궁근층의 운동을 촉진, 프로게스테론은 자궁근층의 운동을 억제함.
- 소의 난자가 난관팽대부 – 협부접합부에 도달하는 시간: 배란 후 8~10시간임.
- 돼지의 난자가 난관팽대부 하단에 도달하는 시간: 발정 개시 후 48~75시간임.
- 돼지의 난자가 자궁에 도달하는 시간: 배란 후 24~48시간임.
- 수정란의 자궁 내 이동분포 함.
- 난자가 배란된 쪽의 난관에서 자궁 내로 들어가 착상하는 경우가 일반적임.
- 자궁 내 전이
- 난자가 자궁체를 경유하여 다른 쪽의 자궁각에 착상하는 경우임.
- 단태동물인 소, 면양의 경우 발생률이 낮으나, 돼지는 40%로 높은 편임.
- 복강 내 전이: 난자가 복강 내를 경유해 다른 편의 난관에 수용되는 경우가 있음.

4. 착상 전 자궁의 변화

- 자궁은 근육활동과 긴장성이 감소(프로게스테론의 증가)하여 배반포가 착상하기에 좋은 상태로 변함.
- 자궁에 도달한 배는 일정기간 부유하면서 자궁유(uterine milk, 자궁선에서 분비) 영양분으로 계속 발달함.
- 자궁내막에는 혈액공급이 증가하면서 지방, 단백질, 글리코겐, 핵산 등의 함량이 증가하는 등 착상성 증식변화가 일어나 자궁상피와 자궁선이 발달함.
- 다태동물에 있어서 자궁 내 배의 착상부위 결정요인
  ① 자궁근의 교반운동
  ② 자궁근의 수축파
  ③ 배반포의 상호 밀접 방어작용

표 3-16. 축종별 착상양식

착상양식	특징	가축
중심착상 (Superficial)	배반포가 자궁강 내에 확장하여 영양막세포가 자궁상피에 부착되는 착상	소, 돼지, 말 등 주요 가축
편심착상 (Eccentric)	배반포가 자궁내막 주름에 매장되어 착상	마우스, 래트 등 설치류
벽내착상 (Interstitial)	배반포가 내막상피를 통과하여 내막의 내부에 착상	영장류, 두더지, 기니피그 등

1) 착상과정

- 어느 동물이나 착상 위치는 결정되어 있음.
- 정위: 자궁에 착상하는 배반포의 위치와 방향임.
- 돼지의 배반포는 자궁간막 부착부의 반대쪽에 착상됨.
- 단태동물은 배란 측 자궁각 중앙보다 약간 아래쪽에 착상됨.
- 다태동물은 수정란이 자궁각 선단부터 자궁경 방향으로 일정한 간격으로 분포됨.
- 돼지에서 교배(인공수정) 후 수정란이 자궁에 착상하는 시기임.
- 13일경 부착을 시작하여 18~24일경 착상이 완료됨.

2) 착상지연

- 자연적 착상지연: 자연상태에서 장기간 휴면기를 거쳐 수주 또는 수개월 후 착상하는 경우, 노루, 밍크, 족제비, 곰 등이 있음.
- 생리적 착상지연: 분만 후 곧바로 발정 시 교미로 생긴 수정란은 젖 먹이는 새끼 수에 비례하여 수일~2주일간 착상이 지연되는 경우, 흰쥐, 생쥐 등이 있음.
- 착상과정은 면역학, 내분비학, 세포생리학 등이 관련됨.

3) 초기 배 치사의 원인

- 소, 돼지, 말, 면양에서 초기배의 약 25~40%는 수정과 착상 말기에서 초기 배 치사가 자주 발생함.
- 발정호르몬과 황체호르몬의 불균형으로 인해 초기 배 수송의 촉진 또는 지연으로 발생함.
- 특히 돼지의 경우, 초기 배의 높은 치사율은 모축의 연령 때문에 일어나는 경우가 다수임.
- 초기 배 치사의 원인: 모체의 건강, 영양, 연령, 호르몬 불균형, 열 스트레스, 자궁 내 환경 등이 있음.

표 3-17. 동물의 착상 기간

동물	투명대 소실 시기	착상 시기
소	배란 후 10~11일	30~35일
돼지	발정 개시 후 8일	16일
면양	교미 후 8일	16~17일
흰쥐	임신 5일	5일

5. 임신

1) 임신가축의 생리적 변화

① 임신 인지

- 임신 인지: 임신에 관련된 수태산물이 보내는 신호를 임신하는 가축이 감지하여 $PGF_{2\alpha}$의 분비를 저지하여 임신을 유지하는 현상임.
- 임신 인지는 대부분 배반포가 자궁으로 이동하는 시기에 일어남.
- 말은 수정란이 자궁에 도착하는 즉시 인지함.
- 임신황체: 임신기간 중 존재하는 황체로, 수태가 되면 발정황체가 임신황체로 그 기능을 계속하며, 에스트로겐은 $PGF_{2\alpha}$ 분비를 억제시킴.
- 임신을 하지 않으면 $PGF_{2\alpha}$가 분비되고, 이로 인해 프로게스테론의 분비가 억제되어 황체가 퇴행함.
- 분만이 개시될 때 프로게스테론 농도가 상대적으로 감소함.
- 포유동물에 있어서 프로스타글란딘($PGF_{2\alpha}$)이 기능함.
- 황체 퇴행, 자궁근 및 위와 장도관 내 근육 수축을 자극하므로 분만 시 분만촉진제로서의 역할을 함.

2) 임신과 내분비

① 프로게스테론

- 자궁의 발육을 지속시키고 자궁근의 운동을 저하시킴.
- 옥시토신에 대한 수축반응을 억제시켜 자궁 내의 배 또는 태아의 발육 등에 필요한 환경을 적합하게 유지함.
- 말과 면양: 임신 후반기에 황체가 없어도 태반에서 분비되는 프로게스테론에 의해 임신이 유지됨.
- 소는 임신 7개월 이후에 가능함.
- 프로게스테론의 혈중농도는 대체로 수정 후 상승하며 임신기에는 발정주기에 비해서 높음.
- 소는 프로게스테론이 임신기에 높은 수준으로 유지되다가 250일령부터 점차 감소하고 분만 직전에 소실됨.

② 에스트로겐

- 자궁의 혈관분포 증가 및 자궁내막의 분비활동을 촉진함.

- 에스트로겐의 농도는 수정 후 모든 가축에서 저하. 임신기간 중 조금씩은 분비함.
- 소는 임신기에 일정한 수준으로 유지되다가 250일령부터 급증하여 분만 직전에 가장 많이 분비되고, 분만과 동시에 소실함.
③ 릴랙신
- 임신 중 소와 돼지에 나타남.
- 분만 직전 혈중농도가 급증하여 분만 시 산도를 확장시키는 역할을 함.

6. 태반의 형성

1) 태반(placenta)과 태막(fetal membrane)
- 태반은 배 또는 태아의 조직이 모체의 자궁조직에 부착 및 연결되어 모체와 태아 간 생리적인 물질교환을 수행하는 기관임.
- 배반포가 착상한 후 영양세포의 활발한 증식에 의하여 점차 성장하며, 임신 중기에는 그 크기가 최대에 달함.
- 태막은 양막(amnion), 요막(allantois) 및 융모막(chorion)으로 구성됨.
  ① 양막: 태아를 싸고 있는 가장 안쪽의 막임.
  ② 융모막: 가장 바깥쪽 막으로, 자궁내막과 직접 접해 있음.
- 일반적으로 산자수, 자궁 내부구조, 모체와 태아조직 간의 융합 정도 등에 따라 산재 성(diffuse) 태반과 궁부성(cotyledonary) 태반으로 나누는데, 돼지와 말의 태반은 산재성 태반이고, 소와 면양의 태반은 궁부성 태반에 속함.
- 임신 중인 포유가축의 태반이 수행하는 생리적 기능
  ① 물질교환과 호르몬 생산
  ② 태아의 호흡조절
  ③ 영양분 흡수

2) 태반 종류
- 융모막 융모의 분포범위와 형태학적 특징에 따라 구분함.

표 3-18. 태반의 형태학적 특징에 따른 분류

태반 종류	특징	가축
산재성 태반 (Diffuse)	배아 외막이 자궁내막에 있는 주름에 위치, 융모막 융모가 모든 곳에 산재	돼지, 말, 당나귀, 낙타
궁부성 태반 (Cotyledonary)	자궁 소구와 융모가 붙어 있음, 자궁소구와 융모의 결합이 태반을 형성, 자궁소구는 소(임신 말기) 70~120개, 면양과 산양은 88~96개	소, 면양, 산양, 사슴
대상성 태반 (Zonary)	완전 및 불완전 대상성 태반으로 구분	완전: 개, 고양이 불완전: 밍크, 곰
반상성 태반 (Discoid)	침윤성이 높아 어미의 자궁조직을 파고들어 고정	토끼, 설치류, 영장류(사람, 원숭이)

3) 소의 태반

- 배반포의 영양막에서 융모가 발생, 이것이 자궁내막의 상피를 파괴하면서 침입하여 자궁내막의 고유층과 결합하는 양식임.
- 궁부성 태반으로 자궁소구가 있음.
- 궁부와 자궁소구가 접합한 태반분엽이 있음.
- 비임신 자궁각에도 궁부는 발달하나 태반분엽은 형성되지 않음.

7. 태아의 발달 및 생리

1) 임신기간 중에 일어나는 개체 발생과정: 난자기 – 배아기 – 태아기

① 난자기(period of ovum)
- 난자기: 수정란이 난관을 거쳐 자궁각으로 이동하여 부유하는 착상 전 기간임. 모체 자궁내막에 착상을 개시할 때끼지의 기간임.
- 수정란은 상실배기를 거쳐 배반포에 이르며 배반포에는 내부세포괴(inner cell mass)와 영양배엽(trophoblast)이 형성됨.

② 배아기
- 투명대로부터 탈출(부화)된 세포구조물이 각종 조직과 기관으로 분화되는 기간임.
- 이때 배외막이 형성되므로 착상이 일어남.
- 소의 경우, 임신 15일부터 45일까지임.
- 배반포가 3층의 배엽, 즉 내배엽, 중배엽, 외배엽이 분화되고, 각 배엽에 따라 분화 및 발달하는 조직이 다름.

③ 태아기

 - 배아기에 분화가 끝난 각 조직들이 성장하는 시기임.

 - 태반이 완성되고 태아의 성장에 필요한 물질대사가 이루어짐.

 - 소는 임신 45일 이후부터 분만까지의 기간임.

표 3-19. 초기 배엽과 분화 발달 조직

배엽	분화 발달 조직
외배엽	표피계, 털, 발굽, 신경계통 등 (피부, 뇌 등의 척수기관)
중배엽	근육계, 골격계, 신경계, 비뇨생식기계, 순환기계 등 (근육, 심장, 신장, 혈액, 혈관 등의 심혈관계)
내배엽	소화기, 호흡기, 체절, 근육조직, 내장기관 (갑상선, 위, 간, 췌장, 폐, 소장, 대장 등)

8. 임신진단

 - 소, 돼지의 임신을 확인하기 위하여 실시하는 임신진단법임.

 - 목적: 가축의 교배 이후 수태 여부를 되도록 빨리 확인하는 것이 유산의 예방, 분만일의 결정, 건유일의 결정, 수태곤란 및 불임 원인의 발견과 치료, 번식효율 향상 등 큰 이점이 있기 때문임.

 - 진단법: 외진법, 직장검사법, 질검사법, 초음파진단법, 자궁경관점액검사법, 발정검사법 등이 있음.

 ① 외진법(Non-return, 발정무재귀관찰법, 외관에 의한 진단)

 - 가장 대표적인 변화는 주기적으로 반복되던 발정이 중지되는 것임.

 - Non-return: 수정 후 2~4개월이 경과해도 발정이 오지 않을 때에는 임신으로 보는 것임.

 - 영양상태가 양호해지고, 피모가 윤택해짐.

 - 거동이 침착해지고 성질이 온순해짐.

 - 착유량이 차츰 줄고, 수정 후 4~5개월부터 급격히 줄어듦.

 - 수정 후 4~5개월부터 유방이 커지고 복부가 팽배해짐.

 - 질에서 분비물이 나오고, 음모에 덩어리진 분변이 붙음.

② 직장검사법
- 직장검사법은 직장을 통하여 태아의 양막, 태막의 유무, 태반, 황체 혹은 태아를 촉진, 자궁동맥의 크기나 태동을 조사하여 임신을 진단함.
- 가장 간편한 임신진단법으로 정확하며 신속함.
- 대가축(소, 말 등)에서 가장 보편적이고 많이 사용되는 임신진단법임.
- 난소에는 전 임신기간 동안 최대의 크기를 유지하는 임신황체가 존재함.
- 자궁은 임신이 진행됨에 따라 커지므로 자궁의 크기를 확인하여 임신을 진단할 수 있음.
- 태아는 자궁각에 착상되어 커지기 때문에 자궁각의 대소 차이에 의하여 임신 여부를 확인 가능함.
- 궁부의 크기는 임신단계와 개체에 따라 변이가 심함.
- 궁부는 임신 3.5~4개월에 처음으로 촉진됨.
- 임신 80일경 최초로 중자궁동맥 감지가 가능함.
- 임신 100~175일경에는 중자궁동맥을 쉽게 찾을 수 있으며 맥동(pulsation)까지 감지함.
- 임신 말기로 갈수록 중자궁동맥이 굵어지며 구불구불해지고 명확하게 감지되며, 연필 정도의 굵기에 이르면 맥동도 힘차게 이루어짐.
- 임신 1개월 소 생식기 직장검사 소견임.
- 한쪽의 자궁각이 반대쪽보다 큼.
- 질은 건조하고 끈적끈적함.
- 농축된 점액이 자궁 외구부를 밀폐함.
- 황체는 21일 전 배란이 일어났던 난소에 존재함.
- 임신 2개월 소 생식기 직장검사 소견임.
- 자궁각은 바나나 크기로 양쪽 자궁각의 비대칭을 촉진하는 것이 가능함.
③ 질검사법
- 소나 말의 질경을 이용하여 질 내를 관찰하고 질과 자궁질부의 상태에 따라 임신 여부 판단함.
- 소는 수정 후 2~3개월이 되면 임신한 개체에서는 질경을 삽입할 때 상당한 저항을 느끼게 됨.
- 자궁질부는 긴축하여 작아지고, 자궁외부는 꼭 닫혀 있으며, 점액의 점도가 상당히 높음.
- 임신 4개월에는 질벽이 건조하고 자궁외구에서 뚜렷한 점액 덩어리를 관찰하는 것이 가능함.

④ 초음파진단법
- 자궁 내 태아의 심박동수를 측정하여 검사함.
- 가축의 임신을 진단할 때 비교적 신속 정확하게 임신 진단이 가능, 초심자라도 쓰기 쉬운 방법임.
- 휴대가 간편하고, 화질 및 해상도 등이 향상되어 임신 진단의 정확도가 높아져 많이 사용됨.
- 돼지의 임신 진단에 가장 많이 이용되는 초음파 진단 방식: 도플러방식, 에코펄스방식임.
- 도플러방식: 태아의 심박동과 맥박상태를 측정, 임신 15~16일부터 진단 가능함.
- 에코펄스방식: 자궁 내 양수의 유무를 측정, 임신 30~60일에 진단 가능함.
⑤ 호르몬 측정법
- 소의 경우 조기임신 진단방법으로써 수정 후 19~24일 사이에 우유 내 프로게스테론을 측정하여 일정 수준이 넘으면 임신으로 판정함.
- 우유 중 프로게스테론 측정법은 젖소에서 편리하게 사용할 수 있는 호르몬 분석 임신 진단법임.

표 3-20. 가축별 가장 많이 이용되는 임신 진단방법

가축	임신진단법
소	직장검사
젖소	우유 내 프로게스테론 농도 측정
돼지	초음파검사
면양	외진법(Non-return법)
말	직장검사, 초음파진단법

9. 임신기간

- 임신기간에 영향을 미치는 요인: 모체의 연령, 소의 쌍태, 태아의 성, 유전적 인자 등이 있음.

1) 가축 임신기간의 특징

- 소의 경우 태아가 암컷일 때는 수컷일 때보다 임신기간이 짧음.
- 초산우는 경산우보다 임신기간이 짧음.
- 임신기간은 태아의 내분비기능에 의해서 영향을 받기도 함.
- 젖소의 평균 임신기간: 280일
- 젖소의 정상적인 생리적 공태기간: 40~60일
- 한우의 평균 임신기간: 285일

표 3-21. 동물의 임신기간

동물	임신기간(일)	평균(일)
소	270~290	280
돼지	112~118	114
면양	114~158	150
산양	146~155	152
말	330~340	330
개	58~65	62
토끼	28~32	30

10. 분만

1) 분만개시 기전

① 태아 및 모태협동 분만개시설
- 태아의 혈중 글루코코르티코이드(Glucocorticoid)의 자극에 대한 내분비의 반응이 자궁의 진통을 일으켜 분만을 개시한다는 이론임.
- 임신 말기 태아의 혈액 중 글루코코르티코이드의 농도가 급격히 증가하면 태아를 자극하여 $PGF_{2\alpha}$와 에스트로겐의 분비를 증가시킴.
- $PGF_{2\alpha}$는 급격한 황체퇴행을 일으키며 이에 따라 모체혈액에 프로게스테론이 급감하고 에스트로겐이 급증함.
- 에스트로겐은 자궁의 운동성 증가와 함께 옥시토신에 대한 감수성을 높임.
- 옥시토신의 방출로 자궁의 수축과 함께 진통이 개시되어 분만이 시작됨.
- 반추가축에서 분만의 개시와 관련된 태아와 모체의 호르몬이 변화함.
- 임신 말기까지 황체에서 프로게스테론을 분비하는 소나 돼지 같은 동물에서는 태아측의 코르티솔에 의하여 태반에서 에스트로겐이 분비되고, 이 에스트로겐이 자궁내막의 $PGF_{2\alpha}$ 분비를 촉진하며, 분비된 $PGF_{2\alpha}$가 황체를 퇴행시킴으로써 분만이 유기됨.
- 태아의 혈중 코르티솔 농도가 증가하면서 모체의 혈중 프로게스테론 농도는 감소하고 혈중 에스트로겐 농도는 증가함.

② 분만개시에 관하여 제시되고 있는 이론
- 프로게스테론 수준으로 감소함.　　- 에스트로겐 수준으로 증가됨.
- 자궁용적으로 증가됨.　　　　　- 옥시토신을 방출함.
- 프로스타글란딘($PGF_{2\alpha}$)을 방출함.
- 태아의 시상하부 - 뇌하수체 - 부신체계의 활성화가 됨.

11. 분만의 징후

1) 분만 징후

- 유방 및 외음부의 부종(분만 3~5일 전)이 나타남.
- 골반 인대의 이완으로 인한 외음부 함몰(분만 1~2일 전)이 시작됨.
- 식욕감퇴 및 거동의 불안이 나타남.
- 유방이 커지고, 압력에 의해 유즙 같은 것이 분비됨.
- 분만이 가까워지면 불안해하며 소변을 자주 눔.
- 돼지는 분만 1~3일 전 보금자리를 만듦.

2) 소의 분만 직전에 일어나는 분만 징후

- 유방이 커지고 유즙이 비침.
- 외음부의 충혈 및 종창(swelling)이 나타남.
- 점액성 분비물의 누출량이 증가됨.
- 미근부 양쪽이 함몰함.
- 점조성의 점액이 질 내에 고임.
- 에스트로겐과 릴랙신의 작용에 의하여 골반은 치골결합과 인대가 느슨해져 가동성이 늘어남.

12. 분만과정과 분만관리

1) 분만과정

표 3-22. 가축의 분만과정 및 증상

분만 시기	소요 시간	과정 및 증상
준비기 (자궁경관 확장기, 개구기)	소: 2~6 돼지: 2~12 면양: 2~6 말: 1~4	자궁경관의 확장, 자궁근육의 수축, 요막액의 유출 자궁 내 에너지원과 단백질 비축 모체의 불안정, 태아의 태향 및 태세의 변화 확장된 자궁경관을 통하여 태막이 질 내로 들어오면 융모막-요막이 파열되어 제1파수가 일어남
태아 만출기	소: 0.5~1.0 돼지: 2.5~3.0 면양: 0.5~2.0 말: 0.2~0.5	분만경과의 3기 중 소요 시간이 가장 짧은 구간 모체가 눕거나 긴장함 음순에 양막 출현 양막이 파열되어 제2파수가 일어남 태아의 만출
태반 만출기	소: 4~5 돼지: 1~4 면양: 0.5~8 말: 1	태아의 만출 후부터 태반이 만출될 때까지의 시간 융모막의 융모가 모체의 태반조직으로부터 느슨해짐 융모막과 요막이 반전되고, 모체는 긴장 태아의 태막을 만출시킴

2) 암컷 가축의 분만 후 발정을 위한 자궁퇴축 기간

- 소: 35~40일(30~45일)
- 돼지: 25~28일
- 면양: 25~30일

3) 분만의 과정 및 특징

- 분만과정: 진통부터 후산까지의 과정임.
- 분만 직전의 자궁 내 태위와 태향은 축종에 따라 다름.
- 제1파수는 요막이 파열되는 것을 의미함.
- 돼지에서 분만 시 태위는 두위와 미위임.
- 소의 분만 시 태형 중 후지가 먼저 나오는 미위는 약 2% 정도 됨.
- 말의 분만 시 자궁경관이 완전히 확장된 후부터 분만이 완료될 때까지의 시간-(태아 만출기): 0.2~0.5시간임.

4) 인위적 분만유기 방법

- 인위적인 분만유기의 방법으로 합성부신피질호르몬 투여와 프로스타글란딘의 투여 등의 방법임.

  ① 부신피질호르몬에 의한 방법
  - ACTH의 자극을 받은 태아의 부신피질에서 글루코코르티코이드의 분비 증가를 일으키는 방법임.
  - 합성 글루코코르티코이드인 dexamethasone(덱사메타손)이 이용됨.
  - 반복투여가 필요하며, 비용이 많이 듦.
  ② prostaglandin에 의한 방법
  - PGE_2, $PGF_{2\alpha}$ 등 프로스타글란딘을 주사하여 분만을 유기함.
  - 사용이 용이하나 후산정체의 위험이 존재함.

5) 후산정체(retained placenta)

  ① 개념
  - 후산정체: 후산의 만출이 정상적으로 이루어지지 않고 자궁에 체류하는 현상으로, 태

아 분만 후 10시간(12~24시간) 이내에 태반이 모체태반에서 분리되지 않는 경우가 있음.
- 후산정체 발생률이 가장 높은 동물: 궁부성 태반(소, 면양, 산양 등)임.
- 소와 말은 후산의 지연만출로 자궁내막염(endometritis)이 발생하는 경우가 있음.

② 원인
- 전염성 유산(브루셀라증), 패혈증, 캠필로박터균 감염증 등이 있음.
- 건유기의 과비로 인한 비만 등이 있음.
- 운동량이 부족한 소 등이 있음.
- 케톤증, 난산, 자궁무력증 등이 있음.
- 영양결핍: 셀레늄, 칼슘, 마그네슘, 아이오딘, Vit A, D, E 등이 있음.
- 분만 중의 간섭, 분만 후의 피로 등이 있음.

③ 영향
- 자궁내막염 발생 가능성 증가로 난소낭종과 같은 번식장애 발생률이 증가함.
- 산유량이 저하, 도태율이 현저히 증가함.
- 번식장애가 일어날 확률이 후산정체 경력이 없는 소에 비하여 30~50% 증가함.
- 후산정체 경력이 있는 소의 수태당 종부횟수 증가, 수태율 감소, 분만 후 첫 종부까지의 기간, 공태기간이 상당히 길어짐.

④ 대책
- 매달려 있는 후산을 가위 또는 칼로 바싹 잘라내야 함.
- 에스트로겐 호르몬 주사를 510mg가량 3일 간격으로 2회 주사해야 함.
- 항생제를 투여해야 함.

6) 갓 태어난 송아지가 호흡을 하지 않을 때 처치방법
- 콧구멍 속을 짚으로 자극(5~6초간)
- 송아지 입에 입김을 불어 넣기(1분 이상 지속적 실시)
- 인공호흡(5~10분간 지속적 실시)
- 거꾸로 매단 후 찬물 끼얹기

가축의 비유생리

1. 유방의 구조와 발육

1) 유방(乳房, udder, uber, mamma)
- 유선(mammary gland)이 모여서 구성된 주머니 모양의 수유기관임.
- 유방의 위치는 소, 면양, 산양, 말, 노새 등은 배꼽 후방의 외부생식기 근처에 하수됨.
- 유방의 위치는 돼지, 개, 고양이, 마우스, 래트 등은 흉부에서부터 하복부에 걸쳐 분포함.
- 유방은 무게가 많이 나가는 장기: 젖소의 후구인대에 의해 단단하게 보정되어 있으며 외측제인대, 정중제인대가 담당함.
- 정중제인대(median suspensory ligament, 중앙현수인대): 탄력성이 풍부하여 유방을 하복벽에 잡아당겨 유방의 부착을 견고히 함.
- 외측제인대(lateral suspensory ligament, 측면제인대): 유방의 외측 면 전체를 둘러싸듯이 퍼져 있고 탄력성이 비교적 작으며, 유방을 옆으로 잡아당겨 흔들리지 않게 함.
- 유방의 피부는 얇고 유연, 섬세한 피모가 밀생, 하지만 유두와 그 주변부에는 피모가 없음.
- 유방의 크기는 유선의 분비기능과 관계가 큼.
- 비유의 최성기에 가장 큼.

2) 유구
- 소의 유방은 좌우 및 전후로 독립된 4개의 유선으로 구성됨.
- 각각의 유선에는 하나씩의 유두(teat)가 있으며, 이러한 독립된 유선을 각각 유구(quarter)라 칭함.
- 유방간구: 정중제인대는 좌우 유구의 사이에서 유방을 좌우로 나눌 때, 그 경계부의 함몰부임.
- 좌우의 유방은 결합조직에 의하여 다시 전유구와 후유구로 나뉨.
- 좌측방과 우측분방 간의 유량 차이는 거의 없으나, 전유구와 후유구의 크기는 40:60임.
- 분비되는 우유의 약 60%를 후유구가 분비함.
- 각각의 유구에서 생성된 유즙(milk)은 옆의 다른 유구로 이행되지 않고, 유두 내 도관을 통해 독립적으로 분비되며, 한 유구가 유방염에 걸리더라도 그 염증이 다른 유구에 전파되지 않음.

표 3-23. 동물 유방의 수

동물	유방의 수
소	2쌍(4유구)
돼지	5~6쌍
말, 면양, 산양	1쌍(2유구)
개	4~6쌍
고양이, 토끼	4쌍
마우스	5쌍
래트	6쌍

3) 유두

① 부유두
- 부유두: 어떤 개체에서는 발육이 나쁜 작은 유두를 추가로 가짐.
- 소에서는 개체에 따라 1~5개의 부유두를 가지는 경우도 있음.
- 부유두는 유즙의 배출능력이 없고, 유방염 원인균의 감염 위험이 있기 때문에 보통 제거함.
② 유두의 괄약근(sphincter)
- 유두 끝의 괄약근은 젖이 새는 것을 막고, 미생물의 침입을 막음.
- Hard milker: 유두의 괄약근이 너무 강하게 조이고 있어 착유가 힘든 젖소
- Milk leaker: 유두의 괄약근이 너무 약하게 조이고 있어 젖이 새는 젖소
- 유두관 점막에는 분비물을 생산하여 미생물의 침입을 막음.

4) 유방에 분포되어 있는 유선의 혈액공급
- 소, 면양, 산양, 말(동맥1, 정맥2): 외음부동맥, 외음부정맥, 복피하정맥
- 돼지(동맥2, 정맥2): 외음부동맥, 가슴(흉부)동맥, 외음부정맥, 흉부(가슴)정맥
- 우유는 유방에 대량으로 보내어지는 혈액성분에 의해 유선상피세포에서 24시간 연속으로 만들어짐.
- 소에서 우유 1ml를 생산하기 위해서는 150~500ml의 혈액이 유방을 통과해야 함.
- 1kg의 우유를 생산하기 위해서 약 500L의 혈액이 필요함.
- 따라서 하루 50kg의 우유를 생산하는 소에서는 약 25,000L가량의 혈액이 유방을 통과함.

5) 유선의 기본구조

① 유선의 구성
- 유선은 분비조직과 결합조직으로 이루어짐.
- 유선의 최소분비단위인 유선포(mammary alveolus)
- 유선포 여러 개가 모여 유선소엽(mammary lobule)
- 유선소엽의 접합으로 유선엽 = 유선포계 형성 [유선엽 − 유선소엽 − 유선포]
- 1개의 유선소엽에는 150~225개의 유선포 포함함.
- 유선관계: 유선의 분비조직인 유선포계에서 합성, 분비된 유즙을 유두로 이끄는 유선관을 총칭함.

② 유선포
- 유선포: 유즙을 분비하는 기본구조임.
- 유선포는 난원형의 주머니 모양, 안쪽에는 유선상피세포, 바깥쪽에는 근상피세포가 방사상 분포함.
- 유선상피세포는 우유를 만들어 유선포 내측의 유선포강(腺胞腔)에 분비함.
- 근상피세포는 옥시토신의 반응으로 유선포를 수축하여 유선포강 내의 젖을 배출함.

③ 유선의 특징
- 유선의 발생학적 원기는 외배엽에서 유래된 외분비기관임.
- 유선에서 비유가 개시되는 데는 프로락틴의 역할이 가장 중요함.
- 유선의 조직학적 구조는 복합관상 포상선으로 되어 있음.
- 유선은 한선이 변형된 피부선의 일종, 포유동물 특유의 비유기관임.
- 유선은 분비세포의 분비양식을 기준으로 하면 이출분비선에 속함.
- 이출분비: 분비물과 함께 분비세포의 일부분이 세포체에서 분리되어 도관에 보내지는 방식임.

2. 유선 및 유방의 발육과 퇴행

1) 유선의 발육
- 유선관계는 성 성숙과 더불어 발육이 시작됨.
- 성 성숙이 가까워지면 유선관계가 급속도로 발달함.
- 성 성숙에 따라 발정의 반복은 유선관계를 더욱 잘 발달시킴.

- 일반적으로 유방의 발육은 체중증가에 의해서도 영향을 받음.
- 초유구(初乳球 galactoblast) 및 백혈구 등이 출현하는 시기는 임신 9개월임.
- 유관 주위에 유선포의 발달이 왕성하게 일어나는 시기: 임신 말기임.
- 유선관계(우유의 이동)의 발육: 에스트로겐
- 유선포계(유즙 합성)의 발달: 프로게스테론
- 유선은 분만 후 최고 비유기까지 발달되다가 비유량의 감소와 함께 퇴행함.

2) 유방의 발육
- 젖소의 유방은 수정 후 35일(태아연령)부터 발육이 시작됨.
- 유방의 발육: 출생 – 성 성숙기 – 임신기를 거쳐 단계적으로 발육됨.
- 유즙분비능력은 첫 임신 말기가 되어야 완성됨.
- 유방의 중량은 임신 후 최초 3개월간 비임신우와 거의 차이가 없음.

3. 유즙생성 및 분비

1) 유즙의 생성과정

① 유즙의 개념
- 유즙은 암컷 포유동물의 유선에서 생산 및 분비되어 새끼의 영양 및 수분 공급원으로 이용되는 액상물로서, 카세인(casein), 유청단백질, 지방, 유당, 무기물 및 비타민 등 각종 영양소를 함유함.
- 동물 종에 따라서 유즙의 성분 또는 함량이 다름.
- 서식환경, 생태, 출생 시 새끼의 발육 정도 및 출생 후의 영양소요구량 등에 대응하기 위하여 유즙의 성분 및 함량이 동물 종에 따라 다름.
- 수생 또는 한랭지에 서식하는 동물에서는 지방질의 함량이 높고(종에 따라서는 50% 정도), 유당함량은 낮음.
- 새끼의 발육이 빠른 동물에서는 일반적으로 단백질 함량이 높음.
- 동일한 종에서도 비유 단계별로 우유의 성분이 변화함. 초유 이후 비유 말기로 갈수록 단백질, 지방 및 무기물의 함량은 증가되나, 유당 및 칼륨의 함량은 빠르게 소모되는 경향임.

2) 유즙의 생성

- 유즙합성장소: 유선포(alveolus)
- 프로락틴이 유선포의 분비상피세포 내부 골지체와 미토콘드리아의 유선합성효소계를 자극하여 지방, 단백질, 유당 등 유즙 성분을 합성함.
- 혈액으로부터 조유물질(precursor, 전구물질 – 포도당, 아미노산 등)이 유선포분비상피세포로 보내져 유즙을 합성함.
- 세포 내에서 합성된 유즙은 세포막을 통해 유선포강으로 방출되어 고이고, 양이 증가됨에 따라 내압이 상승하면 분비활동이 둔화됨.
- 유즙분비를 촉진하고 유량을 많이 얻는 방법은 흡유나 착유를 자주 하여 유선포강 내에 잔존유를 없게 하여 내압이 낮은 상태로 유지시키는 것임.
- 혈액순환을 촉구하여 조유물질이 풍부하게 함유된 혈액의 공급을 늘려야 함.

4. 유즙분비과정

1) 유즙분비와 비유

- 유즙분비: 유선포의 분비상피세포에서 생성하는 유즙의 합성과 합성된 유즙이 유선포강으로 방출함.
- 유즙배출: 유선포강 내의 유즙은 유즙의 이동과정을 거쳐 체외로 배출함.
- 비유: 유즙분비와 유즙배출과정을 총칭함.
- 유선포의 분비상피세포는 혈액으로부터 포도당이나 아미노산과 같은 전구물질을 받아 유당, 카세인, 락토알부민, 락토글로불린 등과 같은 유즙 특유의 성분 합성과 면역글로불린, 혈청단백질, 무기물 및 비타민 등을 혈류로부터 흡수하여 유즙 내로 이송함.
- 따라서 비유기의 유선에서는 전구물질 공급 및 유즙 생산에 필요한 에너지 공급을 위해 혈류의 흐름이 현저히 증가됨.

2) 비유의 개시

- 비유 개시는 지각신경과 운동신경이 관여함.
- 프로락틴: 분만 후 유선을 자극하여 비유를 개시시키는 호르몬임.
- 동물의 종에 따라서는 프로락틴과 더불어 부신피질자극호르몬, 성장호르몬 및 갑상선자극호르몬(thyrotropin)도 비유를 유기시키는 데 중요하게 작용함.
- 비유 개시에 관여하는 호르몬: 프로락틴, 부신피질자극호르몬, 성장호르몬, 갑상선자극호르몬임.

- 프로락틴(prolactin): 포유류의 유선에 작용하여 유즙 분비를 자극하는 뇌하수체 전엽에서 분비되는 탄수화물을 함유하고 있지 않은 폴리펩타이드 계통의 호르몬임.
- 옥시토신(oxytocin): 흡유 및 착유에 의한 유두와 유방에 가해지는 자극이 신경계에 의하여 시상하부에 전달되어, 분비된 옥시토신은 유선의 근상피세포를 수축시켜 유선포의 내압을 상승시키고 유즙을 유관으로 밀어내는 역할을 함.

3) 비유 개시 시 분비가 상승되는 호르몬
① 부신피질호르몬(glucocorticoid)
② 프로락틴(prolactin)
③ 난포호르몬(estrogen)
- 유즙의 분비는 분만 후 급속도로 증가하며 2~4주에 최고에 달함.
- 포유자극에 의해 thyroxine과 insulin 방출 – GH, cortisol이 포유자극과의 공동작용으로 prolactin을 방출시킴.

4) 유즙의 방출
- 우유는 유방에 대량으로 보내어지는 혈액성분에 의해 유선상피세포에서 24시간 연속으로 생성함.
- 유선포에서 합성된 유즙은 유선소관으로 흘러나와 유선관 말단의 유선조에 저장됨.
- 유선조(gland cistern): 유선조직에서 합성된 유즙이 유관을 통하여 흘러나와 유방 내에 저장되는 것임.
- 유즙의 배출경로
  유선포 – 유선소엽 – 유선소관 – 유선관 – 유선조 – 유두조 – 유두관 – 유두공
- 젖소에서 유량을 높이기 위해서 고려해야 할 요인
  ① 유선에 있는 잔여 유즙을 최소화해야 함.
  ② 착유 전 유방을 세척 및 자극해야 함.
  ③ 스트레스를 방지해야 함.
- 포유가축에서 모자간 일어나는 흡유행동의 자극: 촉각, 시각, 청각

5. 비유유지와 비유곡선

1) 비유유지

- 분만(포유) 후 2개월 정도에 우유 생산량이 최고조에 달함.
- 포유 후 착유에 있어서 프로락틴보다 성장호르몬이 더 중요하게 작용함.
- 비유는 모체의 체내에 저장된 영양분을 소모하면서 진행되기 때문에 비유의 유지를 위해 적절한 영양공급이 필수적임.
- 유선조직의 퇴행: 포유, 흡유, 착유가 중단되면 유선여포의 상피세포가 없어지거나 퇴행, 지방세포와 결합조직이 많아져 결국 관조직(duct system)만 남게 됨.

2) 비유유지에 필요한 주요 호르몬

① 뇌하수체 전엽호르몬: 프로락틴과 부신피질자극호르몬은 비유에 필수적임.
  - 프로락틴(prolactin): 유선포의 분비상피세포에 직접 작용하여 유즙의 분비를 자극함.
  - ACTH(부신피질자극호르몬): 혈액이 유즙의 전구물질을 항상 필요량만큼 유지하게 함.
  - 비유유지에 간접적이나, 비유량에 영향을 주는 뇌하수체 전엽 호르몬: 성장호르몬, 갑상선자극호르몬 등이 있음.
② 뇌하수체 후엽호르몬: oxytocin이 유즙배출 및 젖 방출 촉진기능
  - 부신피질호르몬(cortisol) 및 갑상선호르몬(thyroxine)은 비유량 증가에 관여함.
  - 부갑상선호르몬(parathyroid hormone, PTH)은 혈액 중 칼슘농도를 유지하는 작용을 함.
  - 췌장호르몬: insulin은 당의 대사에 관계하는 호르몬이므로 혈당 수준을 좌우함으로써 간접적으로 유량에 영향을 미침.

3) 포유동물에서 초유

- 포유동물에서 초유를 먹이는 가장 큰 이유는 필요한 면역물질을 공급하기 위함.
- 신생자의 혈액 중에는 실질적으로 면역글로불린이 존재하지 않으므로 초유를 섭취함으로써 면역글로불린을 획득하고 병원균에 대한 저항성을 얻게 됨.
- 초유는 정상적인 우유보다 카세인, 단백질, 각종 무기물, 지용성 비타민 등의 함량이 높고, 유당과 칼슘의 함량이 낮음.
- 시간이 지남에 따라 옥시토신의 분비량이 감소하기 때문에 젖소 착유 시 젖이 나오기 시작하면 가능한 한 10분 이내에 착유를 끝내야 함.
- 젖이 유방에서 사출되기 위해서는 착유자극에 의해 분비되는 옥시토신의 작용과 유방 내로 흘러드는 혈액량이 증가하여 유선에 압력이 가해져야 함.
- 옥시토신에 대한 젖내림 반응시간: 비유자극(전착유) 후, 옥시토신이 최고로 분비되는 시간은 약 45초, 10분간 유지됨.

4) 비유곡선

- 비유곡선은 측정치를 연속적인 값으로 추출할 수 있으며, 분만 직후 유량과 최고유량 도달 시 등과 같은 비유곡선의 특징을 계산할 수 있음.
- 분만 후 5일간은 카세인, 단백질, 각종 무기물, 지용성비타민 등이 풍부한 초유를 분비함.
- 분만(포유) 후 2개월 정도(평균 45일)에 최고 유량을 생산하고, 서서히 체중이 감소함.
- 월별 분만 직후의 유량은 5월이 가장 높고, 12월이 가장 낮게 추정됨.
- 분만 직후의 유량은 4~8월인 봄과 여름에 분만한 개체들이 겨울에 분만한 개체들보다 높고, 최고 유량 도달 시기도 봄에 분만한 개체들이 빠른 경향을 보임.
- 최고의 비유기를 지나고 유량이 10kg 이하가 되면 건유를 실시함.
- 유즙을 배출하고 있는 동물을 놀라게 하면 유방 내의 압력이 떨어져 유즙의 방출이 저해됨.
- 부신수질에서 에피네프린이 분비되어 혈관의 수축이 일어나 유방으로 가는 혈액량이 감소함. 이로써 근상피세포를 수축시키는 데 필요한 충분한 양의 옥시토신이 유방까지 도달하지 못하게 함.

번식의 인위적 조절 – 인공수정

1. 발정동기화

1) 발정동기화

- 발정동기화는 인위적인 방법에 의해 가축의 발정 및 배란을 집중적으로 동기화시키는 작업임.
- 소: 우군의 번식효율 증진을 위해 $PGF_{2\alpha}$와 황체호르몬을 계획 투여함.
- 소의 계획번식: 우군의 번식기에 조기의 특정 기간에 인위적으로 발정을 유도하여 인공수정 후 수태가 되도록 하는 것임.
- 발정기가 서로 다른 많은 수의 암컷에 대하여 인위적으로 배란을 특정 기간의 범위 내에 집중적으로 유기하는 것으로 우군의 발정과 배란 시기를 동기화시킴.

표 3-24. 발정주기 동기화의 장단점

장점	발정 관찰이 정확하여 인공수정의 실시가 용이 정액공급 및 보관 등 제반 업무 효과적 수행 가능 분만관리와 자축관리가 더욱 용이 계획번식과 생산조절이 가능 발정의 발견과 교배적기 파악이 용이 수정란 이식기술의 발전에 공헌 가축개량과 능력검정사업을 효과적으로 수행 가능
단점	사용약품(호르몬제의 처리)에 따른 부작용이 나타날 위험성 인건비 및 약품비의 부담 전문지식과 숙련된 기술이 필요

2. 발정동기화의 구비조건

1) 발정동기화의 효율성을 높이기 위한 조건
- 암소의 발정동기화를 실시하는 가장 중요한 이유는 분만기간을 약 2주간으로 집 중시키고 매일 처리집단의 20%씩 분만하도록 유도하기 위함.
- 발정동기화 처리 전 암소의 신체 충실도 및 증체량 등을 조사하여 번식에 이용하여도 좋을 만큼의 적절한 건강상태를 유지하는지 확인이 필요함.
- 미경산우의 경우 체중 250~300kg에 도달했을 때, 또 경산우보다 약간 빠른 시기에 발정동기화를 실시하는 것이 좋으며, 경산우의 경우 분만 후 약 45일령에 실시하는 것이 좋음.

2) 성공적인 동기화를 위한 조건
① 성공적인 결과를 위한 수단과 전략임.
② 임신한 초임우와 암소에게 적절한 영양을 제공함.
③ 숙련된 인공수정 시술자 필요 및 우수한 정액임.
④ 교배와 분만 시기에 훨씬 더 집중된 노력이 필요함.
⑤ 악천후 상황에서도 집중된 교배 및 분만에 필요한 시설물 구축 등임.

3) 발정동기화 방법
① 황체유진제(프로게스테론제) 사용
- 황체의 존재 유무에 관계없이 프로게스테론을 일정하게 투여하다가 중단시킴으로써 발정을 유기시킴.
- 난포의 발육과 성숙을 인위적으로 일시 억제하여 모든 암컷의 난포발육 정도를 동일

한 상태로 만들어 두었다가 발정과 배란이 집중적으로 오도록 하는 방법임.
- 발정주기(황체기)에 프로게스테론 투여 - 황체기 연장 - 투여 중지 - FSH 분비 - 발정

② 황체퇴행제(PGF$_{2\alpha}$제제) 사용
- 프로스타글란딘은 원래 자궁에서 생산 및 분비되며 이는 황체퇴행에 결정적인 역할을 함.
- 황체의 수명을 인위적으로 단축 또는 연장시켜 모든 암컷의 황체퇴행 시기를 같게 하여 발정과 배란이 같이 오도록 하는 방법임.
- PGF$_{2\alpha}$를 1차 주사한 후 황체기가 아니어서 발정이 유도되지 않더라도, 10~12일 후 2차 처리 시 황체기가 되므로 PGF$_{2\alpha}$ 제제에 의해 발정이 야기됨.
- 주사 후 보통 2~4일 사이에 70% 정도가 발정을 나타냄.
- PGF$_{2\alpha}$에 대한 발정동기화는 난소에 황체가 존재하여야만 투여가 가능함.
- 다른 동기화법에 비하여 수태율은 낮으나 처리비용이 저렴하고 가장 간편한 방법임.

③ 프로게스테론 + PGF$_{2\alpha}$ 병행 사용
- GnRH - PGF$_{2\alpha}$ - GnRH - (Ov-synch) 방법임.
(1) 임신되지 않은 암소에게 1차적으로 GnRH 100μg을 투여함.
(2) 7일 경과 후 2차적으로 PGF$_{2\alpha}$ 5ml를 투여함.
(3) 2일 경과 후 3차적으로 GnRH 100μg을 투여함.
(4) 3차 처리 후 24시간 경과 시 전 우군 인공수정을 실시함.

④ 프리드(PRID): 프로게스테론 + 에스트로겐
- 프리드는 플라스틱 코일 모양의 프로게스테론을 질 내 삽입하는 기구의 약어임.
- 프리드에는 프로게스테론과 에스트로겐이 캡슐에 들어 있음.
- 프리드는 삽입과 동시에 에스트로겐은 질 내에서 녹아 흡수되며 프로게스테론은 11~12일간 일정량이 계속 분비되어 발정을 억제하다가 프리드를 제거하면 일시에 난포가 급격히 발육 성숙되면서 2~3일 사이에 발정을 보임.
- 삽입 시 질 주위를 깨끗이 세척하여 오염을 방지하고 자궁경 가까이에 주입하여 빠져 나오지 않도록 해야 함.

3. 인공수정

표 3-25. 인공수정의 장단점

장점	우수한 씨가축(종모축)의 이용범위 확대 후대검정에 따른 씨가축의 유전능력을 조기판정이 가능 씨가축 사양관리의 비용과 노력이 절감 정액의 원거리 수송이 가능 자연교배가 불가능한 가축도 번식에 이용 가능 교미 시 감염되는 전염병(전염성 생식기병 등)의 확산을 방지 우수 종모축을 이용한 가축개량 촉진 가능 특별한 주의 없이도 생식기 질병을 일으킬 확률이 매우 낮음
단점	숙련된 기술자와 특별한 기구 및 시설이 필요 1회 수정에 자연교배보다 많은 시간이 소요 부주의에 의한 생식기 전염병 발생 위험 기술결함에 의한 생식기 또는 생식기 점막의 손상 위험 잘못 선발된 씨가축을 이용할 경우, 확산범위가 넓음 방목하는 집단은 인공수정이 불가

4. 정액의 채취

1) 인공질법

- 인공질법: 동물의 생식기(암소의 질)와 유사한 온도와 압력조건을 가진 질을 모방하여 만든 인공 질 내에 사정시켜 정액을 채취하는 방법임.
- 가장 이상적인 방법이며 널리 사용되고 있음.
- 인공질법은 소, 말, 양, 토끼 등에서 주로 이용되고, 돼지에서는 부분적으로 이용됨.

2) 마사지법

- 마사지법: 돼지, 개, 칠면조, 닭에서 이용되는 주된 방법임.

3) 전기자극법

- 직장 내 전기적인 자극을 가하여 사정중추를 흥분시켜 정액을 채취하는 방법임.
- 소, 돼지, 양, 개 등에서 이용함.
- 수컷이 승가할 수 없을 경우 유용함.

4) 정액채취 시 주의 사항

- 위생적으로 시행해야 함.
- 정액은 빛이나 온도 충격을 피해야 함.
- 채취 전 종모축의 성적 흥분을 유발해야 함.
- 사출된 정액의 손실을 줄여야 함.

5. 정액의 검사

1) 정액의 육안적 검사
- 육안적 검사는 정액량, 색, 냄새, 농도(점조도), pH 등으로 구분하여 실시함.
- 주의점: 30~35℃의 보온이 유지되어야 하며 직사광선이나 한랭한 장소는 피하여야 함.

2) 정액의 외관
- 정자 농도가 높으면 균일하게 불투명함.
- 유백색이 정상, 황색일 경우 정액 내 소변 포함 가능성, 붉은색일 경우 혈액이 포함되었거나, 청색일 경우 질병에 감염되어 있을 가능성이 높음.
- 정액의 농도가 진하고 우수할 때에는 안개처럼 뿌연 색을 보임.

3) 정액의 양
- 정액의 양은 각 동물 종에 따라 피펫, 정액채취관, 메스실린더 등으로 측정함.
- 소: 5~8ml, 돼지: 240~250ml

4) 정액의 pH
- pH 비색지나 pH meter를 이용하여 측정함.
- 성숙한 한우에서 곧바로 채취한 정액(신선한 정액)의 pH는 6.5~7.5임.

5) 현미경검사
- 정자의 활력, 정자 수, 생존율, 형태 등을 현미경을 이용하여 검사함.
- 현장 가축개량사가 인공수정소로부터 냉동정액이나 수송된 정액을 수령하고자 할 때에도 현미경검사를 실시하는 것이 바람직함.
- 전기가온장치가 장착된 현미경을 이용하여 약 400배율로 관찰함.
- 정자의 운동성은 직선적 직진운동, 선회운동, 진자운동으로 구분하여 표시함.

표 3-26. 정자의 활력표기

5단계	운동상태	지수	측정치(예)
+++	가장 활발한 전진운동	100	50
++	활발한 전진운동	75	30
+	완만한 전진운동	50	10-
±	선회 또는 진자운동	25	10
−	운동하지 않음	0	0

- 생존지수 = $\dfrac{(50 \times 100)+(30 \times 75)+(10 \times 50)+(10 \times 25)}{100}$ =80

- 정자의 생존율: 정자가 완전히 사멸되지 않아도 운동성이 없는 경우가 있기 때문에 염색에 의해 생사를 구분함.
- 정자의 농도: 혈구계산판(hemocytometer), 비탁계, 분광광도계를 이용함.
- 정자의 형태: 정자를 염색 후 현미경에서 기형의 종류 및 그 비율을 파악함.

6. 정액 수 계산

1) 정자 수 측정방법: 광전비색계법, 혈구계산기 이용법 등이 있음.

　① 광전비색계법
　- 일반적으로 많이 쓰이는 측정방법임.
　- 빛의 투과 정도에 따라 농도를 평가함.
　- 간편하고 빠르게 측정이 가능함.
　- 비색계가 비교적 고가이므로 인공수정센터에서 주로 이용함.

　② 혈구계산기 이용법(현미경관찰법)
　- 정액을 희석하여 작은 공간의 혈구계산기에 넣어 정자 수를 현미경을 이용하여 센 다음 환산하여 측정함.
　- 이용하는 방법에 숙련이 필요하고, 일일이 정자의 수를 세어야 해 까다로움.
　- 하지만 경제적인 부담이 적음.

　③ 혈구계산기 이용법
　- 혈구계산기의 정자 수 세는 요령
　- 수억 마리의 정자를 일일이 셀 수 없으므로, 보통 3%의 생리식염수 등을 이용하여 100배 또는 200배로 희석한 후 혈구계산기 내에 넣어 1ml의 양으로 환산함.
　- 혈구계산기는 $1mm^2$ 안에 큰 칸 25개, 큰 칸 내에 16개의 작은 칸 = 총 400개의 작은 칸으로 나뉨.
　- 정자 수를 셀 때에는 16개의 작은 칸을 하나로 보아 1개씩 25개를 세고, 정자의 머리를 기준으로 하여 세는 것이 좋음.
　- 큰 칸 경계에는 3개의 선이 있는데, 머리를 기준으로 하여 1/2 이상 들어온 것을 그 칸의 정자 수로 측정함.
　- 0.05ml의 원정액을 100배로 희석할 경우의 예시임.
　- 100배로 희석할 경우 희석할 식염수는 4.95ml 필요함.

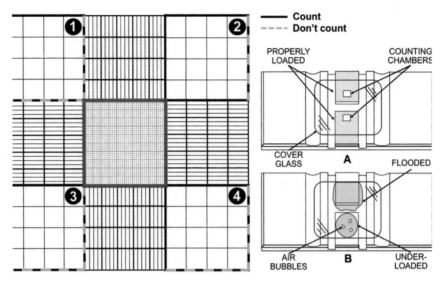

그림 3-15. 혈구계산판

- 3% NaCl용액 또는 3%의 구연산나트륨용액 4.95ml를 피펫을 이용하여 시험관에 분주함.
- 혈구계산기에서 25구획의 정자 수를 모두 세었을 경우, 그 수에 100만을 곱하면 해당 정액의 1ml당 정자 수가 됨.
- 25구획 모두 세기가 번거로울 경우 네 군데의 모서리와 중앙의 한 구획 총 5구획의 정자 수만 세어 계산할 수 있음.
- 오차를 줄이기 위하여 2~3회 반복검사 필요함.

정자 수(ml당) = 5개의 중구획 내의 정자 수 × 5 × 10 × 희석배율 × 1,000

정자 수(mL당) = 1개의 중구획 내의 정자 수 × 25 × 10 × 희석배율 × 1,000

표 3-27. 동물의 정액 사정량과 정자 수

동물	1회 사정량(ml)	정자 수
소	3~6	$5 - 10 \times 10^9$
젖소	5~8	$7 - 15 \times 10^9$
돼지	60~500	$30 - 60 \times 10^9$
양	0.8~1.2	$1.6 - 3.6 \times 10^9$
말	30~100	$5 - 10 \times 10^9$
개	10~30	
토끼	0.4~1.0	
닭	0.3~1.0	

7. 정액의 희석과 보존

1) 정액의 희석

① 희석의 목적

- 원정액이 갖고 있는 정자의 생존에 불리한 조건을 제거하여 정자의 장기간 생존에 유리한 조건을 부여함.
- 정액량을 증가시켜 다두 수정이 가능하도록 함.
- 보존기간 동안 정자의 활력 및 생존율에 최적의 조건으로 수정능력 연장됨.

② 희석액의 구비조건

- 정자의 생존에 유리한 작용을 하여야 함.
- 정액량을 증가시켜 다두 수정이 가능하도록 함.
- 삼투압 및 pH가 정액과 동일한 조건으로 유지되어야 함.
- 세균증식을 억제하고 영양물질을 공급하는 에너지원이 함유되어야 함.

2) 정액 희석 시 첨가물

- 에너지원: 포도당과 같은 당류 등이 있음.
- 저온충격방지제: 난황, 우유 등이 있음.
- 완충제: 구연산, 인산 등이 있음.
- 구연산: 정장 중에 함유되어 있는 유기산으로서 정액의 응고 방지와 삼투압 유지에 관여하며, 정낭선의 분비기능 진단에 이용되는 물질임.
- 세균증식 방지: sulfanilamide, penicillin 등의 항생물질임.

3) 정액의 희석비율

- 정자의 농도(정자 수와 활력)를 기준으로 결정함.
- 정자 수가 1ml 중 500만을 기준으로 함.
- 희석 배수: 원정액 1에 대하여 말 1~2배, 돼지 1~4배, 닭 20~50배, 소 100~200배임.

4) 정액의 보존

① 돼지

- 채취한 정액을 실온에서 보존 시: 적절한 보존액을 희석하여 15~20℃의 온도에서 약 2~3일간 양호한 생존성과 활력 유지가 가능함.

- 4~5℃ 저온에서 보존 시: 보존 시간이 3~4일로 다소 길어지나, 15~20℃에 보관할 때보다 정자의 생존성과 운동성이 떨어질 뿐만 아니라 수태율도 낮아짐.
② 개
- 개 정자는 채취 직후 원정액을 35~37℃에 보존할 경우 약 20~24시간 생존이 가능함.
- 희석하여 보존하면 생존성이 좋아지며 1주일까지도 연장 가능함.
③ 동결보존
- 정액을 항동해제인 글라이세롤(glycerol) 등을 함유한 희석액으로 희석한 다음 스트로(straw)에 분주하여 예비동결을 거쳐 -196℃의 액체질소에 넣어 동결보존함.

8. 정액의 주입

1) 정액 주입법
① 발정 징후를 보이는 암소가 놀라지 않게 부드럽게 보정함.
- 스트레스를 받을 경우 부신수질에서 아드레날린이 분비되어 배란을 지연시키고 자궁의 수축운동을 억제하여 수태율이 저하됨.
② 왼쪽 팔에 직장검사용 장갑을 착용하고 비눗물을 충분히 바른 후 직장 내 삽입하여 직장 내 변을 제거함.
③ 생식기를 부드럽게 검사함.
④ 수정할 개체를 확인한 후 스트로로 정액을 개봉함.
⑤ 왼팔을 직장에 넣은 상태로 외음부를 깨끗이 세척함.
⑥ 왼손으로 자궁경관을 잡고 오른손에 주입기를 잡은 후, 외음부를 넓게 벌려 주입기를 질 내에 천천히 삽입함.
⑦ 주입기의 선단이 자궁경관의 마지막을 통과하였을 때 왼손의 둘째 손가락으로 주입기 끝을 확인한 후 자궁경 심부에서 서서히 정액을 주입함.
⑧ 주입기와 왼손을 뺌.
⑨ 수정증명서를 양축가에게 발급한 뒤 필요한 기록을 작성함.

2) 가축 인공수정 시 정액을 주입할 때 주입기를 삽입하는 부위
- 소: 자궁체 내
- 돼지: 자궁경관(자궁경 내)
- 닭: 난관개구부

표 3-28. 동물 인공수정 시 정액 주입량과 정자 수

동물	1회 주입 정액량(ml)	정자 수	1회 주입 정자 한도 수
소	0.25~1	2,500만	500만 이상
돼지	50	30억 이상	10억 이상
면양	0.1~0.5	1억 이상	4,000만 이상
산양	0.1~0.5	1억 이상	5,000만 이상
말	10~25	10억 이상	3억 이상
개	10~20	10억 이상	2억 이상
토끼	0.5~1	7,000만~1억 이상	5,000만 이상
닭	0.03~0.1	5,000만~1억 이상	3,000만 이상

9. 동결정액 제조와 활용

1) 스트로에 의한 동결법
- 원정액을 25~30℃에서 1차 희석하고, 서서히 몇 시간에 걸쳐 5℃로 냉각시킴.
- 글라이세롤이 함유되어 있는 2차 희석액으로 1시간에 걸쳐 2차 희석을 하여 글라이세롤의 최종 농도가 7~8%가 되도록 희석함.
- 5℃에서 6~12시간 글라이세롤 평형을 실시하여 동결하며, 동결은 −100℃의 액체질소 가스에서 5~10분간 정치하여 급속동결한 뒤 −196℃의 액체질소 내에 침지하여 보관함.

2) 처음으로 소 정액의 동결보존에 성공한 사람: Polge와 Rowson
- 동결정액을 제조하는 과정: 정액 희석 − Glycerol평형 − 예비동결 − 액체질소 내 침지

3) 정액의 동결보존과정에서 동해방지제로 이용되는 물질
- 세포막을 통과할 수 있는 동해방지제
  ① 2-프로판다이올(1,2-propandiol: PROH)
  ② 다이메틸설폭사이드(dimethyl sulfoxide: DMSO)
  ③ 글라이세롤
- Glycerol의 평형조건
- 2차 희석을 끝내고 분주 및 봉인한 정액은 2~5℃에서 4~8시간 정치한 후에 동결한 경우 양호한 생존성을 얻을 수 있음. 이 시간을 glycerol 평형시간이라 칭함.
- − 세포막 통과가 불가능한 동해방지제
  ① 수크로스(sucrose)

4) 동결정액의 융해

- 영하 196℃의 액체질소 중에 동결되어 있는 정액을 주입할 때, 일단 융해 후 실시함.
- 저온 융해: 깨끗한 물에 얼음을 넣어 4~5℃의 얼음물을 만든 후, 액체질소 중에 보관된 스트로를 얼음물에서 4~5분 담가 융해하고 가축에 주입함.
- 고온 융해: 35~37℃ 온수에서 20초 이상 1분 이내로 융해하여 주입기에 장치한 뒤 5분 이내 인공수정을 진행함.
- 정자 동결보존 시 과냉각상태와 빙정(ice crystal) 형성으로 인하여 정자의 대사능력과 생존성을 저하시키는 위기온도 범위: -25℃~-15℃

10. 수정란 이식

1) 수정란 이식의 장단점

표 3-29. 수정란 이식의 장단점

장점	우수한 공란우의 새끼를 많이 생산할 수 있음 수정란의 국내외 간 수송 가능 특정 품종의 빠른 증식이 가능 우수 종빈축(암컷)의 유전자 이용률을 증대할 수 있음 가축의 개량기간 단축 가능 가축 대신 수정란을 수송하여 경비 절감 가능 인위적인 쌍태유기에 이용하여 가축의 생산성 증대 가능 계획적인 가축생산 가능 후대검정 시 편리
단점	다배란 처리 시 배란 수를 예측 불가 비외과적 혹은 외과적 방법에 의한 수정란 이식의 수태율은 아직 낮음 수정란 이식을 위해서는 특별한 기구와 시설 및 숙련된 기술자 확보 필요

2) 수정란 이식의 개념

- 수정란 이식: 생체 내(*In vivo*), 생체 외(*In vitro*)에서 만들어진 수정란을 동종 및 이종 품종의 생식기에 이식해 [착상 - 임신 - 분만]을 유도하는 일련의 과정임.
- 1980년 토끼에서 수정란 이식을 최초로 성공한 이후 1973년 소를 비롯한 대가축에서 성공하여 현재의 실용화에 이름.

3) 소에서 수정란 이식

- 호르몬 처리로 다배란 유기 - 다수의 난자 배란 - 생체 내 수정 - 배의 회수(착상 전 회수) - 배의 검사 - 체외 보존 - 수란축(수정란을 이식받을 가축)과 공란축(난자나 수정란을 제공하는 가축) 발정동기화 - 배의 이식(신선란, 동결란) - 송아지 분만

11. 다배란 유기와 수정

1) 다배란처리
공란우 선발 - 공란우 다배란 처리 및 인공수정 - 수정란 회수 - 수란우 선발 - 발정 동기화 - 수정란 이식 및 임신

2) 공란우의 선정조건
① 유전적으로 우수한 형질의 소
② 전염성 질병 및 유전성 질병이 없는 건강한 소
③ 번식능력이 높고 발정주기가 정상인 소
④ 자궁 및 자궁경관에 염증이 없고 구조가 정상적인 소
⑤ 영양상태가 양호한 소

3) 다배란(과배란) 유기
- 자연발정주기를 이용하는 방법, 프로스타글란딘($PGF_{2\alpha}$)을 이용하는 방법임.
- 자연발정주기 이용법임.
  ① 임마혈청성 성선자극호르몬(PMSG)을 다음 발정예정일을 기준으로 하여 발정주기 16일째 투여함.
  ② 3~4일째 난포호르몬인 estradiol을 각각 2회 주사함.
  ③ 발정 당일 황체형성호르몬 또는 임부태반융모성 성선자극호르몬(hCG)을 주사함.

4) 프로스타글란딘 이용법
- 프로스타글란딘을 PMSG와 FSH와 병행하여 소의 발정주기에 맞춰 사용함.

5) 다배란 유기에 사용되는 호르몬
  ① 임마혈청성 성선자극호르몬(PMSG)
  ② 난포자극호르몬(FSH)
  ③ 프로스타글란딘($PGF_{2\alpha}$)
  ④ 임부태반융모성 성선자극호르몬(hCG)
  ⑤ 황체형성호르몬(LH)

6) 수란우의 선정조건

① 번식적령기에 도달한 건강한 처녀우

② 적절한 영양상태를 유지하고 있는 소

③ 건강한 생식기를 보유하고 있는 소

④ 질병 및 대사장애가 없는 건강한 소

⑤ 번식기록을 보유하고 있는 소

7) 수정란의 채란과 검사

① 수정란 회수

- 수정란은 대체로 수정 후 4일간은 난관 내, 5일째는 자궁-난관접합부, 6일째는 자궁 관선단에 존재. 따라서 수정란 회수를 위한 관류는 수정 후 경과 기간에 따라 선택함.
- 4일 난관, 5일 난관과 자궁각 양측, 6일 이후 자궁각에서 실시함.
- 발정일을 0일로 할 때 수정란 채란일은 7일째임.
- 수정란 채란일 당일에 가장 먼저 할 일은 모든 수란우 중 발정이 6, 7 혹은 8일째 아침에 발생한 개체를 선발함.
- 호르몬을 처리하여 다배란을 유도시킨 젖소부터 수정란을 비외과적으로 채취할 때 가장 적당한 시기는 착상 직전 자궁에서 실시하는 것임.

② 비외과적 수정란 이식방법

- 자궁경관경유법: 야외 실시 가능, 시간 절약, 기술자 혼자서 시술 가능한 간단한 방법임.
- 수술적 방법보다 실용적임.
- 이식기구를 인공수정과 같은 방법으로 자궁경관을 통과시킨 후 자궁각 심부까지 더 전진시켜 수정란 이식함.
- 인공수정을 실시한 소에서 배반포기의 수정란은 수정 후 7일경 난관에서 채취함.
- 다배란 처리된 공란우에서 수정란 이식에 가장 적합한 수정란 채란 시기는 수정 후 6~7일임.
- 즉, 수정란은 인공수정 후 6~7일째 채취하며, 이때는 수정란이 자라서 자궁에 착상되기 직전의 상태임.
- 공란우의 수정란을 회수하는 외과적 방법: 자궁관류법, 난관관류법 등이 있음.

8) 수정란 검사

- 수정란의 회수 및 검사에 사용되는 모든 기구, 보존액 및 시약은 반드시 멸균된 것을 사용하고, 독성이 없는 것을 사용해야 함.
- 작업은 오염되지 않은 무균적 상태에서 수행되어야 하며, 가능한 한 생체 내와 같은 조건을 유지하도록 온도, 기압, 빛 또는 자외선의 차단, pH, 삼투압 등 다양한 조건을 일정하게 유지해야 함.

9) 수정란의 보존

① 동결보존법
- 난포란을 체외성숙시킨 후 한우 동결정액과 체외수정한 뒤 7~9일에 배반포단계로 발달한 수정란을 동결시킴.
- 직접이식법: 동결보존한 수정란을 융해하여 동해방지제에 희석, 제거하지 않고 직접 이식에 이용함.
- 다단계법: 동결보존한 수정란을 융해하여 스트로에서 꺼내 동결보존에 사용한 동해방지제를 단계희석에 의해 제거한 후 수정란의 생존성을 확인한 뒤 이식에 사용함.

② 완만동결법: 직접 이식하는 동결법
- 동결방지제로서 1.9m ethylene glycol이 첨가된 동결배지에서 15~20분간 평형을 실시 후, 수정란 동결기를 사용하여 동결시킴.
- 수정란이 장착된 스트로를 동결기의 챔버에 넣고 $-7°C$에서 10분간 seeding한 후, $-35°C$까지 분당 $-0.3°C$의 속도로 온도를 하강시켜 동결시킴.
- 액체질소에 10분 이상 침지한 후 액체질소통에 넣어 보관함.

③ 다단계를 이용하는 동결법
- 수정란의 동결을 위한 평형액: 세정액(washing solution)에 7.5% ethylene glycol, 7.5% DMSO가 되도록 조성함.
- 유리화 동결액은 세정액에 0.5M sucrose, 16% ethylene glycol, 16% DMSO를 첨가하여 제조함.
- 수정란의 동결은 수정란을 세정액으로 2~3회 세정하여 평형액에서 3분 동안 평형시킨 후 유리화 동결액에서 수정란을 일정 간격으로 로딩한 후 액체질소통에 넣어 보관함.
- 수정란 동결보존 시 동해방지제: DMSO, glycerol, ethylene glycol

12. 수정란의 이식

1) 수정란의 융해
- 액체질소통에서 수정란이 들어 있는 스트로를 집게로 집어 올려 공기 중에 10초간 노출시킴.
- 37~38 ℃의 온수에 15~20초간 넣어 급속 융해 후, 멸균거즈로 닦아냄.
- 스트로 선단부 1.5cm 부위를 절단한 뒤 수정란 이식기에 장진하여 빠른 시간 내에 비외과적 방법으로 이식함.

2) 수정란의 이식
- 방법: 외과적인 수술방법과 인공수정과 같이 경관을 경유하여 주입하는 비외과적 방법임.

  ① 수란우의 보정
  - 수란우를 보정틀에 보정시키고 직장검사로 발정주기 동기화의 적합성과 영양상태 및 생식기의 정상 유무를 확인함.
  - 적합으로 판정된 수란우는 직장 내 변을 완전히 제거한 후 온수 또는 비눗물로 음부 및 그 주위를 깨끗이 세척하고 건조시킨 다음 다시 소독액으로 세척함.
  ② 경막외 마취
  - 경막외 마취는 직장 및 자궁을 충분히 이완시켜 이식기구의 삽입조작이 용이하도록 하기 위함.
  - 마취제는 2% 염산프로카인 또는 리도카인으로 제1미추와 2미추 사이의 함몰부에 주사침을 45도 각도로 3~4cm 삽입한 다음 2~5ml의 마취제를 서서히 주입함.
  ③ 수정란의 세척
  - 회수된 수정란에 부착된 점액이나 채란액과 같이 혼입된 혈액 등의 이물질을 제거하기 위하여 신선한 채란액으로 여러 번 세척 후 스트로에 장진함.
  - 동결수정란 융해 후 동결보존제의 제거를 위해 동결보호물질이 함유되어 있지 않은 보존액(혈청이 첨가된 PBS나 BMOC-3)으로 세척해 스트로에 장진함.
  ④ 스트로 내 수정란의 장진
  - 스트로 내로 수정란을 장진하는 과정은 먼저 0.25ml 스트로에 배양액을 약 1/3 수준이 되도록 흡인한 후 공기를 3~4mm 정도 흡인하여 스트로 내 공기층을 만듦.
  - 수정란을 배양액과 함께 약 1/3 수준으로 흡인하고, 한 번 더 공기를 흡인하여 공기층

을 만든 후 최종적으로 배양액을 흡인함.

- 끝으로 흡인하는 배양액의 양은 최초에 흡인된 보존액이 스트로 한쪽에 있는 면사와 파우더가 배양액에 젖어 파우더가 팽창할 때까지 흡인함.

⑤ 이식기의 결합
- 야외에서나 또는 실내에서 할지라도 낮은 기온하에서는 금속성 재질로 된 이식기는 체온 정도로 가온한 다음 스트로를 결합함.
- 이식기구의 외면으로 질 내에서의 오염을 방지하는 덮개를 삽입하여 주입할 때까지 보온을 유지함.
- 보정틀에 수란우를 보정하고 2% 리도카인 5~7ml로 미추 경막외마취를 실시함.
- 직장으로부터 분변을 제거하고 외음부를 깨끗이 닦고 70% 알코올 면으로 소독한 후 멸균된 비닐 커버를 씌운 수정란이식기를 질 내로 삽입함.
- 이식기 끝이 자궁경관 입구에 도달 시 비닐 커버를 통과하고 자궁경관을 경유하여 황체가 있는 쪽의 자궁각까지 이식기를 밀어 넣어 가능한 한 자궁 선단부에 삽입 후 이식기를 조작하여 수정란을 이식함.

⑥ 이식기의 질 및 자궁경관 삽입
- 덮개로 감싸진 이식기를 질 내로 삽입하여 선단부가 자궁경관의 입구에 잘 접촉되도록 삽입함.
- 미경산우를 수란우로 사용하는 경우, 먼저 자궁경관 확장봉을 무균적으로 삽입하여 자궁경관을 일단 확장시킨 다음 이식기를 삽입함.

⑦ 자궁각 삽입과 수정란의 주입
- 무균적인 조작으로 자궁경관을 통과하게 된 이식기구의 선단부를 황체가 존재하는 측의 자궁각으로 될 수 있는 한 심부까지 진입시킨 후 수정란을 주입해야 함.
- 주입기를 자궁각의 심부로 진입시킬 때는 자궁내막에 최소한의 자극으로, 심부까지 신속하게 주입하여야 수태율이 높아짐.

⑧ 수정란의 주입 확인
- 수정란 주입 후 이식기의 선단부를 육안으로 확인하면 스트로의 면사에 혈액이 묻어 있는 경우는 자궁경관이나 자궁내막에 상처를 입힌 증거로, 이러한 경우에는 수태율이 매우 낮음.
- 이식기구의 선단과 스트로 선단부를 세척하여 수정란이 잔류해 있는지 확인해야 함.

3) 소 수정란 이식 시 주의 사항

- 소의 수정란 이식과정: 다배란 처리 - 발정동기화 - 채란 - 검사 - 이식
- 비외과적 방법에 의거해 난자를 회수할 경우, 배란 후 4일 이후 실시하는 것이 바람직함.
- 이식하고자 하는 수정란의 일령이 수란우의 배란일수와 일치하지 않으면 임신율이 매우 저하됨.
- 수정란의 형태학적 이상은 이식 후의 임신율을 저하시킴.
- 비외과적인 방법으로 수정란을 이식 시: 수정란은 상실기 - 배반포기 시기에 자궁에 이식함.
- 비외과적 수정란 이식 시 수정란의 이식 부위는 자궁각 선단이 가장 적당함.
- 임마혈청성 성선자극호르몬(PMSG)은 공란우의 발정주기 5~14일째에 주사함.
- 소(성우)의 난포발육을 위해서는 FSH나 PMSG를 주사함.
- 수정란의 보존액 pH는 7.2~7.6임.
- 소의 4세포기 수정란을 일시적으로 토끼에 이식하여 배양할 경우, 적절한 이식장소는 난관임.

4) 수정란 이식 부위

- 소: 자궁각 선단부
- 돼지, 면양, 산양: 4세포기 이하는 난관, 4세포기 이상은 자궁에 이식함.
- 1890년 영국의 Heape가 토끼에서 수정란 이식으로 난자를 생산한 것을 시초로 이 분야에 대한 광범위한 연구가 수행되어 산업 분야에서는 유전능력이 우수하고 생산능력이 뛰어난 우량가축을 단기간에 증식시키기 위한 가축개량의 수단으로 개발됨.

13. 분만유기

1) 분만유기의 개념

- 정상적인 분만이 일어나기 전에 인위적으로 분만 시기를 조절하는 것을 말함.
- 주로 조기분만유도, 장기재태 및 분만동기화를 위해 이용함.
- 분만유기 호르몬: 옥시토신, 프로스타글란딘을 이용함.

2) 분만유기의 장단점

- 임신기간 단축에 따른 번식회전율을 향상함.

- 휴일이나 야간 특근 시간이 절약됨.
- 집중 조산으로 새끼 생존율이 향상됨.
- 장기 재태의 예방 및 분만 시기 동기화에 이용함.
- 분만에 소요되는 노동력의 효율성 제고에 필요함.

3) 분만유기 방법

① 부신피질호르몬에 의한 방법
- ACTH의 자극을 받은 태아의 부신피질에서 glucocorticoid의 분비 증가를 일으키는 방법임.
- 합성 glucocorticoid인 dexamethasone이 이용됨.

② prostaglandin에 의한 방법
- PGE_2, $PGF_{2\alpha}$ 등 prostaglandin을 주사하여 분만유기 함.

③ 주간분만 유도기법
- 야간사료 급여법: 어미 소에게 급여하는 사료(농후사료, 조사료)를 오후 7~9시 사이에 급여하여 아침까지 먹도록 하고, 아침 사료통에 남아 있는 사료를 깨끗이 치워버린 다음 물만 주면 낮에 분만하는 비율을 높일 수 있음.
- 자궁이완제 사용: 분만이 예정된 암소를 선발하여 자궁이완제인 염산리드드린제제를 25mg 투여하면 낮 분만율을 크게 높일 수 있음.
- 자궁이완제 투여 시 손을 소독하고 소의 외음부 주위를 위생적으로 청결히 한 후 질 속에 손을 삽입하여 경관 이완상태를 검사하여 손가락 2개 이상 삽입이 가능한 소에게 1차 투여를 오후 6시에, 2차 투여를 오후 10시에 진행하면 다음 날 새벽 5시경 이후에 분만이 이루어짐.
- 주의 사항: 이미 신출기에 들이간 소에게는 자궁이완제를 투여헤서는 안 됨.

14. 기타 인위적 번식 지배

1) 체외수정

① 체내성숙 난자(배란된 난자)
- 체내에서 배란 직전의 난포란 또는 배란 직후 난관상단부에서 채취한 난자임.
- FSH 또는 LH를 처리하여 과배란 유기된 난자임.
- 체내에서 성숙한 난자의 채란은 도살 또는 마취 후 개복하여 난관으로부터 배란 직후 성숙 난자를 채취하여 체외수정에 사용함.

② 체외성숙 난자(미성숙 난포란)

- 수술 또는 도축 후 난포를 채취함.
- 난구세포층이 투명대에 견고하게 부착된 것을 사용함.
- 성숙배양액에서 24~48시간 배양 후 사용함.

2) 체외성숙과 수정능력 획득

① 난포란의 체외성숙

- 성선자극호르몬의 영향으로 난자가 감수분열을 재개하여 제1감수분열을 완성한 후 제2감수분열 중기로 진행하는 과정임.

② 정자의 수정능력획득 유기

- 수정능력획득에 중요한 물질: Ca^{2+}
- 정자의 첨체외막이나 원형질막은 칼슘이온의 도움을 받아 성상변화가 시작되고 첨체 반응이 시작되기 때문임.
- 칼슘이온 흡수를 촉진하는 수정능력획득 유기물질: 헤파린(heparin), ionophore A23187

3) 체외수정과 수정란배양

① 체외수정

- 적합한 농도로 희석된 정자부유액에 난자를 첨가하는 방법임.
- 준비된 난자 배양액에 농축된 정자부유액을 첨가하는 방법임.

② 수정 완료 후 체외수정 판단방법

- 수정 중이나 수정 완료 직후에 고정 염색하여 위상차 현미경으로 관찰하여 다음과 같은 변화가 나타나면 수정으로 판정해야 함.
- 세포질 내 침입하여 팽대한 정자의 두부를 확인해야 함.
- 자웅전핵의 형성을 확인해야 함.
- 제2극체의 방출 여부를 확인해야 함.
- 체외수정 시 정자의 꼬리동반 여부를 확인해야 함.

4) 수정란 배양

- 배양액: 포도당, 젖당, 피루브산 혼합배지
- 배양조건: 습도는 포화상태, 온도 37℃ 전후, 5% CO_2 또는 질소에 5% CO_2 + 5% O_2 혼합

- 정자 침입(수정란을 옮기는 시간): 수정 후 6시간
- 자웅전액 형성: 수정 후 24시간
- 2세포체 형성: 수정 후 12시간
- 4세포체 형성: 수정 후 36~48시간

15. 동물복제

1) 동물복제 종류
- 방법: 수정란 절단, 분할구 분리, 핵이식, 핵치환 등이 있음.

2) 수정란의 절단
- 수정란 절단은 상실배나 배반포단계의 수정란을 마이크로나이프 또는 레이저로 이등분한 다음 양분한 수정란을 각각 빈 투명대에 넣어 수란우의 자궁으로 이식하여 일란성 쌍태를 생산함.
- 개체수를 쌍태 이상 생산할 수 없다는 단점은 있으나, 개체 생산 확률이 상대적으로 확실함.

3) 분할구 분리방법
- 수정란의 분할과정에 있는 난세포(할구)를 분할하거나 분리하는 방법임.
- 2~4세포기배의 할구(분열된 단세포)를 분리하여 결찰(결합)한 난관에 이식한 뒤, 발육된 수정란을 수란축에 이식함.

4) 핵이식
- 수정란에서 핵을 분리한 후 미리 핵을 제거한 난자에 이식하는 방법임.
- 복제과정: [수핵세포질(난자) 준비 – 공여핵 세포의 준비 – 핵이식 – 난자 활성화 및 리프로그래밍 – 복제수정란 배양 – 이식]

5) 핵치환
- 난자의 핵을 제거한 후 대신 체세포의 핵을 집어넣어 영양소의 공급을 중단한 채 온도를 4℃ 정도로 낮추면 수정란처럼 난할이 발생. 이를 대리모에 착상시켜 체세포핵의 공급자와 같은 유전자형의 개체를 얻을 수 있는 방법임.

- 핵을 이식받은 난자는 핵을 제공한 동물의 세포와 동일한 유전형질을 가진 개체로 자람.
- 핵이식 기술을 이용하면 핵을 제공한 동물과 유전형질이 동일한 복제동물 생산이 가능함.

6) 주조직 적합성 복합체(major histocompatibility complex, MHC)
- 주조직 적합성 복합체는 포유동물에 존재하는 유전자 중에서 가장 다형성이 높은 유전자로 self와 non-self를 구분하여 non-self에 대한 면역반응을 조절하는 가장 상위에 위치한 단백질임.
- MHC는 생쥐(H-2), 사람(HLA), 돼지(SLA), 소(BoLA)라 칭함.
- MHC-단백질 복합체가 세포의 표면에 위치하면 근처 면역세포(주로 T-cell, natural killer cell)가 합성된 단백질을 확인할 수 있게 되며, 만약 확인된 단백질이 자신의 단백질이 아닌 것으로 판명되면 면역세포는 그 감염된 세포를 사멸시킴.

7) 관류세포계수기(flow cytometer)분리법
- 포유동물 산자의 성비를 조절하기 위하여 X-Y 정자를 분리하는 데 유효한 생명공학 기법임.

8) 형질전환동물
① 형질전환동물의 개념
- 인위적으로 외래유전자가 도입되어 새로운 형질의 가축을 생산하는 것임.
- 특정 형질을 가진 외래유전자를 배의 세포에 주입하여 그 유전자를 새롭게 조합한 동물임.
② 형질전환동물의 생산기법
- 외래유전자를 수정란의 전핵에 미세주입하는 방법, retrovirus 매개법, 배아줄기세포(embryonic stem cell) 이용법, 정자세포 이용법 등이 있음.

9) 전핵 내 미세주입법
- 새로운 유전자를 수정란의 핵에 직접 주입하는 방법으로 주입된 유전자는 세포분열과정 중 염색체에 무작위적으로 삽입되어 그 형질을 나타냄.
- 형질전환동물 생산방법 중 가장 쉬우며, 효율도 높은 편으로 현재 가장 산업적으로 많이 이용함.

10) retrovirus 매개법

- 인위적으로 병원성이 없도록 미리 조작된 유전자를 바이러스를 통하여 주입함.
- 강력한 바이러스의 감염방법을 이용하여 유전자를 주입하므로 효율성이 좋음.
- 하지만 새로운 유전자가 무작위적으로 삽입되어 발현조절이 어려운 것이 단점임.

11) 배아줄기세포 이용법

- 배아줄기세포는 배반포의 내세포괴(inner cell mass)에서 유래한 줄기세포로 다능성임.
- 초기 수정란 유래 세포일 경우 분화전능성(totipotent)임, 개체 형성 가능함.
- 배아줄기세포는 배아에서 유래한 미분화세포로 신체 내의 어떠한 조직이나 세포로 분화할 수 있는 만능성을 가짐. 따라서 배아줄기세포에서는 새로운 유전자를 특정 부위에 주입할 수 있음.
- 세포가 생식계열 세포에 기여하면 다음 세대에서는 도입유전자를 hetero로 갖는 자웅의 개체가 얻어지며, 이들의 형매 간 교배에 의하여 다음 세대에는 계통화된 형질전환동물을 얻을 수 있음.

12) 정자세포 이용법

- 체외수정(시험관아기)은 정자와 난자의 수정과정을 체외에서 수행한 후 모체에 이식하여 임신이 성립되도록 하는 방법임.
- 이 과정을 통해서도 형질전환동물을 생산할 수 있음.
- 체외수정을 실시하기 전, 정자의 머리 부분에 주입하고자 하는 DNA를 부착함.
- 이를 난자와 수정 – DNA가 수정란의 핵으로 유입 – 새로운 형질 발현 – 형질전환동물 생산이 가능함.

가금의 번식생리

1. 암탉의 생식기관

- 난소, 난관으로 구성됨.

1) 난소

- 난소는 닭에서 왼쪽, 신장의 앞쪽에 위치하며, 등의 척추벽에 부착됨.

- 암탉의 난소와 난관은 왼쪽과 오른쪽에 존재하나, 왼쪽의 것만 성장하여 발달함.
- 에스트로겐을 분비하여 난관의 성장과 산란을 촉진, 난각을 형성함.
- 난소에서 성숙된 난황은 난포막이 터지면서 난관의 누두부로 배란됨.
- 난포는 난포경에 의하여 난소에 부착됨.
- 난자에는 난황이 들어 있으며, 매일 한 개의 난자가 성숙되어 배란됨.
- 수정은 암탉의 난관 누두부에서 이루어짐.

2) 난관

- 난관은 왼쪽 배의 대부분을 차지하며, 총길이가 60~70cm로 길고 구불구불한 형태의 관임.
- 난관은 구조 및 기능에 따라 다음과 같이 다섯 부분으로 구분함.

① 누두부(나팔관, infundibulum)
- 길이 9~10cm로, 배란된 난황을 받아들이고 정자와의 수정이 이루어짐(15분 소요).
② 팽대부(난백분비부, magnum)
- 길이 33~37cm로, 농후난백을 분비, 알끈(칼라자, Chalaza)을 형성함(30시간 소요).
③ 협부(isthmus)
- 길이 10~12cm로, 수양난백과 난각막(알껍데기막)을 형성함(2시간 15분 소요).
④ 자궁부(난각선, uterus, shell glans)
- 길이 8~12cm로, 난각 형성, 색소(우포피린, 프로토포피린)가 분비됨(19~20시간 소요).
⑤ 질부
- 길이 7~12cm로, 완전히 형성된 알을 산란하는 데 도움을 줌(1~10분 소요).

2. 수탉의 생식기관

1) 구조: 1쌍의 정소, 정소상체, 2개의 정관, 퇴화된 교미기(암수감별)

- 다른 수컷의 음경, 부생식선(정낭선, 전립선, 요도구선)에 해당하는 기관이 없음.
- 수컷의 생식돌기는 항문 안쪽에 위치함.
- 안드로겐: 종소의 간질세포에서 분비되며, 수탉의 볏을 성장시키고 때를 알리며 우는 2차성징을 나타나게 하는 역할임.

2) 기능
- 수정능력: 22~26주령 이후 가능
- 사정량: 0.3ml/1회
- 정액의 pH: 7.0(6.9~7.1) 정도

3) 수정과 초기 발생
- 난관 질부에 주입된 정자는 대부분 배출되고, 일부는 난관으로 상승하여 누두부에서 수정함.
- 조류에서는 한 개의 난자에 5개 이내의 정자가 들어가는 다정자 침입의 수정현상이 나타남.
- 최초의 세포분열: 정자와 난자가 만나 수정이 된 수정란이 난관협부로 들어간 초기에 발생함.
- 제1세포분열 후 제2분열이 일어나며, 1분열 방향과 직각으로 교차하여 분열이 발생함.
- 제3분열에 의해 8개의 세포로 분열되어 완전히 독립된 세포형태로 발달함.
- 제3분열 후 수정란은 협부를 나와 자궁부에 들어간 후 4시간 이내에 약 256개의 세포가 될 때까지 분열을 계속함.
- 닭이 방란을 하게 되면 세포는 40,000~60,000 세포의 배반포단계까지 분열됨.

번식장애

1. 수컷의 번식장애

1) 정자형성장애
- 성 성숙의 지연: 수가축의 영양상태가 적절하지 않으면 FSH와 LH의 분비가 억제되므로 정자형성의 기능이 떨어져 성 성숙의 지연 또는 불임의 원인이 됨.
- 기후: 고온, 다습한 환경에서 정자농도가 감소하고, 기형 정자 수가 증가됨.
- 잠복정소: 정소가 음낭 내로 하강하지 않고 복강 내에 머무는 현상으로, 잠복정소 내 정자형성은 비정상적으로 이루어짐.
- 정소발육이상: 유전적 및 영양적 요인으로 정소발육과 정소형성의 불충분함에 의해 정자형성이 저해됨.

- 정소의 퇴화: 섬유화가 일어나 탄력성이 감소하고, 딱딱해지는 현상, 이상 정자 수의 증가, 정자의 운동성 저하, 정자 수 감소 증세가 나타남.

2) 정자형성상의 장애요인
- 정액이상: 무정액증, 무정자증, 정자감소증, 정자무력증, 정자사멸증, 정자이상 등이 있음.
- 면역학적 요인: 암컷의 생식기로 침투한 혈청의 항체가 정자나 정장액을 항원으로 인식, 면역반응을 일으킴.
- 유전적 요인: 정자에 존재하는 치사인자, 노화정자, 체외사정 후 발생하는 이상, 정자형성과정의 기형정자 등이 있음.

2. 수컷의 교미장애
- 교미장애: 교미욕 감퇴, 발기불능, 음낭헤르니아, 복부비대, 음경이나 포피의 기형 및 해부학적 결함을 일으킴.

3. 기타 번식장애
- 선천적 기형, 퇴행성 질병, 전염성 미생물에 의해 부생식기에 이상이 발생하여 번식능력을 저하시킴.

4. 암컷의 번식장애

1) 난소 기능장애
- 난소의 기능 이상을 발생시킴.
- 난포발육장애, 난소낭종(난포낭종, 황체낭종, 낭포성 황체), 황체의 이상, 발정 이상(무발정, 둔성발정, 지속성발정, 단발정, 무배란 발정) 등이 있음.

2) 난포발육장애
- 난포발육부전: 난소가 작고 단단하며, 원시난포가 없어 발정이 일어나지 않음.
- 난소정지 또는 휴지: 난포의 발육 및 황체형성이 촉진되지 않아 배란이 일어나지 않음.
- 난소정지는 난소는 어느 정도 발육하고 있으나, 뇌하수체로부터 성선자극호르몬이 충분히 분비되지 못하기 때문에 난포가 성숙하지 않은 채로 퇴행됨.
- 이는 에너지 섭취 부족으로 인해 황체형성호르몬의 분비를 억제하기 때문이며, 무발정을 나타냄.

3) 난소위축

- 착유를 너무 자주 하거나, 노령기의 소에게 양질의 조사료 공급이 부족할 때 난소가 작아져 단단하게 되는 암소의 번식장애임.
- 영양불량, 바이러스 감염 등의 원인으로 성선자극호르몬의 분비가 저하됨.
- 난소위축성 무발정치료에 사용하는 호르몬: 임부태반융모성 성선자극호르몬(HCG)

4) 난소낭종

- 고단백 농후사료의 과도한 급여는 낭종발육을 조장하게 됨.

5) 난포낭종

- 난포가 어떤 원인에 의해 배란되지 않고 성숙난포 이상의 크기에 달하여 난자가 사멸하거나 난포액이 흡수되지 않고 남아 있는 상태임.
- 지속적으로 다량의 에스트로겐이 분비되어 발정이 지속되나, 난포벽이 황체화하는 것은 없고, 지속성, 빈발성, 사모광형 또는 불규칙한 발정이 특징임.
- FSH의 과잉분비, LH의 부족으로 성숙난포가 파열되지 않아 배란 및 황체형성이 진행되지 않기 때문임.
- 호르몬제제인 LH작용을 나타내는 임부태반융모성 성선자극호르몬(hCG)이나 성선자극호르몬 방출호르몬(GnRH) 투여 후 황체퇴행인자($PGF_{2\alpha}$) 주사 시 발정이 옴.
- 사모광증 소는 강하고, 지속적이고 불규칙적인 발정행동을 나타내며, 다량의 투명한 점액이 분비됨.

6) 황체낭종

- 직경이 2.5cm 이상의 무배란성난포가 존재하여 있고, 내벽엔 부분적인 황체화, 즉 황체조직층이 있으며, 중심부에는 내용액이 절하여 장기간 존속하여 무발정이 특징임.
- 프로락틴(prolactin, LTH) 황체형성호르몬(LH) 등 호르몬 부족에서 기인됨.

7) 낭포성 황체

- 정상적으로 배란된 후에 황체가 형성된 경우이기 때문에 황체돌출부(배란점)가 있음.
- 불임증과 관계가 없으며, 정상적인 성주기가 반복됨.
- 만약 임신이 성립되면 내강이 충실한 황체조직으로 채워짐.
- 임신황체가 낭포성 황체일 때는 임신 유지는 가능하나 불완전함.

- 난소낭종의 증상: 분만 후 60일까지는 무발정형이 75%로, 그 이후는 사모광증 (nymphomania)이 많이 나타남.

8) 황체의 이상(영구황체)

- 미임신 시에도 황체가 퇴행하지 않은 채로 남아 무발정이 되는 현상임.
- 자궁 내에 이물질이 존재하여 내분비 이상이 발생하는 현상임.
- 영구황체가 존재하는 가축에 있어서는 난포발육과 배란이 억제되어 무발정상태가 지속됨.
- 영구황체는 주로 자궁의 병적 상태와 수반되어 난소에 계속 존재하는 경우가 흔하며, 자궁축농증, 자궁감염, 태아미라변성, 태아의 조기 사망 등의 원인으로 인하여 자궁 내에 마치 태아가 존재하는 것과 같이 황체가 퇴행되지 않음으로써 발생함.
- 난포가 자라지만 프로게스테론의 LH 분비 억제로 발정과 배란이 되지 않음.
- 직장검사 시 황체는 발정황체보다 작고, 딱딱하며, 황체경이 없고, 끝이 뾰족한 것이 특징임.
- 치료: $PGF_{2\alpha}$ 제제의 투여로 황체를 퇴행시킴으로써 발정을 유도하고, 또한 자궁 내 아이오딘제제를 주입하면 황체의 퇴행이 일어남.
- 태아미라변성: 감염으로 태아와 태막의 탈수에 의해 발생함.
- 자궁 내 미라변성태아가 존재할 경우가 있음.
- 난포의 발육이 억제되어 발정이 나타나지 않음.
- 프로스타글란딘 투여로 태아를 배출시켜야 함.

표 3-30. 난소낭종의 원인

간접적 원인	유전적인 소인 고비유우에 다발: 2~5산차에 다발 농후사료 과다 급여 고영양사료 급여 겨울철 다발: 일조량 부족 및 운동 부족 스트레스: 분만 전후에 발생하는 질병(유열, 유방염, 태반정체, 자궁염) 곰팡이 난 사료: 에스트로겐 물질
직접적 원인	난소 유착 뇌하수체호르몬의 분비 이상: FSH 분비 과잉 및 LH 분비 저하 스트레스에 의한 ACTH 증가 베타카로틴 저하 - 에스트로겐 분비 저하 = LH surge 에스트로겐이 다량 함유된 알팔파 등의 대량 급여 지방간

5. 발정 이상

1) 무발정
- 성 성숙 시기 또는 분만 후 생리적 휴지기를 지나도 발정 및 발정징후가 발현되지 않는 상태임.
- 난소 이상에 의해 난소주기가 비정상적으로 발정을 나타내지 않음.
- 성숙한 암컷의 포유가축에서 성선자극호르몬의 결핍, 난소 이상 및 황체퇴행장애 등에 의해서 난포의 발육이 되지 않은 경우 나타나는 현상임.
- 무발정의 원인은 난소 이상, 자궁 요인, 환경적 요인이 있음.
- 난소 이상: 형성부진, 난소낭종, 프리마틴(freemartin) 등으로 인한 난포발육 이상이 있음.
- 자궁요인: 임신, 위이신, 태아미라변성, 자궁염증 등으로 인한 황체퇴행장애 있음.
- 환경적 요인: 계절, 비유, 영양공급으로 인한 성선자극호르몬 결핍이 있음.

2) 둔성발정
- 난포의 발육, 성숙, 배란, 황체형성 및 퇴행(난소주기)은 정상적으로 이루어지나, 난포의 발육 및 성숙 시기에 발정이 나타나지 않는 상태임.
- 소의 난소질환 중에서 둔성발정의 발생률이 높으며, 유량이 많은 소, 1일 3회 착유하는 소, 포유 중인 한우, 사양관리조건이 나쁜 소에게서 많이 발생함.
- 치료는 황체기에 $PGF_{2\alpha}$ 투여나 질 내 삽입형 프로게스테론제제를 이용함.

3) Repeat breeder
- 경산우 가운데 질과 직장검사결과가 이상이 없는데도 3~4회 이상 교배하여도 수태가 일어나지 않으면서 계속 발정이 반복되는 번식장애임.
- 리피트브리더의 원인
- 수정장애가 있을 경우
- 호르몬이 불균형 상태일 경우
- 암축의 생식기관 내 정자수송에 장애가 있을 경우

4) 지속성 발정
- 발정이 비정상적으로 길게 지속되는 상태(약 10~40일간)로, 배란장애 병발이 일어난 경우가 대부분임.

- 성숙한 난포가 장기간에 걸쳐 존속하는 경우, 난포의 발육, 성숙, 폐쇄, 퇴행이 점차 일어
  나거나 난포가 낭종화하는 경우에 발생함.
- 젖소에서 많이 발생, 정상적인 발정 지속 시간은 10~27시간(평균 18시간)인데, 3~5일
  이상 지속됨.

5) 그 외
- 발정 지속 시간이 짧은 단발정(short period estrus)
- 배란을 수반하지 않는 무배란성 발정(정상상태 발정)

표 3-31. 발정 이상

발정형태	원인	생리적 기능
무발정	자궁축농증, 태아미라변성 비유	황체유지: 포유자극은 성선자극호르몬 분비를 저해
	난소낭종, 난소형성 부전, 프리마틴, 영양비타민 결핍증	LH/GnRH 부족 – 난소 에스트로겐 비생산 – 뇌하수체 전엽의 성선자극호르몬 생산
둔성발정	고비유	–
사모광증	난소낭종	내분비 이상

6. 수정장애
- 저수태우에서 수정장애의 주요 원인
- 비적기 수정, 배란지연, 배란난자의 노화, 내분비 이상, 생식기 염증에 의한 난자 및 정자의
  이송장애, 생식세포가 사멸됨.
- 고능력 젖소에서는 발정 발견이 어렵고, 비적기 수정이 증가함으로써, 수정률이 저하되는
  경우가 발생함.
- 수정 후 배란 확인이 이루어지지 않는 우군에서는 비적기 수정 및 배란지연에 의한 비수태
  의 빈도가 높은 경향이 있음.
- 난자이상: 노화된 난자는 거대난자, 난형난자, 투명대의 파열 등으로 수정력과 생존배를 만
  드는 능력이 저하됨.
- 이상수정: 배우자의 노화, 환경조건의 변화, 독성물질 등에 의해 발생함.

임신이상

1. 배폐사(배사멸)

- 일반적으로 호르몬 이상(불충분한 프로게스테론 등), 박테리아에 의한 자궁감염, 수정란의 유전적 기형(이상) 등으로 자궁 내 환경이 태아발육에 불량하기 때문에 발생함.
- 배사멸에는 발정주기의 연장이 나타나지 않는 경우를 조기 배사멸, 정상적인 발정간격 (18~24일)을 지나 발정 재귀가 나타나는 경우를 후기 배사멸로 구분함.

2. 조기 배사멸

- 수정장애와 동시에 저수태의 원인임.
- 발생빈도: 경산우 〉미경산우, 유량이 많은 시기 및 더운 여름철에 증가함.

3. 후기 배사멸

- 배사멸은 기관형성 완료 전의 수태산물(수정란)의 사멸을 칭하는 말로, 이후의 유산(태아 사망)과 구분됨.
- 조기 배사멸에 비해 발생빈도가 낮고, 유량이나 더위의 영향을 받지 않으나, 후기 배사멸 및 유산은 분만간격을 크게 연장하기 때문에 소 사육농가에 큰 손실을 초래함.
- 배사멸을 증가시키는 내분비 이상임.
- 고능력우에 있어서 조기 배사멸이 증가하는 원인임.
- 분만 후 에너지 부족, 스트레스, 저칼슘혈증, 단백질 과다급여, 마이코톡신에 의한 사료 오염 등에 기인하는 내분비 및 면역계의 이상, 배란 전후 및 황체형성기의 내분비 이상 등이 있음.

1) 배사멸의 분류

- 소: 프로게스테론 결핍, 근친번식, 중복임신 등이 있음.
- 면양: 식물성 에스트로겐, 근친번식, 중복임신, 고온환경 등이 있음.
- 돼지: 근친번식, 과다사육, 과식, 고온환경 등이 있음.
- 말: 비유, 쌍태, 영양상태 등이 있음.

4. 태아의 미라변성(mummified fetus)

- 태아가 자궁 내에서 죽은 뒤에 배출되지 않고 장기간 잔류하는 동안 태아의 수분이 흡수되어 건조 · 위축된 상태로 임신이 유지되는 것임.
- 미라화된 태아가 자궁 내에 잔류하는 것은 황체퇴행이 억제되어 그 결과 자궁 내에 태아가 잔존함.
- 원인: 태아에 대한 혈액공급 장애, 태반형성 결함, 태아제대의 기형, 임신된 자궁의 바이러스 감염 등이 있음.

5. 자연유산

- 유전적 요인, 염색체 이상, 호르몬 이상 및 영양적 요인 등에 의해 분만 전에 태아가 나오는 현상임.
- 맥각곰팡이가 호밀밭에 퍼지면 그 곡식을 먹은 가축들은 자연유산을 하게 됨.

1) 자연유산의 구분

- 자연유산/인공유산
- 진행유산/완전유산
- 비감염성 유산(산발성 유산과 습관성 유산)/감염성 유산(세균성, 바이러스성, 원충성 유산)

표 3-32. 소에서 발생하는 감염성 유산

원인	발생 시기	전파 방식	비고
세균			
Leptospira spp.	임신 말기(*L. pomona*) 또는 어느 때나(기타 혈청형)	감염된 야생동물, 소(*L. hardjo*)에 의해 오염된 물	현재 이용 가능한 백신의 효력 및 지속기간이 제한적
Listeria monocytogenes	중기 또는 말기 말기에 좀 더 흔함	질이 나쁘거나 부패한 사일리지에서 가장 흔히 발견됨	–
Ureaplasm diversum *Mycoplasma bovigenitalium*	상시	청정 우군에 도입된 감염동물(특히 수소) 비위생적인 인공수정	정상적인 건강한 소의 생식기에서 발견 가능 이전에 감염된 적이 없는 우군에서 연쇄적인 유산을 일으킬 수 있음(*L. hardjo*)
바이러스			
소바이러스성 설사증 바이러스(BVDV)	임신 초기 또는 중기	송아지는 출생하기 전 만성적 감염 가능 정상 우군에 도입된 감염동물	상업적 BVD바이러스 백신 구입 가능
전염성 비기관지염 바이러스(IBRV)	임신 중기 또는 말기	일부 공기 전파 동물에서 동물 간 전파	유산은 일반적으로 다른 증상(폐렴)에 부가적으로 발생함

원인	발생 시기	전파 방식	비고
기타			
Neospora caninum	임신 중기 또는 말기 (흔히 4~5개월)	개과 동물로부터 전파	네오스포라로 인해 유산한 동물은 재유산 위험이 높고, 보통 연쇄적 유산(유산폭풍)을 일으키지 않음
Trichomonas foetus *Campylobacter fetus*	임신 초기, 가끔 임신 4~7개월 (*Campylobacter*)	주 전파요인: 수소(특히, 노령우) 감염된 암소가 건강한 수소를 재감염시킴 인공수정도구로 전파 가능	–

6. 장기재태(prolonged gestation)

- 임신기간이 정상의 범위를 훨씬 지나 분만이 늦어지는 경우를 분만지연이라고 하며, 태아 측에서는 이것을 장기재태라 칭함.
- 장기재태는 유전적 또는 비유전적 원인으로 인하여 임신기간의 이상 및 지연이 나타나며, 태아가 존속하는 장애임.
- 발육이 끝난 태아가 뚜렷한 형태 이상을 나타내는 경우임.
- 외모상 성수고가 미성숙 등이 있음.
- 안면 두 개 및 중추신경에 이상 징후를 보이는 경우임.

7. 저수태

- 정상 혹은 정상에 가까운 발정주기를 가지고 있고, 난소 및 부생식기에 특이한 이상이 없음에도 불구하고, 3회 이상 수정하여도 수태되지 않으며 그 원인이 불확실한 소에서 일어나는 현상임.
- 원인: 영양결핍, 산후 조기수정, 자궁 내 세균감염, 호르몬 분비 이상, 미네랄 및 비타민 부족, 수정 시기 부적절 및 수정기술 부족, 수송 및 이동, 고온(27℃ 이상)에 따른 스트레스 등이 있음.
- 치료: 적정 사료의 급여, 충분한 운동, 합리적인 사양관리, 분만 전후의 철저한 위생관리를 통한 세균감염 방지, 수정 전 자궁세척 및 자궁에 항생제 투여를 통한 복합적인 치료임.

분만 이상

1. 난산

- 정상분만의 문제와 장애를 가져오는 분만 이상임.
- 분류: 모체 측 원인, 기계적 원인, 태아 측 원인임.

표 3-33. 난산의 원인

모체 측 원인	자궁무력 자궁경의 경련 및 불완전한 확장
기계적 원인	태아골반의 불균형 자궁임전 자궁경과 질의 협착 선천성 기형
태아 측 원인	태위, 태향, 태세의 이상 발육부전 과대태아 쌍태

2. 태반정체(후산정체)

- 태반의 만출이 분만 후 12시간 이상 지연될 때 발생함.

〈원인〉

- 반추동물의 궁부성 태반임.
- 프로게스테론의 증가, 에스트로겐 및 프로락틴이 감소함.
- 브루셀라증, 태아고균성 유산증 등이 발생함.
- 난산, 태아무력증, 쌍태 등이 있음.
- 궁부성 태반은 모체태반과 태아태반을 연결하고 있으므로 태반만출 시 태반 연결이 모두 분리되어 태반이 떨어져야 하는데, 일부가 떨어지지 않는 경우 발생함.

기타 번식장애

1. 프리마틴(freemartin)

- 선천적 번식장애의 질병, 소에서 많이 발생함.

- 이성쌍태의 암컷 수컷 태아 사이에 서로의 혈액교환이 이루어져 암컷 생식기의 발달 저해를 초래함.
- 92~93%는 정상적인 성 분화가 일어나지 않으며, 난소가 잘 발달되지 않아 작고 편평한 과립상의 크기이며 미분화상태로 흔적만 남아 있으며, 고환형태의 잔존물이 존재함.
- 대개 이러한 소는 생후 1년이 경과하여도 발정주기를 나타내지 않음.
- 유두와 유방이 매우 작으며, 외부 모습은 거세우와 비슷한 상태임.
- 진단: 생후 7~14개월령 시에 직장검사로써, 질 자궁경관 발육장애, 자궁 및 성선의 현저한 발육억제 확인으로 진단 가능함.

2. 백색처녀우병(white heifer disease)
- 백색 모피를 가진 동물의 유전자와 관련되어 출생하는 선천적 기형암송아지병임.
- 태생기에 비정상적으로 발달된 처녀막(hymen)이 질을 폐쇄하여 교미가 불가능하게 됨.
- 프리마틴과 백색처녀우병의 공통점: 선천성 기형암송아지 장애임.
- 프리마틴과의 차이점: 백색처녀우병은 외과적 수술로 임신이 가능함.

3. 자궁내막염
- 자궁질환 중 가장 많이 발생하는 것으로, 불임우의 원인임.
- 원인: 세균의 감염임(비브리오, 브루셀라, 트리코모나스원충, 대장균 등의 전염 및 비전염성 세균).
- 증상: 정자의 운동성을 저해, 수정란의 착상 저해, 배의 조기사망 및 유산 유발함.
- 치료 및 예방: 가축의 피부나 자궁을 생리식염수, 1~3% 루고루씨액, 0.1% 과망간산칼륨액 등을 사용하여 4~5일 간격으로 세척, 세척 후 자궁 내 항상제를 주입하면 효과적으로 치료 가능함.

4. 자궁축농증(pyometra)
- 소의 자궁축농증은 농 또는 점액농양물의 자궁 내 저류와 심한 자궁내막염으로 인한 자궁내막성의 황체퇴행인자를 억제함으로써 황체가 난소에 존재하기 때문에 발생하는 무발정이 특징임.
- 난소에 존재하는 황체는 분만 후 1~3회째의 배란에서 생긴 황체로서 이 황체는 자궁감염 때문에 퇴행하지 못하고 계속 존재함.
- 자궁축농증은 무발정과 자궁 내 농즙 또는 정액농성물질의 정체가 특징임.

- 직장검사에서 자궁벽이 보통 비후된 상태이며, 연약하고 이완되어 있으며 수축성이 없음.

5. 기타 번식장애의 주요 사항

- 번식장애: 번식이 일시적 또는 영구적으로 정지 및 장애를 받는 상태임.
- 면역학적 불친화성: 수정망해 또는 신생자사망을 일으키는 원인임.
- 무발정은 성숙한 암컷의 포유가축에서 성선자극호르몬의 결핍, 난소 이상 및 황체퇴행장애 등에 의해 난포의 발육이 되지 않은 경우에 나타남.

표 3-34. 전염성 번식장애의 분류

세균성 감염증	브루셀라증, 렙토스피라증, 캠필로박터감염증, 돈단독, 대장균증, 결핵, 창상성위염, 살모넬라균증, 연쇄상구균증 등
바이러스성 감염증	소전염성 비기관염(IBR), 파보바이러스 감염증, 소바이러스성 설사병(BVDV), 일본뇌염, 아카바네병, 소유행성 유산, 뇌심근염, 돼지생식기호흡기증후군(PPRS), 오제스키병, 돼지콜레라, 돼지 인플루엔자, 엔테로바이러스 감염증 등
원충성 감염증	트리코모나스, 톡소플라즈마병, 네오스포라병
진균성 감염증	콕시듐병, 진균성 유산

6. 세균성 감염증

- 브루셀라, 캠필로박터, 트리코모나스의 감염은 유산이 나타나지 않고 불임증(번식장애)을 유발함.
- 포도상구균, 연쇄상구균, 대장균, 용혈성 아카노박테리움 등의 상재균은 생식기 감염을 일으켜 번식장애를 유발함.

1) 브루셀라증(Brucellosis)

- 소에서 브루셀라균에 의한 급성 또는 만성의 전염병으로 유산을 일으킴.
- 감염된 소의 생식기로부터 누출되는 배설물 및 분비물에 의해 오염된 사료나 물의 세균을 섭취함으로써 전염되는 가장 일반적인 소의 생식기병임.
- 유산된 태아, 태반, 오염된 사료 등에 의해 경구 또는 생식기로 감염됨.
- 주요 증상: 유산, 불임, 고환염, 후구마비, 파행 등이 있음.
- 종웅돈의 경우, 고환염, 부고환염이 나타나며 농양이 형성될 수 있음.
- 림프절의 세포질 내에서 증식하며, 인수공통전염병 제2종 가축전염병임.

2) 렙토스피라증(Leptospirosis)

- 소, 면양, 돼지 등 여러 가축에서 유산을 일으키는 세균성 질환임.
- 주로 소에서 많이 발병하며, 유산을 일으킴.
- 원인균: 감염된 동물의 소변과 세포조직에서 발견되는 렙토스피라균이 있음.
- 임상증상: 식욕결핍, 고열, 혈색소뇨, 부검소견으로 신장에 회백색 괴사반점 보임.
- 인수공통전염병으로, 조기에 발견하면 항균제로 치료가 가능함.

3) 캠필로박터 감염증(Campylobacteriosis)

- 캠필로박터 감염증은 *Campylobacter fetus* 및 *C. venerealis*의 감염에 의해 소와 양의 불임, 유산 등의 번식장애를 일으킴.
- 캠필로박터균에 의한 감염 중 식중독과 관련된 것은 대부분 *Campylobacter jejuni*에 의해 발생함(인수공통전염병 원인균).
- 감염경로: 감염 부위가 생식기에 한정되어 있어 교배 및 인공수정으로 감염이 이루어짐.
- 감염된 조직이나 오염된 물질을 섭취함으로써 구강으로도 전염이 가능함.
- 암소에 이행된 균은 자궁경관염, 자궁내막염을 일으켜 이 시기에는 착상이 되지 않아 초기에 유산되므로 불수태가 됨.
- 태반 및 태막에서 이 균이 증식하고 혈액순환장애에 의해 유산이 발생함.

4) 바이러스성 감염증

① 소 전염성 비기관염(*Bovine herpesvirus*-1; IBR/IPV virus)
- 병원체: 소 전염성 비기관염 바이러스, 2차적 병원체는 파스튜렐라균(Pasteurella multocida) 등이 있음.
- 감염경로: 접촉 및 비말에 의한 감염과 오염된 사료, 물 등에 의한 전염으로, 호흡기성 전염병임.
- 연중 발생(여름철에 집단적으로 발생 가능)하며, 사양환경의 변화, 장거리 수송, 방목 직후 많이 발생함.
- 증상: 식욕부진, 유량감소, 호흡곤란, 고열, 기침, 콧물, 심한 기침의 지속, 결막염 이 발생하여 눈물을 흘림, 호흡기계통의 급성염증과 괴사함.
- 뇌염형: 운동실조, 불균형, 무기력 등이 특징으로 6개월령 이하 송아지에서 자주 발생하며, 발생률은 낮지만 폐사율이 높게 나타남.

② 파보바이러스 감염증(*Bovine Parvovirus* infection)

- 소 파보바이러스(*Bovine parvovirus*)가 원인임.
- 감염경로: 사료, 건초, 물 등이 분변을 통해 바이러스에 오염되어 경구를 통해 감염됨.
- 건강한 감염우의 분변으로 바이러스가 배출됨.
- 유산태아와 어린 송아지 분변에서 발견되며, 대부분의 감염은 불현성 감염으로 나타남.
- 증상: 호흡기증상, 결막염, 설사, 임신 초기에 감염 시 유산 유발 가능함.
- 예방: 위생적인 사양관리, 갓 태어난 새끼 소에게 분만 직후 4시간 이내 초유를 먹여야 함.
- 치료: 항생제 및 전해질제제를 동시에 투여해 2차 세균감염과 탈수증을 예방함.

③ 소 바이러스성 설사병(Bovine viral diarrhea virus, BVDV)

- 소 바이러스성 설사증 바이러스(BVDV) 감염에 의하여 발병하는 소의 전염병임.
- 증상: 급성형, 준임상형, 호흡기형, 번식장애형 및 만성형으로 구분되며, 소화관 점막의 궤양 및 설사, 호흡기 병변 등을 유발, 심하면 폐사에 이름.
- 감염경로: 분변으로 오염된 사료에 의한 경구감염, 태반감염이 주로 발생됨.
- 호흡기 및 생식기 감염에 의해서도 발생. 생식기 감염: 정액과 수정란을 통하여 전염 가능함.
- 임신 초기 태아에 감염: 특징적으로, 감염우에서 분만된 송아지에서 항체가 형성되지 않는 경우가 대부분이고, 심한 면역기능저하를 야기해 생산성이 극도로 떨어짐.

④ 돼지 파보바이러스 감염증

- 번식돈에서 사산, 태아미라변성, 산자수 감소, 불임 등을 일으키는 돼지의 전염성 번식장애 질병임.
- 특징: 돼지 파보바이러스는 매우 안정적이어서 소독약에도 잘 견디며, 양돈장에서 오랜 시간 감염력을 유지함.
- 증상: 불임, 유산, 사산, 허약자돈 분만, 재발률 증가, 불규칙 발정돈 증가 등이 있음.
- 임신 초기에 감염된 태아: 폐사하여 흡수되어 없어지며, 임신 70일 이후 감염되면 미라변성 되어 분만되거나 사산함.
- 예방접종함.
- 후보돈에는 선발 후 2회 백신을 접종하여 견고한 면역 형성이 필요함.
- 경산돈의 경우, 교배 1~2주 전, 즉 이유 직전 혹은 이유 1주 전 백신접종 필요함.
- 종웅돈에도 1년에 1회씩 반드시 백신접종이 필요함.

⑤ 일본뇌염

- 큘렉스 모기(*Culex tritaeniorhynchus*)가 전파하는 전염병으로, 돼지와 사람에게 중추신경계 질환을 일으킴.

- 발생 시기: 9~12월에 분만한 자돈에서 주로 나타남. 자돈, 비육돈, 성돈에서 임상증상이 거의 없음.
- 임신돈에 감염되면 일본뇌염 바이러스가 태반감염으로 태아에 병원성을 일으킴.
- 사산돈 또는 허약자돈 발견 증상: 뇌수두증, 피하수종, 흉수, 보굿, 장막의 점상출혈, 림프절 충혈, 간과 비장의 괴사반점, 척수의 충혈 등이 나타남.
- 종웅돈 감염 시: 생식기에 침입하여 정자형성을 저해하여 정자 수 감소, 정자활력 저하, 기형정자 증가, 수태율 하락 등이 발생하며, 고환의 충혈 및 부종으로 고환염을 야기함.
- 예방: 모기가 활동하기 전 5~6월경 후보돈 및 초산돈은 반드시 2회 예방접종을 하며, 경산돈과 수컷 종돈은 매년 1회씩 보강접종이 필요함.

⑥ 아카바네병(Akabane disease)
- 아카바네 바이러스는 모기에 의해 매개되며, 주로 처음 임신한 소에 발생하고, 한 번 감염된 소는 다시 발병하는 경우가 적음.
- 임신한 태아에 감염되어 척추가 구부러지고, 네 다리의 관절과 얼굴 및 머리가 변형되는 등 기형을 발생시킴. 허약우, 눈먼 송아지 등이 태어남.
- 임신우는 유산, 사산, 조산 및 태수과다증을 보이며 때로는 난산이 발생함.

7. 원충성 감염증

1) 트리코모나스병(Trichomoniasis)
- 원인체: *Trichomonas hoetus*, 서양배 모양임.
- 소의 생식기병으로 수컷에 의해 전파. 이 병원체는 불임우의 체내에서 몇 주 내 죽어버리며, 임신한 암컷 체내에서만 살 수 있음.
- 감염된 암컷에서의 증상: 유산, 태아사망, 질염, 자궁내막염 등이 일어남.
- 감염된 수컷에서의 증상: 포피염을 일으키며 국부의 충혈, 종창, 농양의 점액이 분비됨.

2) 톡소플라즈마(Toxoplasmosis)
- 원인체: *Toxoplasma gondii*, 고양이를 종숙주로 하는 기생충임.
- 단일세포인 원생동물 기생충인 톡소플라즈마 포자충에 의한 병으로, 사람을 포함한 포유동물과 조류에 흔히 감염되는 인수공통질병임.
- 임신모돈은 태반감염으로 인하여 유산, 사산, 조산, 이상 태아 출산이 발생함.
- 예방: 고양이의 출입 억제 필요함.

3) 네오스포라(Neosporosis)
- 원충성질병으로, 소의 임신 중기(약 6개월령)에 유산을 일으킴.
- 원충을 확인함으로써 진단 및 확진됨.
- 전파경로: 개, 고양이로, 특히 개의 경우 유산된 태아나 후산물 등을 먹거나 이동시킴으로써 감염원이 됨.

8. 진균성 감염증

1) 콕시듐증(Coccidiosis)
- 콕시듐원충의 소화관벽 기생에 의해 일어나는 조류의 질병임.
- 증상: 설사, 장염, 혈변을 특징으로 하는 원충에 의한 기생충성 질병임.

① 소의 콕시듐증
- 일반적으로 3주~6개월령의 송아지에 감염됨.
- 많은 수가 감염되었을 경우 임상증상이 성우 또는 어미 소에서도 나타남.
- 방목장의 소에서도 생기며, 심한 경우 *Eimeria zuernii*가 감염된 경우이며, 이를 겨울구포자충증이라 함.
- 콕시듐(구포자충)에 감염된 송아지 혹은 보균 소는 계속해서 분변 내로 낭포(Oocyst)를 배출하기 때문에 감염이 확인되면 격리 수용하여야 함.
- 최초 증상: 갑작스러운 설사로 악취 발생, 설사 변이 점액 또는 혈액과 섞여 나옴.
- 급성 콕시듐증: 근육경련, 지각과민, 경련 등을 보이며 주로 송아지에서 발생하고, 80~90%의 폐사율을 보임.

② 닭의 콕시듐증
- Oocyst(낭포)가 닭에 감염되면 10,000배로 증가하기 때문에 소량의 낭포가 침입하여도 급속도로 증가하여 대량감염의 위험이 있음.
- 산란계: 폐사율이 거의 없지만 산란이 저하됨.
- 육계: 발육이 저해되며, 30~40일령 사이에 감염률 및 폐사율이 매우 높음.

2) 진균성 유산(Mycotic abortion)
- 곰팡이에 대한 섭식 등으로 대부분의 소 전염성 및 비전염성 유산에 대한 주요 원인임.
- 궁부조직 괴사, 피부결손(링웜과 같은 형태), 임신 4~9개월령에서 유산을 일으킴.

동물 번식 분야의 연구 전망

- 최근 들어 동물 번식 분야의 연구가 더욱더 활발해지고 있는데 그중 앞으로 동물산업의 대명제인 생산성 향상과 연관한 연구가 우선적으로 시행되어야 할 것으로 전망함.

1. 번식효율 향상
- 암컷: 활용 가능한 비축난포(follicular reserve) 체외성숙 및 활용, 발정주기 단축, 다수의 난자 및 수정란을 생산할 수 있는 암컷 선발기술

  수컷: 정자 수정능력 혹은 수태성 예측/진단기술 개발, 고수태성 수컷 선발기술

2. 인공수정 및 수정란 이식
- 효율적인 발정감지기술 및 기구 개발, 처녀 소와 성숙 간의 발정동기화 프로토콜 개발, 경제적 고능력 선발체계에 우수한 번식 형질을 포함하는 선발, 다배란 반응 예측을 위한 초음파 및 바이오 마커 개발, 발생 지연된 체외 생산 수정란 세포주기의 조절 기전연구, 체외성숙, 수정, 배양, 난포강형성 이전 난포(preantral follicle)의 체외성숙, 조직배양 등이 있음.

참고문헌

고영두 외 30명 (2006), 한우학, 선진문화사.

김시동 외 5명 (2008), 가축개량을 위한 번식기법-인공수정과 수정란이식-, 월드사이언스

대한민국학술원 (2021), 학문연구의 동향과 쟁점 제11집 농학 축산학, 선명인쇄주식회사.

박선진 외 한국수정란이식학회 축산연구소 (2005), 소의 최신 번식기술, 월드사이언스

양창범 외 10명 (2019), 한국의 가축생명자원, 삼미디자인출판.

양희돌 외 38명 (2005), 동물육종학, 선진문화사.

이규승 외 60명 (2006), 포유동물 생식생리학, 선진문화사.

이규승 외 53명 (2007), 동물생식공학, 선진문화사.

이승규 외 75명 (1996), 번식학 사전, 신광출판사.

임경순, 정구민, 박영식 (1998), 인공 수정과 수정란 이식, 민음사.

장원경 외 6명 (2012), 한국가축사양표준(돼지), 농촌진흥청 국립축산과학원.

그림 3-1. 수소의 생식기관. 이병무.

그림 3-2. 정소의 구조 이병무.

그림 3-3. 세정관 구조 이병무.

그림 3-4. 암컷의 생식기관. 이병무.

그림 3-5. 난소의 구조 이병무.

그림 3-6. 포상난포의 구조 이병무.

그림 3-7. 동물 자궁의 형태. 이병무.

그림 3-8. 정자형성과정. Md Saidur Rahman.

그림 3-9. 난자형성과 난포발달. 이병무.

그림 3-10. GnRH, FSH, LH가 웅성 생식기관에 미치는 상호작용. 이병무.

그림 3-11. GnRH, FSH, LH가 자성 생식기관에 미치는 상호작용. 이병무.

그림 3-12. 성호르몬과 표적기관. 이병무.

그림 3-13. 소의 발정주기 중 성호르몬 프로화일, 배란과 발정. Md Saidur Rahman.

제 4 장

가축의 영양과 사양

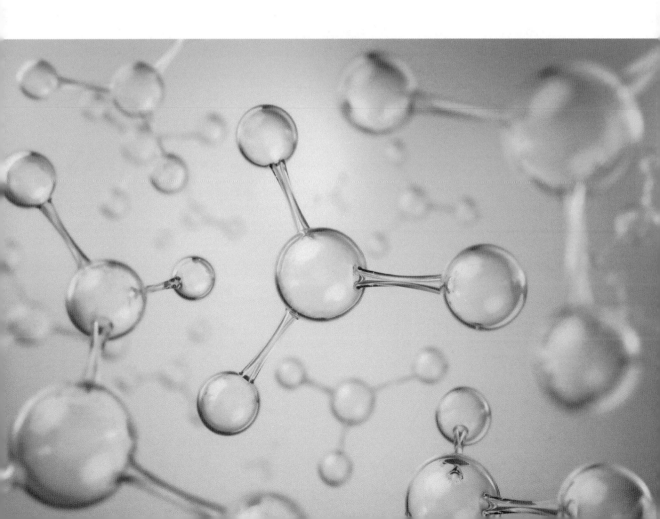

영양소의 종류 및 기능

1. 영양소의 종류

1) 영양소의 기능별 분류
- 에너지원으로 이용되는 영양소: 탄수화물, 지방, 단백질
- 근육, 골격, 효소, 호르몬 등 신체구성의 주요성분이 되는 구성 영양소: 물, 단백질, 무기질
- 체내 생리작용을 조절하는 대사를 원활하게 하는 조절 영양소: 무기질, 물, 비타민

2. 탄수화물
- 탄수화물(Carbohydrate)은 탄소, 수소, 산소 원자로 구성된 생체분자로, 보통 수소 원자 : 산소 원자 비율이 2 : 1이며, 일반적으로 $C_m(H_2O)_n$으로 나타낼 수 있음.
- 다당류인 녹말과 글리코젠은 에너지 저장의 기능을 가지고, 5탄당인 리보스는 조효소의 주요 성분이며, 유전물질인 RNA의 골격을 구성하기도 함.
- 탄수화물 및 탄수화물 유도체에는 면역계, 수정, 질병 예방, 혈액 응고 및 세포발생에서 중요한 역할을 하는 많은 생체분자들이 포함됨.

1) 탄수화물의 분류
① 단당류(monosaccharide)
  - 가수분해로는 더 이상 간단한 화합물로 분해되지 않는 당류를 통틀어 이르는 말로, 탄수화물의 가장 기본적인 단위임.
  - 화학식은 $C_nH_{2n}O_n$이며, 가장 간단한 형태의 당임.
  - 무색, 수용성의 결정형 고체로 몇몇 단당류들은 단맛이 나기도 함.
  - 단당류의 예로는 포도당, 과당, 갈락토스 등이 있으며, 단당류는 이당류와 다당류의 구성 요소임.
  - 단당류 중 탄소 원자의 수에 따라 삼탄당, 사탄당, 오탄당, 육탄당 등으로 분류할 수 있음.
② 이당류(disaccharide)
  - 두 개의 단당류가 글리코사이드 결합으로 연결되어 형성되는 당으로 단당류와 마찬가지로 물에 용해되는 특성이 있음.
  - 이당류의 예로는 수크로스, 젖당, 엿당 등이 있고, 이들은 탄소 원자가 12개이며, 화학식이 $C_{12}H_{22}O_{11}$로 동일하지만, 분자 내 원자들의 배열이 달라 그 특성이 다르게 나타남.

- 이당류는 이당류 가수분해효소에 의해 단당류로 분해됨.
③ 다당류(polysaccharide)
- 글리코사이드 결합에 의해 결합된 단당류 단위체의 긴 사슬로 구성된 중합체 탄수화물 분자임.
- 가수분해 시 단당류 또는 올리고당으로 분해되며, 선형 또는 분지된 구조를 가지고 있음.
- 다당류에는 녹말, 글리코겐과 같은 저장 다당류와 셀룰로스, 키틴과 같은 구조 다당류가 있음.
- 다당류의 구조에 따라 단당류와 다른 특성을 가질 수 있으며, 비정질 고체이거나 물에 불용성일 수 있음.
- 다당류를 구성하는 모든 당류가 한 종류인 경우 동질다당류(homopolysaccharide) 또는 호모글리칸(homoglycan)으로 불리고, 다당류를 구성하는 단당류가 2가지 이상인 경우는 이질다당류(heteropolysaccharide) 또는 헤테로글리칸(heteroglycan)으로 불림.

2) 탄수화물의 종류
① 포도당
- 가장 풍부한 단당류로 포유동물의 혈액 중 0.1%가량 포함되어 있음.
- 동물 체내의 간과 근육에 글리코겐 형태로 저장됨.
- 체내 대부분 조직의 주요 에너지원으로 이용되며, 체내 당대사 중심물질임.

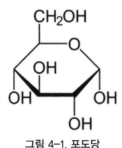

그림 4-1. 포도당

② 과당
- 당류 중 가장 빨리 소화·흡수됨.
- 식후 혈당 수치에 미치는 영향이 낮기 때문에 포도당을 섭취해서는 안 되는 당뇨병 환자에게 감미료로써 사용함.
- 과당과 포도당이 합쳐지면 수크로스 분자를 형성함.

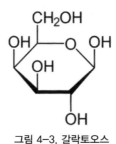

그림 4-2. 과당

③ 갈락토오스

- 신경 조직에서 발견되는 당단백질 성분이기에 뇌 당으로도 알려져 있음.
- 지방과 결합하여 뇌와 신경조직의 성분이 되므로 유아에게 특히 필요함.

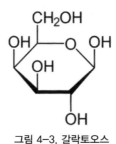

그림 4-3. 갈락토오스

④ 맥아당(엿당)

- 포도당의 두 단위가 결합된 이당류로 전분을 분해하면 생성됨.

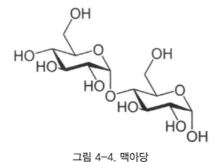

그림 4-4. 맥아당

⑤ 유당(젖당)

- 포도당과 갈락토오스가 결합된 이당류임.
- 우유의 약 2~8%를 차지하며 칼슘의 흡수를 도움.

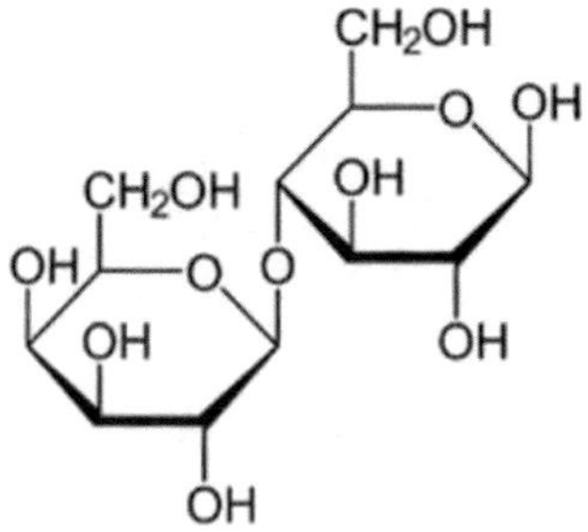

그림 4-5. 유당(젖당)

⑥ 글리코겐
- 동물이 사용하고 남은 포도당을 간이나 근육에 저장해 두는 형태의 다당류임.
- 혈중 포도당 부족 시 쉽게 포도당으로 가수분해시켜 에너지원으로 쓰며, 녹말과 비슷한 성질을 가지기 때문에 동물성 녹말이라고도 불림.

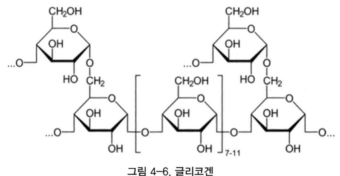

그림 4-6. 글리코겐

⑦ 셀룰로오스(섬유소)
- 다양한 녹색식물 및 조류의 1차 세포벽 구성요소로 가장 풍부한 유기 고분자 물질.
- 전분과 달리 베타글리코사이드 결합에 의해 포도당이 연결되어 있는 형태임.
- 사람과 대부분의 동물들은 베타 글리코사이드 결합을 분해하는 효소가 없기 때문에 체내에서 소화되지 않으며, 장내 미생물에 의해 발효되는 다당류임.

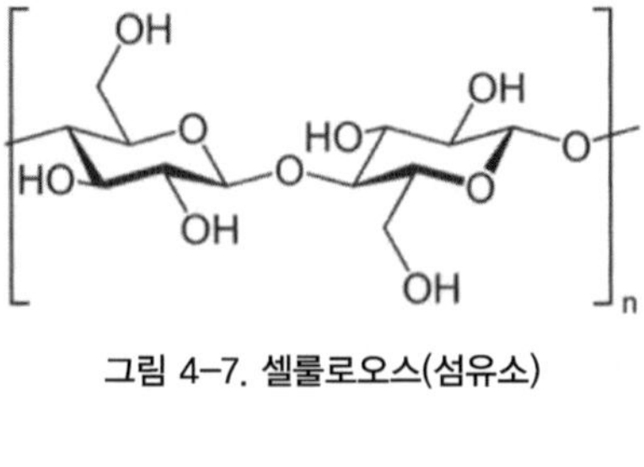

그림 4-7. 셀룰로오스(섬유소)

⑧ 펙틴

- 주성분은 갈락토오스에서 추출한 당산인 갈락투론산으로 겔화, 특히 잼 및 젤리를 만드는 데 많이 사용됨.
- 펙틴산은 반섬유소라 하여 소화 및 흡수는 되지 않지만 장내 세균 및 유독물질을 흡착, 배설하는 성질이 있음.

3) 탄수화물의 대사

- 단당류는 그대로 흡수되나, 이당류와 다당류는 소화관 내에서 포도당 등의 개별 단당류로 분해되어 소장 세포에서 흡수됨.
- 체내에 흡수된 포도당은 혈액을 통해 각 조직 세포에 운반돼 해당작용과 TCA회로를 거쳐 산화해 에너지를 생산하고 이산화탄소와 물로 최종 산화됨.
- 에너지로 쓰고 남은 여분의 포도당은 간과 근육에 글리코겐 형태로 저장됨.
- 완전히 산화할 때 조효소는 비타민 B군이 필요하며, 인(P), 마그네슘(Mg) 등의 무기질이 필요함.

2. 지방(지질)

- 생물학 및 생화학에서 비극성 용매에 용해되는 생체분자의 총칭으로, 일반적으로 물에 잘 용해되지 않으나 비극성 용매에 용해되는 유기물임.
- 주 기능으로 에너지 저장, 신호전달 및 세포막의 구조적 성분으로서의 역할 등이 있음.
- 지질과 지방은 동의어로 사용되기도 하지만, 지방은 트라이글리세라이드(triglyceride)라고 불리는 중성지방으로 지질의 한 종류임.
- 지질은 지방산 및 그 유도체인 모노글리세라이드 및 인지질뿐만 아니라 콜레스테롤과 같은 다른 스테롤 함유 대사산물들을 모두 포함함.

1) 지방의 종류

① 중성지방

- 3분자의 지방산과 1분자의 글리세롤이 결합하여 형성된 에스터이며, 일반적으로 소수성을 나타냄.
- 식물성 기름과 동물성 지방은 대부분 중성지방을 함유하고 있지만 천연 효소인 라이페이즈(lipase)에 의해 모노글리세라이드 및 다이글리세라이드와 유리지방산과 글리세롤로 분해됨.

- 체내에서 합성되지 않아 음식물에서 섭취해야 하는 필수지방산으로 리놀레산과 리놀 렌산이 있음.

그림 4-8. 중성지방

② 왁스
- 여러 동식물에 의해 합성되며, 가장 잘 알려진 동물성 왁스로 벌집을 구성하는 데 사용되는 밀랍이 있음.
- 식물의 줄기, 잎, 종자, 동물의 체표부, 뇌, 뼈 등에 분포되어 있으나 동물 사료로 영양적 가치는 거의 없음.

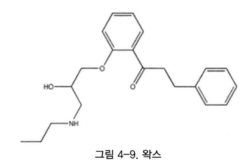

그림 4-9. 왁스

③ 인지질
- 지방과 비슷한 구조를 가지지만, 글리세롤에 2개의 지방산과 하나의 인산기가 결합된 상태로 당지질, 콜레스테롤, 단백질과 함께 생체막의 주성분임.
- 지방과 달리 양극성을 띠는데, 지방산이 있는 부위는 물과 잘 섞이지 않고 비극성 물질들과 쉽게 섞이는 소수성이며, 인산기가 있는 부위는 물 분자 또는 다른 극성 분자들과 쉽게 섞이는 친수성을 가지는 특성이 있음.
- 레시틴: 뇌, 신경, 간에 존재하며 유화제로 쓰이고, 지방 대사에 관여함.
- 세팔린: 뇌, 혈액에 들어 있고, 혈액 응고에 관여함.

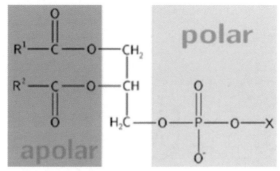

그림 4-10. 인지질

④ 당지질

- 중성지방에 당이 결합된 상태이며 뇌와 신경조직 등의 구성 성분임.
- 당지질은 세포막의 안정성을 유지하고, 면역 반응 및 세포가 조직을 형성하도록 세포 끼리 서로 연결시키는 데 필수적임.

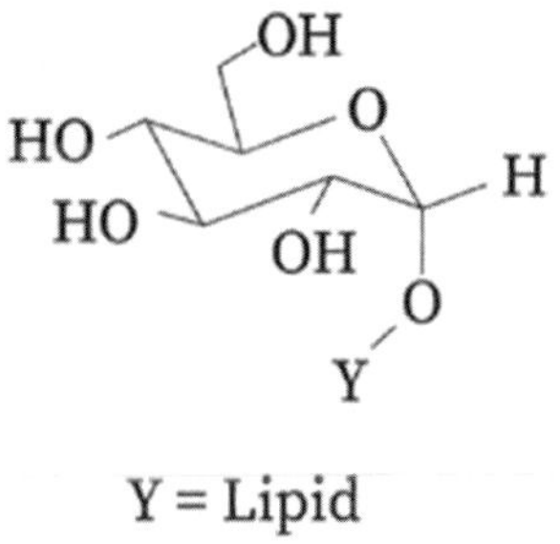

$$Y = Lipid$$

그림 4-11. 당지질

⑤ 콜레스테롤

- 스테롤의 하나로 모든 동물 세포의 세포막에서 발견되는 지질로 혈액을 통해 운반됨.
- 음식을 통해서도 흡수되지만 몸에서 합성하기도 하며 신경조직, 뇌조직에 들어 있고 담즙산, 성호르몬, 부신피질 호르몬 등의 주성분이고, 과잉섭취 시 고혈압, 동맥경화를 야기함.
- 자외선에 의해 콜레스테롤은 비타민 D3로 전환될 수 있음.

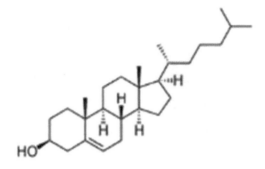

그림 4-12. 콜레스테롤

⑥ 에르고스테롤

- 효모, 버섯 등 균류와 원생동물의 세포막에서 발견되는 스테롤로 자외선에 의해 비타민 D2로 전환되므로 프로비타민 D라고도 함.
- 비타민 D2의 전구체 역할을 하는 에르고스테롤은 자연적으로도 어느 정도 생성되며, 버섯을 수확 후 비타민 D 함량을 증가시키기 위해 자외선을 조사하기도 함.

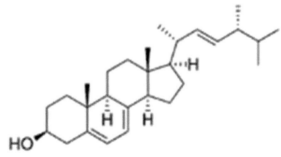

그림 4-13. 에르고스테롤

2) 지방의 대사

- 지방산과 글리세린으로 분해 흡수된 후 혈액에 의해 세포로 이동함.
- 글리세린은 탄수화물 대사과정에 이용함.
- 지방산은 산화과정을 거쳐 1g당 약 9kcal의 에너지를 생산하고 이산화탄소와 물이 됨.
- 남은 지방은 피하, 복강, 근육 사이에 저장됨.
- 비타민 A와 비타민 D가 지방의 대사에 관여함.

3. 단백질

- 수많은 아미노산의 연결체로 20가지의 서로 다른 아미노산들이 펩타이드 결합이라고 하는 화학결합으로 길게 연결된 것을 폴리펩타이드라고 함.
- 여러 가지 폴리펩타이드 사슬이 3~4차 구조를 이루어 고유한 기능을 갖게 되었을 때 단백질이라고 불림.
- 단백질은 생체 내 구성 성분, 세포 내 각종 화학반응의 촉매 역할, 항체 형성을 통한 면역 등 여러 형태로 체내 필수적인 역할을 수행함.

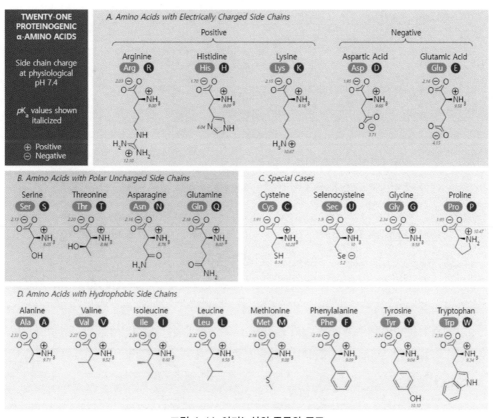

그림 4-14. 아미노산의 종류와 구조

1) 필수아미노산의 영양학적 가치

- 체내 합성이 안 되므로 반드시 음식물에서 섭취해야 함.
- 체조직의 구성과 성장 발육에 반드시 필요함.
- 동물성 단백질에 많이 함유됨.
- 성인에게는 이소류신, 류신, 라이신, 메티오닌, 페닐알라닌, 트레오닌, 트립토판, 발린 등이 필요함.
- 어린이와 회복기 환자에게는 8종류 외에 히스티딘과 아르기닌을 합한 10종류가 필요함.

2) 단순단백질의 분류

- 가수분해하였을 때 α-아미노산과 그 유도체만으로 구성되어 있는 단백질임.
- 알부민, 글로불린, 글루텔린, 프롤라민, 알부미노이드, 히스톤, 프로타민 등으로 분류함.

① 알부민
- 물이나 묽은 염류 용액에 녹고 열과 강한 알코올에 의해 응고됨.
- 흰자, 혈청, 우유, 식물 조직 등에 존재함.

② 글로불린
- 물에는 불용성이나 묽은 염류용액에 가용성으로 열에 의해 응고됨.
- 계란, 혈청, 대마 씨, 완두 등에 존재하며 인을 함유한 것은 물에 녹기도 함.

③ 글루텔린
- 중성 용매에는 불용성이나 묽은 산, 염기에는 가용성으로 열에 의해 응고됨.
- 곡식의 낟알에 존재하며 밀의 글루테닌이 대표적임.
- 다른 단백질과 조합하여 빵 반죽의 글루텐을 만드는 데에 중요한 역할을 함.

④ 프롤라민
- 곡식의 낟알에 존재하며, 밀의 글리아딘, 옥수수의 제인, 보리의 호르데인이 대표적임.
- 물과 중성용매에 불용성이지만 묽은 산과 염기에는 녹음.

⑤ 알부미노이드
- 동물의 결체조직인 인대, 건, 발굽 등에 존재하는 단백질로 모든 중성용매에 불용성임.
- 가수분해되면 젤라틴이 되는 콜라겐, 글라이신과 류신이 주 아미노산인 엘라스틴, 머리카락과 털 및 발굽, 뿔, 피부 같은 보호조직을 형성하는 케라틴으로 나눌 수 있음.

⑥ 히스톤
- 동물의 세포 안에만 존재하는 이 단백질은 핵산과 철 등의 물질과 결합하여 핵단백질,

헤모글로빈 등을 이룸.

⑦ 프로타민

  - 대부분 기본 아미노산으로 구성된 간단한 단백질임.

  - 수용성이며 열에는 응고되지 않는 특성을 지님.

3) 복합단백질의 분류

- 단순단백질과 비단백성분(인, 핵산, 다당류, 금속, 지질, 색소 등)으로 결합된 것으로 세포의 기능에 관여함.

- 핵단백질, 인단백질, 리포단백질, 당단백질, 색소단백질 등이 있음.

① 핵단백질

  - 세포의 활동을 지배하는 세포핵을 구성하는 중요한 단백질로 RNA, DNA와 결합하여 동식물의 세포에 존재함.

② 당단백질

  - 복잡한 탄수화물과 단백질이 결합된 화합물로 동물의 점액성 분비물에 존재하는 뮤신과 연골과 건에 널리 분포되어 있는 뮤코이드가 여기 속함.

③ 인단백질

  - 우유의 카세인, 계란 노른자의 오보비텔린과 같은 동물 단백질로 유기인과 결합되어 있음.

  - 대부분 열에 응고되지 않는 특성을 지님.

④ 색소단백질

  - 발색단을 가진 단백질 화합물로 포유류 및 무척추동물의 혈관, 녹색식물에 존재함.

  - 대부분 동물의 혈액 중에 있는 헤모글로빈은 호흡작용에 관여하며, 히스톤에 속한 글로빈과 철을 함유한 색소물질인 헤마틴으로 구성되어 있음.

  - 녹색식물에는 엽록소 형태로 존재함.

⑤ 리포단백질

  - 지질단백질이라고도 불리며 주로 혈류와 림프를 통해 지질 등을 운반하는 역할을 함.

  - 사람의 몸에서 많은 생리적인 작용에 중요한 역할을 하는 생화학 물질임.

4) 유도단백질의 분류

 - 단순단백질 또는 복합단백질이 물리, 화학적 변화를 받은 것임.
 - 파라카세인, 젤라틴, 피브린 등이 있음.

  ① 파라카세인
  - 가용성 인단백질의 혼합물이 산성화하여 변한 것으로 우유에서 발견됨.
  - 침전물이 생기고 비가용성 형태로 됨.
  ② 젤라틴
  - 투명한 색을 띠는 단백질의 종류임.
  - 맛이 거의 나지 않아 주로 젤리 등의 쫄깃한 식감을 주는 식품에 첨가됨.
  ③ 피브린
  - 피브리노겐은 혈액응고에 관계하는 혈장 단백질로 간에서 합성됨.
  - 척추동물의 혈장 속에 녹아 있으며, 피브리노겐의 영향으로 상처가 날 경우 딱지가 형성됨.

5) 영양에 따른 분류

  ① 완전단백질
  - 생명 유지, 성장 발육, 생식에 필요한 필수아미노산을 고루 갖춘 단백질임.
  - 카세인, 락토알부민(우유), 오브알부민과 오보비텔린(계란), 마이오신(육류), 미오겐(생선), 글리시닌(콩) 등이 있음.
  ② 부분적 완전단백질
  - 생명 유지는 시켜도 성장 발육은 못 시키는 단백질임.
  - 글리아딘(밀), 호르데인(보리), 오리제닌(쌀) 등이 있음.
  ③ 불완전단백질
  - 생명 유지나 성장 모두에 관계없는 단백질임.
  - 제인(옥수수), 젤라틴(육류) 등이 있음.

6) 단백질의 영양가 평가방법

  ① 생물가(%)
  - 체내의 단백질 이용률을 나타낸 것으로 생물가가 높을수록 체내 이용률이 높음.
  ② 단백가(%)

- 필수아미노산 비율이 이상적인 표준 단백질을 가정하여 이를 100으로 잡고 다른 단백질의 영양가를 비교하는 방법임.
- 단백가가 클수록 영양가가 큼.
③ 단백질의 상호 보조
- 단백가가 낮은 식품이라도 부족한 필수아미노산(제한아미노산)을 보충할 수 있는 식품과 함께 섭취하면 체내 이용률이 높아짐.
- 쌀과 콩, 빵과 우유, 옥수수와 우유 등이 상호 보조 효과가 좋음.

7) 단백질 대사
- 아미노산으로 분해되어 소장에서 흡수됨.
- 흡수된 아미노산은 각 조직에 운반되어 조직 단백질을 구성함.
- 남은 아미노산은 간으로 운반되어 저장했다가 필요에 따라 분해함.
- 최종 분해산물인 요소와 그 밖의 질소화합물들은 소변으로 배설됨.

4. 비타민

1) 비타민의 분류
① 지용성 비타민
- 기름과 유기용매에 용해됨.
- 과잉섭취 시 체내에 저장됨.
- 결핍 시 결핍 증상이 서서히 나타남.
② 수용성 비타민
- 물에 용해됨.
- 과잉섭취 시 소변으로 배출됨.
- 결핍 시 결핍 증상이 신속하게 나타남.
- 매일 공급해야 함.

2) 수용성 비타민의 종류와 결핍증, 급원식품
① 비타민 B1(티아민)
- 신경과 근육 활동에 필요한 영양소로, DNA와 RNA의 합성에 필요한 오탄당 인산경로에 관여하는 효소의 조효소로 작용함으로써 핵산 합성에 관여함.

- 결핍증: 각기병, 식욕부진, 피로, 권태감
- 급원식품: 쌀겨, 대두, 땅콩, 돼지고기, 난황, 간, 배아

② 비타민 B2(리보플라빈)
- 탄수화물, 지방, 아미노산의 대사 경로에서 에너지를 발생할 때 작용하는 효소의 작용을 도움.
- 결핍증: 구순구각염, 설염, 피부염, 발육 장애
- 급원식품: 우유, 치즈, 간, 계란, 살코기, 녹색채소

③ 비타민 B3(니아신)
- 조효소로 전환되어 생체 내 산화, 환원 반응에 관여하며 탄수화물, 지방산, 스테로이드 합성 대사에 관여하며, 조효소로서 체내에서 ATP 생성과정에서 중요한 역할을 함.
- 결핍증: 펠라그라병, 피부염
- 급원식품: 간, 육류, 콩, 효모, 생선

④ 비타민 B6
- 피리독신이라고도 불리며 아미노산의 대사와 다양한 효소 작용에 필요함.
- 아미노산의 대사뿐만 아니라 다량 영양소의 대사, 신경 전달 물질 합성, 히스타민 합성, 헤모글로빈 합성, 유전자 발현과 같은 다양한 반응의 조효소로 활용됨.
- 정신 건강, 두뇌 건강 증진, 몸의 에너지 대사 활성화, 헤모글로빈 합성, 세포막 성분 합성, 유전자 발현 등에 관여함.
- 결핍증: 피부염, 신경염, 성장 정지, 충치, 저혈색소성 빈혈
- 급원식품: 육류, 간, 배아, 곡류, 난황

⑤ 비타민 B12
- 코발라민이라고도 부르며 신경 시스템, DNA 합성, 지질 대사 및 아미노산 대사에 관련한 효소들의 조효소로 사용됨.
- 자연계에서 오직 세균에 의해서만 합성되며, 이러한 세균들은 먹이사슬을 통해 동물과 인간의 장내 세균 군집을 이루어 비타민 B12를 제공하게 됨.
- 결핍증: 악성 빈혈, 간 질환, 성장 정지
- 급원식품: 간, 내장, 난황, 살코기

⑥ 엽산(비타민 B9)
- 비타민 B군의 일종으로 초록 식물에 널리 분포되어 있어 엽산이라 불림.
- 아미노산과 핵산의 합성에 필수적인 영양소이며, 특히 유전자를 만드는 DNA 복제에 관여하는 효소의 조효소로 관여하여 세포분열과 성장에 중요함.

- 비타민 B12와 결합하여 성장 발달 및 적혈구 생산에 영향을 미치며 뇌에서 신경전달 물질인 노르에피네프린의 분비를 촉진시킴.
- 결핍증: 빈혈, 장염, 설사
- 급원식품: 간, 두부, 치즈, 밀, 효모, 난황

⑦ 판토텐산
- 뇌의 콜린 성분이 신경전달 물질인 아세틸콜린으로 전환되도록 도우며, 세포벽에 형성되는 지방산의 합성에 중요한 역할을 함.
- 부신에서 코르티솔 호르몬이 분비되도록 하며 각종 식품에서 충분히 공급될 수 있음.
- 결핍증: 피부염, 신경계의 변성
- 급원식품: 효모, 치즈, 콩

⑧ 비타민 C(아스코르브산)
- 거의 모든 과일과 채소에 들어 있는 비타민 중 하나이며, 인간은 비타민 C 합성 효소가 없어 음식을 통해 섭취해야 하는 필수 비타민임.
- 강력한 환원제로써 항산화 작용이 있고, 콜라겐 합성 효소와 생물의 에너지 대사과정에 관여하는 다양한 효소의 보조 효소임.
- 결핍증: 괴혈병, 저항력 감소
- 급원식품: 신선한 채소, 과일류

5. 무기질

1) 무기질의 특성
- 단일원소로 존재하며 인체의 4~5%가 무기질로 구성되어 있음.
- 몸의 구성 물질로 쓰이거나 생리작용을 조절하는 중요한 영양소이나, 체내에서는 합성되지 않으므로 반드시 음식물로부터 공급되어야 함.
- 열이나 기타 식품 취급과정에서 파괴되지 않는 특성을 가져 다른 영양소와 달리 가공 시 파괴되지 않음.
- Ca(칼슘), P(인), Mg(마그네슘), S(황), Zn(아연), I(요오드), Na(나트륨), CI(염소), K(칼륨), Fe(철), Cu(구리), Co(코발트) 등이 있음.
- 무기질은 크게 다량무기질과 미량무기질로 구분됨.

2) 다량무기질

① 칼슘(Ca)

- 신체 구성 무기질 성분 중 가장 많은 양을 구성하는 무기질로 체중의 약 1~2%를 차지함.
- 체내에 존재하는 칼슘의 약 99%는 골격과 치아를 구성하고 있으며, 약 1%는 혈액 및 체액에 존재하며 세포의 생명 기능에 관여함.
- 소화 흡수율이 비교적 낮아 섭취된 칼슘의 10~30%가 장을 통하여 흡수됨.
- 골격과 치아의 구성 성분이며, 근육의 수축과 이완, 신경의 자극 전달, 혈액응고 작용 등의 역할을 함.

② 인(P)

- 성인 체중의 약 0.8~1.1%를 차지하며, 이 중 85%는 칼슘과 결합하여 골격과 치아를 형성함.
- 섭취량이 적거나 요구량이 많아질 경우(성장기, 임신기, 수유기) 흡수율이 증가하며, 섭취량보다는 칼슘과의 섭취비율이 더 중요함.
- 골격과 치아 구성뿐만 아니라 세포 성장, 인지질의 구성, 에너지 대사 반응, 산 염기 평행 조절 등의 역할을 함.

③ 나트륨(Na)

- 세포외액의 주된 양이온으로, 체중의 약 0.15%를 차지함.
- 체액의 삼투압을 유지시켜 주며, 산과 염기의 평형 유지, 근육이나 신경의 자극 반응, 포도당이나 아미노산 흡수에 필수적인 영양소임.

④ 칼륨(K)

- 몸 전체 칼륨의 95%가 세포내액에 존재하며, 체액의 삼투압과 수분 평형을 조절하는 데 기여함.
- 산, 염기 균형 및 신경, 근육의 흥분과 자극에 관여하며 근육의 수축과 이완작용에도 관여함.
- 당질대사와 단백질 합성에도 관여함.

⑤ 마그네슘(Mg)

- 체중의 약 0.05%를 차지하며, 그중 60%가 칼슘, 인과 결합하여 골격을 구성함.
- 골격과 치아를 주로 구성하며, 다양한 효소의 보조인자와 활성제로 작용함.
- ATP의 안정 유지 및 에너지 대사에 관여하고, 신경자극의 전달, 근육의 긴장과 이완에 관여함.

- 결핍증: 혈중 마그네슘이 감소할 경우 신경자극 전달과 근육 수축 및 이완에 문제가 생겨 근육과 신경이 떨리는 마그네슘 테타니 증상이 나타남.

3) 미량무기질

① 철(Fe)
- 체내 존재하는 철의 70~80%는 헤모글로빈, 마이오글로빈, 철 함유 효소에 존재하며, 나머지는 간, 비장, 골수 등에 저장되어 있음.
- 헤모글로빈과 마이오글로빈의 구성 성분이며, 전자전달과 에너지 대사에 관여하는 효소, 항산화제 기능효소, DNA 합성효소를 구성하고 있음.

② 아연(Zn)
- 신체의 아연요구량 및 식사조성에 따라 흡수량이 달라지는데, 철이나 구리와 경쟁적으로 흡수되어 이들의 섭취량이 많아지면 아연 흡수가 저해됨.
- 효소의 구성 성분으로 DNA와 RNA 합성에 관여하며 세포막 구조 안정, 면역기능의 역할을 함.

③ 구리(Cu)
- 효소의 구성 성분이기도 하며, 철 흡수 및 운반을 도와주며, 항산화 기능을 갖고 결합조직을 구성함.

④ 요오드(I)
- 체내에 존재하는 요오드의 75%는 갑상선에 존재하며, 갑상선 호르몬의 필수 구성 성분임.
- 갑상선 호르몬은 체내의 대사과정을 촉진시키고 모든 세포에서의 에너지 생산과 열 생산을 담당하여 체온조절 및 신체의 성장과 두뇌 발달에도 기여하기에 매우 중요함.

⑤ 셀레늄(Se)
- 주로 간, 심장, 신장, 비장에 존재하는 미량 영양소로 항산화효소인 글루타티온과 과산화효소의 구성 성분임.
- 비타민 E 절약작용을 하며 암 예방과 관련이 있는 것으로 보고됨.

6. 영양소의 기능

1) 탄수화물의 기능
- 1g당 4kcal의 에너지 공급원임.
- 피로 회복에 매우 효과적임.
- 간장 보호와 해독작용, 간에서 지방의 완전대사를 도움.
- 단백질 절약작용을 함.
- 다른 물질과 화합물을 형성하여 윤활물질이나 손톱, 뼈, 연골 및 피부 등의 구성요소가 됨.
- 중추신경 유지, 혈당량 유지, 감미료 등으로도 이용함.

2) 지질의 기능
- 지질 1g당 9kcal의 에너지를 발생함.
- 세포막의 주요 성분이며, 호르몬을 만드는 데에도 이용함.
- 열이 잘 전달되지 않는 특성이 있어 피하지방은 체온의 발산을 막아 체온 조절 기능을 함.
- 내부 장기를 둘러싸고 있는 체지방 조직은 외부의 충격으로부터 인체의 내장기관을 보호함.
- 비타민 A, D, E, K와 같은 지용성 비타민의 흡수를 촉진함.
- 장내에서 윤활제 역할을 해 변비를 막아주며, 눈에 있는 적당량의 지방은 눈물의 과도한 증발을 막아줌.
- 지방 조직의 구성 성분일 뿐만 아니라 세포막, 프로스타글란딘, 호르몬 및 소화분비액의 구성 성분이 됨.

3) 단백질의 기능
- 1g당 4kcal의 에너지를 발생함.
- 손톱, 머리카락, 피부, 근육, 뼈 등 모든 신체조직과 혈액 단백질, 효소, 호르몬 등을 구성함.
- 체내 삼투압 조절로 체내 수분함량을 조절하고 체액의 pH를 유지하여 부종을 예방함.
- r-글로불린 등 병원균, 세균이 침투했을 때 질병에 저항하는 면역체 역할임.
- 지방, 철 등 스스로 이동하기 어려운 영양소들과 결합하여 체내 필수영양성분, 활성물질을 운반 및 저장하는 기능을 함.

4) 비타민의 기능

- 탄수화물, 지방, 단백질의 대사에 조효소 역할임.
- 반드시 음식물에서 섭취해야만 함.
- 에너지를 발생하거나 체조직이 되지는 않음.
- 신체기능을 조절함.

5) 무기질의 기능

① 구성소 역할
- 경조직 구성(뼈, 치아): Ca, P
- 연조직 구성(근육, 신경): S, P
- 체내 기능물질 구성
- 티록신 호르몬: I
- 비타민 B12: Co
- 인슐린 호르몬: Zn
- 비타민 B1: S
- 헤모글로빈: Fe

② 조절소 역할
- 삼투압 조절: Na, CI, K
- 체액 중성 유지: Ca, Na, K, Mg
- 심장의 규칙적 고동: Ca, K
- 혈액 응고: Ca
- 신경 안정: Na, K, Mg
  샘조직 분비: 위액(CI), 장액(Na)

<u>영양소 요구량</u>

1. 유지 영양소

1) 유지를 위한 영양소 요구량

- 동물이 체조성의 변화가 없고 생산적인 활동을 하지 않으면서 기본적인 생명현상의 유지를 위해서 소요되는 영양소의 양을 유지요구량이라고 함.

2) 기초대사 및 절식대사

- 동물이 생산 활동을 하지 않고 생명유지에 필요한 생활현상, 즉 호흡, 혈액순환, 근육 유지, 호르몬 분비 등의 작용을 위하여 외부로부터 사료의 공급이 없을 때에도 체조직을 분해, 이용하게 되는데 이러한 절식 시의 체조직의 분해현상을 절식대사(fasting metabolism)라 함.
- 절식 시에 생성된 열의 양은 조직 분해 시의 에너지와 같은데 이렇게 특정한 환경하에서 측정된 열생산을 동물의 기초대사(basal metabolism)라 함.

3) 내생질소대사

- 동물은 생명을 유지하기 위한 활동의 일환으로 체단백질의 분해가 이루어지며 분해된 질소는 체내에서 이용되기도 하지만 오줌을 통해 배설되기도 함.
- 절식 후 완전 기아상태에서 오줌으로 배설되는 질소를 내생뇨질소(endogenous urinary nitrogen)라 함.
- 1일 내생뇨질소량(EUN:mg) = 146 × 대사체중

4) 절식 시의 무기물 대사

- 절식 시에도 무기물 대사는 활발히 이루어지며 체내에서 분해된 후 모두 배설되지 않고 일부는 재이용됨.

5) 유지를 위한 에너지 요구량

- 동물체의 에너지 평형상태를 유지하는 데 요구되는 최소에너지임.

6) 유지를 위한 단백질 요구량

- 유지를 위한 사료단백질의 기능은 동물 체내의 단백질 균형을 유지하는 데 있으며, 공급되는 단백질은 오줌의 재생질소와 대사분질소, 성축성장 등에 충당될 단백질을 공급할 수 있는 양임.
- 단백질 요구량은 반추동물을 제외하고는 급여하는 사료의 아미노산 조성에 차이가 생기게 되며, 가축이 생산하는 단백질의 아미노산 조성과 일치하는 아미노산 조성을 지닌 사료의 단백질이 가장 효율적으로 이용됨.

7) 유지를 위한 광물질과 비타민 요구량

- 광물질은 골격의 형성, 체내대사, 단백질, 지질의 구성 등에 중요하게 작용하고 타 영양소와 달리 전량이 체외로 배설되지 않고 일부는 장벽이나 신장에서 재흡수되어 재이용됨.

2. 성장 영양소

1) 성장을 위한 영양소 요구량

- 성장이란 근육, 골격 및 기관을 구성하는 조직의 증대를 말함.
- 성장은 어린 동물이 성숙하기까지 보여주는 세포의 수적 및 양적 증가 현상과 성숙이 완료된 동물의 경우에도 계속 볼 수 있는 모발, 익모, 뿔, 손톱, 상피세포 등의 성장과 대체를 의미함.

2) 성장을 위한 에너지 요구량

- 성장 중인 가축은 자체 몸을 유지하고 새로운 조직을 형성하는 데 에너지가 필요하게 되며 이를 성장을 위한 에너지요구량이라고 함.
- 가축은 종류, 같은 체중이라도 증체량에 따라 성장을 위한 요구량이 달라짐.

3) 성장을 위한 단백질 요구량

- 성장 중인 동물의 단백질 요구량은 연령, 체조성, 성장 속도, 사료단백질의 질 등에 따라 영향을 받음.
- 단백질 요구량은 유지에 요구되는 양, 새로운 조직을 합성하는 데 요구되는 양, 대사 중에 일어나는 손실량 등을 산출하여 측정함.

4) 성장을 위한 광물질과 비타민 요구량

- 가축 체내의 총 광물질 중 약 83%가 골격에 함유, 나머지는 유기화합물 또는 체액 성분으로 분포함.
- 광물질의 요구량은 성장기에 높으며 결핍 시에는 성장 장애가 유발됨.

3. 번식 영양소

1) 번식을 위한 영양소 요구량
- 번식을 위한 에너지 요구량은 태아, 태반, 자궁 및 유방조직의 발달 등으로 인한 대사 활동의 증가 때문에 크게 증가함.
- 번식에 대한 유지에너지는 평균 6% 수준이지만 임신 말기에는 15% 정도 됨.

2) 번식을 위한 단백질 요구량
- 임신기간 중에 단백질 요구량이 증가하는데, 이는 자궁, 유선조직의 발달, 태아 및 태반의 발달에 필요함.
- 임신 말기에는 급격히 증가하여 유지단백질 요구량의 50~100%가 더 필요함.

3) 번식을 위한 광물질과 비타민 요구량
- 칼슘, 인, 철 등은 태아 및 어미 가축의 골격발달 및 유지에 관여하며 임신 중 이들의 요구량은 에너지와 단백질과 마찬가지로 요구량이 임신 말기에 급격히 증가함.
- 비타민의 결핍은 번식장애의 원인이 되며 유산과 사산을 초래함.

4. 비육 영양소

1) 비육을 위한 에너지 요구량
- 체지방의 축적이나 상강육 형성 등으로 인한 증체에는 에너지 섭취량의 영향을 받으므로 에너지의 공급과 사료의 이용률도 높아야 함.
- 에너지 요구량은 체중과 1일 증체량별 요구량으로 표시하거나 사료 kg당 요구량으로 표시함.

2) 비육을 위한 단백질 요구량
- 대부분의 광물질이 비육우의 유지 및 증체에 중요한 역할을 함.
- 요구량은 Ca과 P가 체유지단백질 100g당 각각 1g 및 2g 기준이 되며, 증체를 위한 요구량은 단백질 1kg 증가 시마다 Ca 73.4g, P 43.2g이 됨.
- 비타민 요구량은 수용성 비타민과 지용성 비타민 K가 반추위 내 미생물에 의해 합성되므로 지용성 비타민인 A, D, E 등을 사료를 통해 공급함.

사료의 영양가치 평가방법

1. 영양소 평가

1) 수분
- 100~150℃에서 건조하여 수분함량을 산출함.
- 주요 성분: 수분과 휘발성 물질(100%-H_2O=DM(%))

2) 조회분
- 시료를 연소로에서 500~600℃에 2시간 이상 완전연소 후 남는 중량으로 산출함.
- 주요 성분: 광물질

3) 조단백
- 사료를 황산을 이용하여 산 분해 후 질소 함량을 켈달법으로 정량하여 6.25를 곱한 값을 이용하여 구함.
- 주요 성분: 단백질, 아미노산, 비단백태질소화합물

4) 조지방
- 에테르 등 유기용매에 의해 용출되는 지방의 함량으로 산출함.
- 주요 성분: 지방, 유지, 왁스, 수지, 색소물질

5) 조섬유
- 약산과 약알칼리로 끓인 후 용출되지 않는 성분 중 회분함량을 제한 값임.
- 주요 성분: 셀룰로스, 헤미셀룰로스, 리그닌

6) 가용무질소물(Nitrogen-free extract, NFE)
- 전체 100에서 위의 다섯 가지 영양소를 제외한 잔량(100%-위 5가지 성분 %)
- 주요 성분: 전분, 당류, 비타민, 약간의 셀룰로스, 헤미셀룰로스, 리그닌

2. 에너지 평가

1) 총에너지(Gross energy, GE)

- 섭취한 사료의 총에너지를 말하며, 사료를 완전히 산화시킬 경우 사료 중의 화학에너지가 물과 이산화탄소 및 그 밖의 가스로 분해되면서 일정한 열을 발생하는데, 이때 발생하는 열량을 말함.
- 사료의 에너지가를 측정하기 위해 밤열량계(Bomb calorimeter)를 사용함.

2) 가소화에너지(Digestible energy, DE)

- 섭취한 사료의 총에너지에서 분으로 배설된 총에너지를 제한 값임.
- 소와 돼지에서는 비교적 측정이 간단하나, 닭은 총배설강을 통해 분과 요를 동시에 배설하기 때문에 분으로만 배설된 에너지를 측정하기 어려움.

3) 대사에너지(Metabolizable energy, ME)

- 가소화 에너지에서 요 및 가연성 가스 등으로 손실되는 에너지를 공제한 값으로, 섭취한 사료의 총에너지에서 분, 요, 가연성 가스를 통해 배출된 총에너지를 제외한 에너지임.
- 가금에 주로 이용되는 에너지 표시방법으로 가축의 질소 균형에 따라 크게 영향을 받음.
- 질소정정대사에너지 산출 시 동물에 따라 각각 다른 정정계수를 사용함.

4) 정미 에너지(Net energy, NE)

- 대사에너지에서 열량 증가로 손실되는 총에너지를 뺀 에너지임.
- 순수하게 가축의 생명유지, 성장, 축산물 생산, 기초대사, 체온조절 등으로 쓰이는 동물이 실제 이용 가능한 에너지와 가장 유사한 에너지 표현방법임.
- 가축이 사료로 섭취한 에너지 중 순수하게 동물의 유지 및 생산을 위해 이용되는 에너지를 말함.

5) 가소화영양소총량(Total digestible nutrients, TDN)

- 사료에 들어 있는 가소화 열량가의 총합으로 소화율을 기초로 계산하며 측정이 간단하나 저질 조사료 등 사료의 에너지 가치 평가에 문제가 있음.

3. 사료의 이용성 평가

1) 영양률(Nutrient ratio, NR)
- 가소화 단백질에 대한 비단백질 가소화 영양소 총량(가소화 지방 × 2.25, 가소화 탄수화물)의 비율을 말함.
- 영양률 = 가소화 탄수화물 + 가소화 지방 × 2.25 / 가소화 단백질 = 가소화영양분총량(TDN) - 가소화 단백질(DCP) / DCP

2) 사료 효율(Feed efficiency, FE)
- 성장 중인 가축에서 증체량의 사료섭취량에 대한 비율로 나타냄.
- 사료의 이용효율을 나타낼 뿐만 아니라 비용 대비 생산성을 측정하는 지표로 활용됨.
- 사료효율이 클수록 사료 이용성이 높음을 의미하며, 사료효율을 역으로 계산할 경우 사료 요구율이 됨.
- 사료요구율(Feed conversion ratio, FCR)=사료섭취량/증체량

3) 칼로리 단백질 비율(CPR)
- 사료 중 조단백질에 대한 대사에너지의 비율을 활용한 사료가치 평가법임.
- 사료 1kg에 들어 있는 대사에너지의 칼로리를 조단백질 함량으로 구함.
- 단백질과 에너지 수준이 높을수록 성장률과 사료효율이 향상됨.
- CPR = 대사에너지 / 조단백질

사양표준

1. 사양표준의 개념 및 기준

1) 사양표준의 개념
- 사양표준이란 축종, 성별, 성장단계별, 생산목적 등에 따라 유지와 생산에 필요한 1일 적정 영양소 요구량을 결정해 놓은 기준임.
- 사양표준에서의 1일 적정 에너지 및 영양소 요구량은 가축이 자유 채식하는 조건에서 가축이 사육 목적에 따라 그 능력을 최대한 발휘할 수 있도록 사료로서 급여해야 할 에너지와 영양소의 양을 의미함.

2) 사양표준의 기준

- 사양표준을 결정하기 위한 기준으로는 에너지(TDN, DE, ME 등), 단백질(DCP, CP, 아미노산), 비타민(수용성 및 지용성), 무기질(칼슘, 인, 미량광물질), 급여상태 등으로 분류할 수 있음.

3) 사양표준의 종류

① 한국사양표준

- 2002년 첫 한국사양표준을 제정함.
- 조단백질(CP), 필수아미노산, 에너지(TDN, ME, DE, NE), 비타민, 무기질 등의 요구량을 한우, 젖소, 돼지, 가금 등을 대상으로 기준을 정함.
- 사료급여량, 사양관리, 사료 종류 및 사료배합 프로그램 등을 제공함.

② NRC(National Research Council) 사양표준

- 1942년 미국 국가연구위원회(NRC)의 가축영양분과위원회에서 제정하였고, 우리나라에서도 현재 널리 이용되는 사양표준임.
- 영양소 요구량을 조단백질(CP), 에너지(DE, ME, NE), 아미노산, 무기질, 비타민 등 구체적으로 표시함.
- 축종별(젖소, 돼지, 가금)로 영양소 요구량 표현방법을 세분화하여 구분함.

③ ARC(Agricultural Research Council) 사양표준

- 영국 농업연구위원회(ARC)의 농업연구기술분과위원회에서 제정함.
- 반추동물, 돼지, 가금을 대상으로 영양소 요구량을 단백질(DCP, RDP, UDP), 에너지(ME), 아미노산, 무기질, 비타민 등 구체적으로 표시함.

④ 볼프-레만(Wolf-Lehmann) 사양표준

- 1864년 독일의 볼프가 창안, 1897년 레만이 수정 및 개량한 사양표준으로, 이후 제정된 사양표준의 기준서 역할을 함.
- 가축의 영양소 요구량은 건물, 가소화 영양소(가소화 단백질, 가소화 조지방, 가소화 탄수화물) 및 영양률로 구분하여 표시함.

⑤ 켈너(Kellner) 사양표준

- 1907년 독일의 켈너가 고안한 사양표준임.
- 가축의 영양소 요구량은 건물, 가소화 영양소(가소화 단백질, 가소화 조지방, 가소화 탄수화물, 가소화 순단백질) 및 전분가로 구분하여 표시함.

⑥ 한손(Hanson) 사양표준

- 1915년 스웨덴의 한손과 덴마크의 피오르가 공동으로 제정함.
- 가축의 영양소 요구량은 건물, 가소화 순단백질, 사료단위, 전분가로 구분하여 명시함.
- 사료단위로 사료요구량을 제정하여 켈너의 사양표준을 보완함.

⑦ 암스비(Armsby) 사양표준
- 1915년 미국의 암스비가 제정한 사양표준임.
- 가축 영양소 요구량은 정미에너지(NE) 및 가소화 순단백질로 구분해 표시함.

⑧ 모리슨(Morrison) 사양표준
- 1936년 미국의 모리슨이 고안하여 제정한 사양표준임.
- 가축의 영양소 요구량은 건물, 가소화 영양소 총량, 가소화 조단백질, 정미에너지, 무기질 등에 기초하여 명시함.

유지사양, 성장사양 및 생산사양

1. 유지사양

1) 기초대사
- 기초대사란 가축이 섭취한 사료의 소화 및 흡수가 완전히 끝난 완전기아 상태에서 적절한 환경조건에서 휴식을 취할 때 소요되는 에너지를 의미함.
- 기초대사량은 완전기아 상태에서 생명을 유지하는 데 필요한 최소한의 에너지양을 뜻함.
- 기초대사량은 가축의 체중보다 체표면적과 밀접한 비례관계가 있기 때문에, 가축의 체표면적을 간접적으로 표현한 대사체중을 기준으로 함.

2) 유지요구량
- 가축의 생명을 유지하는, 즉 체조직 및 기초적인 생리현상을 유지하는 데 필요한 영양소의 양을 '유지요구량'이라고 함.
- 유지요구량은 유지에너지 요구량 및 유지단백질 요구량으로 구분 가능함.
- 유지에너지 요구량은 가축이 에너지 평형상태를 유지하는 데 필요한 최소 에너지 요구량을 의미하며, 유지에너지 요구량 측정은 사양시험법, 에너지평형법, 도체분석법 등을 통하여 진행함.
- 유지단백질 요구량은 가축이 단백질 균형을 유지하기 위해 사료로 급여되어야 할 최소

단백질 요구량을 뜻하며, 유지단백질 요구량 측정을 위해 요인법, 질소균형법, 사양시험법 등을 이용함.

- 유지요구량 변화에 영향을 미치는 요인으로는 온도, 습도, 건강상태, 체중 등 다양하게 존재함.

2. 성장사양

1) 가축의 성장
- 가축은 유지 영양소 이상으로 영양소를 공급받았을 때 성장을 할 수 있음.
- 가축의 성장은 출생 후부터의 발육을 성장의 시작으로 간주하며 골격조직, 근육조직, 장기조직 등이 증대하는 것을 뜻함.
- 가축의 성장 과정은 골격 성장, 근육 성장, 지방 성장으로 구분할 수 있음.
- 골격 성장: 골격은 출생 후 발육 초기에 대부분 발달함.
- 근육 성장: 태아 단계와 출생 후 근섬유 수의 증가 및 증대로 인해 근육은 성장하며, 이는 어린 가축이 성장하는 데 매우 중요함.
- 지방 성장: 출생 후 가축의 지방은 주로 성장기에 증가되며, 지방 축적은 주로 신장지방, 피하지방, 근간 및 근내지방 순으로 진행됨.
- 가축은 출생 후 성장기별 체중 및 나이의 관계를 나타낸 그래프(s자곡선)를 나타냄.

2) 영양소 요구량
- 가축이 성장함에 따라 유지에너지는 증가하며 체조직 생성에 필요한 에너지는 상대적으로 감소함.
- 가축은 성장 중 단백질 요구량이 높아 사료를 통해 충분히 급여해 주어야 하며, 특히 단위동물은 아미노산이 부족하거나 결핍될 경우 성장이 저해되기 때문에 각별한 주의가 요구됨.
- 성장을 위한 영양소 요구량 변화에 영향을 주는 대표적인 요인으로는 연령, 품종, 성, 성장률 등이 있음.

3. 생산사양

1) 번식과 영양
- 번식 가축의 영양 상태는 생식기능 발휘, 내분비계 기관, 성 성숙 등에 직접적인 영향을 미치기 때문에 사료를 통한 적절한 영양소 공급이 중요함.
- 가축은 임신 기간 중 에너지 효율이 낮아지며 태아발육, 체지방 손실, 생식기관 발달 등 에너지 요구량이 증가함.
- 임신한 가축의 생식기관 발달 및 태아발육에 필요한 단백질 함량이 증가하기 때문에 임신 기간 중 단백질 요구량은 증가함.
- 무기질 및 비타민의 결핍은 번식 가축의 생장과 태아발육에 큰 영향을 미침.

2) 비육과 영양
- 비육이란 사료 급여를 통해 가축이 섭취한 영양소를 이용하여 근조직 증대 및 근내지방 축적을 증가시키는 것을 의미함.
- 가축 비육 시, 비육 초기보다 체중 증가 및 근내지방 침착의 최성기인 비육 후기에 사료를 더 많이 급여해야 함.
- 비육 단계에서는 가축이 증체량, 질병, 사료섭취량, 사료효율, 사육환경 등 다양한 요인에 의해 영향을 받을 수 있음.

3) 유생산과 영양
- 젖소의 영양관리는 산유량 및 유성분(유단백질, 유당, 유지방) 합성에 직접적인 영향을 미치기 때문에 중요함.
- 이처럼 산유량과 유성분은 젖소의 체중, 사육환경, 호르몬 작용, 착유기간, 사료섭취량, 사료효율, 조사료 및 농후사료의 비율 등의 영향을 받아 변화함.
- 분만 후 비유 초기에는 건초 및 사일리지 공급을 통해 충분한 섬유질을 섭취할 수 있도록 해야 함.
- 비유 초기 보호지방과 글리세린을 추가 급여해 젖소의 에너지를 보충할 수 있음.

4) 난생산과 영양
- 산란계의 난생산에 직접적인 영양을 미치는 요인은 사료섭취량, 사료 내 영양소 조성, 환경 등이 있음

- 달걀 내 축적된 에너지, 기초대사량, 활동에너지 등의 요인을 고려하여 산란계의 난생산을 위한 에너지 요구량을 확인할 수 있음.
- 사료단백질 이용효율, 달걀 내 단백질 함량, 체유지, 성장 등의 요인을 기준으로 하여 산란에 필요한 단백질 요구량 파악이 가능함.
- 특히 단위동물인 산란계는 체내에서 합성할 수 없는 필수아미노산의 사료 내 함량이 부족한 경우 난생산 저하를 일으킬 수 있음.
- 무기질과 비타민은 산란계의 건강관리와 정상적인 생리기능 유지에 필수적인 요소임.

최신 사료영양 연구 방법 및 동향

1. 에너지 평가 시스템

1) 정미에너지 개념
- 최근 동물사료 내 이용 가능한 에너지 함량을 기존의 대사에너지에서 정미에너지로 측정하고자 하는 연구가 다양하게 진행되고 있음.

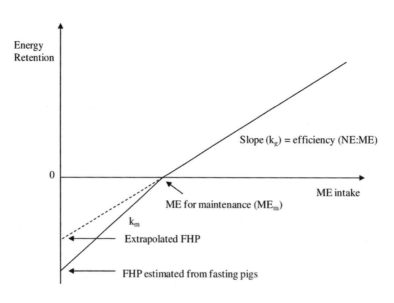

그림 4-15. 유지를 위한 정미에너지 측정을 위한 회귀 분석

(X, Y 축의 단위는 kcal/kg 대사체중 기준)

- 정미에너지는 유지를 위한 정미에너지(NE for maintenance, NEm)와 생산을 위한 정미에너지(NE for production, NEp)의 합으로 결정됨.
- 유지를 위한 정미에너지는 절식하는 동물의 총 열발생량(fasting heat production, FHP)을 의미하며, 일반적으로 통계적인 방법을 통해 측정함(그림 4-17).
- 생산을 위한 정미에너지는 동물이 유지 정미에너지 이상으로 에너지를 섭취하였을 때, 유지를 위해 사용하고 남은 정미에너지가 생산에 직접적으로 사용할 수 있는 에너지, 즉 생산품 내 총 축적된 화학적 에너지임. 일반적으로 다음 두 가지 방법을 통해서 계산할 수 있음.
- 첫째는 직접적으로 동물의 체내 축적된 에너지를 측정하는 방법, 둘째는 간접적으로 동물에게서 발생하는 발열량을 측정하여 동물의 체내에 축적된 에너지를 예측하는 방법이 있음.

① 직접 측정법
- 측정하고자 하는 사료를 급여 후 체내 혹은 축산품 내 축적된 총에너지양을 직접 측정하는 방법으로 비교도체분석법이라고도 함.
② 간접 측정법
- 호흡시험장치 내(그림 4-18)에서 동물을 사양하며 호흡에 의해 소비된 산소와 배출된 이산화탄소, 메탄, 그리고 요내 질소 배출량을 가지고 체내 발생하는 열량을 측정함.
- 총 열발생량(kcal) = 3.867 O_2 + 1.233 CO_2 − 1.410 N − 0.578 CH_4

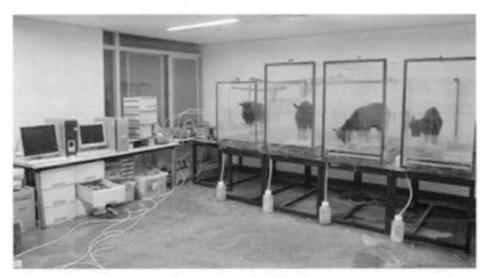

그림 4-16. 호흡시험장치

- O$_2$: 소비한 산소 부피(L), CO$_2$: 배출한 이산화탄소 부피(L), N: 요 내 질소배출량(g), CH$_4$: 배출한 메탄가스 부피(L)

2. 영양소 소화율 평가 시스템

1) 영양소 소화율 측정 방법
- 사료 내 영양소 소화율은 전분채취법과 지시제를 활용한 지시물질법으로 측정할 수 있음.

① 전분채취법(Total collection method)
- 대상 동물을 대사틀에 가두고 총 사료섭취량(즉, 영양소 섭취량)과 총 분내 영양소 배출량을 정확히 측정하여 소화율을 계산함.

- 다음은 전분채취법을 활용한 영양소 소화율 공식 및 계산 예임.

$$소화율(\%)=100 \times \frac{(섭취된\ 영양소\ 함량 - 분으로\ 배출된\ 영양소\ 함량)}{(섭취된\ 영양소\ 함량)}$$

〈계산의 예〉
○ 섭취된 영양소 함량: 480g
○ 분으로 배출된 영양소 함량: 120g
$$소화율(\%)=100 \times \frac{(480 - 120)}{(480)}=75\%$$

② 지시물질법(Indicator method)
- 사료 내 소화 및 흡수가 불가능한 지시제를 혼합 급여하여 사료 내 영양소 소화율을 계산함.
- 대상 동물을 대사틀에 가둘 필요가 없으며 총 사료섭취량 및 배출량을 알 필요 없이 사료와 배출된 영양소 및 지시제 함량으로 소화율을 계산함.

- 다음은 지시물질을 활용한 영양소 소화율 공식 및 계산 예

$$소화율(\%)=100-100 \times \left[\frac{사료\ 중의\ 표시물\ 함량(\%)}{분\ 중의\ 표시물\ 함량(\%)} \times \frac{분\ 중\ 영양소\ 함량(\%)}{사료\ 중의\ 영양소\ 함량(\%)} \right]$$

```
┌┄┄┄┄┄┄┄┄┄┄┄┄┄┄┄┄┄┄┄┄┄┄┄┄┄┄┄┄┄┄┄┄┄┄┄┄┄┄┄┄┄┄┄┄┄┄┄┄┄┐
┆ 〈계산의 예〉                                          ┆
┆ ○ 사료 중 단백질 함량: 15%, 사료 중의 표시물 함량: 0.5%   ┆
┆ ○ 분 중 단백질 함량: 10%, 분 중 표시물 함량: 1%          ┆
┆                                                      ┆
┆   소화율(%)=100 − 100×[0.5/1 × 10/15]                  ┆
┆                                                      ┆
┆           =100 − 100× 1/3  =  66.7%                   ┆
└┄┄┄┄┄┄┄┄┄┄┄┄┄┄┄┄┄┄┄┄┄┄┄┄┄┄┄┄┄┄┄┄┄┄┄┄┄┄┄┄┄┄┄┄┄┄┄┄┄┘
```

$$소화율(\%)=100 − 100\times\left[\frac{0.5}{1} \times \frac{10}{15}\right]$$

$$=100 − 100\times\frac{1}{3} = 66.7\%$$

2) 영양소 소화율 표현

- 영양소 소화율 측정 시 배출된 소화물 혹은 분에는 사료에서 불소화된 영양소 외에 체내에서 배출된 내생 영양소 손실이 존재함.

① 내생 영양소 손실(Basal endogenous loss of nutrients)
- 내생 영양소 손실은 크게 기초 내생 영양소 손실(Basal endogenous loss of nutrients)과 사료 특이적 내생 영양소 손실(Diet-specific endogenous loss of nutrients)로 구분할 수 있음.
② 외관상 영양소 소화율(Apparent digestibility of nutrients)
- 내생 영양소 손실을 고려하지 않고 영양소 섭취량과 영양소 배출량만을 가지고 소화율을 계산함.
③ 표준 영양소 소화율(Standardized digestibility of nutrients)
- 영양소 배출량에서 기초 내생 영양소 손실 부분만을 차감하여 소화율을 계산함.
④ 진정 영양소 소화율(True digestibility of nutrients)
- 영양소 배출량에서 기초 및 사료 특이적 내생 영양소 손실 모두를 차감하여 소화율을 계산함.
- 영양소 섭취량에 따라 외관상 소화율을 증가하다가 일정하게 유지되는 경향이 나타나며, 반면에 표준 및 진정 소화율을 영양소 섭취량과 관계없이 항상 일정한 값을 유지함.
- 따라서, 표준 및 진정 소화율이 외관상 소화율에 비해 보다 정확한 소화율 값임.

3) 소화기관에 따른 소화율

- 영양소별로 소화, 흡수 및 이용되는 소화기관이 상이하기 때문에 영양소별 소화율을 측정하는 소화기관 선정이 중요함.

① 전장 영양소 소화율(Total tract nutrient digestibility)

 - 분으로 배출된 영양소량을 기준으로 소화율을 측정함.

 - 에너지, 광물질 등의 영양소 소화율에 주로 이용함.

② 회장 영양소 소화율(Ileal nutrient digestibility)

 - 소장 말단인 회장에서 배출되는 영양소의 양을 기준으로 소화율을 측정함.

 - 단백질, 아미노산, 지방, 지방산 등 회장 말단에서 주요 소화가 끝나는 영양소 소화율 측정에 주로 이용함.

표 4-1. 전체 소화율 표현 정리

소화율 표현	소화기관(샘플 측정 장소)	소화율 명칭
외관상 소화율	회장	외관상 회장 소화율
	전장	외관상 전장 소화율
표준 소화율	회장	표준 회장 소화율
	전장	표준 전장 소화율
진정 소화율	회장	진정 회장 소화율
	전장	진정 전장 소화율

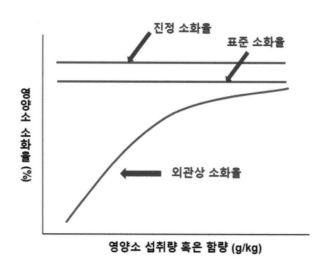

그림 4-17. 사료 내 영양소 섭취량 혹은 함량에 따른 소화율 변화

3. 기능성 영양소
- 다양한 요인에 의해 특정 생리적 기능의 필요성이 증가되어 요구량도 증가된 영양소임.
- 따라서, 사료 내 추가 공급 시 동물의 생산성, 건강 및 복지를 향상시킬 수 있는 영양소임.

1) 기능성 아미노산
① 알지닌
- 알지닌은 동물이 단백질 합성, 성장 및 생물학적 기능을 지원하는 데 필요한 필수아미노산임.
- 알지닌은 간에서 요소 회로를 통해 합성되며, 장세포에서 부분적인 요소 회로를 통해 프롤린과 글루탐산으로부터 합성될 수 있음.
- 알지닌은 상처 치유를 돕고, 체내에서 과도한 암모니아를 제거하고, 면역기능을 자극하며, 글루카곤, 인슐린 및 성장 호르몬을 포함한 여러 호르몬의 분비를 촉진하는 등 신체에서 여러 가지 역할을 함.
- 특히, 가금은 요소회로를 구성하는 주요 효소가 결핍되어 있어 요소 합성을 통한 체내 과잉 질소를 배출할 수 없음.
- 또한 체내에서 알지닌의 합성이 매우 낮기 때문에, 가금에서는 사료 내 알지닌이 거의 유일한 체내 알지닌 공급원임.
- 알지닌은 DNA 및 RNA 합성을 촉진하며, 세포 내 아미노산 수송 그리고 체단백질 합성을 촉진하는 폴리아민을 합성하는 데 있어 중요한 물질임.
- 알지닌으로 합성되는 산화질소는 일반 세포의 세포 증식 촉진, 병원균 사멸 촉진, 면역 반응 강화 등, 체내 매우 다양한 생리작용과 밀접한 관련이 있는 세포 내 중요한 신호분자임.
- 이러한 알지닌은 다른 필수아미노산인 라이신과 공통의 세포 간 수송 시스템을 공유하여, 사료 내 라이신의 증가는 신장의 알지닌 재흡수 감소 및 Arginase 효소 활성 증가에 따른 알지닌 산화 증가를 일으켜 체내 알지닌의 이용성을 감소시키는 길항작용을 보이고 있음.
- 따라서 사료 내 적정한 알지닌 : 라이신 비율 유지가 중요함.

② 라이신
- 라이신은 현대 동물 영양학에서 이상 단백질 선정의 기준이 되는 아미노산으로 최적의 생산성을 끌어내기 위해 모든 경제 동물 사료에 급이 되어야 하는 아미노산임.
- 특히 라이신은 단위동물의 필수아미노산이며, 양돈 사료의 제1 제한아미노산 그리고

가금 사료의 제 2 제한아미노산임

- 하지만, 제한아미노산의 순서는 환경이나 원료 사료에 따라 다를 수 있음.
- 라이신은 체내에서 영양소 이용과 같은 생리 대사에 관여하며, 특히 근육성장 등 단백질 합성에 중요한 역할을 함.
- 따라서, 라이신의 충분한 급여는 근육 성장과 더불어 전반적인 경제 동물의 생산성 향상을 기대할 수 있음.
- 라이신은 히스톤 변형에 관여하여 DNA, RNA 또는 단백질 간의 공유 결합 변형을 통해, 일차 서열을 변경하지 않고 분자의 기능이나 조절을 변화시키는, 후성 유전적인 조절을 하게 됨.
- 라이신은 칼슘의 장 흡수 및 신장 유지에 관여하며, 체내 칼슘 항상성을 유지하게 됨.

③ 트립토판
- 트립토판은 단백질 합성 및 기타 중요한 생리작용에 필요한 필수아미노산이며, 양돈 사료에서는 제 3 제한아미노산 그리고 가금 사료에서는 제 4 제한아미노산임.
- 제한아미노산의 순서는 환경이나 원료 사료에 따라 다를 수 있음.
- 트립토판은 우울증이나 불안증세를 완화시키는 등 기분을 조절하는 세로토닌, 생리대사활동의 일주성, 연주성 등의 생체리듬에 관여하는 멜라토닌, 그리고 아민 관련 수용체를 활성화하고, 도파민, 세로토닌의 활성을 조절하는 트립타민의 전구체 역할을 함.
- 이처럼 사료 내 트립토판의 수준 증가는 호르몬 생산 등을 자극시켜 경제 동물의 스트레스를 완화하고, 공격 행동을 감소시키는 것으로 보고됨.
- 또한 트립토판의 충분한 급여는 체내 단백질 균형 유지에 도움을 주어 최적의 생산성을 이끌어낼 수 있으며, 면역력 증진과 식욕 증진의 기능을 함.

④ 글라이신
- 글라이신은 대부분 동물에서 비필수 아미노산으로 분류되었지만, 일부 특정 상황에서 글라이신 요구량이 증가하며, 요구량이 급격히 증가하기 때문에 성장 중인 어린 동물에게 더욱 중요성이 높아짐.
- 글라이신은 세린과 상호 교환적으로 대사될 수 있기 때문에, 일반적으로 세린과 함께 고려됨.
- 콜라겐과 엘라스틴은 고무처럼 탄력성이 있는 결합조직에 있는 단백질이며, 조직의 신축성에 관여하고 있음.

- 이러한 콜라겐과 엘라스틴은 글라이신이 콜라겐과 엘라스틴의 1차 구조에서 세 번째 위치마다 통합되기 때문에 가장 많은 양의 글라이신을 포함하는 신체조직임.
- 동물의 도축 및 가공 과정에서 문제 중 하나인 낮은 피부 강도는 낮은 글라이신의 공급과 관련되어 있음.
- 글라이신은 크레아틴, 헴, 글루타치온, 담즙산, 핵산 및 요산 합성과 같은 다양한 기능을 가지고 있으며, 메틸 그룹을 제공함으로써 one-carbon 대사에 관여함.
- 체내 산화 및 환원 반응에 관여하는 글루타치온은 스트레스가 많은 환경에서 증가할 가능성이 있고, 이는 글라이신과 그 전구체의 공급에 따라 직간접적으로 영향을 받을 가능성이 높음.
- 따라서, 다양한 스트레스 환경에서 사양된 동물의 최적의 생산성을 이끌어내기 위해 추가적인 글라이신 공급이 필요함.

⑤ 타우린
- 타우린은 황을 함유한 비단백질성 화합물이며, 대부분의 동물 조직에 존재함.
- 타우린은 여러 가지 생물학적 기능을 가지고 있으며, 동물의 준필수 아미노산 중 하나로 여겨짐.
- 타우린은 단백질 합성이나 에너지 공급과 직접적인 관련은 없지만 세포 항상성의 조절자 역할을 함.
- 정상적인 생리학적 환경에서는 체내 타우린 합성이 적정하게 이루어지지만, 스트레스 조건에서는 다양한 영양소의 요구량이 증가함에 따라 타우린의 요구량도 증가할 것이라 예상됨.
- 타우린은 삼투압 조절, 항염증, 세포막 안정화, 항산화 및 신경 조절에 의한 스트레스 완화 역할을 함.
- 그 중 특히 고온 스트레스는 동물의 산화 스트레스와 관련이 높은데, 동물의 사료내 타우린의 추가 공급은 지질 과산화를 감소시켜 스트레스 요인에 의해 유발된 산화 스트레스를 완화시킬 수 있음.
- 또한 사료 내 타우린의 공급은 사료의 기호성과 면역기능을 향상시켜 동물의 생산성에 긍정적인 영향을 미침.

2) 기능성 광물질
① 셀레늄
- 셀레늄은 항산화 방어, 면역기능 및 생식기능과 같은 동물의 필수 기능을 가진 필수

미량 원소임.

- 특히 셀레늄은 glutathione peroxidase와 같은 항산화 효소의 필수 성분으로 활성 산소로부터 세포를 보호하는 능력을 가지고 있음.
- 결핍과 독성은 동물의 건강에 부정적 형향을 미치게 됨.
- 셀레늄 결핍으로 위장관 및 갑상선 문제, 면역 기능 장애, 생산성 저하 및 지질 과산화가 일어나게 됨.
- 셀레늄 과다로 인한 독성은 동물은 호흡기 장애, 빈혈, 운동 실조, 설사, 간경화뿐만 아니라 사망까지 이를 수 있음.
- 따라서, 사료 내 적정한 양의 셀레늄 공급이 필요함.

② 아연
- 아연은 동물에게 필수적인 영양소로, 적은 양으로도 동물에 중요한 영향을 미치게 됨.
- 아연은 철 외에 가장 흔한 미량 원소이며 DNA 생성, 세포 성장, 손상된 조직 치유 및 면역 체계 지원 등과 같은 300개 이상의 효소와 호르몬의 기능에 영향을 주며, 단백질 합성, 탄수화물 대사 및 기타 많은 생화학 반응에 관여함.
- 아연은 동물의 몸에 널리 분포되어 있으며, 고농도의 아연은 간, 뼈, 동물의 몸을 덮고 있는 털, 피부 그리고 깃털 등에서 발견할 수 있음.
- 반추동물의 경우, 아연 결핍은 성장 감소, 사료 섭취량 감소, 탈모, 과도한 침 분비 그리고 생식 장애를 초래함.
- 또한, 수컷의 경우 고환 발달과 정자 생산을 감소시키고, 암컷의 경우 수정률이 감소하게 됨.
- 돼지에 있는 대부분의 효소는 정상적인 구조와 기능을 위해 아연이 필요하며, 특히 이유자돈 사료 내 아연의 공급은 설사를 예방하는 데 상당한 효과가 있는 것으로 보고됨.
- 하지만 높은 칼슘 수치는 아연 이용성을 감소시키고, 배설을 증가시키는 등 아연은 칼슘과 길항작용을 하고 있음.

③ 마그네슘
- 동물에 있어 필수 다량 무기질인 마그네슘은 에너지 생성 및 근육과 신경의 활성화와 관련된 체내의 다양한 효소 반응에 필수적이며, 혈압 조절, 체온 유지 및 포도당 대사에도 관여함.
- 마그네슘의 요구량은 동물의 종, 나이, 생산성과 같은 몇몇 요인들이 영향을 미치게 됨.

- 마그네슘은 젖소의 핵심 미네랄이며 뼈에서 칼슘을 이끌어내고 장내 흡수를 증가시키는 데 중요한 역할을 함.
- 특히, 분만 전 소에서 칼슘 유도는 순조로운 분만 과정을 보장하는 데 중요한 역할을 함.
- 또한 마그네슘은 혈중 칼슘 수치를 유지하는 데 도움이 되는 호르몬과 연결되어 있으므로 혈중 칼슘농도가 비정상적으로 낮아지는 소의 대사성 질환인 유열 예방에 중요한 역을 하게 됨.
- 양돈 사료에 마그네슘을 공급할 경우 모돈의 수태율을 11~15% 증가시키며, 임신 기간을 9일 단축시킨다고 보고됨.
- 육계에서 칼슘과 인을 추가로 공급할 때, 마그네슘의 요구량이 증가하며, 이러한 요구량을 지키지 않을 경우 성장이 지연되고 다리의 기형뿐만 아니라 폐사율을 증가시키며, 산란계에 마그네슘의 추가 공급은 산란율, 난중, 그리고 부화율 등을 증가시키며 특히 난각 강도를 향상시킨다고 보고됨.

3) 기능성 비타민

① 비타민 C

- Ascorbate 또는 ascorbic acid로도 알려진 비타민 C는 신체가 정상적인 대사 활동을 유지하는 데 필수적인 수용성 비타민임.
- 비타민 C의 전구체는 주로 만노스, 과당, 포도당과 같은 당류임.
- 조류와 포유류에서 비타민 C의 생합성은 간과 신장에서 일어나지만 가금류에서는 주로 신장에서 생합성이 일어남.
- 가금에 있어 ascorbic acid의 생합성에 필요한 효소 gluconolactone oxidase를 가지고 있기에 비타민 C는 가금의 필수 영양소는 아니지만, 일부 다른 종에서는 효소 활성이 부족함.
- 비타민 C는 환원 특성과 전자 공급원으로서 기능으로 인해 항산화제 역할을 하게 됨.
- 이러한 항산화제 역할로 고온 스트레스로 인한 산화 스트레스 증가 시 비타민 C의 이용과 수요가 증가하기에 최적의 생산성을 이끌어내기 위해 요구량이 증가 됨.
- 또한, 비타민 C는 1,25-dihydroxy-cholecalciferol을 자극하고 이와 함께 뼈에서 칼슘 동원을 증가시켜 가금의 난각 형성에 중요한 역할을 하게 됨.

② 비타민 E

- 지용성 비타민인 비타민 E는 생식계, 근육계, 순환계, 신경계 및 면역계의 항상성과 최

적의 기능을 유지하는 데 필수적임.
- 하지만 비타민 E는 체내 합성할 수 없기에, 동물은 사료에서 섭취해야 함.
- 비타민 E는 주로 세포막의 지질 이중층에 존재하며 자유 라디칼 생성을 개시하는 산화 효소 근처에서 작용함.
- 비타민 E는 자유 라디칼의 공격으로 인한 지질 과산화 손상으로부터 세포와 조직을 보호하는 항산화제임.
- 비타민 E는 림프구, 대식세포, 그리고 형질세포와 같은 면역 관련 세포를 포함한 다양한 세포를 산화스트레스로부터 보호하여 기능을 유지하는 것으로 보고됨.

4) 기타 영양소

① 비테인

- 트리메틸 글라이신 및 글라이신 비테인이라고도 하는 비테인은 다양한 식물과 동물 조직에 존재하는 천연 영양소임.
- 화학적으로 비테인은 양전하를 띤 트리메틸암모늄기와 음전하를 띤 카복실기를 가진 양성 이온이며, 이러한 구조로 인해 비테인은 동물의 위장 및 대사 기작에서 기능하게 됨.
- 비테인은 삼투압 조절제로 작용하며 프롤린, 글라이신, 글루타민, 타우린 등 다양한 삼투압 영양소 중에서 가장 효과적인 삼투압 보호제로 알려져 있음.
- 삼투압 조절은 세포 간의 수분 이동을 조절함으로써 세포의 구조와 기능을 유지하는 능력으로 간주됨.
- 전 세계적으로 이상 기후로 증가한 평균 기온으로 인해 발생하는 고온 스트레스는 동물에게 있어서 땀 또는 호흡수 증가로 수분 배출을 야기하고, 이러한 수분 손실을 보상하기 위해 더 많은 물을 섭취하게 됨.
- 하지만, 소변을 통해 전해질 손실이 증가하기 때문에 삼투압 조절을 실패하여 삼투압 스트레스가 증가하게 됨.
- 따라서 비테인의 삼투압 보호 역할 특성으로 인해 비테인은 세포 탈수를 감소시킬 수 있으며, 고온 스트레스에 노출된 동물의 세포를 보호할 수 있음.
- 비테인은 또한 크레아틴과 카르니틴 합성을 위한 트랜스 메틸화 반응에 사용될 수 있는 메틸기를 제공하며, 메티오닌 대사 및 one-carbon 대사인 메티오닌 재활용을 통해 다른 중요한 구성 요소에도 메틸기를 제공할 수 있음.
- 따라서 비테인의 이러한 생리학적 역할은 단백질 및 에너지 대사에 도움을 주므로 고온 스트레스에 처한 동물의 생산성 감소를 완화할 수 있음.

② 콜린

- 콜린은 유기 수용성 화합물이며 동물에게 있어 필수 영양소임.

- 대부분의 비타민과 달리 동물은 간에서 콜린 합성이 가능하지만, 이 합성량은 요구량을 충족시키지 않기에 정상적인 신체기능과 건강을 유지하기 위해서는 사료를 통해 섭취해야만 함.

- 콜린은 유기 수용성 화합물이라는 유사성 때문에 비타민 B 복합체로 분류되며, 여러 기능을 가지고 있음.

- 인지질의 필수 성분인 콜린은 세포 구조를 만들고 유지하는 데 필수적일 뿐만 아니라 뼈의 연골 매트릭스의 정상적인 성숙을 보장하고 육계의 궤양을 예방함.

- 특히 콜린은 간에서 지방 대사에 필수적인 역할을 하며, 간에서 지방산의 이용을 증가시키거나 지단백과 레시틴으로 운반을 촉진하여 간세포 내지방의 비정상적인 축적(지방간)을 방지함.

- 콜린은 아세틸콜린 합성의 전구체로서 신경 임펄스의 전달을 가능케 하며, 호모시스테인으로부터 메티오닌을 형성하고 guadinoacetic acid로부터 크레아틴을 형성하기 위해 메틸기를 공급함.

- 콜린에는 생물학적으로 활성 메틸기가 포함되어 있기에, 메티오닌은 콜린과 호모시스테인에 의해 부분적으로 절약될 수 있으며, 이는 사료 내 메티오닌 공급량을 줄일 수 있음.

- 동물에게 가장 일반적인 콜린 공급원은 화학적 합성에 의해 생성되는 염화콜린임.

참고문헌

두산백과 두피디아 (2022), 두산백과.

최광희 (2022), 2022 축산기사 산업기사 필기 한권으로 끝내기, 시대고시기획.

Baker, D. H. (2009), Advances in protein–amino acid nutrition of poultry. Amino acids, 37(1), 29-41.

Cedar, H., & Bergman, Y. (2009), Linking DNA methylation and histone modification: patterns and paradigms. Nature Reviews Genetics, 10(5), 295-304.

Cox, A. C., & Sell, J. L. (1967), Magnesium deficiency in the laying hen. Poultry Science, 46(3), 675-680.

Dorr, P., & Balloun, S. L. (1976), Effect of dietary vitamin A, ascorbic acid and their interaction on turkey bone mineralisation. British Poultry Science, 17(6), 581-599.

Franchini, A., Canti, M., Manfreda, G., Bertuzzi, S., Asdrubali, G., & Franciosi, C. (1991), Vitamin E as adjuvant in emulsified vaccine for chicks. Poultry Science, 70(8), 1709-1715.

Goo, D., Kim, J. H., Park, G. H., Reyes, J. D., & Kil, D. Y. (2019), Effect of stocking density and dietary tryptophan on growth performance and intestinal barrier function in broiler chickens. Poultry Science, 98(10), 4504-4508.

Graber, G., & Baker, D. H. (1973), The essential nature of glycine and proline for growing chickens. Poultry Science, 52(3), 892-896.

Griffith, M., Olinde, A. J., Schexnailder, R., Davenport, R. F., & McKnight, W. F. (1969), Effect of choline, methionine and vitamin B12 on liver fat, egg production and egg weight in hens. Poultry Science, 48(6), 2160-2172.

Hu, C., Song, J., You, Z., Luan, Z., & Li, W. (2012), Zinc oxide–montmorillonite hybrid influences diarrhea, intestinal mucosal integrity, and digestive enzyme activity in weaned pigs. Biological Trace Element Research, 149(2), 190-196.

Jensen, C., Lauridsen, C., & Bertelsen, G. (1998), Dietary vitamin E: quality and storage stability of pork and poultry. Trend in Food Science & Technology 9(2), 62-72.

Kidd, M. T., Ferket, P. R., & Garlich, J. D. (1997), Nutritional and osmoregulatory functions of betaine. World's Poultry Science Journal, 53(2), 125-139.

Kim, C. H., Paik, I. K., & Kil, D. Y. (2013), Effects of increasing supplementation of magnesium in diets on productive performance and eggshell quality of aged laying hens. Biological Trace Element Research, 151(1), 38-42.

Kim, J. H., & Kil, D. Y. (2020), Comparison of toxic effects of dietary organic or inorganic selenium and prediction of selenium intake and tissue selenium concentrations in broiler chickens using feather selenium concentrations. Poultry Science, 99(12), 6462-6473.

Lee, J. H., Kwon, C. H., Won, S. Y., Kim, H. W., & Kil, D. Y. (2023), Evaluation of tryptophan biomass as an alternative to conventional crystalline tryptophan in broiler diets. Journal of Applied Poultry Research, 32(1), 100302.

Meléndez-Hevia, E., de Paz-Lugo, P., Cornish-Bowden, A., & Cárdenas, M. L. (2009), A weak link in metabolism: the metabolic capacity for glycine biosynthesis does not satisfy the need for collagen synthesis. Journal of Bioscienc, 34(6), 853-872.

Metwally, M. M., & Metwally, M. A. (2021), efficacy of overdosing of vitamin C Supplementation on growth performance, Europe production efficiency factor (EPEF), carcass traits and some blood constituent of Japanese quail. Egyptian Journal of Nutrition and Feeds, 24(2), 273-285.

Meydani, M., Meydani, S. N., & Blumberg, J. B. (1993), Modulation by dietary vitamin E and selenium of clotting whole blood thromboxane A2 and aortic prostacyclin synthesis in rats. The Journal of Nutritional Biochemistry, 4(6), 322-326.

Naz, S., Idris, M., Khalique, M. A., Alhidary, I. A., Abdelrahman, M. M., Khan, R. U., ... & Ahmad, S. (2016), The activity and use of zinc in poultry diets. World's Poultry Science Journal, 72(1), 159-167.

Ratriyanto, A., & Mosenthin, R. (2018), Osmoregulatory function of betaine in alleviating heat stress in poultry. Journal of Animal Physiology and Animal nutrition, 102(6), 1634-1650.

Schonewille, J. T. (2013), Magnesium in dairy cow nutrition: an overview. Plant.

Shim, K. S., Hwang, K. T., Son, M. W., & Park, G. H. (2006), Lipid metabolism and peroxidation in broiler chicks under chronic heat stress. Asian-australasian Journal of Animal Sciences, 19(8), 1206-1211.

Simon, J. (1999), Choline, betaine and methionine interactions in chickens, pigs and fish (including crustaceans). World's Poultry Science Journal, 55(4), 353-374.

Smith, P. J., Bolton, F. J., Gayner, V. E., & Eccles, A. (1990), Improvements to a lysine medium for detection of salmonellas by elctrical conductance. Letters in Applied Microbiology, 11(2), 84-86.

Spears, J. W. (1996), Organic trace minerals in ruminant nutrition. Animal Feed Science and Technology, 58(1-2), 151-163.

Tamir, H., & Ratner, S. (1963), Enzymes of arginine metabolism in chicks. Archives of Biochemistry and Biophysics, 102(2), 249-258.

Wu, G., Bazer, F. W., Satterfield, M. C., Gilbreath, K. R., Posey, E. A., & Sun, Y. (2022), L-Arginine nutrition and metabolism in ruminants. In Recent Advances in Animal Nutrition and Metabolism (pp.177-206). Springer, Cham.

Zang, J., Chen, J., Tian, J., Wang, A., Liu, H., Hu, S., ... & Ma, X. (2014), Effects of magnesium on the performance of sows and their piglets. Journal of Animal Science and Biotechnology, 5(1), 1-8.

Zou, W., Yue, P., Lin, N., He, M., Zhou, Z., Lonial, S., ... & Sun, S. Y. (2006), Vitamin C inactivates the proteasome inhibitor PS-341 in human cancer cells. Clinical Cancer Research, 12(1), 273-280.

그림 4-1. 포도당. https://en.wikipedia.org/wiki/Glucose. Wikipedia.

그림 4-2. 과당. https://en.wikipedia.org/wiki/Fructose. Wikipedia.

그림 4-3. 갈락토오스 https://en.wikipedia.org/wiki/Galactose. Wikipedia.

그림 4-4. 맥아당. https://en.wikipedia.org/wiki/Maltose. Wikipedia.

그림 4-5. 유당(젖당). https://en.wikipedia.org/wiki/Lactose_intolerance. Wikipedia.

그림 4-6. 글리코겐. https://ko.wikipedia.org/wiki/%EA%B8%80%EB%A6%AC%EC%BD%94%EC%A0%A0. Wikipedia.

그림 4-7. 셀룰로오스(섬유소). https://en.wikipedia.org/wiki/Cellulose. Wikipedia.

그림 4 8. 중성지방. https://en.wikipedia.org/wiki/Triglyceride. Wikipedia.

그림 4-9. 왁스 https://m.chemicalbook.com/ChemicalProductProperty_KR_CB2854418.htm. Chemical Book.

그림 4-10. 인지질. https://eu.wikipedia.org/wiki/Fosfolipido. Wikipedia.

그림 4-11. 당지질. https://ko.wikipedia.org/wiki/%EB%8B%B9%EC%A7%80%EC%A7%88. Wikipedia.

그림 4-12. 콜레스테롤. https://en.wikipedia.org/wiki/Cholesterol. Wikipedia.

그림 4-13. 에르고스테롤. https://en.wikipedia.org/wiki/Ergosterol. Wikipedia.

그림 4-14. 아미노산의 종류와 구조 https://en.wikipedia.org/wiki/Amino_acid

그림 4-15. 호흡시험장치. Li D. H., Kim B. G., Lee S. R. (2010), A respiration-metabolism chamber system for measuring gas emission and nutrient digestibility in small ruminant animals. Revista Colombiana de Ciencias Pecuarias.

동물생명공학

제 5 장

가축의 사료와 초지

사료의 정의와 분류

1. 사료

- 가축의 생명을 유지하고 젖·고기·알·털가죽 등 축산품을 생산하는 데 필요한 에너지와 유기(有機) 또는 무기(無機) 영양소를 공급하는 물질임.
- 좋은 사료는 이용 가능한 에너지와 영양소의 함량이 높고 기호성이 높으며 유해한 성분이 없으며, 생산량이 많을 뿐 아니라 쉽게 구할 수 있어야 함.
- 영양가·주성분·유통(流通)·수분함량·배합상태 및 가공형태 등에 따라 분류함.

2. 사료의 분류

1) 농후사료

- 부피가 작고 섬유소가 적으며 가소화(可消化) 양분이 많은 사료임.
- 곡류사료, 강피류사료, 유지사료, 단백질사료, 근괴사료 등이 있음.

① 곡류사료
- 가축뿐만 아니라 식량으로 이용될 수 있는 것으로 주요 에너지 공급원으로 탄수화물이 주성분임.
- 조섬유와 단백질의 함량이 낮으나 에너지 함량이 높고 영양소의 소화율이 높고 기호성이 좋음.
- 비타민 A, D 및 칼슘과 유효인의 함량이 낮은 단점이 있음.
- 가소화 성분은 많으나 ㄱ 성분이 한쪽으로 치우친 것이 많으며, 성질도 각각 다른 것이 많으므로, 실제 사료를 배합할 때에는 여러 종류의 곡류사료를 섞어 배합하여 사용함.
- 옥수수, 수수, 밀, 보리, 쌀, 호밀, 귀리, 조, 메밀 등을 곡류사료로 이용함.

② 강피류사료
- 곡류를 도정하거나 제분할 때 생산되는 농산가공 부산물로서 곡류에 비해 단백질, 조섬유, 비타민 B군의 함량은 많으나 전분의 함량은 적으며, 특히 인의 함량이 높음.

③ 유지사료
- 유지를 사료로 이용할 경우 사료의 에너지 함량을 높여 사료 효율을 쉽게 개선할 수 있음.
- 유지 이용 시 산화가 일어나지 않도록 항산화제를 사용해야 하며, 지방의 산화에는 공

기, 수분, 중금속 등이 촉진제 역할을 하므로 보관 및 사료 배합 시 주의해서 사용해야 함.

- 식물성 유지에는 옥수수기름, 콩기름, 면실유, 채종유 등이 있음.
- 동물성 유지는 원료 및 구성에 따라 그리스, 라드, 텔로우 등으로 나뉨.
- 동물성 유지는 식물성과 달리 불포화도가 낮고 올레산이 40~50%로 가장 많이 함유되어 있으며, 리놀산은 10% 내외로 이루어져 있음.

④ 단백질사료
- 단백질사료는 사료 내 단백질 함량이 20% 이상 들어 있는 것을 말하며, 대두박, 임자박, 채종박 등의 식물성 단백질사료와 어분, 우모분, 어즙, 육골분과 같은 동물성 단백질사료가 있음.

⑤ 근괴사료
- 재배작물 중 뿌리 부분을 사료로 이용하는 고구마, 감자, 뚱딴지, 무, 사료용 비트, 타피오카 등이 있음.
- 열대성 근괴식물인 타피오카가 단위 면적당 높은 생산량과 저렴한 가격으로 인해 에너지 사료로 동남아시아 등에서 널리 이용되고 있음.

2) 조사료

- 목초, 건초, 사일리지, 옥수수, 파, 씨 있는 과일의 껍질 등 섬유질 사료로, 가소화 영양소 함량이 낮은 사료임.
- 초식동물의 주요 사료 원료로서 반추동물에게는 생리적으로 일정량 이상의 조사료를 반드시 급여해야 함.

3) 과학사료

- 가축의 사료에 부족하기 쉬운 영양소를 공급하거나 기호성을 증진시키는 등의 특수한 목적을 위하여 소량으로 사용함.
- 가축이 요구하는 영양소를 충족시킬 수 없는 경우나 또 어린 짐승의 성장을 촉진하고 사료 효율이나 축산물의 품질을 개선할 필요가 있을 때 사용함.
- 광물성 사료로 패분, 탄산칼슘, 석회석, 석고 등을 통해 부족한 칼슘을 공급하는 칼슘사료와 골분, 인산칼슘제, 탈불인광석, 인광석분말, 연인광석 등을 통해 인을 공급해 주는 인사료 등이 있음.
- 미량광물질 공급을 위해 아연, 코발트, 철, 구리, 망간, 요오드, 비소, 셀레늄 등 여러 가지

미량광물질들을 급여하기도 하며, 특히 나트륨과 염소를 공급하기 위해 가축에게 소금을 급여하기도 함.

- 부족한 비타민을 공급하기 위해 비타민 A, D, E, K, B군 등의 첨가제를 급여하며, 합성 아미노산을 이용하기도 함.
- 방향제·설탕·당밀 등은 사료의 기호성을 증진시키기 위하여, 또한 비타민제·아미노산제·무기질사료 등은 천연사료에 부족하기 쉬운 영양소를 공급하기 위하여 사용함.
- 직접적으로 영양소를 공급하지는 않으나 저장 기간 중 일어나는 산화나 변질을 방지하고, 사료의 품질 유지를 위하여 사용되는 항산화제·항곰팡이제 또한 과학사료의 한 종류이며, 어린 가축의 성장을 촉진시키는 데 사용되는 항생제·효모·효소·호르몬제와 단백질 대용 물질로 쓰이는 요소·뷰레트 등도 포함됨.

건초와 사일리지

1. 건초

그림 5-1. 건초

- 생초(生草)를 베어서 수분함량이 15% 이하가 될 때까지 건조시켜 만든 저장사료임.
- 적기에 건조한 건초는 조사료로서 반추동물의 우수한 섬유소 공급원이 되며 에너지, 단백질, 비타민 및 광물질 공급원으로서 중요한 역할을 함.

1) 건초 제조방법

① 자연건조법: 양건법(陽乾法)이라고도 하며, 가장 간단하고 널리 쓰이는 제조법으로, 햇볕과 바람을 이용하여 건조시키는 방법임.
- 비나 이슬을 맞으면 영양손실이 많아서 좋은 건초를 얻기 어려움.
- 따라서 2~3일 이상 맑은 날씨가 계속될 것이 예상될 때 생초를 베어 널어서 건조시키고 하루에 2~3회 뒤적여줌.
- 저녁에는 이슬에 맞지 않도록 긁어모아 두었다가 다음 날 아침에 다시 건조시킴.
- 콩과식물은 건조과정에서 잎이 빨리 말라 떨어지고, 잘게 부서져서 영양분의 손실이 많으므로 건조가(乾燥架)를 이용하여 말리는 가상건조법(架上乾燥法)을 이용함.
- 일기가 불순하고 습기가 많을 때는 발효열(醱酵熱)을 이용하여 갈색 건초를 만들기도 함.

② 인공건조법: 건조기를 써서 건조시키는 방법임.
- 생초를 직접 인공건조할 때는 경비가 많이 들기 때문에 보통 자연건조법으로 미리 수분함량을 40~50% 정도 되게 한 후에 통풍건조기나 화력건조기를 이용하여 건조시킴.
- 통풍만으로는 효력이 낮으므로 일반적으로 가열한 공기를 이용하여 건조시키는 방법을 사용함.
- 가축의 종류ㆍ품종ㆍ체중 등에 따라 다르지만, 보통 그 가축 체중의 1~3%를 하루에 급여함.

2) 양질의 건초 조건

- 전반적으로 담록색(淡綠色)이고, 특유한 향기가 있으며, 곰팡이가 발생하지 않아야 함.
- 부러뜨려 볼 때 탄력성이 있고 또한 잎이 많이 달려 있어야 함.
- 유독초(有毒草)가 없고 다른 잡초가 적게 섞여 있어야 함.
- 수분함량이 15% 이하여야 함.

2. 사일리지

- 수분함량이 많은 목초류 등 사료작
물을 사일로 용기에 담아 혐기상태
가 되도록 하여 유산균 발효를 통해
유산의 농도를 높여 부패균이나 곰
팡이 등의 번식을 막아 생초의 양분
의 손실을 막고 보존성을 높이려는
목적의 사료임.

그림 5-2. 사일리지

- 엔실리지(ensilage) · 매초(埋草) ·
담근먹이라고도 하며 저장법에 따라 직접 사일리지(Direct cut silage), 곤포사일리지(Bale
silage, Balage)로 구분함.
- 급여량은 대체로 가축 몸무게의 3~4% 정도가 적당하며 사일리지 3, 건초 1의 비율로 주는
것이 좋음.

1) 사일리지 제조

- 양질의 사일리지를 만들기 위해 화본과 목초는 이삭이 나오기 직전부터 이삭이 나올 때
까지, 콩과 목초는 꽃이 반쯤 피었을 때 베어서 수확하는 것이 좋음.
- 재료의 수분함량은 70% 정도가 좋으며, 수분함량이 적으면 고온발효로 인해 사일리지
의 품질이 떨어짐.
- 재료는 대체로 1~3cm의 크기로 썰어서 사일로(silo)에 넣고 고르게 밟음(답압). 만약 잘
밟지 않으면 재료 중의 공기 때문에 온도가 올라가서 사일리지가 썩기 쉽고 양분의 손실
이 많음.
- 재료를 썰어 넣고 나면 비닐 등으로 표면을 완전히 덮어서 재료와 공기의 접촉을 막아
부패되는 것을 방지해야 하며, 그 위에 재료 무게의 6~15% 정도 되는 무거운 돌이나 흙
을 얹어 둠.
- 사일로에 저장된 재료는 발효가 되는데, 이때 발효를 돕기 위해 미생물 첨가제를 사용함.
- 일반적으로 사일리지를 밟아 넣은 후 40일 정도가 되면 꺼내 사료로 먹일 수 있는데, 한
꺼번에 10cm 이상 꺼내 먹이는 것이 좋음.
- 꺼낸 후에는 잘 덮어서 공기의 접촉을 피해 2차 발효로 인한 영양분 손실을 최대한 막아
줘야 함.

2) 사일리지 사료의 장점

- 생초의 다즙성을 보존한 상태로 연중 저장할 수 있으며, 건초에 비해 날씨의 영향을 적게 받고 기계화가 쉬움.
- 영양분의 손실을 건초의 50~60%까지 줄일 수 있으며, 주어진 단위 면적당 가장 많은 건물과 카로틴을 생산할 수 있음.
- 대량의 사료를 균일한 품질로 저장 가능하며 저장 면적이 건초에 비해 적음.
- 가식 부분이 많으며, 만드는 데 노동력이 적게 들고, 건초와 달리 화재의 위험이 없음.

3) 사일리지 사료의 단점

- 사일로의 건조, 커터 등 경비가 많이 들며, 사일리지의 재료를 단시일 내에 수확 및 운반하여 제조해야 함.
- 건초에 비해 무겁고 운송에 어려움이 따르며 비타민 D의 함량이 적음.
- 수분함량이 많아 단위 면적당 건초에 비해 3배의 중량을 취급해야 하며, 새어 나오는 즙 때문에 오염의 우려가 있음.

3. 사료의 가공 및 제조

1) 농후사료의 가공방법

① 분쇄
- 사료를 분쇄하여 소화율을 증진시키고 에너지 이용률을 향상시킬 수 있음.
- 사료를 혼합하기 용이해지며, 조작하기 용이함.

② 수침
- 수침을 하게 될 경우 저작이 용이하여 소화율을 높여줌.
- 유해물질이 우러나와 독성을 낮추는 효과가 있음.
- 원료의 수분함량이 증가되어 부패가 쉬워져 저장성이 매우 떨어짐.

③ 펠렛
- 분말사료를 펠렛 기계를 사용하여 특정한 모양으로 굳힌 사료 가공형태임.
- 사료의 부피를 줄이며 사료의 섭취량을 높이기 위해 가루사료를 고온고압하에서 단단한 알맹이 사료로 만든 다음 이를 추가 가공하여 만듦.
- 배합사료 제조 시 사료회사에서 가장 많이 이용되는 가공처리법임.
- 사료의 취급이 용이하고, 먼지의 발생과 편식을 방지하며, 기호성을 향상시킴.

- 수송이 용이하며, 노동비 절감 효과가 있음.

- 소화율 향상, 음수량 증가, 사료섭취량과 사료 이용효율, 기호성을 증진함.

- 열에 약한 독성물질을 파괴할 수 있고, 영양소 불균형과 허실을 예방함.

- 선택적 채식이 방지되고, 짧은 시간에 많은 사료를 먹일 수 있음.

- 가공과정에서 비타민 등 열에 약한 영양소가 파괴될 수 있음.

- 젖소에 급여하는 조사료를 분쇄 및 펠렛 시 유지방의 함량이 감소함.

- 시설투자비용이 비싸고, 가공비용이 추가로 소요됨.

2) 박편처리(플레이크)

- 사료를 납작하게 압편한 사료로 곡류를 단순히 롤러로 압편한 것, 쪄서 압편한 것, 건열 가열 후 압편한 것 등의 종류가 있음.

- 옥수수는 주로 원료를 분쇄하지 않고 롤러밀로 압편하기 전 30~40분간 스팀처리 후 압 편하여 생산함.

- 기호성, 섭취량, 옥수수 내 전분의 이용성을 증진하며 비유기 젖소에서 이용효율이 높은 방법임.

- 전분이 호화되어 구형의 전분 입자들이 열과 수분 등의 영향으로 부피가 증가하고, 가용 성이 증가하여 소화율 증진 효과가 있음.

- 시설, 가공비용에 따라 사료값이 비교적 비싸며 곰팡이 오염 가능성이 있음.

3) 익스트루전

- 사료가 부풀어 오르며 생기는 기공을 여러 가지 모양으로 제조하여 만들어진 사료 형태임.

- 펠레팅과 유사하지만 중간 과정에서 열처리를 담당하는 익스트루더가 사용되며 열처리 가 높은 압력하에서 이뤄짐.

- 익스트루전 사료는 주로 애완동물용, 갓 낳은 돼지의 원료 가공용으로 사용되며 비용이 가장 비쌈.

- 사료의 기호성이 향상되며, 비중이 적고 수분을 잘 흡수하는 성질을 가짐.

- 열에 약한 성분을 효과적으로 파괴하거나 불활성화함.

- 단백질의 열변성에 의해 구조상의 변화를 유발해 보호단백질이나 인조육단백질의 생산 이 가능함.

- 밀도, 비중, 부피의 변화가 자유로움.

초지조성 및 관리

경운초지 조성

1. 경운초지 조성의 특성
- 경운초지는 땅을 경운하여 자연식생을 제거하고 단기간에 집약적으로 농기계를 통해 생산성이 높은 초지를 조성할 수 있는 것이 특징임.
- 경운을 통해 목초를 파종하고 비료, 토양개량제 등과 잘 섞일 수 있도록 토양 조건을 조성함에 목적이 있음.
- 또한 경운초지는 초지 조성 후 관리와 이용이 용이한 것이 장점임.
- 반면, 땅을 경운할 경우 비옥한 표토를 유실시킬 수 있고, 표고나 경사에 영향을 받으며 농기계 구입 등의 비용이 발생할 수 있다는 단점이 존재함.

2. 경운초지 조성 공법의 종류
- 개량산성공법: 복잡한 지형의 경사지를 조성하고 농기계들이 운행될 수 있도록 경사지를 완만하게 형성하는 공법임.
- 산성공법: 지형을 바꾸지 않고 경사대로 경운하는 조성 공법임.
- 계단공법: 경사지를 계단식으로 조성하는 공법임.
- 제경법: 가축을 이용하여 선점식생 제거 및 목초를 파종하는 조성 공법임.

3. 경운초지 조성 방법

① 장애물 제거
- 벌목: 목책림, 방풍림, 대피림 등을 제외하고 벌목함.
- 화입: 잡관목이나 잔가지 등을 제거함.
- 발근: 초지조성 대상지의 바위, 자갈, 잡초 등을 제거함.
- 정지: 비옥도 높은 표토는 평탄작업 후 지표로 사용함.
- 장애물 제거 과정에는 레이크도저(Lake Dozer), 굴착기, 전기톱, 예초기 등의 장비를 사용함.

② 경운
- 쟁기 또는 플라우(Plow)를 사용하여 장애물이 제거된 초지의 굳은 흙을 반전 및 절삭하여 파쇄하는 작업을 실시함(1차 경운).
③ 쇄토 및 정지
- 써레 또는 해로우(Harrow)를 이용하여 경운된 초지의 흙을 다시 파쇄하는 작업을 진행함(2차 경운).
④ 시비
- 입상비료살포기인 브로드캐스터(Broad Caster)를 사용하여 비료를 시비(살포)함.
- 초지조성용 비료로는 석회, 인산, 칼륨, 질소 등이 있음.
- 석회 비료는 특히 두과 목초 재배에 있어 시비효과가 뛰어나고, 토양을 중성화하여 다른 영양소 및 무기질 성분의 흡수를 촉진하는 역할을 함.
- 인산 비료는 비교적 두과 목초에 효과가 좋고, 사료작물의 뿌리 성장을 촉진하고 광합성 및 대사에 관여함.
- 칼륨 비료는 사료작물의 내한성 및 내건성을 향상시키며, 질병과 해충에 대한 저항성을 높임.
- 질소 비료는 특히 화본과 목초에 있어 효과가 좋고, 사료 작물의 생산성을 증가시키는 역할을 함.
⑤ 목초 파종
- 파종상(씨앗을 뿌려 묘목을 키우는 곳) 준비 및 구비 조건을 충족해야 함(파종상이 준비되지 않으면 목초의 정착률이 저하됨).
- 배수 여부와 토양의 수분함량이 적당한지 파악해야 함.
- 초지의 선점식생 제거 여부 및 토양의 균일성을 확인해야 함.
- 목초 종자가 파종되는 토양 아래의 단단함을 확인해야 함.
- 토양이 너무 곱거나 가루 형태인 경우에는 파종에 적합하지 않음.
- 파종적기 및 파종량을 파악해야 함.
- 일반적으로 우리나라의 목초 파종적기는 가을장마 직전인 8월 말~9월 초임(고랭지에는 봄에서 초가을 사이에 파종하는 것이 좋음).
- 파종량의 경우, 일반적으로 화본과 목초는 5~20kg/ha이며 두과 목초는 5~30kg/ha로 알려짐.
- 목초파종기(곡류파종기, 콤바인드릴, 목초조파기, 목초산파기, 드릴파종기 등)를 이용하여 목초를 파종함.

- 파종방법으로는 점파, 산파, 조파, 대상조파 등이 있음.
- 파종 시 두과 목초의 경우 질소비료 절감을 위한 근류균(뿌리혹박테리아) 접종이 필요함(근류균 접종 방법으로는 토양접종법 및 종자접종법이 있음).
- 경운초지 조성에는 화본과 목초와 두과 목초의 혼파가 원칙임.
- 혼파되는 목초 초종은 기본적으로 기호성 또는 경합력이 크게 차이 나지 않아야 함.
- 전체 초종 중 화본과 목초와 두과 목초의 비율을 각 70%, 30%로 하여 단순혼파(최소 각 1초종 이상) 해야 함.
- 혼파 시 사료가치가 높고(화본과 목초와 두과 목초의 영양적 균형) 기호성이 좋은 목초를 제공할 수 있음.
- 두과 목초의 근류균(뿌리혹박테리아)에 의한 질소고정으로 질소비료를 절약할 수 있고, 공간의 활용성을 증대시킬 수 있음.
- 병충해 및 자연재해의 피해를 줄이며, 목초 생산량을 증가시킬 수 있음.
⑥ 복토 및 진압
- 롤러(Roller) 및 컬티패커(Cultipacker)를 이용하여 파종된 초지의 복토 및 진압을 실시함.
- 복토 및 진압 과정은 토양의 수분 방출을 억제하여 목초 종자의 발아 및 뿌리 성장을 촉진함.

불경운초지 조성

1. 불경운초지 조성의 특성

- 불경운초지는 땅을 경운하지 않고 땅 표면에 간단한 파종상을 만들어 초지를 조성하는 방법으로, 주로 경사도가 심하거나 장애물 제거가 어려운 산지에 초지를 조성할 때 주로 사용됨.
- 파종비용이 저렴하며 경운으로 인한 토양침식 위험이 적고, 지형과 경사에 따른 영향이 적은 것이 특징임.
- 신속한 초지 개발이 가능하여 생산성이 낮은 초지를 값싸게 개량할 수 있고 목초의 연중 고른 생산과 생산기간이 긴 것이 장점임.
- 목초의 정착과 발아가 어렵고, 투입한 시간과 비용 대비 초지의 개량 성과가 낮아 초지의 생산성 및 목양력 증가가 더딜 수 있다는 것이 단점임.

2. 불경운초지 조성 공법의 종류

- 겉뿌림법: 땅을 경운하지 않고 땅 표면에 종자를 뿌려 조성하므로 복토 및 진압 과정이 흔히 생략됨.

  또한 수분 공급이 원활하지 못해 실패할 우려가 있기 때문에 적기에 조성하고 철저히 관리해야 할 필요가 있음(장애물 제거→석회 및 비료 살포→파종→진압). 경운초지 조성 때보다 50~100% 정도 종자량을 늘려주는 것이 좋음.

- 발굽갈이법: 가축의 발굽 힘을 이용하여 선점식생을 제거하고, 파종한 뒤 다시 가축을 방목하여 진압하는 방법임.

- 임간초지조성법: 산의 나무들을 그대로 두거나 목초가 자랄 수 있는 초지를 확보하기 위하여 최소한의 작업으로 나무와 가지를 제거하여 초지를 조성하는 방법임.

3. 불경운초지 조성 방법

① 장애물 제거(선점식생 제거)
- 벌목: 목책림, 방풍림, 사방림, 비음림 등을 제외하고 벌목함.
- 화입: 수목류 및 관목류가 많을 경우에 화입을 실시함.
- 발근: 초지조성 대상지의 바위, 자갈, 잡초 등을 제거함.
- 제초제 사용: 선점식생(야초) 제거를 위해 산지에 제초제를 사용함.
- 제경법: 가축을 방목하여 선점식생을 제거함.
- 가축을 방목하고, 초지개량 수단으로 이용하기 위하여 목책(Fence)을 설치해야 함.

② 시비
- 장애물 및 선점식생을 제거하고 목책을 설치한 뒤 각종 비료를 초지에 시비(살포)함.
- 초지 조성 시 적정 시비량: 석회비료(1~2톤/ha), 인산비료(100~150kg/ha), 칼륨비료(40~60kg/ha), 질소비료(50~70kg/ha) 등으로 구분됨.
- 여름 장마철에는 온도가 높고 비가 많이 내려 목초의 시비효과가 떨어짐.

③ 목초 파종
- 파종상 준비 및 구비 조건을 충족해야 함.
- 파종한 목초 종자가 초지의 토양과 잘 붙을 수 있도록 함.
- 초지조성 대상지에 충분한 영양분을 공급해 주어야 함.
- 목초 종자의 발아 및 뿌리생장 기간 동안 철저한 관리가 필요함.
- 파종 적기를 파악해야 함.

- 파종은 일평균 기온이 5℃가 되는 날로부터 60~80일 전(첫서리 내리기 35~45일 전)까지 완료해야 함(즉 8월 중순부터 9월 중순까지의 기간을 의미함).
- 목초를 봄에 파종(춘파)할 경우, 종자의 정착을 저해하고 병충해의 피해를 받기 쉬움.
- 목초 종자의 파종 및 혼파를 실시함.
- 파종방법으로는 산파, 조파, 대상조파 등이 있음.
- 산파의 경우 동력분무살포기(미스트기)를 이용함.
- 파종 시 두과 목초의 경우 질소비료 절감을 위한 근류균(뿌리혹박테리아) 접종이 필요함(근류균을 인공배양하여 접종함).
- 혼파 시 전체 초종 중 화본과 목초와 두과 목초의 비율은 각 70%, 30%로 함.
- 불경운초지의 경우, 혼파조합은 초종(추위에 강한 하번초 위주의 초종)의 수 및 파종량이 비교적 많음.
④ 복토 및 진압(방목)
- 파종 후(특히 겉뿌림 한 후) 목초 종자의 정착을 위해 토양 표면을 갈퀴질해야 함(목초 종자를 지면에 밀착시켜 주는 효과가 있음).
- 이후 가축을 방목하여 2일 동안 발굽으로 토양을 밟게 하여 종자를 토양 표면에 밀착시켜 줌.

초지의 관리

1. 초지관리의 특징 및 중요성
- 일반적으로 초지는 여러 식물 품종들이 서로 경합하며 혼생집단을 이루기 때문에 복잡한 특징을 지님.
- 우리나라의 경우 단위 면적당 종자 파종량이 높은 환경에서 겨울철을 맞게 되면 파종 후 고사율이 높기 때문에 월동 전 방목(진압) 및 예취를 통한 적절한 초지관리가 필요함(방목을 통한 초지관리가 가장 중요함).
- 조성된 초지의 사후 관리를 철저히 하게 되면 초지의 보존 연한이 길어지며, 사료작물의 생산성 및 생산비 절감의 효과를 기대할 수 있음.

2. 채초 이용 시 초지관리

- 사료작물을 채초(건초나 사일리지) 형태로 이용하고자 하는 경우, 예취의 적정 시기를 파악하는 것이 중요함.

1) 예취 시기(수확 시기)

- 예취 시기(수확 시기)는 초지의 식생구성 비율, 연중 수확 횟수 및 분포, 목초 재생력 및 생산성에 직접적인 영향을 미치기 때문에 정확히 파악해야 함.
- 혼파초지의 경우 예취 횟수는 연간 3~5회(새롭게 조성된 초지의 경우 연간 3~4회, 이후 재생초는 생육상태에 따라 4~5회로 예취 횟수를 늘리는 것이 좋음)가 적정 수준임 (혼파 초지의 경우 주초종을 기준으로 예취 횟수를 정하는 것이 바람직함).

표 5-1. 예취의 적정 시기(연간 4회 예취 시)

	1회	2회	3회	4회
예취적기	4월 말~6월 초	6월 말 (장마 전)	8월 중순	9월 초 또는 10월 초
	화본과 목초(출수 초기), 두과 목초(개화 초기)		재생초는 초장 30~50cm 범위 내에서 예취적기 설정	

- 고온다습한 여름철 장마기로 들어가기 전 예취 시기가 지연될 경우, 초지는 하고현상(여름철 고온으로 인한 생산성 저하)을 겪고 생육 장애 및 병충해 발생 등 피해를 입어 초지의 수명이 단축될 수 있기에 장마 전 예취는 중요함.
- 여름철 고온 환경에서는 예취를 피하는 것이 좋음.
- 마지막 예취 시기는 일평균 기온이 5℃가 되는 날로부터 약 30~40일 전으로 하여 충분한 양분 축적 기간을 두어야 함.

2) 예취 높이

- 상번초의 경우 예취 높이를 낮게 하면, 하부의 저장 양분이 탈취되어 재생이 불가할 수 있기 때문에 높게 예취해야 함.
- 하번초의 경우 포복경 또는 지하경에 주로 저장양분을 보유하기 때문에 목초를 낮게 예취하여도 재생에 큰 문제가 없음.
- 우리나라 초지의 주요 초종인 오처드그래스, 티모시 등은 예취 높이를 6~10cm로 설정하는 것이 좋음.

3. 방목 이용 시 초지관리

- 방목은 가축에게 양질의 생초를 제공할 수 있고, 방목 시 가축의 분뇨는 비료의 추가 시비량을 줄일 수 있다는 장점이 있음.
- 방목 개시 적기는 신규 초지의 경우 초장 15cm 내외이며, 재생 초지의 경우는 초장 20~25cm 정도인 시기임.
- 봄철에는 방목 강도를 높이고, 여름철에는 목초가 하고현상 및 생육장애를 겪기 때문에 방목 강도를 낮추어 초지관리를 실시해야 함.

4. 초지의 시비 및 추비관리

- 초지의 석회, 인산, 칼륨, 질소 등의 비료 시비 및 추비 적기는 목초의 종류, 생산 시기, 기온, 강수량 등 요인에 따라 다양함.
- 일반적으로 추비 적기는 이른 봄 또는 예취 및 방목한 다음 시기임(방목지는 가축의 분뇨로 추비효과를 얻을 수 있기에 채초용 초지보다 추비량을 줄임).
- 이른 봄 1차 추비 적기는 3월 중순경으로, 연중 목초생산량이 많은 봄철에 질소 및 칼륨비료를 많이 추비함.
- 고온다습한 여름철에는 질소 및 칼륨비료의 추비를 삼가는 것이 좋음.

5. 초지의 이용

1) 청예 이용

- 청예 작물은 목초를 수확하여 보관 또는 가공단계를 거치지 않고 가축의 사료로 이용하기 위한 목적으로 재배되는 사료작물임(생초 형태로 급여함).
- 대표적인 청예용 사료작물로는 수단그래스, 수단그래스X수수 교잡종, 호밀, 귀리, 유채 등이 있음.

2) 사료 작물을 청예로 이용할 경우의 장단점

〈장점〉

- 보관 및 가공단계를 거치지 않기 때문에 사일리지 또는 건초의 형태보다 영양소 손실이 적고, 비용 절감이 가능함. 초지 면적 대비 가축 사육 두수가 방목보다 많음.

〈단점〉

- 생산량이 불균형하여 가축에게 급여할 수 있는 양이 일정하지 않음. 가축에게 생초 형태로 급여 시 고창증 및 과식을 유발할 수 있음.

3) 방목 이용

- 방목은 가축을 방목지에 놓아 기르며 자연스럽게 목초를 먹이는 사초이용 방법임.
- 방목지에는 가축의 배설물에 의해 불식과번지가 발생하기 때문에 방목 후 배설물을 제거하거나 고르게 흐트러뜨리는 작업이 필요함(특히 신규 초지보다 기성초지에서 가축 배설물 관리가 중요함).
- 방목 후 남은 목초, 즉 잉여초에 의해 초지가 부실화될 수 있기 때문에 방목면적을 줄이거나 목초 중 일부를 수확하여 사일리지 또는 건초로 제조할 필요가 있음.

4) 방목개시 적기

- 방목개시는 목초의 초장이 20~35cm인 시기에 실시하는 것이 좋음(일반적으로 초장 20~35cm인 목초는 소화율 및 기호성이 높은 것으로 알려짐).
- 방목지 면적이 넓을 때는 초장의 길이가 더 짧아야 유리함.
- 우리나라 지역별 초지의 방목개시 적기는 계절, 토양 비옥도 등에 따라 다양하게 나눔.
- 초기생육이 빠른 라이그래스가 혼파된 경우, 방목개시 시기를 앞당겨야 함.

5) 방목 이용의 장단점

〈장점〉

- 노동력이 절감되며 가축의 건강 및 번식에 이점이 있음.
- 사료가치가 높은 목초(생초)를 기호에 맞게 급여하여 가축의 생산성이 증진됨.
- 배설물이 추비효과를 가지기 때문에 비료사용량을 절감할 수 있음.

〈단점〉

- 선택 채식으로 인하여 적정 식생의 유지가 어려우며 병충해에 의한 피해가 발생할 수 있음.
- 넓은 면적의 토지 및 제반 시설이 필요함.
- 과도한 방목은 토양침식을 유발할 수 있음.

6. 방목방법

1) 연속방목(고정방목)

- 가축을 일정한 면적의 방목지에서 일정 기간 지속적으로 방목시키는 방법임.

- 기반시설 및 가축 방목 관리에 드는 노동력을 절감할 수 있음.
- 반면 초지 부실화, 선택 채식, 과방목, 토양침식 등의 문제가 발생할 수 있음.

2) 윤환방목

- 일정한 초지 면적을 목구로 구분하고, 일정 기간 동안 각 목구를 차례대로 번갈아 가며 방목하는 집약적인 방목방법임.
- 가장 일반적으로 사용되는 방목방법임.
- 과방목을 방지하기 위해 각 목구 내 가축의 채식량을 파악해야 함.
- 윤환방목 시 이동식 목책(전기 목책)을 주로 사용함.
- 윤환방목은 가축의 선택 채식을 줄이고, 과방목을 방지하여 초지 이용률을 높일 수 있음.

3) 대상방목

- 대상방목은 몇 시간 간격으로 가축을 다른 목구로 이동시키며 방목하는 방법을 뜻함.
- 초지의 면적이 크고 목초 생산성이 높은 경우, 초지 이용률이 가장 좋은 방목방법임.
- 짧은 기간 머무르고 이동하기 때문에 식생을 균일하게 유지할 수 있고, 초지 생산성을 높일 수 있음.
- 기반 시설(목책 등) 설치 비용 및 노동력이 많이 든다는 단점이 존재함.

4) 계목

- 가축을 튼튼한 끈에 묶어서 방목지에 계류시켜 자유롭게 목초를 채식하게 하는 방목방법임.
- 작은 면적의 초지에서도 가능한 방법으로 지역 제한성이 낮음.

사료작물

사료작물의 분류

표 5-2. 대표적인 사료작물(화본과, 두과 목초)의 특성 비교

구분	화본과(벼과)	두과(콩과)
잎	- 잎집, 잎몸, 잎혀 및 잎귀로 구성됨.	- 턱잎, 잎자루, 작은 잎자루 및 작은 잎으로 구성됨.
잎맥	- 나란히맥(평행맥)	- 그물맥(망상맥)
줄기	- 줄기는 속이 비어 있는 경우가 많음. - 둥글고 뚜렷한 마디를 가지고 있음.	- 속이 차 있는 경우가 많음. - 줄기의 마디가 뚜렷하지 않음.
뿌리	- 수염뿌리를 가짐.	- 직근성 및 천근성인 뿌리를 가짐. - 뿌리에 질소 고정을 할 수 있는 근류균이 존재함.
꽃차례	- 원추화서, 수상화서 및 총상화서로 구분됨.	- 총상화서 및 두상화서로 구분됨.
열매 (종자)	- 씨방벽에 융합되어 있는 하나의 종자를 가짐.	- 종자는 하나의 꼬투리로 되어 있음. - 한 개 또는 여러 개의 종자를 보유함.
기타 특성	- 기호성과 탄수화물 함량이 높음. - 목초는 방목과 채초용으로 적합함.	- 기호성과 단백질 함량이 높음. - 목초는 건초용으로 적합함.

1. 사료작물의 이용형태 및 초종

1) 청예용
- 생초를 가공하지 않고 그대로 급여하는 방법으로, 주로 생산량이 많은 상번초 초종을 이용함.
- 화본과 목초: 옥수수, 수단그래스, 수수, 호밀, 귀리, 유채 등
- 두과 목초: 알팔파, 레드클로버, 칡 등

2) 방목용
- 방목용 초종은 재생력이 뛰어난 하번초가 적합함.
- 화본과 목초: 켄터키 블루그래스, 오처드그래스, 레드탑, 티모시 블루그래스
- 두과 목초: 라디노클로버, 버즈풋트레포일, 서브클로버, 스트로베리클로버

3) 건초용
- 주로 생산성이 뛰어나고 가축의 기호성이 좋은 초종을 건초로 사용함.

- 화본과 목초: 수단그래스, 오처드그래스, 티모시, 이탈리안라이그래스 등
- 두과 목초: 알팔파, 레드클로버, 버즈풋트레포일 등

4) 사일리지용
- 사일리지로 제조되는 초종은 젖산발효를 용이하게 하기 위해서 탄수화물은 많고 단백
  질은 적은 것이 좋음.
- 화본과 목초: 옥수수, 해바라기, 청예 맥류, 수단그래스 등

5) 총체용
- 알곡, 줄기, 잎을 총체적으로 사용하여 사일리지로 제조한 것을 총체 사일리지라고 함.

2. 사료작물의 생존연한에 의한 분류

1) 다년생
- 화본과 목초: 오처드그래스, 톨페스큐, 티모시, 켄터키블루그래스, 페레니얼라이그래스,
  리드카나리그래스, 레드톱 등
- 두과 목초: 레드클로버, 화이트클로버, 라디노클로버, 알팔파, 버즈풋트레포일 등

2) 월년생(1년생)
- 화본과 사료작물: 옥수수, 수수, 수단그래스, 진주조, 청보리, 호밀, 귀리, 유채, 총체벼, 기
  장, 조 등
- 두과 사료작물: 대두, 완두, 헤어리 베치, 크림슨클로버, 자운영 등

3. 주요 화본과(벼과) 사료작물 특징

1) 오처드그래스(Orchardgrass, 오리새)
- 유럽 서부 및 중앙아시아가 원산지며 다년생 화본과 목초로 분류됨.
- 국내 재배지역 적응성이 넓음(경기, 강원, 제주 등 전국에서 재배 가능함).
- 환경 적응성이 넓음(더위 및 건조한 기후에 강함).
- 상번초로 엽수가 많으며 생산성이 높음.
- 주로 방목으로 이용하지만 청예, 건초, 사일리지 등 이용형태가 다양함.
- 포복성 초종과의 혼파가 유리함.

2) 톨페스큐(Tall Fescue, 큰김의털)

- 유럽 및 북아프리카가 원산지이며, 다년생 화본과 목초임.
- 우리나라 전국에서 재배가 가능한 지역 적응성이 가장 넓은 초종임.
- 환경 적응성이 넓음(더위와 추위에 비교적 강한 성질을 지님).
- 상번초이며 뿌리가 깊은 것이 특징임.
- 주로 건초로 이용되나 방목으로도 이용 가능함.
- 사료가치와 기호성이 낮음.
- 사료가치가 높은 초종과의 혼파가 유리함.

3) 이탈리안라이그래스(Italian Ryegrass, 쥐보리)

- 원산지는 지중해 지방이며, 월년생(1년생)의 화본과 목초로 분류됨.
- 우리나라 남부지방에서 주로 재배함.
- 산성토양, 가뭄, 추위에 약함.
- 상번초(초장 60~120cm)에 해당함.
- 가축의 기호성이 높고, 단기간 수확량이 좋음.

4) 티모시(Timothy, 큰조아재비)

- 원산지는 유럽 북부 및 시베리아 동부이며, 다년생 화본과 목초임.
- 추위와 습한 기후에 적합하나 더위와 산성에 약함.
- 상번초로 뿌리의 발달은 얕음.
- 주로 건초로 이용되며, 사료가치가 높은 것이 특징임.

5) 켄터키블루그래스(Kentucky Bluegrass, 왕포아풀)

- 유럽 및 북아메리카가 원산지이고, 다년생 화본과 목초에 해당함.
- 추위에 강하고, 고온건조한 기후에 약함.
- 비옥한 토양에서 잘 자라지만, 초기 생육은 늦음.
- 재생력이 강한 하번초로, 방목에 적합함.
- 상번초와의 혼파가 유리함.

6) 페레니얼라이그래스(Perennial Ryegrass, 호밀풀)

- 북아프리카, 유럽, 아시아가 원산지이며, 다년생 화본과 목초임.

- 습하고 비옥한 토양에 적응성이 높음.
- 환경 적응성이 낮음(여름철 하고현상이 발생함).
- 초기생육이 빠른 것이 특징임.
- 하번초이며, 재생력이 강함.
- 사료가치가 높고, 방목에 적합함.

7) 리드카나리그래스(Reed Canarygrass, 갈풀)
- 원산지는 북아프리카, 유럽, 아시아이고, 다년생 화본과 목초로 분류됨.
- 습한 지역에 대한 적응성이 우수함.
- 환경 적응성이 우수함(추위, 산성, 건조하고 습한 기후에 강함).
- 청예, 건초, 사일리지로 이용 가능함.
- 사료가치가 낮고, 기호성이 떨어짐.

8) 옥수수(Corn)
- 남아메리카가 원산지이며, 1년생 화본과 사료작물임(사료작물로는 마치종이 주로 재배됨).
- 비옥하고 유기질이 풍부한 토양에 기온이 높은 지역에서 잘 자람.
- 단위 면적당 가소화 영양소 총량(TDN)이 가장 높음.
- 집약적 시설재배가 적합한 다비작물임.
- 파종단계부터 수확단계까지 기계화 작업에 적합하여 수확량이 많음.

9) 수단그래스(Sudangrass)
- 원산지는 아프리카이며, 1년생 화본과 목초로 구분됨.
- 토양 적응성이 우수(고온, 건조한 조건에서 재배됨). 하지만, 산간지역은 부적합함.
- 사료가치는 낮은 편임(가축 기호성 및 사양능력이 낮음).
- 수수 또는 타 수단그래스 종간의 교잡종이 수확량이 많음.

10) 귀리(Oat, 연맥)
- 유럽 및 서남아시아가 원산지이고, 월년생(1년생) 화본과 사료작물임.
- 추위에 약해 우리나라에서는 주로 남부지방에서 재배됨.
- 맥류 중 목초에 가장 가까운 생육특성을 보유함.
- 봄 또는 가을에 짧은 기간 재배하기에 적합한 사료작물임.

- 주로 청예로 이용하나 방목, 사일리지, 건초 등으로도 사용 가능함.

11) 호밀(Rye)

- 원산지는 유럽 및 서남아시아이며, 월년생 화본과 사료작물에 해당함.
- 환경 적응성이 우수함(추위에 강하고 척박한 환경에 대한 적응력이 높음).
- 우리나라 전 지역에서 재배가 가능함.
- 사료가치가 낮음(출수 이후 가축 기호성 및 사양능력이 현저히 감소함).
- 청예, 건초, 사일리지, 방목으로 사용하기에 적합함.

12) 청보리(Barley, 총체보리, 보리)

- 월년생 화본과 사료작물로 구분됨.
- 약간 습하고 배수 시설이 잘 구비된 지역에서 재배해야 함.
- 사료가치가 우수함(알곡, 줄기, 잎 모두 사료로 활용 가능함).
- 청보리는 배합사료 대체효과가 우수하다는 것이 가장 큰 특징임.
- 주로 곤포 사일리지로 이용됨.

4. 주요 두과(콩과) 사료작물 특징

1) 레드클로버(Red Clover, 붉은토끼풀)

- 서남아시아 및 카스피해 남부가 원산지이고, 다년생 두과 목초에 해당함.
- 잎과 줄기에 잔털이 많은 것이 특징임.
- 우리나라 전국에서 재배가 가능함.
- 건조하지 않고 서늘하며 비옥한 토양에서 잘 자람.
- 사료가치가 우수함(단백질, 무기질, 비타민이 풍부함).
- 건초용으로 주로 이용함.
- 다량 급여 시 고창증을 유발할 수 있음.

2) 화이트클로버(White Clover, 토끼풀)

- 원산지는 서부아시아 및 지중해이며, 다년생 두과 목초로 분류됨.
- 지역 적응성이 우수함(우리나라 전 지역에서 재배할 수 있음).
- 습하고 서늘한 지역에서 적응력이 뛰어남(건조에는 약함).

- 사료가치가 우수함(단백질, 무기질, 비타민이 풍부함).
- 하번초로, 재생력이 강해 방목에 적합함.
- 가축이 다량 섭취할 경우 고창증에 걸릴 수 있음.

3) 라디노클로버(Ladino Clover)
- 유럽이 원산지이며, 다년생 두과 목초임.
- 지역 및 환경 적응성이 우수하여 재배 수량이 많음.
- 우리나라 전 지역에서 자생함.
- 습하고 서늘한 지역에서 잘 자람.
- 가축의 기호성이 좋으며 소화가 잘되는 것이 특징임.
- 단백질과 무기질이 풍부하여 사료가치가 우수함.

4) 알팔파(Alfalfa)
- 서남아시아가 원산지이며, 다년생 두과 목초임.
- 습지에서는 잘 자라지 않음.
- 환경 적응성이 우수함(추위, 더위, 건조한 기후에 강함).
- 단백질과 칼슘 함량이 많고, 가축의 소화율이 높음.
- 기호성과 사료가치가 높음(무기질과 비타민이 풍부함).
- 근류균에 의한 질소고정이 필요함.
- 주로 건초용으로 이용됨.
- 다량 급여 시 고창증을 유발할 수 있음.

5) 버즈풋트레포일(Bird's-Foot Trefoil, 벌노랑이)
- 원산지는 유럽 및 남미이며, 다년생 두과 목초에 해당함.
- 우리나라 전 지역에서 자생함.
- 환경 적응성이 우수함(더위, 추위, 건조한 기후에 강함).
- 사료가치가 높음(단백질, 무기질, 비타민이 풍부함).
- 하번초로, 뿌리가 깊은 것이 특징임.

5. 주요 십자화과 사료작물 특징

1) 유채
- 스칸디나비아, 시베리아, 코카서스 지방이 원산지이며, 월년생 십자화과 작물에 해당함.
- 토양 적응력이 우수함.
- 추위에 강하며, 단기간 생산량이 많음.
- 사료가치가 높음(영양분이 풍부하고, 기호성이 좋음).
- 주로 방목과 청예로 이용됨.

사료작물의 이용

1. 청예 이용

1) 사료작물별 수확 시기
① 수단그래스: 연간 3, 4회 예취가 가능하며, 청예로 이용할 경우 예취 높이를 120~150cm 정도로 설정해야 함(예취 높이를 낮게 할 경우, 가축이 청산중독에 걸릴 위험이 있고 초지 재생력이 감소함).
② 호밀: 청예로 이용할 경우 수확 시기는 4월 말~5월 초(출수기~개화기) 사이에 수확하고, 예취 높이는 30cm 이상임.
③ 유채: 3~4월(개화기)에 예취하는 것이 청예로 이용하기 적합함.
④ 귀리(연맥): 춘파의 경우, 5월 중순~6월 중하순 이후에 예취하고 추파한 경우에는 10월 중순에 수확하여 청예로 이용하는 것이 좋음(수잉기에서 출수기 사이).

2. 건초 제조

1) 건초 조제 원리 및 장단점
- 건초는 생산된 목초 및 사료작물을 가축의 사료로 이용하기 위해 건조하여 저장한 것을 뜻함.
- 태양열, 자연풍, 화력 등을 이용해 목초 및 사료작물 내 수분함량을 70~80%에서 15~20% 이하가 되도록 건조하여 제조한 형태임.

- 건초는 수확 후 건물 및 영양분 손실을 방지하기 위해 비를 맞지 않도록 주의해야 함.
- 화본과 목초는 출수기, 두과 목초는 개화 초기에 수확하여 건초로 조제하는 것이 좋음.
- 건초는 정장제(장을 깨끗하게 하여 전반적인 기능을 개선함) 기능이 있고, 목초 및 사료 작물 생산이 어려운 시기에 양질의 사료원으로 활용이 가능함.
- 건초는 자연건조(태양열) 할 경우 비타민 D의 함량이 증가하고, 운반과 취급이 용이하다는 장점이 있음.
- 반면, 건초는 건조 기간이 길어지게 되면 사료가치가 감소하며, 기후의 영향을 많이 받고 저장 공간을 많이 차지한다는 단점이 존재함.

2) 건초 조제적기 및 방법

- 건초 조제를 위한 1번초 예취적기는 화본과 목초의 경우 출수 초기~출수기, 두과 목초는 개화 초기가 적합함.
- 이후 재생초는 목초의 초장이 30~50cm인 경우 예취하여 건초로 조제하는 것이 좋음.
- 우리나라 건초의 조제적기는 5~6월 중순임.
- 건초의 조제 과정: 적기수확→뒤집기(반전)→집초→결속(곤포)→저장

① 자연건조법(포장건조법)
 - 태양열과 자연풍을 이용하여 건조하는 방법으로, 건조 방법 중 가장 많이 사용되는 방법임.
 - 자연적으로 건조하는 방법이기 때문에 2~3일 정도 맑은 날씨가 계속될 것으로 예상될 경우에 사용해야 함(비나 이슬을 맞으면 영양손실이 발생함).
 - 두과 목초를 자연건조법으로 건조할 경우, 건조과정에서 빨리 마르고, 잘게 부서져 영양 손실이 발생하기 때문에 적합하지 않음.
② 가상건조법(초가건조법)
 - 날씨가 습하고 좋지 않은 경우, 자연풍을 이용하여 건조하는 방법임.
 - 목초 및 사료작물 수확 후 포장에서 반전하며 말린 후 초가에 널어서 말리는 방법으로, 초가건조법이라고도 불림.
 - 수분함량이 40~50% 정도가 되도록 건조하여 제조하는 것이 적합함.
③ 상온통풍건조법
 - 송풍기를 이용하여 인공적으로 건조시키는 방법임.
 - 수확 후 1~2일가량 포장에서 반전하며 말린 후 상온송풍건조기를 통해 수분함량이

40~50% 정도가 되도록 건조시키는 방법임.

　- 비용과 노동력이 많이 소모된다는 단점이 존재함.

　④ 발효건조법(갈색 건초)

　- 일기가 불순하고 비가 많이 올 경우, 발효열을 이용하여 갈색 건초를 제조하는 방법임.

　- 예취 후 1~2일 정도 포장에서 반전하며 건조시킨 후, 2~3일 정도 고온의 발효열을 이용하여 수분을 증발시킴.

　- 갈색 건초를 제조하는 발효건조법은 건물, 가소화 단백질 손실이 발생함.

　⑤ 화력건조법

　- 화력을 이용하여 가열한 공기를 이용하여 건조시키는 인공 건조 방법임.

　- 가열기와 송풍기를 같이 구비하여 사용함.

　- 화력건조법으로 건초를 제조할 경우, 품질은 좋지만 비용이 소요됨.

　- 자연건조법으로는 영양 손실이 많이 발생할 수 있는 두과 목초를 건조시키기에 적합한 방법임.

3. 건초 제조 시 유의사항

- 건조 효율을 향상시키기 위하여 압쇄 또는 반전시키는 방법이 있고 탄산나트륨, 탄산칼륨, 구연산 등의 건조제를 사용할 수 있음.

- 건조 후 생성된 건초는 펠렛 형태 또는 큐브(각형) 형태로 압축 및 성형하여 가공이 가능함 (큐브 형태는 펠렛에 비해 목초 특성을 보존함).

- 건초 보관 시 고온을 피하고 비나 이슬을 맞지 않도록 주의해야 하며, 햇빛이 잘 비치고 통풍이 잘 되는 곳에서 보관하는 것이 좋음.

- 유기산, 무수암모니아, 미생물 접종 등의 보존제를 사용하여 보존 상태를 우수하게 유지할 수 있음.

4. 건초 품질평가

- 좋은 건초를 판단하기 위한 방법으로는 외관 평가와 화학적 평가가 있음.

1) 건초의 품질평가(외관 평가)

　- 수확 시기: 화본과 목초의 경우 출수 전, 두과 목초는 개화 전 예취하는 것이 가장 좋음, 수확 시기가 늦어질수록 목초의 사료가치와 소화율이 감소함.

　- 잎 부착 정도: 줄기보다 잎의 비율이 많을수록 건초의 품질이 좋음.

- 녹색도: 연한 녹색~자연 녹색의 색깔을 가지는 건초가 품질이 가장 좋음(자연 녹색에 가까울수록 단백질, 카로틴 등 영양분 함량이 높음).
- 냄새: 상큼한 풀 냄새가 나는 것이 좋음.
- 촉감: 촉감이 부드럽고 연한 것이 좋음.
- 수분함량: 건초의 적정 수분함량은 15~18% 정도로, 운반과 저장이 용이해지고 곰팡이 생성을 방지할 수 있음.

2) 건초의 품질평가(화학적 평가)
- 조단백질, NDF, ADF, 가소화 건물(DDM) 함량 및 건물섭취율(DMI)을 계산하여 상대 사료가치(RFV)를 분석함.
- 상대사료가치가 화본과 목초는 124~140, 두과 목초는 140 이상일 때 가장 등급이 높음.

5. 사일리지 제조

1) 사일리지 조제 원리 및 장단점
- 사일리지란 목초 및 사료작물을 밀폐된 용기(사일로)에 담아 젖산발효시킨 다즙질 사료임.
- 사일리지는 목초 및 사료작물이 재배되지 않는 겨울 기간 동안 가축에게 급여할 수 있는 유용한 저장사료임.
- 또한 기후, 환경적 문제로 건초를 제조할 수 없을 때 사용하기 좋음.
- 젖산발효를 통해 타 균들의 증식을 억제하여 저장성이 좋은 양질의 사료를 제조할 수 있음.
- 사일리지를 사일로에 보관할 경우 산소 유입에 의한 부패를 방지하기 위해 반드시 밀봉 및 답압해야 함.
- 사일리지는 날씨에 의한 영향이 적고, 가축에게 저렴한 양질의 사료(건초보다 단백질, 비타민 및 카로틴 함량이 많음)를 제공할 수 있음.
- 가축의 기호성이 좋고, 저장 기간 동안 품질 변화 및 영양소 손실이 적음.
- 건초에 비해 저장공간에 대한 제약이 적고, 기계작업이 용이함.
- 하지만, 사일리지 제조 시 기계 또는 시설 비용과 노동력 등이 많이 소요된다는 단점이 있음.

2) 사일리지 조제적기 및 방법
- 사일리지의 조제 과정: 예취(수확)→세절 및 운반→충진, 밀봉(진압) 및 가압

표 5-3. 사일리지 조제 과정

종류	방법 및 특징	
	작물	예취적기
예취 및 예건	옥수수	75%가 호숙기 경과한 것
	알팔파	개화 초기
	수단그래스	출수기
	스위트클로버	개화 초기
	– 사일리지 조제 시 예취적기는 작물별로 다양함. – 수분함량이 65~75%일 때 사일리지를 제조하는 것이 적당함. – 원료의 수분함량이 너무 높을 때는 원료를 예건 처리하여 수분함량을 조절함. – 수분함량이 많을 경우 영양소 손실 및 세균 번식으로 인한 부패가 일어남. – 수분이 너무 적을 경우 젖산균의 번식이 어려움.	
세절	– 원료를 1~4cm의 길이로 짧게 세절함. – 원료의 취급을 용이하게 하고 일정한 용적의 사일로에 더 많은 양의 원료를 충진할 수 있도록 함. – 압착을 돕고 낮은 온도를 유지하여 젖산발효가 일어나는 좋은 조건을 제공함. – 즙액의 침출을 용이하게 하여 젖산균의 증식을 도움.	
충진, 밀봉(진압) 및 가압	– 원료 사이의 공기를 잘 배출시켜야 함. – 원료를 진압하여 원료 사이의 공기를 보다 많이 빼내어 혐기 상태로 만듦. – 진압을 통해 원료에 함유된 발효성 탄수화물을 침출시켜 유산발효를 촉진함. – 원료의 6~15% 무게의 눌림 돌로 원료의 상부를 눌러 유산발효를 촉진하고 부패를 방지하여 사일리지의 품질을 높임.	

표 5-4. 사일로 종류 및 사일리지 제조 형태

종류	방법 및 특징
탑형사일로	– 탑형사일로는 원통형 또는 다각기둥형 지상수직 사일로를 의미함. – 충진과 급여 시 많은 기계화 작업이 필요하고, 즙액 손실이 큼.
트렌치사일로	– 트렌치사일로는 장방형으로 땅을 파서 만든 지하식 수평 사일로를 뜻함. – 우리나라에서 가장 널리 사용되는 사일로 종류 중 하나임. – 탑형사일로에 비해 비용 소모가 적고, 사일로 시공 과정이 간단한 것이 특징임.
기닐사일로	– 사일로 벽이 특수 유리섬유를 포함하는 강판으로 되어 외부 공기를 차단할 수 있고, 자체적으로 압착이 가능한 사일로의 형태임(진공사일로라고도 불림). – 기능적으로 가장 우수함. – 저장기간 동안 품질의 변화가 적고, 충진 및 급여가 용이함. – 저수분 사일리지(수분함량 50% 내외)를 저장하기에 적합함.
벙커사일로	– 벙커사일로는 지상식 수평 사일로를 의미함. – 시공 비용이 저렴하고 경사지를 이용하여 건축할 수 있음. – 충진 및 밀봉(진압)이 오래 걸려 산소 유입, 발효 억제 등 피해가 발생할 수 있음.
스택사일로	– 스택사일로는 비닐 위에 목초 및 사료작물을 쌓고, 다시 비닐로 덮어 두는 형태임. – 시설 비용이 들지 않고 이동이 가능하다는 장점이 있지만, 밀봉(진압)이 제대로 되지 않는 경우가 많고 건물 손실이 큼.
원형곤포 사일리지	– 원형곤포 사일리지는 목초나 사료작물을 수확하여 예건한 뒤 비닐로 감싸 두는 형태임. – 예건 과정을 통해 발효품질을 개선할 수 있음. – 비닐은 6개월 저장 시에는 4겹, 10개월 저장 시 6겹 이상 감는 것이 좋음. – 기후에 대한 영향이 적고, 운반과 저장이 용이한 것이 특징임.
총체 사일리지	– 총체 사일리지는 알곡작물을 알곡뿐만 아니라 줄기와 잎을 모두 사일리지로 조제한 것을 뜻함. – 고품질 사일리지로 조제가 가능함(가소화영양소 총량, 당함량 등 양분함량이 높음).

6. 사일리지 품질평가

- 좋은 사일리지를 판단하기 위한 방법으로 외관 평가와 화학적 평가가 있음.

1) 사일리지의 품질평가(외관 평가)

- 색깔: 전체적으로 밝은 감의 녹황색, 담황색을 띠고 있는지 평가함. 퇴색되거나 변패된 것이 있는지 확인함.
- 냄새: 향긋한 산취가 나는지 여부를 확인함. 낙산취, 분 냄새, 부패취, 곰팡이 냄새 등이 나는지 여부를 통해 평가함.
- 촉감: 잎과 경부가 온전하게 보존되었는지, 부패되어 파괴된 것이 있는지 여부를 확인함.
- 이물질 함량: 잡초, 낙엽 등 기타 이물질 함량을 확인하여 평가함.
- 맛: 약한 산미가 나는 것이 좋음.
- 수분함량: 수분함량은 70% 내외인 것이 좋음.

2) 사일리지의 품질평가(화학적 평가)

- 유기산: 젖산, 초산, 낙산의 비율에 따라 평가함.
- 상대사료가치(RFV): 산성세제불용성 섬유소(ADF), 중성세제불용성 섬유소(NDF)의 분석 결과값에 따라 평가함.
- 조단백질: 사일리지 내 조단백질 함량에 따라 평가를 진행함.
- 회분: 기타 이물질 함량을 분석하여 평가함.

참고문헌

김동암 외 17명 (1997), 초지학총론, 선진문화사.

김창주 외 10명 (1995), 초지학개론, 향문사.

농촌진흥청 국립축산과학원 (2019), 축산현장 애로기술 해결을 위한 조사료재배 100문답집, 진한엠앤비.

농촌진흥청 (2017), 조사료-농업기술길잡이 115(개정판), 농촌진흥청.

맹원재 외 8명 (1998), 사료자원학, 향문사.

박병훈 외 7명 (2005), 초사료자원학, 향문사.

안제국 (2020), 2020 축산기사 · 산업기사, 부민문화사.

이호진 외 4명 (1995), 사료작물학, 향문사.

한인규 외 5명 (2011), 사료자원핸드북 (상), 목운문화재단.

한인규 외 5명 (2011), 사료자원핸드북 (하), 목운문화재단.

그림 5-1. 건초. https://en.wikipedia.org/wiki/Hay. Wikipedia.

그림 5-2. 사일리지. https://m.nongmin.com/354431. 농민신문.

표 5-1. '축산현장 애로기술 해결을 위한 조사료재배 100문답집', 국립축산과학원.

표 5-2. 안제국 (2020), 2020 축산기사 · 산업기사, 부민문화사.

표 5-3. 한인규 외 5명 (2011), 사료자원핸드북 (하), 목운문화재단.

표 5-4. 김동암 외 17명 (1997), 초지학총론, 선진문화사; 농촌진흥청 (2017), 조사료-농업기술길잡이 115(개정판), 농촌진흥청.

동물생명공학

제 6 장

축사 및 시설

축사시설 및 위생 방역관리

1. 축사시설

표 6-1. 가축사육 환경요인

환경요소	환경요인
열 환경	온도, 습도, 공기 유동, 열방사 등
물리적 환경	빛, 소리, 축사, 시설구조, 사육밀도 등
화학적 환경	공기, 물, 산소, 이산화탄소, 암모니아, 먼지 등
지모 및 토양환경	위도, 고도, 지형, 토양 등
생물적 환경	야생동식물, 목초, 수림 등
사회적 환경	수용밀도, 동물행동, 이종가축, 관리자 등

1) 온도

- 일반적인 온도 조건에서 가축의 체온은 37℃로 일정하게 조절됨.
- 환경온도가 동물의 생산성에 미치는 영향: 대부분의 동물들이 20℃ 부근에서 최적의 생산능력을 발휘, 27℃ 이상에서 생산성 저하가 나타남.

표 6-2. 가축별 생육적온

소	돼지	말	면양	닭
12~15℃	10~13℃	15℃	10℃	13℃

2) 환경 온도와 동물의 생산성

- 사료 섭취량 변화: 고온에서 급감, 저온 환경에서 점차 증가
- 음수량 변화: 고온에서 급증, 적온 및 저온에서 완만히 감소
- 소화율 변화: 고온에서 미세 증가, 저온에서 미세 감소
- 돼지와 닭은 저온에 약하고, 소는 고온에 약함.

① 한육우의 온도 환경에 따른 총 사료 섭취량 변화
  - 25℃ 이상: 사료 섭취량 3~20% 감소
  - 35℃ 이상: 사료 섭취량 10~35% 감소
  - 고온 사육: 식욕 저하, 성장률 감소, 비유량 감소

② 젖소

- 21℃ 이상: 산유량 감소 징후가 나타남.

- 홀스타인, 27℃ 이상: 산유량 급격히 감소

③ 돼지의 밀집 사육

- 32℃ 이상: 증체량 감소

④ 닭

- 고온 사육: 난중 및 산란율 감소

- 과습: 기생충 발생, 폐렴 등의 원인임.

- 건조: 과습보다 가축 생산성에 더 많은 영향을 미침.

2. 광선(빛)

- 태양광선: 가시광선 13%, 근적외선 80%, 자외선 7%

- 자외선: 살균작용, Vit D의 형성, 대사 촉진, 혈압 강하 작용이 있음.

- 피하에 있는 콜레스테롤을 Vit D_3로 전환 및 Vit A 생성 작용으로 골격 형성에 영향을 미침.

- 태양광 및 인공광은 뇌하수체 전엽의 성선자극호르몬 분비를 촉진하여 번식행동에 직접적으로 작용함.

- 단일 동물(산양), 장일 동물(말, 닭)은 인공적 조명 조절을 통해 발정 유도가 가능하며, 산란을 촉진함.

- 축사의 지붕에 투광재를 이용하여 햇빛 투과율을 높일 경우 축사 안의 깔짚 건조 효과가 높음.

- 과도한 빛은 가축의 신경을 예민하게 하고, 일사병이나 피부병의 원인이 되며, 과도한 활동을 유발하여 비육이 저하됨

3. 습도

- 축사 내 습도 상승의 주요 원인: 분뇨, 호흡, 외부 유입, 건물 벽체로부터의 습기 등

- 환기, 환풍시설 및 인공열로 습기 제거가 가능함.

- 낮은 온도에서 습도가 높으면 추위를 가중시키므로 겨울철 과습은 가축에게 스트레스를 줄 수 있음.

- 축사 내 온도 유지 때문에 환기, 환풍량을 줄여야 하는 겨울철이 습기 문제가 더욱 심각함.

- 고온다습하고 환기가 불량한 축사에 계류할 경우 열사병 발생이 증가함.

- 한우에게 적합한 습도는 60~70%, 습도가 80% 이상인 환경에서는 체표면의 열과 수분 증

산의 억제로 체온이 상승하며, 생산성에 큰 영향을 미침.
- 축사 바닥의 깔짚이 축축하면 축사 내 암모니아 등 유해가스농도가 증가함. 따라서, 깔짚은 항상 건조하게 유지해야 하며, 자주 교체하여 과습하지 않도록 관리가 필요함.

4. 불쾌지수
- 기온이나 습도, 풍속, 일사 등이 인체에 주는 쾌감 및 불쾌감의 정도를 수량화한 지수임.
- 기온과 습도만으로 계산: (건구온도 + 습구온도) × 0.72 + 40.6
- [지수 70대: 상쾌함], [80 이상: 불쾌], [86 이상: 참기 어려운 불쾌감]

5. 축사 내 환기 시스템
- 환기를 통해 축사 온도를 조절할 수 있으며, 축사 내 과다한 먼지를 제거함.
- 축사 환기 설비: 환풍기, 급·배기구, 환기선 및 제어장치, 덕트(풍도)
- 양압환기: 외부로부터 공기를 흡입하여 축사 내로 불어주는 형태임. 배기구는 천장에 설치함.
- 음압환기: 환풍기가 축사 공기를 흡입하여 배출시켜 외부 환경에 대하여 축사 내 음압이 형성되며, 신선한 공기가 축사 안으로 유입됨.
- 등압환기: 환풍기에 의해 공기가 유입되며, 환기시킬 공간과 외부 환경 사이에 압력 차이가 없음.

6. 분진
- 축사 내 먼지(분진)는 사료 분말, 분 분말, 동물에서 유리된 세포분말 등임.
- 분진의 양은 낙하세균수와 비례하며, 건조한 환경에서 분진이 공기 중으로 날려 올라가는 양이 더욱 증가함.
- 먼지가 많은 곳에서는 가루사료보다 펠렛사료를 급여하며, 사료에 우지를 첨가하는 것이 유리함.
- 과다한 분진은 호흡기 질병과 유해세균의 감염률을 높여 가축의 성장을 지연시킴.
- 미국 국가직업안전과 건강위원회(NIOSH)의 호흡 기준: 분진량 = $5mg/m^3$ 이하, 총 노출 먼지 = $10mg/m^3$ 이하임.

7. 유해가스

1) 암모니아
- NH_3는 자극이 강하며, 허용한계는 25ppm 이하임.
- 25ppm 이상: 공기보다 무겁기 때문에 공기 중 습기에 용해됨. 각종 질병 감염의 원인이 되며, 특히 기관지 점막 손상 등 호흡기성 질병을 유발함.

2) 이산화탄소
- CO_2는 냄새가 없고, 2,500ppm 이하에서 지장이 없으며, 최대 허용한계는 5,500ppm 이하임.
- 치명 수준은 300,000ppm이며, 호흡 증가, 졸음, 두통, 질식, 폐사 등을 유발할 수 있으므로 주의해야 함.

8. 수질
- 물은 가축의 대사작용(소화, 흡수, 배설, 삼투압 등)에 필수적임.
- 가축 음용수가 오염될 경우 장티푸스, 콜레라, 전염성 설사, 장염, 기생충(폐디스토마) 등 수인성 전염병의 전염원이 되기도 함.
- 지하수가 중금속(납, 비소, 구리 등) 등에 오염된 경우가 많으므로 오염 여부를 확인 후 사용해야 함.

축사

1. 시설의 분류

1) 수용시설
- 기후환경이나 위험요소로부터 가축을 보호하기 위한 시설임.
- 휴식장, 채식 공간, 분만실, 치료실, 이동이 가능한 송아지 사육상, 환축 계류실 및 분류 작업장 등

2) 급사 시설

- 사료의 저장 및 조리, 분배에 이용되는 시설임.
- 사일로, 사료창고, 사료조리실, 급사 통로, 사료통, 개체 구분책, 채식행동 제어책 등

3) 착유 시설(젖소)

- 우유 생산에 필요한 시설 체계임.
- 착유우 대기장, 착유실, 우유 저장실, 기계실, 부속되는 착유 장비(진공 발생장치, 세척장치 및 냉각기 일체)

4) 분뇨 관리 시설

- 배설물을 수거, 저장, 처리 또는 처분하는 시설임.
- 분뇨구, 분뇨 저장조, 퇴비장, 액비 운반 및 살포 시설 등

5) 보조 시설

- 진입로, 급수시설, 동력시설, 농기계 창고, 목장 사무실, 관리자 숙소 등

우사의 종류

1. 개방식 우사

- 사면이 개방, 지붕이 설치된 축사로, 자연환경 속에서 소를 사육함.
- 건축비가 적게 들며 한우의 사육시설로 많이 이용됨.
- 투광지(FRP, PET 등)를 설치하여 햇빛을 축사 내에 비치게 함.
- 개방식 우사이나, 지붕이 있으므로 지붕 중앙에 환기구를 설치함.
- 바닥은 톱밥, 왕겨 등의 깔짚을 깔며 기계에 의한 분뇨 제거 작업이 가능함.
- 먹이통과 급수통은 서로 반대편에 설치하여 운동과 발굽 손질, 깔짚 뒤집기를 유도함.
- 우사 내의 울타리는 회전문을 설치하여 소의 관리 및 분뇨처리가 용이하도록 해야 하며, 겨울철 바람을 막아주기 위하여 윈치커튼 등을 설치함.

그림 6-1. 개방식 우사(프리스톨)

표 6-3. 개방식 우사의 장단점

장점	– 다른 형태의 축사보다 건축비가 적게 듦 – 사료급여, 분뇨제거 등의 기계화 작업이 가능 – 번식우나 비육우 사육에 적합
단점	– 자연환경의 조절이 불가능 – 나쁜 환경(저온 및 고온)에 의해 생산성이 좌우됨 – 개체관찰이나 질병발생 가축의 조기발견 및 치료가 어려움

2. 계류식 우사

– 소를 한 마리씩 묶어서 사육하는 우사임.

– 우상(牛床) 배열 방식: 단열식, 복열식(대미식, 대두식)

표 6-4. 계류식 우사의 방식

단열식	– 사료통, 우상, 분뇨구, 통로로 구성 – 기계작업이 불편하며 소규모 농가에 적합 – 분뇨제거: 리어카, 일륜차 등으로 인력을 이용 　지금은 거의 이용되지 않음
복열식	– 분뇨통, 우상, 사료통, 통로로 구성 – 분뇨처리방법: 저장액비화방법, 간이저장조 – 저장액비화방법: 우사바닥에 저장조를 만들어 처리 – 간이저장조: 깊은 분뇨구를 이용해 분과 요가 분뇨탱크로 흘러 들어가게 하는 법

표 6-5. 계류식 유우사의 장단점

장점	– 착유우의 개체별 사료급여, 인공수정, 분만관리 및 치료 등의 작업이 간편 – 소를 개체별로 관찰, 점검하는 데 용이하므로 개체별 집약관리를 위한 소규모 사육(경산우 50두 이하) 　농가에 적합

단점	– 소에게 안락한 시설이 되지 못함 – 장기간 계속 계류하여 사육하는 경우, 운동 및 일광욕의 부족에 의한 유방의 손상, 발굽 이상, 다리형 태의 변형, 번식장애 등의 문제점이 발생할 수 있음 – 계류식 유우사에서는 운동장을 별도로 마련하여 사용 – 착유우에게 자유로운 운동과 부드러운 흙바닥, 신선한 공기와 일광을 제공 – 번식관리가 용이, 운동부족에 의한 질병예방, 체형유지, 소를 청결히 관리 가능 – 용적이 많은 조사료(사일리지, 청초, 건초, 볏짚, 부산물 등)를 운동장에서 급여함으로써 우사 내로 운반, 급여하는 노력과 불편을 덜 수 있고, 우사 내 사료통의 용적을 농후사료 급여량에 맞게 설치함 으로써 시설비를 절약할 수 있음

그림 6-2. 계류식 우사

3. 방사식 우사

- 벽면이 설치되고, 내부는 무리 사육이 가능한 형태임.

- 비교적 자유를 제공한 상태로 군사하는 방법이며, 관리가 용이함.

- 분뇨처리: 저장액비화방법으로, 슬랫바닥(틈바닥)을 이용하여 처리함.

- 노동력의 절약을 도모하기 위하여 작업자는 가능한 한 이동하지 않고 사료섭취나 착유 시 유우가 스스로 이동하도록 하는 형태임.

- 기능 면에서는 계류식 유우사와 비슷하지만, 작업자의 동선보다는 유우의 동선을 고려하 여 시설의 기능과 구성 결정이 필요함.

표 6-6. 계류식 유우사와 방사식 유우사의 비교

구분	계류식 유우사	방사식 유우사
특징	− 개체관리에 용이 − 유우의 행동이 제한됨 − 사료 급여 및 착유 시 사람이 사료통이나 계류 장치로 이동하여 행함	− 우군관리에 용이 − 유우의 행동이 자유로움 − 사료 급여 및 착유 시 유우가 이동하므로 사람 의 작업량이 적음
적합조건	− 토지면적이 좁고 조사료의 공급 및 이용을 제한 할 필요가 있는 경우 − 사양규모가 중간 이하인 경우 − 유우의 개체관리를 통하여 생산성의 향상이 특 별히 요구될 경우 − 노동력의 유동성이 클 경우	− 충분한 면적과 조사료의 공급이 원활하고 저장 이 용이한 경우 − 사양규모가 큰 경우(적어도 50두 이상) − 유우의 군관리가 유리한 경우 − 노동력이 비싸고 기계의 도입이 유리한 경우 − 혹한지대가 아닌 경우

4. 개방식 유우사

- 강추위나 강우, 강설량이 많지 않은 지방(중부 이남)에서 사료통과 우상에 지붕을 설치, 벽
  이 없는 상태에서 연중 사육하는 시설 형태임.
- 여름철에는 일광을 차단, 겨울철에는 일사 각을 최대로 우사 내에 들임으로써 시설비를 절
  약함.
- 소를 자연환경조건에서 사육하는 조방적인 관리 형태임.
- 착유실을 별도로 설치하여 이용할 수 있으며, 소가 생활하게 되는 운동장을 완전히 개방하
  므로 젖소의 활동이 자유로움.
- 여름철의 더위와 겨울철의 추위, 눈과 비를 맞으며 자연상태에 노출된 환경에서 생활하게
  되므로 젖소에게 좋은 환경이라 할 수 없음.
- 강우나 강설, 겨울철의 동결로 분뇨를 집약적으로 처리하기 어렵고 관리 작업에 불편이 많음.

5. 프리스톨 유우사

- 경산우 40~60두 이상의 전업 내지 대규모 낙농에서 주로 이용함.
- 송아지, 육성우, 임신우, 건유우, 착유우 등 단계별로 구분하여 한 동의 건물 안에서 방사식
  으로 사육하게 되므로 관리 노력이 적게 들고 편리함.
- 착유우의 경우 우상을 제외한 활동 공간이 통료 및 분뇨구가 됨.
- 사료통의 앞턱에는 연동식 계류장치를 설치함.
- 계류장치(Stanchion): 소의 목 주변을 둘러싸서 우상에 계류시킬 수 있도록 고안한 타원형
  의 철제 구조물임.
- 환기는 중력에 의한 자연환기방식이 채택됨.
- 착유는 우사 내 별도로 설치된 착유식(헤링본식, 텐덤식)에서 실시함.

양돈시설

1. 돈사의 분류

1) 경영 목적에 따른 분류
① 번식돈사: 새끼 돼지(자돈)를 생산할 목적으로 함.
② 비육돈사: 새끼 돼지(자돈)를 육성 및 비육함.
③ 번식 및 비육돈사: 번식과 비육을 겸함.

2) 이동 가능성에 따른 분류

① 이동식 돈사(비고정형 돈사)
- 최근에 격리되거나, 조기 이유한 자돈을 사육하기 위한 돈사임.
- 이동이 가능하며 내부 환경의 변화를 효율적으로 조절 가능함.
- 전염병 전파에 대응 가능하며, 화재 위험성이 적음.
- 투하자본이 적어 양돈을 처음 시작하거나 소규모 양돈에 적합함.
〈단점〉
- 사육규모가 소형임.

② 고정형 돈사
- 현재 통상적인 돈사로 이동이 불가능한 형태임.
- 콘크리트 바닥으로, 관리 작업을 능률적으로 할 수 있어 다두사육에 용이함.
- 질병의 만연이나 화재의 위험성이 크며, 투하자본이 또한 큼.

3) 건물의 환기방식에 따른 분류

① 개방식 돈사
- 일반적으로 여름철의 무더위에 충분한 통풍이 필요한 지역에서 많이 사용함.
- 주로 비육돈사에 많이 적용함.
- 철재나 목재를 골재로 이용하며, 양쪽 긴 측벽을 윈치커튼을 이용하여 건축한 돈사로 건축비가 적게 들어감.
- 기온이 낮아지는 겨울철 온도관리가 어려움.

그림 6-3. 개방형 돈사

② 밀폐식 돈사(무창돈사)
 - 겨울철의 추운 지역에서 많이 이용됨.
 - 돈사 내 환경을 인위적으로 조절할 수 있음.
 - 주로 분만 돈사, 이유 돈사에 많이 적용함.
 - 건축비가 많이 들어가는 단점이 있음.
 - 샛바람의 침입을 막을 수 있는 방한 구조가 필요함.

그림 6-4. 무창돈사

4) 돈방(돼지방)의 배열 방식에 따른 분류

① 단식형 돈사
- 돈방을 일렬로 배열하는 돈사임.
- 주로 육성비육돈사에서 적용함.
- 급이 시설이나 분뇨처리 방식이 자동화인 경우 경제적임.

② 복열형 돈사
- 돈방을 2열로 배치하는 돈사임.
- 급사 통로를 중앙에 설치, 또는 양측에 설치하는 2가지 방법이 있음.
- 작업능률 면에서 보면 사료 급여와 분뇨 제거 중 급사 작업이 일반적으로 많을 경우 급사 통로를 중앙에 배치함.
- 급이 시설이나 분뇨처리 방식이 자동화인 경우 경제적임.

5) 돈사의 배치
- 돈사는 동서로 길게 지어 남향으로 배치함.
- 돈사 간 이동거리가 짧고 쉽게 이동할 수 있도록 배치해야 하며, 입구 가까이에 육성사를 배치하는 것이 방역상 유리하고 출하 시에도 편리함.
- 돈사 간격은 개방식 돈사인 경우 돈사의 폭만큼 떼어 주어야만 환경 관리에 양호함.
- 무창 돈사도 충분한 간격을 두는 것이 좋음.

표 6-7. 전자식 자동화 급이의 장단점

장점	– 개체별 사료량, 사료질, 급여형태(분말, 펠렛, 액상 등)의 조절이 가능함. – 어떠한 돈방 바닥형태(콘크리트, 전면 또는 부분 슬랫, 방목장, 야외돈사 등)에도 응용 가능함. – 군사의 장점(스톨사양의 단점), 즉 모돈도태율 및 사산율이 감소하며, 연산성의 증가 효과를 기대할 수 있음. – 사료 섭취 시 급이기에 격리되므로 위화감이나 투쟁 없이 편안하게 섭취함. – 개체별 능력을 비롯한 각종 기록의 전산화 및 관리가 가능함. – 다른 급이 시설보다 경제적일 수 있음.
단점	– 모돈이 적응할 수 있도록 훈련이 필요함. – 개체별 번호표가 오염에 의해 식별이 어렵거나 분실 우려가 있음. – 악벽(Bitting, bullying)의 증가 우려가 있음. – 시설의 기능 작동에서 고장 우려가 있고, 고장 시 대처가 어렵기 때문에 주기적인 관리와 고급 인력이 요구됨.

2. 돈사의 환경조성

- 밀집사육 시 서열 형성에 따른 스트레스로 사료 섭취량 감소, 허약한 돼지의 다량 발생 등 생산성이 감소됨.
- 돈방의 최소면적 기준: 돼지가 네 다리를 오므리고 엎드려 있을 때 차지하는 면적임.
- 적정면적: 돼지가 사지를 쭉 뻗어서 옆으로 편안히 쉬는 상태에서 차지하는 면적임.
- 내부 온도가 높은 여름철, 환기가 불량하거나 공기의 흐름이 불량한 돈방은 두당 소요면적이 증가함.
- 한 돈 방 내에 수용하는 돼지는 체중 차이가 나지 않도록 고르기를 실시하는데, 체중 차이가 나면 지체돈 발생이 많아지기 때문임.
- 암, 수, 거세, 비거세 등을 고려한 구분 수용이 중요함.

1) 적정 사육온도와 습도

- 육성 비육돈은 자돈사에서 이동 후 2~3일간 23~25℃ 정도로 온도를 높게 유지하며, 이후 서서히 낮추어 일주일 후에는 18~21℃를 유지하도록 해야 함.
- 돼지는 땀샘이 점차적으로 퇴화하여 육성 비육돈의 시기가 되면 고온에 약해짐.
- 돈사의 적정온도 유지와 일교차를 줄이는 것이 더욱 중요함.
- 고온기에는 송풍기 가동, 그늘막 설치, 샤워시설 등 방서 대책이 필요함.
- 돈사 내 적정 습도: 60~70%

3. 환기관리

표 6-8. 온도별 팬 크기와 온도조절기의 설정

추운 날씨 (겨울)	최소한의 배기량과 입기량의 환기를 시키면서 적정 사육온도 유지가 가능해야 함. 비육돈사의 적절한 공기 교환주기: 7~8분
포근한 날씨 (봄, 가을)	부가적으로 축사 내 온도를 조절함.
더운 날씨 (여름)	환기율을 높게 하고, 풍속을 높여 가축의 체감온도를 낮추어 스트레스를 감소시킴. 외부기온이 올라가는 것에 맞추어 점진적으로 공기 흐름을 증가시킬 수 있도록 온도조절기 설정 방법과 팬의 환기 용량을 선택해야 함.

4. 수질 및 급수 관리

1) 수질관리
- 여름철 더위는 물의 온도를 상승시키고 상승한 온도에 따라 물에 함유되어 있는 성분이 달라지며, 오염될 경우 발열과 설사 및 구토의 원인이 됨.
- 특히 세균의 증식이 빨라지므로 음용수에 소독약을 투약해야 함.
- 음수 소독에는 염소계, 산성계, 알데하이드(4급 암모늄) 등이 사용되며, 소독제별로 제조회사 권장 사항을 따름.
- 농장의 수질검사는 연 2회 이상 정기적으로 실시해야 함.

2) 급수관리
- 돼지는 음수량의 섭취가 부족할 경우 소화 흡수가 어려워지며 대사작용과 배설이 곤란해짐.
- 니플 급수기의 각도: 벽면과 약 15~45도로 아래로 향한 것이 물의 낭비를 최소화함.
- 급수기의 높이: 돼지 어깨높이보다 약간 높게 설치하는 것이 바람직함.
- 돼지는 잠자리에서 먼 위치에 배분하며, 물을 섭취하면서 배분하는 습성이 있으므로 급수기는 배분 장소 또는 옆돈방 돼지가 보이는 펜스상에 설치해야 함.

가금류 시설

1. 계사의 종류

1) 사육목적에 따른 분류
- 채란계사, 육계사, 종계사

2) 병아리의 성장단계에 따른 분류
- 육추사, 육성사, 성계사

3) 사육형식에 따른 분류
- 평사사육, 케이지사육, 배터리사육

2. 사육형식에 따른 분류

1) 평사사육

- 육추, 육계 사육에 적당함.
- 부속 운동장을 잘 활용해야 하며, 전염병 예방을 위한 위생관리가 중요함.
- 운동장: 닭들이 운동과 일광욕을 할 수 있는 공간으로 위생관리가 용이함.
- 평사에는 자리 깃을 필요로 함.
- 자리 깃은 오염된 것을 매일 바꾸어주며 사육할 수도 있고, 닭의 배설물과 혼합 퇴적하는 형태로 이용할 수 있음.
- 퇴적형: 매일 치워줄 필요가 없어 보온효과와 운동 촉진, Vit B_{12} 및 기타 미지성장인자의 생성으로 닭의 발육과 생산성, 산란율과 부화율을 높임.
- 토지와 건물비가 높음.

그림 6-5. 종계 평사사육

2) 케이지 사육

- 케이지 계사는 주로 채란용 산란계 사육에 이용되며, 개별 닭의 산란을 포함하는 관리가 가능함.
- 케이지 사육은 닭을 입체적으로 수용하므로 환기관리를 잘 해주어야 함.
- 모이통과 물통의 면적은 이용에 적합하게 적절히 분배가 필요함.
- 케이지 종류: 단사케이지, 2~3수씩 수용하는 중케이지, 25수 정도 수용하는 배터리식 케이지
- 케이지는 계사의 단위 면적당 사육두수를 높이고, 닭의 운동을 제한함으로써 사료 요구율을 낮추며, 기계화로 노동력을 절감시키는 등 경제성을 높이는 데 효과적임.

〈단점〉

- 시설비가 많이 소요되며, 닭이 운동을 할 수 없음.

그림 6-6. 산란계 케이지 사육

3. 구조에 따른 분류

1) 개방계사

- 우리나라 계사 중 대부분을 차지하는 형태로, 건물의 벽면에 공기와 햇빛이 자유롭게 드나들 수 있도록 한 계사임.
- 양쪽 벽에 윈치커튼을 설치하여 겨울철에는 윈치커튼을 움직여 밀폐시키고, 그 외 계절에는 외부 온도에 따라 윈치커튼을 개폐하여 자연환기에 의해 계사 내부를 환기시키는 계사임.
- 여름철 광선과 복사열이 계사 안으로 침투하여 고온 스트레스를 받기 쉽고, 벽면이 단열되지 않아 겨울철 계사 내부 온도가 낮아져 사료 효율이 감소됨.

그림 6-7. 개방계사

2) 간이계사

- 반원형의 철재 파이프 위에 비닐과 보온덮개를 덮고 측면에 1m 내외의 윈치커튼을 단 형태임.
- 초기 시설투자비는 적지만 환경 관리가 어렵고 노동력이 많이 소요됨.

3) 무창계사(환경자동조절계사)

- 산란계 농장에서 많이 이용됨.
- 외부로부터 공기나 열이 계사 안으로 들어오지 못하도록 지붕, 천장, 그리고 양쪽 벽에 단열재를 부착하여 계사 내외의 열 출입을 완전히 차단함.
- 개방계사와는 달리 광선과 복사열의 침입을 완전히 차단함으로써 계사 내 온도를 계사 외 온도보다 2~3℃ 낮출 수 있음.
- 외부 공기의 흐름을 차단하므로 공기의 흐름을 평준화할 수 있는 환기시설이 필수적이며, 냉방시설을 운영하기 용이함.

그림 6-8. 무창계사

4. 닭의 사육환경

1) 적정온도

- 체구는 작지만 체온이 평균 41℃로 매우 높음.
- 여름철 고온 환경에서 계사의 온도가 높아지는 것을 그냥 두면 닭이 고온 스트레스를 받아 폐사하게 됨.

- 산란계의 경우 온도가 1℃ 낮아짐에 따라 1수당 1일 사료 섭취량이 1.5g 증가하여 생산성이 저하됨.
- 따라서, 최저 임계온도 이상을 유지해야 하며, 그 이하에서는 사료비의 부담이 높아짐.

2) 적정습도
- 환기, 분뇨 청소, 물통 관리에 의해 적절한 습도 유지가 필요함.
- 습도가 너무 높으면 건축물의 내구성이 저하되고, 병원성 세균의 증가로 질병이 많이 발생할 수 있음.
- 습도가 너무 낮을 경우 탈수증세가 나타나고 호흡기 질병이 발생함.
- 적정 상대습도: 50%
- 부란실의 적합한 상대습도: 70~75%

3) 적절한 환기
- 유해가스를 계사 밖으로 내보내고, 계사 내부 온도를 적정 수준으로 유지하는 동시에, 계사 내 습도 조절을 위해 환기가 충분히 이루어져야 함.
- 분뇨 청소 및 관리, 창문, 환기시설로 공기 조성을 깨끗하게 유지 가능함.
- H_2S, NH_3, CH: 호흡, 깔짚, 먼지, 분뇨 등에서 생산되는 유해가스로, 계사 내부 공기의 질을 저하시키는 원인임.
- 가장 유독한 가스: NH_3, 30ppm 이상이면 호흡기 섬모운동이 감소됨.
- NH_3의 공기 중 농도: 25ppm 이하로 유지되어야 함.

4) 채광
- 태양광은 다양한 기능이 있기 때문에 적절한 채광량이 중요함.
- 태양광은 겨울철 계사를 따뜻하게 하며, 자외선에 의해 미생물이 사멸함.
- 광선이 닭의 뇌하수체를 자극하여 생식선 발달을 촉진하기 때문에 성 성숙, 산란, 환우에 영향을 줌.
- 자외선이 피부의 Vit D 전구체인 7-Dehydrocholecalciferol을 Vit D로 전환함.

참고문헌

강창기 외 6명, 식육생산과 가공의 과학, 선진문화사.

김병철 외 7명, 근육식품의 과학, 선진문화사.

박형기 외 15명, 식육의 과학과 이용, 선진문화사.

양철영, 고명수, 축산식품 이용학, 형설출판사.

이무하 외 6명, 축산식품 즉석가공학, 선진문화사.

Principles of Meat Science. Aberle et al., Kendall/Hunt Publishing Company.

Food Proteins. Nakai & Modler. WILEY-VCH.

그림 6-1. 개방식 우사(프리스톨).

　　　　https://www.nias.go.kr/front/prboardView.do?cmCode=M090815150850297&boardSeqNum=3537.

　　　　https://www.nias.go.kr/front/prboardView.do?cmCode=M090815150850297&boardSeqNum=3697.

그림 6-2. 계류식 우사. http://www.rda.go.kr/upload/rdatech/lp/file_lp_015121_b0018.pdf.

그림 6-3. 개방형 돈사.

　　　　https://www.nias.go.kr/front/prboardView.do?cmCode=M090815150850297&boardSeqNum=3709.

그림 6-4. 무창돈사. http://www.eurohousing.co.kr/page/business_03.php.

그림 6-5. 종계 평사사육. https://www.nias.go.kr/promote/photoView.do?viewSeq=359.

그림 6-6. 산란계 케이지 사육. https://www.nias.go.kr/promote/photoView.do?viewSeq=353.

그림 6-7. 개방계사. https://nsfarmhouse.com/9-steps-to-start-your-poultry-farm-business-easily/.

그림 6-8. 무창계사. http://www.domin.co.kr/news/articleView.html?idxno=1321350.

표 6-1. 가축사육 환경요인. 최광희(2021). 축산기사 · 산업기사.

표 6-2. 가축별 생육적온. 최광희(2021). 축산기사 · 산업기사.

표 6-3. 개방식 우사의 장단점. 최광희(2021). 축산기사 · 산업기사.

표 6-4. 계류식 우사의 방식. 최광희(2021). 축산기사 · 산업기사.

표 6-5. 계류식 유우사의 장단점. 최광희(2021). 축산기사 · 산업기사.

표 6-6. 계류식 유우사와 방사식 유우사의 비교. 최광희(2021). 축산기사 · 산업기사.

표 6-7. 전자식 자동화 급이의 장단점. 최광희(2021). 축산기사 · 산업기사.

표 6-8. 온도별 팬 크기와 온도조절기의 설정. 최광희

동물생명공학

제 7 장

동물의 행동과 복지

동물행동의 정의 및 유형

1. 행동의 정의
- 동물행동은 자극에 대해 반응하는 것으로 설명될 수 있음.
- 행동의 원인은 외부로부터의 시각과 청각, 촉각, 후각, 미각 등에 의한 '외부적인' 자극뿐 아니라 호르몬의 분비에 의한 '내부적인' 자극도 모두 포함됨.
- 동물의 행동은 개체유지 행동과 사회 행동으로 나눌 수 있음.

표 7-1. 개체유지 행동과 사회 행동

개체유지 행동	사회 행동
먹이 먹기	과시
물 마시기	짝짓기
휴식	공격
배변	무리를 짓기
자기 방어	새끼 돌보기
털 손질	세력권 방어
탐색	놀이

2. 행동의 유형
- 동물행동의 유형은 사회 행동, 섭식 행동, 성 행동, 모성 행동, 이상 행동 등으로 구분할 수 있음.

1) 사회 행동
- 사회 행동은 2개체 이상의 동물이 함께 하는 행동을 의미하며 대표적인 행태가 무리를 이루는 것.
- 오리 · 기러기류와 같은 겨울 철새는 무리 지어 이동하고 먹이를 먹고 휴식을 취하며 월동하는 행동을 관찰할 수 있음.
- 특정 시기에 자신의 고유한 영역을 설정하고 다른 개체가 고유 영역인 세력권 내에 들어오지 못하게 하는 세력권 방어 행동은 잘 알려진 사회 행동임.

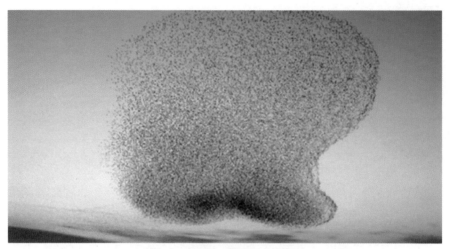

그림 7-1. 무리 지어 이동하는 가창오리

그림 7-2. 일하고 있는 개미 무리

2) 섭식 행동

- 동물이 외부로부터 먹이와 물을 체내로 주입하는 것을 섭식이라고 하며 섭식 과정에서 다양한 행동적인 특징을 보이는데, 이를 섭식 행동이라 함.
- 동물은 먹이의 종류에 따라 초식동물, 육식동물, 잡식동물로 구분할 수 있으며 먹이의 종류에 따라 섭식 행동이 매우 다양함.
- 서식하는 지역에 따라 육상 종, 해양 종, 숲 내 종, 숲 가장자리 종 등으로 다양하게 구분할 수 있으며 각각의 종별로 서식환경과 신체적 특성에 맞는 섭식 행동을 보임.

그림 7-3. 먹이를 먹고 있는 저어새

그림 7-4. 교미 중인 호랑이

3) 성 행동

- 동물은 번식기에 적합한 이성을 선택하고 알이나 새끼를 낳기 위해 짝짓기를 하는데 이와 같은 일련의 행동을 성 행동이라 함.
- 성 행동에는 이성에게 자신의 우월성을 내보이기 위한 과시, 상대방이 자신에게 적합한 지에 대한 평가, 서로에게 애정과 유대감을 쌓는 과정, 수컷의 생식기가 암컷의 몸속으로 들어간 후 정자를 사정하는 것 등이 모두 포함됨.

그림 7-5. 포란 중인 가마우지

4) 모성 행동

- 동물은 산란하거나 새끼를 출산한 이후 알을 품거나 보호하고 새끼를 돌보는데, 이러한 행동을 모성 행동이라 함.
- 조류의 경우 짝짓기를 하고 둥지를 만들고 알을 산란한 후 둥지와 알을 보호하면서 알이 부화할 때까지 알을 품는 포란을 계속함.
- 새끼가 부화한 이후에도 어미 새는 먹이를 물어다 주면서 새끼를 키우고 어느 정도 성장하면 둥지로부터 새끼를 이소시킴.
- 포유류는 짝짓기 이후 상당히 긴 임신기간을 거친 후 새끼를 출산하는데, 갓 태어난 새끼는 어미의 젖을 먹으면서 자라고 성장하는 동안 끊임없는 어미의 보살핌을 받아야 함.
- 포유류는 어미와 새끼가 지속적인 상호작용을 통해 끈끈한 유대관계를 형성하게 되고, 그 결과 더욱 긴밀한 모성 행동을 보임.

5) 이상 행동

- 동물이 사육상태에 있거나 혹은 과도한 스트레스를 받게 되면 정상적이지 않은 이상한 행동을 하는 경우가 많은데, 이와 같은 비정상적인 행동을 이상 행동이라 함.
- 동물원이나 농가에서 사육되고 있는 동물은 대부분 좁은 면적의 사육시설 내에서 지내기 때문에 스트레스를 받는 경우가 많음.

그림 7-6. 반달가슴곰의 이상 행동

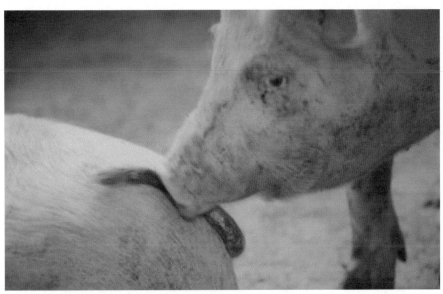

그림 7-7. 돼지의 이상행동

- 사육상태의 닭이나 꿩과 같은 조류의 경우 스트레스가 원인이 되어 다른 개체를 공격하여 상처를 입히거나 사망에 이르게 하기도 함.
- 카니발리즘과 같은 비정상적인 행동 역시 이상 행동에 속함.
- 여러 개체와 합사된 돼지에게서도 다른 개체의 꼬리를 물어 씹는 행동을 쉽게 관찰할 수 있는데, 이 역시 정상 범위를 벗어난 이상 행동임.

행동에 영향을 주는 요인

1. 유전
- 자식이 부모의 형질을 이어받아 비슷한 면이 매우 많은 현상을 유전이라 하며 행동의 유전학적인 측면은 동물에게서도 발견할 수 있음.
- 유전적인 요인이 행동에 미치는 영향은 사람의 경우에서도 나타나는데, 일란성 쌍둥이의 경우 생김새뿐 아니라 성격, 머리 모양, 취향, 말투 등 행동이 매우 비슷하거나 동일한 이유가 부모로부터 물려받은 동일한 유전적인 특성에 원인이 있음.

2. 경험
- 동물 대부분은 평생 자신이 실제로 해보거나 겪어본 경험을 통해 많은 것을 보고 배우며 이는 행동에 큰 영향을 줌.
- 경험을 바탕으로 장소, 시기, 사회적 우열 관계에 따라 매우 다양한 행동을 관찰할 수 있음.
- 갓 부화하거나 태어난 새끼가 처음 본 상대를 어미로 인식하고, 계속해서 어미를 졸졸 따라다니면서 먹이를 얻고 보살핌을 받는 현상을 각인이라고 함.
- 각인은 어미를 본 경험이 가장 큰 원동력이 되어 지속되는 행동으로 오스트리아의 동물학자인 로렌츠에 의해 구체적으로 규명됨.
- 로렌츠는 야생에서 수집한 회색기러기 알을 부화기에 넣고 부화시켰고 회색기러기 알이 부화하는 순간 자신의 얼굴을 새끼들에게 보여 주었음.
- 그 결과 부화한 새끼들이 로렌츠를 어미로 인식하고 졸졸 따라다녔으며 먹이도 받아먹음.
- 각인으로 인해 어미와 새끼 사이에는 매우 강한 유대감이 형성되고, 이를 바탕으로 새끼는 스스로 생존하기 어려운 유년 시절에 어미의 도움을 받아 성공적으로 성장해서 독립할 수 있음.

그림 7-8. 로렌츠의 갓 태어난 새끼 회색기러기를 대상으로 한 각인 실험

3. 학습

- 동물은 평생 새로운 것을 배워서 익히게 되는데, 이를 학습이라고 함.
- 배워서 익힌 것을 바탕으로 행동은 변화하게 되고, 이와 같은 변화는 비교적 오랜 기간 동안 유지됨.
- 동물의 학습을 이해하고 규명하기 위해 비둘기에게 다양한 색깔의 영상을 동시에 보여 주고 특정 색깔을 부리로 쪼았을 때 먹이를 공급하는 실험을 함.
- 여러 번의 반복을 통해 비둘기는 특정한 색깔을 부리로 쪼았을 때 먹이가 공급된다는 사실을 학습하게 되고, 그 후 먹이를 먹을 수 있는 행동을 시속하는 것으로 나타남.
- 동물의 학습은 익숙, 연상학습, 시행착오, 모방 등 다양한 유형으로 구분할 수 있음.

4. 서식 환경

- 동물은 서식 환경에 의해 많은 영향을 받는 것으로 알려짐.
- 서식 환경의 변화는 그 지역에 사는 동물의 생태 및 행동에 직접적 혹은 간접적으로 큰 영향을 미치는 것으로 알려져 있음.
- 야생동물뿐 아니라 농장동물, 반려동물, 실험동물 등 사육상태에 있는 많은 동물 역시 서식 환경이나 사육 환경이 변화하면 행동에 큰 변화를 보임.

그림 7-9. 비둘기의 학습 능력에 관한 실험

- 또한 사육시설의 미비 및 협소, 과도한 사육밀도, 적합한 관리의 부재 등에 의해 동물은 스트레스 혹은 고통을 받을 수 있음.
- 스트레스나 고통으로 인해 동물의 행동은 변화될 수 있으며, 심한 경우 이상 행동을 보여 큰 문제가 발생하기도 함.

행동의 변화

1. 행동의 변화

- 동물의 행동은 동물이 태어나서 죽을 때까지 지속해서 발달하며 다양하게 변화함.
- 태어난 직후에는 기본적인 생존을 위한 단순한 몇 가지의 행동을 보이지만 점점 성장해감에 따라 주변 환경과의 끊임없는 상호작용을 통해서 행동은 발달하여 매우 정교하고 다양해짐.
- 동물의 행동은 동물이 태어나면서부터 하는 선천적 행동과 태어난 이후 얻어진 후천적 행동으로 나뉨.

표 7-2. 선천적 행동과 후천적 행동

선천적 행동	후천적 행동
울음	경험
젖 빨기	학습
본능	습관
무조건반사	조건반사

1) 선천적 행동

- 동물은 다른 개체에게 배우거나 지시를 받지 않고도 울거나 젖을 빠는 등 태어나면서부터 하는 선천적 행동을 통해 생존을 함.
- 선천적 행동의 하나인 무조건반사는 무의식적으로 일어나는 행동으로 위험으로부터 자신을 보호하는 데 큰 역할을 함.
- 그 밖에 신체에서 일어나는 무릎반사, 땀 분비, 배변, 동공반사, 눈물이나 침의 분비, 재채기, 하품 등이 무조건반사에 속함.

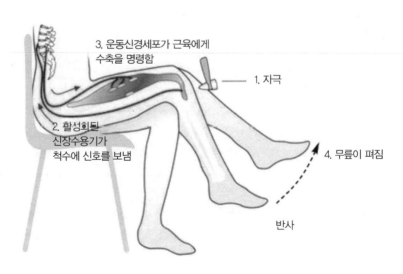

그림 7-10. 무조건반사에 의한 다리의 움직임

2) 후천적 행동

- 동물은 살아가면서 겪는 많은 경험을 통해 다양한 상황에 처했을 때 그에 알맞게 판단하여 행동함.
- 훈련을 통해 학습된 내용을 바탕으로 행동을 바꾸거나 조정하는 것 역시 후천적 행동이라 할 수 있음.
- 지속해서 되풀이하는 과정을 통해서 얻은 습관이나 조건반사 등도 후천적 행동에 속함.
- 조건반사는 후천적 행동의 하나로 동물이 겪었던 경험이나 반복된 훈련 및 학습에 의한 것이며 반드시 대뇌가 관여하는 것으로 알려져 있음.
- 조건반사는 자극이 감각기 및 감각신경을 거쳐 대뇌에 도달하고, 그 후 대뇌의 명령이 반사중추와 운동신경을 거쳐 효과기를 움직여 반응하는 순서로 이루어짐.
- 러시아의 생리학자인 파블로프는 개가 주인의 발자국 소리만 들어도 침을 분비한다는 조건반사를 밝힘으로써 대뇌가 조건반사에 관여한다는 것을 생리학적으로 증명함.

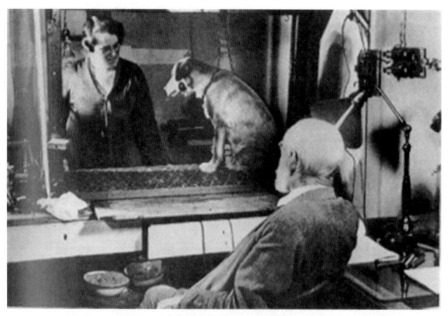

그림 7-11. 개를 이용한 파블로프의 조건반사 실험

2. 의사소통

- 동물은 다양한 방법을 이용해서 자신의 의도나 가지고 있는 정보를 다른 개체와 주고받는데, 이를 의사소통이라고 함.
- 의사소통에는 목소리와 같은 발성뿐 아니라 시각, 신체 접촉, 후각 등 다양한 방법이 사용됨.

1) 발성

- 많은 동물이 성대에 공기를 통과시켜 소리를 내는 발성을 통해 의사소통함.
- 조류는 번식하는 봄에 수컷이 암컷을 유혹하기 위해 다양한 발성음으로 노래를 하며 지저귐.
- 박쥐의 경우 주파수가 매우 높은 발성음을 통해 다른 개체와 의사소통뿐 아니라 물체의 위치를 파악하는 것으로 알려져 있음.
- 박쥐는 입으로 초음파의 소리를 내어 초음파가 먹이에 부딪힌 후 반사된 음파를 탐지하여 먹이의 위치를 알아낸 후 그 위치로 날아가 먹이를 사냥함.

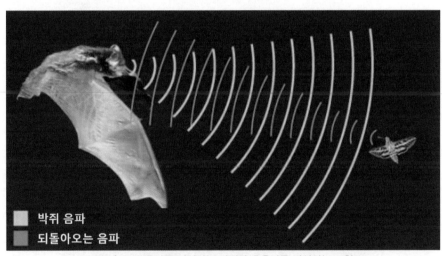

박쥐 음파
되돌아오는 음파

그림 7-12. 초음파를 발산하는 박쥐와 초음파를 발산하는 모형도

2) 시각

- 시각은 많은 동물의 의사소통에 이용되고 있음.
- 조류의 화려한 깃털이나 포유류의 몸짓과 표정 등은 시각적인 의사소통 방법이라고 할 수 있음.
- 개나 고양이 같은 반려동물 역시 특유의 몸짓이나 표정을 지음으로써 상대방에게 사회적 우위를 나타내거나 복종하겠다는 의도를 표시함.
- 개가 꼬리를 흔들면서 반가움을 표시하거나, 꼬리를 다리 사이에 밀어 넣으면서 공포감 등을 나타내는 행동 역시 시각적인 의사소통의 예임.

그림 7-13. 반려견의 복종 행동

그림 7-14. 수컷 공작의 시각적인 과시 행동

3) 신체 접촉

- 신체 접촉 역시 동물에게 있어서 중요한 의사소통의 수단일 뿐만 아니라 서로 친밀감을 더욱 높이는 계기가 됨.
- 어린 개체들은 몸을 부대끼면서 싸우고 놀고 경쟁하는 등의 신체 접촉을 통해서 서로를 이해하고 무리의 단결을 도모함.
- 원숭이와 같은 영장류는 다양한 신체 접촉을 통해서 의사소통하는 것으로 알려져 있음.

그림 7-15. 원숭이 새끼의 어미에 대한 신체 접촉

4) 후각

- 후각은 냄새를 통해 전달되는 감각기관으로 동물은 자신의 냄새를 여기저기 묻히고 다니면서 자신의 존재와 위치를 다른 개체에 효과적으로 알림.
- 포유류는 번식기에 자신의 독특한 냄새를 소변의 형태로 여기저기 묻히고 다니면서 자신이 발정기에 도달했다는 사실을 알리며, 냄새를 맡은 상대방 역시 번식을 위해 냄새의 주인을 찾아다니는 등 짝짓기를 위해 적극적으로 행동을 하기도 함.

그림 7-16. 반려견의 냄새 묻히기

3. 학습

- 동물의 행동은 다양한 원인과 과정에 의해 발달하며 지속적인 외부로부터의 자극과 경험으로 변화된 행동이 지속되는 것을 학습이라고 함.
- 동물의 학습은 익숙, 연상학습, 시행착오, 모방 등 다양한 형태로 구분됨.

1) 익숙

- 동물은 특정한 자극을 받았을 때 그에 대해 반응을 하지만 비슷한 자극이 계속되면 이제는 그 자극에 대해 반응을 하지 않는데, 이를 익숙이라고 함.
- 사람이 동물에게 위협을 하거나 해를 가하지 않고 먹이를 지속해서 공급하면서 잘 대해주는 경우 동물은 이제는 사람을 무서워하거나 두려워하지 않게 되는데, 이와 같은 현상을 익숙에 의한 학습이라고 할 수 있음.

그림 7-17. 먹이를 주는 사람에게 익숙해진 동물

2) 연상학습

- 어떤 특정한 사실이나 현상에 대한 이해를 바탕으로 그 뒤에 일어날 미래를 예측하여 준비할 수 있게 되는 학습을 연상학습이라고 함.
- 동물은 다양한 외부로부터의 자극 및 경험을 갖게 되며 그 결과를 토대로 미래에 일어날 일을 예측하고 연관된 행동을 하는 경우를 볼 수 있음.
- 도심 공원에서 무리 지어 서식하고 있는 집비둘기에게 먹이를 주는 사람을 기억하고 그 사람 주변으로 몰려드는 현상을 연상학습의 결과 예시라 볼 수 있음.

그림 7-18. 모이를 주는 사람을 보고 몰려드는 집비둘기

3) 시행착오

- 동물은 다양한 경험을 하면서 생활하고 경험을 통해서 많은 실패 혹은 성공을 맛보게 됨.
- 다양한 시도를 해보고 그중에서 가장 바람직하거나 이익이 되는 행동만을 계속하게 되는데, 이를 시행착오라고 함.
- 동물은 경험해 보지 못한 새로운 상황에 부닥쳤을 때 자신이 할 수 있는 여러 가지 행동을 시도해 보고 효과가 없거나 무의미한 행동은 배제하고, 효과가 있고 이익이 되는 행동을 계속함.

그림 7-19. 어린 참새의 첫 비행

4) 모방
- 모방은 다른 동물의 행동을 관찰한 후 동일하게 따라 하거나 비슷한 행동을 하는 것을 말함.
- 부화한 후 둥지에서만 성장하던 어린 새가 둥지 밖으로 처음 나가 비행할 때, 처음에는 서툴지만, 점차 어미 새의 비행하는 행동을 따라 하면서 능숙하게 비행 기술을 습득하게 되는데, 이러한 학습 형태를 모방이라고 함.
- 모방은 동물의 학습 형태 중에서 가장 보편적으로 많이 일어나는 것으로 알려져 있음.
- 동물뿐 아니라 사람의 행동 발달 및 학습에도 가장 기본적인 유형은 부모나 형제자매를 따라 하는 모방에서부터 시작됨.

4. 훈련
- 동물은 사람과 같이 생활하거나 특수한 목적을 수행하기 위해서 사람의 의도를 이해하고 명령에 따를 수 있어야 함.
- 이와 같은 요구를 충족시키기 위해서 동물을 인위적으로 학습시키는 것을 훈련이라고 함.
- 훈련의 과정을 통해서 동물은 자신에게 주어진 상황에 적합하고 임무에 충실할 수 있는 능력을 키우게 됨.

1) 사회화

- 사회화는 그 사회의 구성원으로서 생활할 수 있도록 기존의 구성원과 동질감을 가지고 동화되는 것을 의미함.
- 특히 무리생활하는 동물에 있어서는 구성원상의 협동 및 서열의 정리 등을 위해 사회화 과정이 매우 필요함.
- 사람과 같이 생활하고 있는 반려견이나 특수목적견(구조견, 탐지견, 청각장애인 도우미견 등)은 다른 개와 잘 지내는 것뿐만 아니라 사람의 생활방식이나 사회에 대한 이해가 필요하므로 어느 정도의 사회화 훈련은 필수적임.
- 반려견이나 특수목적견은 어려서부터 사회성 증진을 위해 다른 개와 접촉을 시켜야 할 필요가 있음.
- 다른 개와의 접촉을 통해서 서로 냄새를 맡고 놀이를 하면서 자연스럽게 서로를 이해하고 어울릴 수 있음.
- 사회화 과정은 다른 개뿐 아니라 사람과 조화롭게 어울리면서 주어진 임무를 잘 수행할 수 있는 밑거름이 됨.
- 반려견의 경우 출생 후 3~12주 정도의 기간을 사회화 시기라고 하며 이 시기에는 다른 동물이나 사람, 생활 속에서 자주 발생하는 소리 등 다양한 자극과 환경을 경험하는 것이 좋음.
- 이러한 경험을 통해 앞으로 일생 동안 사람이나 다른 동물과 친밀하게 잘 지낼 수 있을지가 결정됨.

그림 7-20. 특수목적견과 훈련사

2) 기본 훈련

- 모든 훈련에 있어서 가장 기본적인 훈련은 복종임.
- 복종을 위해서는 훈련사에게 대상 동물의 주의를 기울이고 있어야 하며, 명령은 명령어를 통해서 이루어져야 함.
- 명령어를 듣고 반려견이 원하는 행동을 했으면 반드시 칭찬이나 보상을 해줌으로써 지속적으로 명령을 따르고 싶은 동기를 유발시켜야 함.
- 그러나 명령어를 따르지 않았다고 해서 반려견에게 벌을 주거나 신체적인 학대를 가해서는 안 됨.
- 지속적인 반복 및 연습이 필요하며 명령어를 잘 따랐을 때마다 칭찬과 보상이 필요함.
- 보상을 위해서 먹이나 간식을 조금씩 주거나 좋아하는 공이나 인형 등을 잠깐씩 가지고 놀게 해 주는 것 역시 훈련의 효과와 지속성을 증대시킴.
- 반려견이나 고양이가 사람의 말을 듣지 않거나 잘못된 행동을 하는 경우 꾸짖음으로써 행동을 교정하기도 함.
- 꾸짖음은 잘못을 한 그때 바로 실시해야 하며 신체적으로 가해를 하는 처벌은 거의 효과가 없음.

그림 7-21. '앉아' 명령을 수행하는 반려견

그림 7-22. 반려견의 '손' 특기 훈련

3) 특기 훈련
- 특기 훈련은 반려견의 사회화나 기본 훈련과 달리 각각의 반려견별로 가질 수 있는 특별한 기술 혹은 예쁜 행동을 하도록 훈련하는 것을 말함.
- 특기 훈련을 시행할 때 간식의 제공과 같은 보상을 통해 그 효과를 극대화할 수 있음.
- 집에서 생활하는 반려견뿐만 아니라 많은 사람을 상대하는 치료 도우미견의 경우 사람의 호감을 얻거나 매개 치료의 효과를 높이기 위해 귀여움을 받을 수 있는 특기나 재주를 훈련하는 것도 필요함.

4) 특수목적견의 훈련
- 시각장애인 안내견이나 탐지견, 구조견 등 특수한 임무를 수행할 수 있도록 개를 훈련하는 경우가 최근 들어 증가하고 있음.
- 시각장애인 안내견은 시각장애인의 일상생활에서 보행을 도와주는 역할을 하며, 이를 위한 각각의 때에 따라 안내견이 필요한 행동을 할 수 있도록 다양한 경험 및 훈련이 필요함.
- 훈련을 성공적으로 마친 안내견은 사용자와 함께 1개월 정도의 사용자 교육을 받아야 함.
- 공항이나 항만에서 폭발물, 마약, 농산물, 축산물 등의 불법 반입을 방지하는 목적으로 탐지견이 활용됨.

- 탐지견은 후각을 이용하여 대상 물질을 찾아낼 수 있도록 훈련됨.
- 건물 붕괴나 산사태 및 지진이 발생했을 때 피해자나 부상자를 찾는 구조견이 활동하고 있음.
- 이들은 후각 및 청각을 통해서 부상자를 찾기 위해 많은 험한 지형이나 장소에 익숙해져 있어야 함.
- 이를 위해 구조견은 다양한 형태의 장애물 극복 훈련을 필수로 받아야 함.

그림 7-23. 시각장애인 안내견과 훈련사

그림 7-24. 구조견의 장애물 극복 훈련

5. 동물에 대한 인식

- 사냥이나 쥐의 구제를 위해 개와 고양이를 사육하기 시작한 이후, 다양한 동물성 단백질의 공급 및 동물에 의한 노동력 제공으로 인류의 생활은 매우 윤택해짐.
- 근래에는 동물을 식용으로만 사육하는 것이 아니라 반려동물, 동물원동물, 실험동물 등 다양한 형태로 키우고 있으며, 그에 따라 동물에 대한 인식과 태도 역시 크게 달라지고 있음.

1) 기계로서의 동물

- 동물은 영혼이나 감각, 감정이 없으므로 "우리는 동물에게 무엇이든 할 수 있다"라는 인식이 존재하고 있음.
- 이와 같은 인식하에 우리가 필요하다면 동물에게 무엇을 해도 된다는 논리가 성립함.
- 기계로서의 동물에 대한 인식은 17세기 프랑스 철학자인 데카르트의 동물에 관한 생각을 기본으로 하고 있음.
- 인간이 아닌 다른 생명체(비인간)는 신의 정신과 이을 수 없으므로 인간이 아닌 비인간은 영혼과 정신 혹은 이성이 없는 복잡한 기계에 지나지 않는다고 주장함.
- 이와 같은 생각을 바탕으로 동물은 이성이나 감각, 감정 등이 없는 기계와 같은 존재라 인식함.
- 그에 따라 동물의 상태나 고통 등을 전혀 고려하지 않고 생체해부 및 대량사육 등을 용인하는 태도를 보임.

그림 7-25. 프랑스 철학자 데카르트

그림 7-26. 한국동물보호협회 회원들의 동물권 보호 운동

2) 동물권

- 모든 인간은 인종, 성별, 종교, 교육수준 등의 차이와 관계없이 부당한 대우를 받지 않아야 하며, 또한 인간으로서 존엄을 인정받아야 함.
- 인권은 인간으로서 가장 기본적 권리라고 할 수 있으며, 이러한 생각을 동물에게도 동일하게 적용하는 인식을 동물권이라고 함.
- 동물 역시 인간과 함께 살아가는 사회 구성원으로서 보호받을 권리가 있으며, 인간은 동물의 가치를 존중해야 할 윤리적 의무가 있다고 주장함.
- 동물권을 옹호하는 사람들은 동물의 이용에 관해서 매우 극단적인 태도를 보이기도 함.
- 동물권을 주장하는 사람들은 육식을 반대하며 채식주의적인 성향이 매우 강하고, 육식을 억제하기 위한 사회 활동에 매우 적극적임.
- 이들은 밀렵 금지나 모피 상품 반대 등 동물에게 가해지는 고통을 줄이기 위한 활동에 적극적으로 참가함으로써 사회적으로 큰 반향을 일으키고 있음.

3) 동물복지

- 인간이 동물을 이용하는 과정에서 동물은 고통을 받을 수 있고, 동물을 이용할 때 동물의 고통을 고려해야 하며, 인간이 얻는 편익이 동물의 고통으로 인한 비용보다 클 때 동물을 이용할 수 있다는 것이 동물복지의 입장임.
- 동물복지의 가장 기본적인 가정은 인간이 동물보다 우위에 있다는 것이지만 동물복지

의 측면에서 동물을 이용하고 사육할 때 기본적인 요구사항에 대한 고려가 필요함.

- 동물복지는 적절한 사육시설의 제공 및 관리, 양호한 영양상태의 유지, 질병예방 및 치료, 책임 있는 관리 및 인도적 취급과 더불어 필요하다면 안락사까지 포함하는 동물이용의 모든 측면을 포괄하는 개념이라고 할 수 있음.

- 동물복지는 동물의 기본적인 욕구가 충족되고 동물이 느끼는 고통을 최소화하는 것으로 정의할 수 있으며, 더불어 동물에 대한 인도주의적인 이용을 통해 동물이 느낄 수 있는 불필요한 고통이 발생하지 말아야 한다는 생각임.

표 7-3. 동물을 위한 기본적 요구 사항

긍정적 요구	부정적 요구
먹이 공급: 영양 및 신체상태	공포와 스트레스의 제거
물 공급: 음수, 목욕	고통과 부상의 완화
공간: 적당한 공간 및 환경	질병으로부터의 보호
다른 동물과의 접촉: 번식, 사회 행동	포식자와 기생충으로부터의 보호
사양조건: 온도, 습도, 조도	위험한 상황으로부터의 보호

6. 동물복지와 관련된 문제

- 사람이 동물을 이용 및 사육하는 과정에서 동물은 직접적 혹은 간접적으로 많은 고통을 받고 있음.
- 동물의 고통은 이용 및 사육형태에 따라 다르며, 이용 목적에 따라 농장동물, 반려동물, 동물원동물, 야생동물에 대한 각각 다른 동물복지 문제가 제기되고 있음.

1) 농장동물
- 전통적인 축산업의 대상이 되는 농장동물은 고기, 알, 우유 등의 먹거리와 가죽, 모피 등의 생산을 목적으로 사육됨.
- 그에 따라 경제적인 효율성의 측면에서 매우 강조되고 있으며 표준사양을 토대로 사육하는 경우가 대부분임.
- 경제적인 효율성을 위해 급속한 성장을 촉진하여 발생하는 신체 불균형 및 고통, 짧은 수명은 동물복지 및 윤리적인 측면에서 사회적인 쟁점으로 부각되고 있는 상황임.
- 산란계의 배터리 케이지 내 사육이나 과도한 밀도로 사육되는 육계, 병아리의 부리 자르기, 소와 돼지에게 마취 없이 시행되는 거세, 좁은 분만틀 속의 모돈 등 농장동물의 사육

방법에 대한 문제가 제기되고 있음.

- 동물복지의 측면에서 동물이 느끼는 가장 큰 고통은 사람과의 접촉에 의해 발생함.

- 그러므로 농장동물을 직접 현장에서 사육하는 관리인의 동물에 대한 마음가짐과 태도가 매우 중요함.

그림 7-27. 배터리 케이지에서 사육되는 산란계

그림 7-28. 공간을 넓힌 모돈의 대체 분만틀

2) 반려동물

- 반려동물 역시 사람과 함께 생활하면서 많은 고통을 겪음.
- 반려동물에 대한 폭력, 무시, 적절한 관리의 부재 등으로 인해 동물복지 문제가 발생함.
- 아파트 혹은 다세대 주택과 같은 공동주택에서의 생활이 증가함에 따라 반려견의 성대 제거, 귀 혹은 꼬리 자르기, 고양이의 발톱 제거 및 거세 등도 동물복지 문제로 인식되고 있음.
- 경제적인 이익의 추구를 위해 강아지 공장의 열악한 환경에서 대량으로 번식되는 반려견도 사회문제로 인식되고 있음.
- 그 밖에 충분한 질병관리나 예방접종을 하지 않은 상태에서 무분별하게 반려견을 유통하여 반려견 및 사람이 큰 고통을 겪는 경우도 발생하고 있음.
- 반려동물을 사육하는 것을 포기함으로써 발생하는 유기동물은 동물복지 측면에서 매우 큰 사회문제로 대두되고 있음.
- 지역별로는 경기도에서 가장 많은 2만 3천 개체 이상의 유기동물이 발생함.
- 경기도와 서울, 인천 등 수도권에서 발생하는 유기동물이 우리나라 전체의 1/3 이상을 차지하는 것으로 나타났고, 그 밖에 부산, 대전, 대구 등 대도시 중심으로 많은 유기동물이 발생하였음.

그림 7-29. 강아지 공장에서 사육되고 있는 반려견

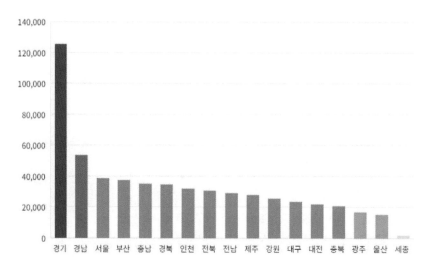

그림 7-30. 2016~2020 지역별 유실 유기동물 발생 현황

3) 동물원동물

- 동물원에서 사육되는 동물은 야생의 서식지가 아닌 인위적인 환경에서 생활하고 있음.
- 동물원동물은 원래의 서식지와 달라 매우 좁은 공간에서 사육되는 경우가 대부분이고, 그 결과 공간적인 스트레스로 인해 고통을 받는 경우가 발생함.
- 이로 인해 정형 행동이나 공격 행동이 발생하는 등 정상적이지 않은 이상 행동을 보이기도 함.

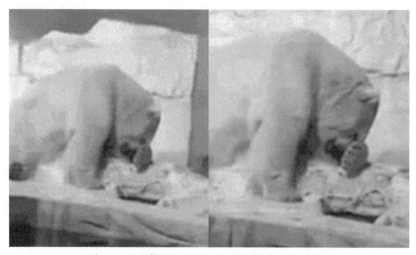

그림 7-31. 동물원에서 공간적 스트레스를 받고 있는 북극곰

4) 야생동물

- 야생동물에 대한 잘못된 보신문화로 인해 밀렵이 근절되지 않고 계속해서 발생하고 있음.
- 합법적인 수렵이 아닌 밀렵은 대부분 은밀하게 이루어지며 밀렵으로 인해 많은 야생동물이 고통스럽게 죽어가고 있으며, 그 결과 생물다양성 역시 지속적으로 감소하고 있음.
- 밀렵뿐 아니라 서식지 파괴 및 단편화로 인해 야생동물의 정상적인 서식이 불가능한 경우가 많음.
- 먹이와 물, 공간, 잠자리, 피난처, 번식지 등이 부족해지거나 오염됨에 따라 서식하는 종수와 개체수가 감소함.
- 반면 개체수가 과도하게 증가한 멧돼지 혹은 고라니가 농경지 및 도심에 출현해서 피해를 주기도 함.

그림 7-32. 올무에 걸린 멧돼지

그림 7-33. 국립공원관리공단에 의해 수거된 불법 밀렵도구

7. 동물복지의 증진

- 인간의 필요에 의한 동물사육 및 이용으로 많은 동물이 고통을 받고 있음.
- 그에 따라 동물의 고통을 줄이면서 동물을 이용하고자 하는 관심과 노력이 계속되고 있음.
- 동물복지의 증진을 위해서는 다양한 고려 및 조치가 필요함.

1) 농장동물

- 일반적으로 동물의 복지를 위해서는 동물에게 5가지 자유가 필요한 것으로 알려져 있음.
- 이는 신선한 물과 먹이의 충분한 공급을 통한 배고픔과 갈증으로부터의 자유, 피난처와 휴식처의 제공을 통한 불안으로부터의 자유, 예방 및 신속한 진단과 치료를 통한 통증과 부상 및 질병으로부터의 자유, 심리적 고통을 피할 수 있는 여건의 확보를 통한 공포와 고통으로부터의 자유, 충분한 공간 및 적절한 시설의 제공을 통한 정상적인 행동을 할 수 있는 자유 등이 있음.
- 5가지 자유를 통해서 동물은 고통 없이 살아갈 수 있는 기본적인 요건을 제공받을 수 있음.
- 그 밖에 동물의 행동 및 상태를 고려한 사육시설의 개량, 관리방법의 개선 등을 통해 동물이 육체적, 정서적으로 고통이나 스트레스를 받지 않는 사육환경을 만들어 주어야 함.
- 동물을 경제적인 이익의 창출을 위한 도구로만 보는 것이 아니라 생명체로서 존중하고 애정을 가지고 돌보는 자세가 요구됨.

표 7-4. 동물복지를 위한 5가지 자유

자유	내용
배고픔과 갈증	신선한 물과 먹이의 충분한 공급
불안	피난처 및 휴식처의 제공
통증과 부상 및 질병	예방 및 신속한 진단과 치료
공포와 고통	심리적 고통을 피할 수 있는 여건 확보
정상적인 행동의 제약	충분한 공간 및 적절한 시설의 제공

2) 반려동물

- 반려동물은 농장동물이나 실험동물과 같이 이용할 목적으로 사육을 하는 동물이 아니라 친구 혹은 가족과 같은 존재로 사람과 공존하는 동물임.
- 공존을 위해 가족이나 사회에 동화되어 살 수 있도록 여러 규율이나 규칙을 가르치는 것이 필요함.

그림 7-34. 반려동물과 주인의 화목한 모습

- 이를 위해 반려동물의 사육 방법이나 습성에 대한 정보는 필수적이며 키우기 시작한 반려동물이 생을 마감할 때까지 돌보려는 마음과 노력이 필요함.
- 가정과 지역사회에서 받아들일 수 있는 사회성을 갖춘 반려동물이어야 하며, 적당한 훈련이나 다른 사람 및 동물과 바람직한 접촉과 의사소통이 필요함.

3) 동물원동물

- 동물원동물은 포획된 야생동물 혹은 그 후손으로 동물원이라는 인공적인 환경에서 사육되고 있는 동물을 의미함.
- 그러므로 동물원동물의 서식환경은 야생의 서식지와 큰 차이가 있으며, 동물원 사육면적과 시설이 매우 협소한 경우가 대부분임.
- 동물원동물의 복지 상태는 열악한 경우가 많아 이에 대한 대책이 필요함.
- 동물원동물의 동물복지를 증진시키기 위해서는 야생의 서식지와 유사한 사육환경을 조성해 주는 것이 가장 바람직함.
- 그러나 제한된 면적이나 사육시설, 인원 및 예산 등의 문제로 야생의 서식지와 동일한 사육 여건을 구비하는 것은 현실적으로 쉽지 않음.
- 동물원동물의 스트레스와 정형 행동을 감소시키기 위한 방안으로 사육시설 내에서 따분하지 않게 다양한 놀이 및 먹이를 제공하는 행동 풍부화 프로그램이 도입되고 있음.
- 서울대공원 동물원에는 원인에 따라 각기 다른 조치를 해주는 종별 먹이 풍부화와 놀이 풍부화를 시행하고 있음.

그림 7-35. 장난감 제공을 통한 호랑이의 행동 풍부화

표 7-5. 동물원동물의 행동 풍부화 프로그램 사례

대상 종	종류	조치 사항	원인
기린	먹이 풍부화	상추 및 양상추 등의 먹이를 수통에 넣어 높이 매달아 놓기	혀를 이용해 먹이를 먹는 기린의 행동을 이용
비버	놀이 풍부화	나뭇가지 넣어 주기	나뭇가지를 모아 집이나 댐을 만드는 습성을 이용
미어캣	놀이 풍부화	모형비행기 날려 주기	하늘에서 공격하는 포식자를 경계하는 습성을 이용
코아티	먹이 풍부화	과일 꼬치 주기	먹이를 빼서 먹는 행동을 이용
반달가슴곰	놀이 풍부화	칡으로 만든 공 넣어 주기	공 모양의 물체를 가지고 노는 행동을 이용
코끼리	놀이 풍부화	타이어 혹은 통나무 넣어 주기	끌거나 들어 올리며 노는 행동을 이용
침팬지	먹이 풍부화	솔방울 사이에 작은 먹이 끼워 주기	손이나 도구를 사용해서 먹이를 먹는 습성을 이용

4) 야생동물

- 야생동물은 인간에 의한 포획이나 서식지 훼손 없이 서식지 내에서 자유롭게 생활하는 것이 동물복지 측면에서 가장 바람직함.
- 국내뿐만 아니라 전 세계적으로 밀렵으로 인해 고통스럽게 희생되고 있는 야생동물이 매우 많음.

- 그러므로 덫이나 올무 등을 사용함으로써 동물에게 오랜 시간 동안 고통을 주는 밀렵을 근절하는 것이 야생동물의 동물복지 측면에서 가장 필요함.
- 야생동물은 서식지 내에서 정상적인 행동과 서식이 가능해야 함.
- 이를 위해 야생동물의 서식지를 보전하고 관리하는 것이 필요함.
- 멸종위기에 처한 야생동물의 인공증식을 통한 개체수의 증가 및 원래 서식지로 복원하는 노력도 계속되고 있음.

그림 7-36. 반달가슴곰 복원사업으로 출생한 새끼 반달가슴곰

참고문헌

신태균 (2001), 동물행동학, 제주대학교출판부.

안재국 외 8명 (2007), 동물매개치료, 학지사.

오문규 외 2명 (2004), 애견의 행동학, 도서출판 한진.

이우신 외 7명 (2017), 야생동물 생태 관리학 2판, 라이프사이언스

임신재 외 7명 (2005), 동물 행동의 이해와 응용, 라이프사이언스

임신재 (2007), 동물행동학, 살림출판사.

임신재 (2019), 응용동물행동학, 라이프사이언스

Alock J. (2001), The triumph of sociobiology. Oxford University Press, Oxford, UK.

Arthur, S. M., Manly, B. F. J., McDonald, L. L., & Garner, G. W. (1996), Assessing habitat selection when availability changes. Ecology, 77: 215-227.

Goodenough, T., McGuire, B., & Jakob, E. (3rd Eds.) (2010), Perspectives on animal behavior. John Wiley & Sons, Inc., Hoboken, NJ, USA.

Houpt, K. A. (3rd Eds.) (1998), Domestic animal behavior for veterinarians and animal scientists. Iowa State Press, Ames, IA, USA.

Krebs, C. J. (6th Eds.) (2013), Ecology. Pearson Education, Inc., San Francisco, CA, USA.

Miller, D., & Talbot, J. (2014), Botanists and zoologists. Cavendish Square, NY, USA.

Ronalds, M., & McGinn, C. (2002), Animals like us. Verso, NY, USA.

그림 7-1. 무리 지어 이동하는 가창오리. http://www.ohmynews.com/NWS_Web/View/at_pg_w.aspx?CNTN_CD=A0002604537. 오마이뉴스

그림 7-2. 일하고 있는 개미 무리. https://www.ytn.co.kr/_ln/0105_201808211330376971. YTN.

그림 7-3. 먹이를 먹고 있는 저어새. http://www.knnews.co.kr/news/articleView.php?idxno=1366627. 경남신문.

그림 7-4. 교미 중인 호랑이. https://blog.daum.net/jun 005709/7841841. 다음.

그림 7-5. 포란 중인 가마우지. http://www.indica.or.kr/xe/Birds/1970629. 인디카.

그림 7-6. 반달가슴곰의 이상 행동. http://www.indica.or.kr/xe/Birds/1970629. 중앙일보

그림 7-7. 돼지의 이상 행동. https://eurcaw-pigs.eu/dossier/tail-docking-and-tail-biting-dossier. EU Reference Centre for Animal Welfare Pigs.

그림 7-8. 로렌츠의 갓 태어난 새끼 회색기러기를 대상으로 한 각인 실험. https://www.dongascience.com/news.php?idx=40696. 동아사이언스

그림 7-9. 비둘기의 학습 능력에 관한 실험. https://www.donga.com/news/Inter/article/all/20150209/69556317/1. 동아일보

그림 7-10. 무조건반사에 의한 다리의 움직임. https://m.blog.naver.com/PostView.naver?isHttpsRedirect=true&blogId=spm0808&logNo=40164390034. 네이버.

그림 7-11. 개를 이용한 파블로프의 조건반사 실험. https://cm.asiae.co.kr/article/2017110310045277234. 아시아경제.

그림 7-12. 초음파를 발산하는 박쥐와 초음파를 발산하는 모형도 https://all-that-review.tistory.com/768. 티스토리.

그림 7-13. 반려견의 복종 행동. https://rankingnfact.tistory.com/617. 티스토리.

그림 7-14. 수컷 공작의 시각적인 과시 행동. https://nownews.seoul.co.kr/news/newsView.php?id=20180619601019. 나우뉴스

그림 7-15. 원숭이 새끼의 어미에 대한 신체 접촉. http://www.psychiatricnews.net/news/articleView.html?idxno=1590. 정신의학신문.

그림 7-16. 반려견의 냄새 묻히기. https://mypetlife.co.kr/5906/. 비마이펫 라이프

동 물 생 명 공 학

제 8 장

반려동물의 관리

반려동물의 사육과 영양

1. 반려동물의 사육

1) 반려동물의 사육에 필요한 기본적 사항
- 반려동물을 기르기로 결정하고 입양 또는 분양받았다면, 반려동물을 잘 돌봐서 그 생명과 안전을 보호하는 한편, 자신의 반려동물로 인해 다른 사람이 피해 입지 않도록 주의해야 함.

표 8-1. 반려동물의 사육 관리 기준과 내용

기준	세부 내용
일반 기준	- 동물의 소유자 등은 동물을 사육 관리할 때에 동물의 생명과 그 안전을 보호하고 복지를 증진하여야 함. - 동물의 소유자 등은 동물로 하여금 갈증, 배고픔, 영양불량, 불편함, 통증, 부상, 질병, 두려움과 정상적으로 행동할 수 없는 것으로 인하여 고통을 받지 아니하도록 노력하여야 함. - 동물의 소유자 등은 사육 관리하는 동물의 습성을 이해함으로써 최대한 본래의 습성에 가깝게 사육 관리하고, 동물의 보호와 복지에 책임감을 가져야 함.
사육환경	- 동물의 종류, 크기, 특성, 건강상태, 사육 목적 등을 고려하여 최대한 적절하게 사육환경을 제공하여야 함. - 동물의 사육공간 및 사육시설은 동물이 자연스러운 자세로 일어나거나 눕거나 움직이는 등 일상 동작을 하는 데 지장이 없는 크기이어야 함.
건강 관리	- 전염병 예방을 위하여 정기적으로 반려동물의 특성에 따른 예방접종을 실시해야 함. - 개는 분기마다 1회 구충해야 함.

2) 반려동물의 사육 관리 의무
- 반려동물로 기르는 개, 고양이, 토끼, 페럿, 기니피그 및 햄스터는 최소한의 사육공간 제공 등 다음과 같은 사육 관리 의무를 준수해야 함.

표 8-2. 반려동물의 사육공간 및 위생, 건강관리에 대한 준수 사항

준수 사항

사육 공간
1. 사육공간의 위치는 차량, 구조물 등으로 인한 안전사고가 발생할 위험이 없는 곳에 마련할 것
2. 사육공간의 바닥은 망 등 동물의 발이 빠질 수 있는 재질로 하지 않을 것
3. 사육공간은 동물이 자연스러운 자세로 일어나거나 눕거나 움직이는 등의 일상적인 동작을 하는 데에 지장이 없도록 제공하되, 다음의 요건을 갖출 것
  – 가로 및 세로는 각각 사육하는 동물의 몸길이(동물의 코부터 꼬리까지의 길이를 말함)의 2.5배 및 2배 이상일 것, 이 경우 하나의 사육공간에서 사육하는 동물이 2마리 이상일 경우에는 마리당 해당 기준을 충족해야 함.
  – 동물이 뒷발로 일어섰을 때 머리가 닿지 않는 높이 이상일 것
4. 동물을 실외에서 사육하는 경우 사육공간 내에 더위, 추위, 눈, 비 및 직사광선 등을 피할 수 있는 휴식공간을 제공할 것

위생, 건강 관리	1. 동물에게 질병(골절 등 상해를 포함)이 발생한 경우 신속하게 수의학적 처치를 할 것 2. 2마리 이상의 동물을 함께 사육하는 경우 목줄에 묶이거나 목이 조이는 등으로 인한 상해를 입지 않 도록 할 것 3. 목줄을 사용하여 동물을 사육하는 경우 목줄에 묶이거나 목이 조이는 등으로 인해 상해를 입지 않도록 할 것 4. 동물의 영양이 부족하지 않도록 사료 등 동물에게 적합한 음식과 깨끗한 물을 공급할 것 5. 사료와 물을 주기 위한 설비 및 휴식공간은 분변, 오물 등을 수시로 제거하고 청결하게 관리할 것 6. 동물의 행동에 불편함이 없도록 털과 발톱을 적절하게 관리할 것

3) 반려동물의 사육 관리 의무 위반 시 제재

- 반려 목적으로 기르는 개와 고양이, 토끼, 페릿, 기니피그 및 햄스터는 최소한의 사육공
간 제공 등 사육 관리 의무를 준수하지 않아 동물을 학대한 자는 2년 이하의 징역 또는 2
천만 원 이하의 벌금에 처해짐.

4) 반려동물 관리 대책 유형

- 유기동물 발생, 공동생활 피해, 보건 및 환경 보전, 동물학대 등을 해결하기 위해서는 기
본적으로 사육자나 동물판매업자가 문제가 발생하지 않도록 스스로의 책무를 다해야 함.
- 유기동물은 모든 문제와 연결되어 있으므로 유기동물을 포획해서 처리하는 체계를 갖
추어야 함.
- 그러나 사육자나 동물판매업자의 스스로의 노력만으로는 문제 해결이 어렵고, 유기동물
도 꾸준하게 발생하거나 증가한다면 사육자 및 판매업자로 하여금 명확하게 자신들의
책무를 이행하도록 반려동물의 사육과 판매를 정부로부터 통제 받을 수밖에 없으며, 결
국 신고제나 등록제 등의 도입이 필요함.
- 사육자와 판매업자가 자신들의 책무와 법 규정을 정확하게 이해하기 위해서는 그에 필
요한 홍보와 교육 체계를 갖추어야 함.

① 개별 문제를 해결하기 위한 대책
- 판매업체의 난립과 부실한 동물관리 체계는 유기동물을 발생시키고 질병이 있는 동물
을 판매하며 부적절한 사체 처리를 유발함.
- 이러한 문제를 해결하고자 판매업체의 등록과 동물관리 및 판매방법을 법규를 통해
규정해야 함.
- 판매업자 및 개인 사육자의 반려동물 취급 방법을 법규에 명시하여 적절하게 사육하
도록 함.

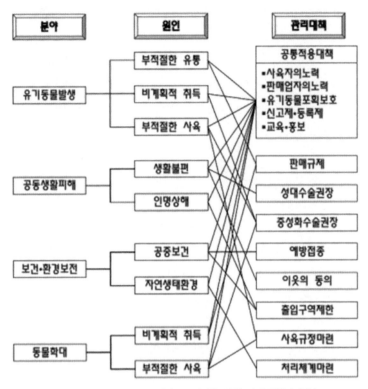

그림 8-1. 애완동물 문제와 그 해결을 위한 관리대책의 유형

2. 반려동물의 영양과 사료

1) 반려동물의 영양
- 사람에게 하루 권장 섭취량이 있듯 반려동물도 나이와 크기, 건강 상태 등에 따라 하루에 꼭 섭취해야 할 필수 영양소가 있음.
- 개와 고양이에게 꼭 필요한 영양소를 균형 있게 담은 사료를 완전사료라고 하며, 사료만 먹어도 건강하게 살아갈 수 있음.

2) 반려동물의 필요 열량
- 모든 동물의 영양에 있어서 가장 중요한 것은 열량이고 열량은 탄수화물과 단백질, 지방으로부터 공급됨.
- 열량 요구량은 품종과 체중(BW), 성장과 생리적 단계, 운동량에 따라 다름.
- 개의 유지요구량은 145kcal/kg 대사체중(BW0.67)인데, 성장 초기에는 유지요구량이 2배, 포유기에는 3배 증가함.

- 고양이는 유지요구량이 80kcal/kg BW인데, 성장 초기에는 3배, 비유기에는 2배까지 증가함.
- 열량 함량에 따른 소형애완견의 유지용 열량요구량은 110kcal/kg BW이므로 3,500kcal/kg 사료인 경우 체중의 3% 정도 급여하고 중형애완견의 경우 유지요구량은 66~88kcal/kg BW이므로 체중의 2.5%, 그리고 대형견의 경우 유지요구량이 44~66kcal/kg BW이므로 체중의 2% 정도 급여해야 함.

3) 반려동물의 단백질 권장량
- AAFCO의 사료 내 단백질 권장량은 성견의 경우 18%, 육성견과 번식견의 경우 22%임.
- 고양이의 경우 성묘는 26%, 육성묘와 번식묘는 30%임.
- 고양이의 단백질 요구량이 높은 것은 고양이는 전분을 잘 이용하지 못하므로 단백질과 지방으로 열량을 공급해 주어야 하기 때문임.
- 요구량 이상의 과다한 단백질을 공급하면 혈중 암모니아의 농도가 높아져 건강이 악화될 수 있음.
- 고양이의 경우 urea cycle에 관여하는 arginine이 부족하면 암모니아 중독증에 걸리고 과다한 암모니아는 요로결석의 주성분인 암모니아의 공급을 증가시키는 결과를 초래함.
- 고양이는 개에 비해 함유황 아미노산의 요구량이 높은데 이는 오줌에 들어 있는 felinine의 합성에 필요하고, 두꺼운 모피의 생산, 고수준의 지방의 흡수와 이동에 필요한 인지질 합성에 필요하기 때문임.
- 함유황 아미노산은 taurine 합성의 전구물질인데 taurine은 지방 소화에 필수적인 담즙산의 주성분이고, 고양이에게 결핍 시 망막퇴행, 심장병변, 번식장애 등을 초래함.
- 고양이는 taurine 생산능력이 미약하여 음식으로 섭취해야 하는데 식물성 단백질에는 taurine이 없음.

4) 반려동물의 지방 권장량
- 사료 내 지방 권장량은 성견의 경우 5%, 육성견과 번식견의 경우 8%임.
- 고양이는 성묘와 육성묘, 번식묘 모두 9%임.
- 지방은 농축된 열량공급원이며 필수지방산과 지용성 비타민의 공급원이고 기호성 증진제임.
- 전분을 열량원으로 잘 이용할 수 없는 고양이에게는 사료 내 지방함량이 높아야 함.
- 개에게는 필수지방산으로 linoleic acid만 급여하면 체내에서 arachidonic acid를 합성함.

- 고양이는 합성효소를 체내에서 합성하지 못하기 때문에 arachidonic acid를 공급해 주어야 하는데, 이 지방산은 동물성 지방에만 있음.

5) 반려동물의 비타민 권장량

- 비타민은 사료제조 시 합성비타민을 충분히 쓰기 때문에 현실적으로 문제가 되지는 않음.
- 고양이는 비타민 A의 전구물질인 β-carotene을 이용할 수 없고 tryptophan으로부터 niacin을 합성할 수 없으므로 주기적인 관리가 필요함.

6) 반려동물의 영양성 질환

- 반려동물의 영양성 질환으로 가장 문제가 되는 것은 비만과 요로결석임
- 정상 체중의 20% 이상인 경우에는 과비라고 하는데, 미국의 경우 개는 30%, 고양이는 40%가 과비상태임.
- 이러한 과비는 당뇨병, 호흡기와 순환계질환, 골격 이상의 원인이 됨.
- 과비의 원인으로는 과식, 운동부족, 비정상 호르몬분비, 노령화 등임.
- 비만방지사료의 제조를 위해서는 섬유소를 적절히 이용하는 것이 중요함.
- 요로결석은 고양이에게 많이 발생하는데 struvite, Ca-oxalate, urate urolithiasis가 있음.
- 요로결석의 결정은 소변의 pH가 7.0 이하일 때 용해가 되므로 소변 pH를 6.0~6.5 정도로 유지하는 것이 중요함.

7) 반려동물의 국내 영양 기준

- 정부 및 전문가단체가 반려동물 사료의 기준을 제시하는 미국이나 유럽연합(EU)과 달리 국내에는 공인된 영양 기준이나 인증 제도가 없음.
- 그 결과 국내 소비자의 대부분은 국산 제품을 외면하고 해외 사료를 이용하는 경우가 많음.
- 국내 반려동물용 사료는 사료관리법에 따라 관리되며 사료 제품에는 조단백, 칼슘, 인 등 등록성분량을 백분율(%)로 표시해야 하고, 사료의 용도를 '성장단계+동물명' 등으로 표기해야 함.
- 반려동물에게 안전하고 품질 높은 사료를 급여할 수 있도록 하기 위해 영양 기준이 필요함.

8) 반려동물의 국외 영양 기준

- 세계적으로 통용되는 반려동물 사료 인증기준은 미국과 유럽의 기준이며 미국에서는 규제 당국인 식품의약국(FDA)이 검증하는 미국사료협회(AAFCO) 기준, 유럽에서는

EU가 권장하는 유럽펫푸드연맹(FEDIAF) 기준이 있음.

- 미국사료협회의 영양 기준은 동물의 생애주기를 성장 및 임신수유기와 성견, 성묘 시기로 나누어 제시함.
- 필수아미노산 10종, 필수지방산 3종, 미네랄 12종, 비타민 11종 등 총 36가지 성분의 최소 함량을 규정하고 이를 충족하도록 권고함.

표 8-3. 미국사료협회(AAFCO)의 권장 단백질 최소 함량

미국사료협회(AAFCO)의 권장 단백질 최소 함량 *건조물(DM) 기준		
	성장 및 임신 수유기	성견 및 성묘
반려견	22.5%	18%
반려묘	30%	26%

- 유럽펫푸드연맹의 경우 반려동물의 생애주기를 활동성이 보통인 성견과 성묘 활동성이 낮은 성견과 성묘 14주 이하의 자견과 자묘 등 총 4가지로 구분함.
- 반려동물의 활동성에 따른 영양소 흡수율을 반영해 미국보다 권장 기준이 촘촘하다는 특징이 있음.

표 8-4. 유럽펫푸드협회(FEDIAF)의 권장 단백질 최소 함량

유럽펫푸드협회(FEDIAF)의 권장 단백질 최소 함량 *건조물(DM) 기준			
	성견 · 성묘(활동성 보통)	성견 · 성묘(활동성 낮음)	14주 이하	14주 이상
반려견	18%	21%	25%	20%
반려묘	25%	33.3%	28%(성장기) 30%(수유기)	

반려동물의 건강

1. 반려동물의 건강관리

1) 반려동물의 건강관리 책임
- 동물에게 질병, 골절, 상해 등이 발생했을 때 신속히 수의학적 처치를 제공해야 함.

- 목줄 사용 시 목이 조이는 등으로 상해를 입지 않도록 해야 함.
- 적절한 사료, 물, 휴식 공간을 갖추고 분변, 오물 등을 수시로 관리해야 함.
- 반려동물의 영양이 부족하지 않도록 적합한 음식, 깨끗한 물을 공급해야 함.
- 반려동물의 행동에 불편함이 없도록 털과 발톱을 적절하게 관리해야 함.

동물보호법 하위법령 주요 개정사항

① 시 행 령	현 행	개 정 안 ※ 시행일: 공포 후 즉시시행
동물보호감시원의 직무범위 구체화 (안 제14조제3항제3호, 제4호)	• 동물의 적정 사육 · 관리에 대한 교육 및 지도 등 9가지	• 동물 운송 · 전달 방법에 대한 지도 · 감독, 동물 등록여부 관리 · 감독 등 2가지 직무 추가
과태료 부과기준 상향 (별표 제2호)	• 동물유기(상한 100만원) • 1차(30), 2차(50), 3차(100)	• 동물유기(상한 300만원) • 1차(100), 2차(200), 3차(300)
	• 동물 미 등록(상한 100만원) • 1차(0), 2차(20), 3차(40)	• 동물 미 등록(상한 100만원) • 1차(20), 2차(40), 3차(60)
	• 목줄 등 안전조치 위반(상한 50만원) • 1차(5), 2차(7), 3차(10)	• 목줄 등 안전조치 위반(상한 50만원) • 1차(20), 2차(30), 3차(50)

그림 8-2. 동물보호법 하위법령 주요 개정사항

2) 목욕

- 먼저 반려동물을 물에 접촉하는 것에 익숙해지도록 하는 것이 좋음.
- 목욕 전, 젖은 수건이나 분무기를 이용해 털이 물에 자연스레 닿게끔 해줌.
- 운동을 통해 지친 상태에서 온수를 이용하게 되면 불안감보다는 안정적인 상태로 목욕을 즐길 수 있음.
- 저가의 강아지 샴푸엔 피모를 건조하게 만드는 합성 계면활성제가 다량 함유된 경우가 있어 주의해야 함.
- 너무 많은 양의 샴푸를 사용하지 말고 샴푸 전 손으로 충분히 문질러 거품을 낸 후 털에 골고루 비벼 줘야 하며 샴푸를 한 뒤 반려견을 너무 오래 내버려 두지 말아야 함.
- 샴푸 잔여물이 피부나 털에 남아 있으면 피부가 건조해지기 때문에 꼼꼼하게 헹구어 줘야 함.
- 털을 말릴 때, 감기에 걸리지 않도록 구석구석 말려 주고 강아지용 보습 제품을 발라 피부를 관리해 줘야 함.

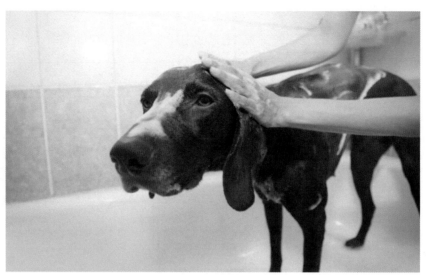

그림 8-3. 반려동물의 목욕

3) 피부 관리

- 피부에 제일 중요한 건 영양으로 유전과 환경의 영향도 있으나, 영양소를 제때 공급받지 못하면 각질이 일어나고 털이 푸석해짐.
- 강아지의 피부는 20일 주기로 세포가 죽고 재생되기 때문에 이에 필요한 영양소를 갖춰야 함.
- 강아지가 염증과 관련된 피부병을 앓고 있거나 아토피, 알레르기 등의 증상이 있다면 식단을 꼼꼼히 챙기는 것이 좋음.
- 피부에 가장 중요한 영양소는 단백질, 비타민 A, 미네랄, 필수지방산, 비타민 E 등이 있음.
- 단백질의 경우 닭고기, 소고기 등을 간을 하지 않고 삶아 주는 것이 좋음.
- 비타민 A가 많은 식품인 당근, 토마토를 간식으로 주는 것도 좋고 토마토는 삶아 주어야 영양소 손실이 적음.
- 비타민 C는 각종 과일에 많이 포함되어 있고 필수지방산은 생선 기름에 많음.
- 간을 하지 않은 연어를 살짝 구워 주거나, 오메가3 오일 또는 크릴 오일을 급여해도 좋음.
- 하지만 일반적으로 좋은 사료의 경우 강아지가 필요로 하는 모든 영양소를 고루 갖추고 있음.
- 이러한 간식은 적정량의 사료를 먹는데도 털이 특히 푸석할 경우나, 혹은 강아지가 병치레하고 난 뒤에 주는 것을 추천함.

4) 발톱 관리

- 강아지 발톱 안쪽에는 혈관이 있어 발톱을 바짝 자르지 않도록 주의하여야 함.

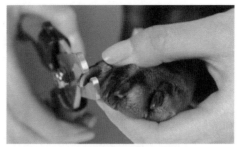

- 발톱을 깎다가 출혈이 발생하면 바로 지혈제를 발라 주어야 하고 지혈제가 없을 때는 밀가루로 1분 동안 누르고 있으면 대부분 피가 멈춤.

- 흰색 발톱은 혈관이 잘 보이는 편이므로 혈관에서 2mm 정도 여유를 두고 발톱을 잘라줌.

그림 8-4. 반려동물의 발톱 관리

- 검은색 발톱은 흰색 발톱과 달리 혈관이 보이지 않기 때문에 조심해야 함.

- 며느리발톱의 경우 쉽게 잊어버릴 수 있으니 다시 확인하는 게 좋고, 길어지면 발톱이 살에 박혀 치료받아야 할 수 있으며, 며느리발톱이 2개인 경우도 있어 주의가 필요함.

- 발톱 깎기를 마친 후 손톱 손질용 줄로 뾰족한 부분을 다듬어 주면 더욱 깔끔하게 정리가 됨.

5) 항문낭 관리

- 강아지의 항문낭은 항문 바로 아래쪽에 위치해 있음.

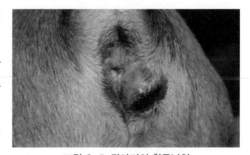

- 항문낭을 그대로 두면 비릿한 냄새가 나고 세균에 감염되어 질병의 원인이 될 수도 있음.

- 심한 경우 고름이 차 항문낭염(염증)이 생기거나, 항문낭 파열, 항문낭 농양 등으로 번질 수 있으므로 주의해야 함.

그림 8-5. 강아지의 항문낭염

- 항문낭을 짜줘야 하는 주기는 강아지마다 다른데 1~2주에 한 번은 짜야 하는 경우도 있고, 평생 짜지 않아도 괜찮은 경우도 있음.

- 엉덩이를 끌고 다닌다면 항문낭 짤 시기가 온 것이므로 바로 짜주도록 하여야 하고 되도록 어릴 때 습관을 들이는 게 좋으며, 어려울 경우 동물병원에 부탁하는 것이 좋음.

- 항문낭을 짜는 방법은 항문 주위의 털을 짧게 잘라 주고 꼬리를 등 쪽으로 올려 항문을 돌출시킨 후 오른쪽과 왼쪽 대각선 아래 방향에서 볼록한 부분을 짜주면 됨.

- 가볍게 아래에서 위로 눌러주고 분비물이 나오지 않는다면 억지로 짜지 않도록 주의해야 함.

- 악취가 날 수 있기 때문에 목욕할 때 짜주는 것이 좋고 분비물이 터지는 것을 방지하기 위해 티슈나 천으로 강아지 항문을 덮고 짜주는 것이 좋음.

2. 반려동물의 질병 관리

1) 예방접종 관리
- 반려동물의 예방접종은 생후 6~8주부터 진행해야 함.
- 급격한 환경변화가 있을 시 적응 기간 후 접종을 진행하는 것이 좋음.
- 반려동물의 특성에 따라 예방접종 시기, 종류 등 확인은 필수임.
- 반려동물 예방접종이 의무화된 지역에 거주하는 경우 반드시 실시해야 함.
- 반려동물 구충은 반려인의 건강과도 연관이 있어 정기적으로 실시해야 하며, 특히 반려견은 분기마다 1회 구충을 시행해야 함.

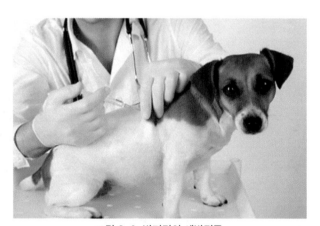

그림 8-6. 반려견의 예방접종

2) 예방접종 관리

① 혼합백신(DHPPL)
- 가장 기본적인 예방접종으로 홍역, 간염, 파보장염, 파라인플루엔자, 렙토스피라를 한 번에 예방할 수 있음.
- 생후 6~8주부터 2주 간격으로 5차까지 맞고, 추후 1년에 1회 접종함.

② 코로나장염(Corona Virus)
- 코로나 바이러스에 의한 전염성 질병으로 구토, 설사, 탈수 등의 증상이 심할 경우 위
  험할 수 있음.
- 생후 14주부터 2주 간격으로 2차 접종을 하고 추후에 1년에 1회 접종함.
③ 전염성기관지염(Kennel Cough)
- 흔히 '강아지 감기'로 불리며 합병증을 유발할 수 있음.
- 생후 14주부터 2주 간격으로 2차 접종을 하고, 추후 1년에 1회 접종함.
④ 광견병(Rabies)
- 사람을 포함한 개, 고양이, 토끼, 페럿 등의 중추신경에 침입해 목숨을 잃게 할 수도 있
  는 고위험군 병에 속함.
- 생후 3개월 이후 접종할 수 있으며, 추후 1년에 1회 접종함.
⑤ 심장사상충(Heart Worm)
- 모기가 발생하는 시기에 월 1회 심장사상충 예방약을 투여해야 함.
- 심장사상충에 감염되었을 때 예방약을 투약하면 위험하니 꼭 검사가 선행되어야 함.
- 생후 6주부터 1개월 간격으로 투약이 가능함.

3) 주거환경 관리

- 반려동물의 종류, 크기, 특성, 건강 상태 등
  을 고려한 환경을 제공해야 함.
- 반려동물이 일상적인 동작을 하는 데 지장
  이 없는 공간을 제공해야 함.
- 반려동물이 화장실을 쉽게 이용하기 위해
  가깝게 배치하는 것이 좋음.
- 해가 잘 드는 곳에 반려동물이 머물 수 있도
  록 자리를 마련하는 것이 좋음.
- 사육 공간의 위치는 안전사고가 발생할 위
  험이 없는 곳에 마련해야 함.

그림 8-7. 반려동물의 집

- 사육 공간 바닥은 동물의 발이 빠질 수 있는 재질로 하지 말아야 함.
- 사육 공간은 동물 몸길이의 2~2.5배 이상인 것이 적당함.
- 실외에서 사육하는 경우 더위, 추위 등을 피할 수 있는 공간을 제공해야 함.
- 목줄을 사용해 사육하는 경우 목줄 길이는 동물의 사육 공간을 제한하지 않는 길이로 설
  정해야 함.

참고문헌

김옥진 외 4명 (2021), 반려동물관리학, 동일출판사.

박종명 (2008), 동물용 백신의 현황, 대한수의사회지, 44(4): 339-368.

법제처 (2022), 반려동물과 생활하기. https://www.easylaw.go.kr/.

법제처 (2022), 반려동물의 사육관리에 관한 기본사항. https://easylaw.go.kr/.

법제처 (2022), 반려동물 사료표시제도. https://www.easylaw.go.kr.

이현정, 이현순 (2022), 반려동물 건강 기능성 식품과 보충제 관련 시장 현황, 식품산업과 영양, 27(1): 12-19.

AAFCO (2022), Regulatory. https://www.aafco.org/Regulatory. Accessed on 22 December, 2022.

Burger, I. H. (1994), Energy Needs of companion animals: matching food intakes to requirements throughout the life cycle. The Journal of Nutrition, 124(12): 2584–2593.

Case, L. P., Daristotle, L., Hayek, M. C., & Raasch, M. F. (3rd Eds.) (2010), Canine and feline nutrition: a resource for companion animal professionals. Mosby, Mo, USA.

Dodds J. W. (2021), Early life vaccination of companion animal pets. Vaccines, 9(2): 92.

FEDIAF (2022), Self regulation. https://europeanpetfood.org/self-regulation. Accessed on 22 December, 2022.

Kerr, K. R. (2013), Companion animals symposium: Dietary management of feline lower urinary tract symptoms. Journal of Animal Science, 91(6): 2965–2975.

Laflamme, D. P. (2012), Companion animals symposium: Obesity in dogs and cats: What is wrong with being fat? Journal of Animal Science, 90(5): 1653–1662.

Meeker, D. L., & Meisinger, J. L. (2015), Companion animals symposium: Rendered ingredients significantly influence sustainability, quality, and safety of pet food. Journal of Animal Science, 93(3): 835–847.

그림 8-1. 애완동물 문제와 그 해결을 위한 관리대책의 유형. 유기영 (2004), 애완동물의 보호 및 관리 방안 연구, 서울연구원.

그림 8-2. 동물보호법 하위법령 주요 개정사항. https://www.dailyvet.co.kr/news/policy/92083, 데일리벳.

그림 8-3. 반려동물의 목욕. https://mypetlife.co.kr/17075/. 비마이펫 라이프

그림 8-4. 반려동물의 발톱 관리. http://www.pethealth.kr/news/articleView.html?idxno=2491. 펫헬스

그림 8-5. 강아지의 항문낭염. https://m.blog.naver.com/PostView.naver?isHttpsRedirect=true&blogId hilltopah&logNo=2212754242173. 네이버.

그림 8-6. 반려견의 예방접종. https://shockingshocking.tistory.com/6. 티스토리.

그림 8-7. 반려동물의 집. https://www.wadiz.kr/web/campaign/detail/63682. 와디즈

표 8-1. 반려동물의 사육 관리 기준과 내용. 법제처 (2022), 동물보호법 시행규칙 제3조 별표1.

표 8-2. 반려동물의 사육공간 및 위생, 건강관리에 대한 준수 사항. 법제처 (2022), 동물보호법 시행규칙 제4조제5항 별표1의2.

표 8-3. 미국사료협회(AAFCO)의 권장 단백질 최소 함량. https://m.kmib.co.kr/view.asp?arcid=0016786474. 국민일보

표 8-4. 유럽펫푸드협회(FEDIAF)의 권장 단백질 최소 함량. https://m.kmib.co.kr/view.asp?arcid=0016786474. 국민일보

제 9 장

유가공학

유제품의 생산

우유의 성분

- 우유 속에는 비타민 A, D, E, K와 비타민 B그룹 등 인체에 필요한 114가지 영양소가 고루 함유된 완전식품임.
- 하루 500mL 우유를 마실 경우 칼로리는 1일 요구량의 12.4%, 단백질은 31.3%, 칼슘은 75%, 인 62.5%를 충족시킬 수 있으며, 함황아미노산을 제외한 모든 필수 아미노산은 100% 충족시킬 수 있음.

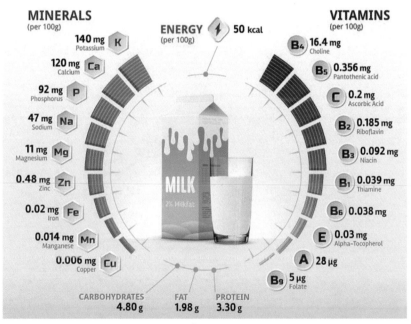

그림 9-1. 우유의 영양 구성 성분

1. 유당

- 유당은 우유에 들어 있는 주요 당질 성분임.
- 유당은 우유 100ml에 4.6~4.9g 정도 함유되어 있음.
- 유당은 포도당과 갈락토스가 결합된 2당류로, 에너지 공급원으로 작용함.

- 분해된 포도당과 갈락토스는 혈당 유지 및 두뇌 형성 인자로 이용되고 장내의 유산균과 비피더스균의 생육을 촉진하는 에너지 공급원으로 쓰임.
- 갈락토스는 유아의 중요한 뇌 조직 성분인 당지질 합성에 필수적이면서 우유 중의 칼슘 흡수에 매우 중요한 역할을 함.
- 유당은 우유에 많이 함유된 칼슘과 같은 무기질의 흡수를 상당히 증진시킴.
- 그러나 유당 자체는 매우 천천히 흡수되기 때문에 장의 연동운동을 촉진시켜 설사를 유발하기도 함.
- 유당은 위에서 가수분해되지 않고 대부분 소장으로 내려와 장점막 표피세포의 효소 락타아제에 의해서 분해되고 이들은 장내균총의 먹이로 이용됨.
- 유당의 대사산물인 유산은 장내 환경을 산성으로 바꾸어 부패세균의 생장을 억제시키고 비피더스균과 같은 유익균의 증식을 촉진시킴.
- 유당이 많이 함유되어 있는 유제품은 충치를 일으킬 염려가 적고 오히려 칼슘의 섭취를 증가시킴으로써 치아를 튼튼하게 해줌.
- 어떤 사람은 유당을 분해하는 효소인 락타아제의 함량이 부족하여 소화에 상당한 불편을 겪으며 설사를 하게 되는데, 이런 증세를 유당불내증이라 함.

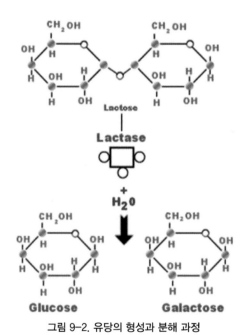

그림 9-2. 유당의 형성과 분해 과정

2. 유지방

- 유지방은 주로 에너지원과 세포막의 구성 성분임.
- 유지방은 지방산 길이가 비교적 짧거나 중간 정도의 지방산들로 이루어져 있기 때문에 소화, 흡수율이 양호하며 필수지방산의 공급원임.
- 유지방을 구성하는 60~70%가 포화지방산이고 나머지 25~33%가 불포화지방산으로 구성되어 있으며, 주로 탄소수가 짧은 지방산이 비교적 많이 들어 있어 소화, 흡수율이 양호함.
- 유지방은 필수지방산의 공급원이 되기도 하며 비타민 A, D, K 등과 같은 지용성 비타민의 흡수를 도움.
- 또한 우유 지방산들은 세포의 성장 촉진과 인슐린 분비 자극 등의 생리활성을 나타내며, 유지방에는 미량의 인지질인 레시틴과 당지질인 강글리오사이드가 함유되어 있어 두뇌 발육 촉진, 신경 조직 발육, 세포 활성 작용, 항독성 작용 등의 기능을 함.
- 최근에는 유지방에 콜레스테롤 억제인자와 항암성분이 함유된 것으로 보고되고 있으며 우유 속의 콜레스테롤 함량은 총 유지방의 0.25~0.4% 수준으로 그 함량이 적은 편임.

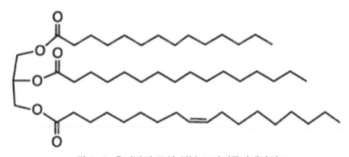

그림 9-3. 유지방의 구성 성분 트라이글리세라이드

3. 유단백질

- 단백질은 우리 몸의 근육, 뼈 등을 구성하는 기본물질로 혈액 중에 함유되어 있는 약 20종류의 아미노산으로부터 만들어짐.
- 우유 속의 평균 단백질 함량은 약 3.4~3.5%로서 80%의 카세인과 20%의 유청단백질로 구성되어 있음.
- 카세인은 소화율이 높고, 특히 필수아미노산 조성이 좋아 영양학적으로 우수한 단백질임.
- 유청단백질은 열에 불안정한 알파-락트알부민과 베타-락토글로불린을 비롯하여 면역글로불린, 프로테오스, 효소 등을 총칭하여 일컫는 말임.
- 면역글로불린은 우유 단백질의 1.2~3.3%를 차지하고 있으며, 이 외의 글로불린으로 IgG2, IgA, IgM이 있음.

- 락토페린은 당단백질로서 자연 상태에서 젖소의 초유와 사람의 초유에만 들어 있는 강력한 항바이러스, 항균성 물질임.
- 우유에는 양질의 필수 아미노산이 함유되어 체내에서 유익한 역할을 하며, 특히 어린이의 성장, 두뇌 발달, 면역성 증진에 기여함.
- 트레오닌, 리신, 이소루신, 트립토판 등이 모두 함유되어 있어 우유 단백질을 완벽 단백질이라고 함.
- 우유 단백질은 면역증진작용, 칼슘의 흡수촉진, 장내 비피더스 증식 작용, 혈압조절, 혈소판 응집 작용, 평활근 수축 작용, 면역 부활 작용, 백혈구 기능 강화 등에 기여함.
- 또한 유아의 모발 및 각질 생성의 주요 성분이며 신경계조직 및 두뇌 발달에 필요함.
- 필수 아미노산인 트립토판은 신경호르몬을 만들어 혈압을 조절하고 숙면을 도와주는 물질이므로 우유는 아미노산의 균형, 소화율, 흡수율이 매우 높아서 유아들에게 권장되는 식품임.

4. 무기질

- 무기질이란 칼슘, 인, 나트륨, 철분, 구리 등 체내에 분포되어 있는 미량원소를 말함.
- 우유에는 칼슘이 많이 함유되어 있어 칼슘과 인의 함량 비율이 1:1이므로 영양 학자들이 추천하는 칼슘과 인의 좋은 공급원임.
- 우유의 칼슘은 소화하기 쉬우며, 우유 속의 다른 성분인 유당, 비타민 D, 구연산 등은 칼슘의 흡수를 촉진함.
- 특히 성장기 어린이의 골격과 치아 형성, 임산부 및 수유부의 칼슘공급, 급 노령화에 따른 뼈의 손실과 골다공증 예방에 우유보다 좋은 식품은 없음.
- 또한 우유에는 인체에 필요한 칼륨, 마그네슘, 나트륨 등이 다량 함유되어 있고 구리, 철분, 아연 이외에도 10여 종 이상의 미량원소들이 함유되어 인체의 신진대사에 중요한 역할을 함.

표 9-1. 우유에 함유된 무기질 함량(100ml당)

성분	평균(mg)	함유범위(mg)
칼슘(Ca)	121	114~124
인(P)	65	53~72
마그네슘(Mg)	12.5	11.7~13.4
나트륨(Na)	60	48~79
칼륨(K)	144	116~176
염소(Cl)	108	92~131

5. 비타민

- 우유에는 비타민 C를 제외한 각종 비타민이 골고루 함유되어 있음.
- 유제품은 비타민 A, 비타민 B2, 비타민 B6의 공급에 상당한 기여를 함.
- 우유에는 거의 모든 종류의 비타민이 함유되어 있으나 철분의 함량은 낮은 편임.
- 비타민 B2는 심장과 세포 신진대사에 필수적이고 어린이 성장에 중요한 역할을 하는 성장 촉진 비타민임.
- 비타민 B1은 뇌의 기능을 증가시키고 각기병을 예방하는 데 필수적이며, 비타민 B12는 악성빈혈을 예방해 주는 역할을 함.
- 비타민 B군 중 몇몇 비타민의 요구량은 우유 1L의 소비로 충족되며, 비타민 A, 비타민 B1, 비타민 B6, 비타민 D, 판토텐산의 공급에 유제품이 상당히 기여함.
- 우유 1L 섭취 시 비타민 A의 12~45%, 나이아신의 2~5%, 판토텐산의 20~30%, 비타민 C의 4~13%, 비타민 E는 약 10% 정도 충족시킬 수 있음.

6. 효소

- 우유에는 40여 종의 효소들이 함유되어 있는데, 이 중에는 영양 생리에 중요한 역할을 하는 것이 많이 존재함.
- 리파아제는 장내 지방질 분해에 결정적 역할을 하며 소화, 흡수율을 높여 주며 락토페록시다제, 잔틴옥시다제, 라이소자임 등은 항균 작용 및 면역기구에 참여하여 유아의 질병에 대한 저항력을 증가시켜 줌.

7. 유기산

- 우유에는 구연산, 뉴라미닌산, 핵산 외에 뷰틸산, 프로피온산, 젖산 등이 들어 있음.
- 우유에 함유된 유기산의 90%를 차지하는 것이 구연산이며 버터의 향기 성분을 생성하는 성분임.
- 구연산은 체내에서 뼈를 튼튼히게 하는 데 도움을 줌.

표 9-2. 한국인의 영양권장량 및 우유 1L의 영양소 함량

구분	한국인의 영양권장량[1]	우유 1L의 영양소 함량
에너지(kcal)	2,500	600
동물성 단백질(g)	70.0	32.0
칼슘(mg)	700	1,050
철(mg)	12.0	1.0
비타민 A(μg RE)	700	260
비타민 B1(mg)	1.3	0.4
비타민 B2(mg)	1.5	1.4

1) 성인 남자(20~49세) 기준치

우유의 가공 처리 과정

1. 원유의 계량 및 수유검사
- 수유 전에 5종류의 검사를 함.
- 목장으로부터 공장에 운반된 원유는 계량 후 우유의 원료로써 수유하기 좋은지 아닌지 외관, 온도, 성분, 세균 수, 항생물질의 5항목 검사를 진행함.
- 검사가 끝난 원유는 파이프를 연결하여 탱크에서 청결기로 운반되고 5℃ 이하의 냉각을 유지시킴.

2. 가공 처리 과정

① 청정
- 보이지 않는 불순물을 제거함.
- 검사를 통과한 원유에는 눈에 보이지 않는 불순물 등이 섞여 있음.
- 원심분리장치나 여과기를 통하여 연속으로 불순물을 분해하고 제거함.

② 저유
- 원유탱크에 저장하는 과정으로 원유의 온도 상승과 유지방구의 손상을 막음.
- 저유탱크에는 옥내용과 옥외용이 있음.
- 스테인리스제인 저유탱크의 내부는 단열재로 싸여 있고, 그 내측에 탱크를 차갑게 하는 물이 흐르고, 원유는 늘 약 2℃로 차갑게 유지되면서 순환됨.

③ 균질화
- 유지방구를 잘게 부수는 과정을 말함.
- 원유 중 유지방구의 크기는 가지각색으로 가만히 보존해 놓게 되면 유지방구가 표면에 뜨는 크림층이 나올 수 있음.
- 이때 원유에 강한 압력을 가해 균질화해서 입자의 크기를 작고 균일한 형태로 만들어줌.

④ 가열살균, 냉각
- 유해한 균을 사멸시킴.
- 원유를 단기간 가열 살균하여 세균 등을 사멸시켜 안심하고 마실 수 있음.
- 살균 후 바로 5℃ 이하로 냉각함.

⑤ 충진
- 다양한 용기로 우유를 채우는 과정을 말함.

- 살균 처리하고 저유탱크에 저장된 우유는 우유 팩에 담아서 곧바로 밀봉함.
- 그 후 우유 팩 윗부분에 생산 일자와 시간이 인쇄되면 우유가 완성됨.
- 그사이에는 전혀 사람의 손이 닿지 않도록 작업이 진행됨.

⑥ 제품의 검사
- 출하 전 최후 검사 과정을 말함.
- 충전된 각각의 우유는 샘플을 채취하여 관능검사, 이화학검사, 미생물검사를 진행함.
- 용기에 담긴 우유는 이 검사 결과를 거치지 않으면 공장으로부터 출하될 수 없음.

⑦ 냉장 보존, 출하
- 출하가 예정된 우유는 검사 결과가 끝날 때까지 5℃ 이하의 냉장치 내에 보존되어 있음.
- 샘플링 검사에서 합격한 후 공장으로부터 냉장치로 다양한 장소로 출하됨.

그림 9-4. 우유 가공 처리 과정

유제품 제조방법

1. 유제품이란?

1) 유제품 정의 및 나라별 유제품
- 우유에 유산균을 첨가하여 발효시킨 요구르트와 우유에 렌넷, 스타터 등을 첨가하여 숙성 발효시킨 치즈, 우유 중의 쿠림을 주원료로 한 버터, 우유 중 수분을 완전히 제거하여 건조시킨 분유 등이 유제품에 속함.
- 국민 소득 증대로 식생활 구조가 점차 서구화됨에 따라 우유에서 생산된 유제품은 매년 증가추세를 보이고 있으나, 축산물 시장의 개방으로 외국 유제품 수입이 급증하여 낙농가의 어려움이 가중되고 있음.
- 농가에서 착유한 우유를 가지고 다양한 유제품을 제조할 수 있으며 온도 조건, 즉 유제품의 발효 조건 등에 조금만 신경을 쓰면 신선한 유제품을 언제든지 개조하여 음용유 이외의 다른 유제품을 음미할 수 있고 상품화도 가능하리라 생각됨.
- 발표 유제품은 우유 및 유제품을 열처리한 배합물에 유산균인 락토바실러스 불가리커스(*Lactobacillus bulgaricus*) 및 스트렙토코커스 더모필러스(*Streptococcus thermophilus*) 등을 접종 후 배양시켜서 산을 발생시킨 유제품이라고 정의할 수 있음.
- 요구르트는 새콤한 산미를 지녀 상쾌한 맛을 주며 소화가 잘되고 유산균에 의한 정장 효과도 기대됨.
- 발효 유제품에 들어 있는 유산균은 예로부터 인간과 밀접한 관계를 가지고 있으며 요구르트는 발효 유제품 중 그 역사가 가장 오래됨.
- 중동지방, 특히 동부 지중해 연안 국가의 사람들에게 중요한 음식으로 인식되어 옴.

표 9-3. 우유와 요구르트의 일반조성

성분	100g당	
	우유	요구르트
단백질(g)	3.4	3.3
탄수화물(g)	4.8	1.2
Ca(mg)	120	180
P(mg)	94	90
Mg(mg)	12	12

성분	100g당	
	우유	요구르트
Na(mg)	45	45
K(mg)	150	150
Fe(mg)	60	80
티아민(μg)	30	44
리보플라빈(μg)	170	210
나이아신(μg)	95	120
판토테닉산(μg)	360	380
피리독신(μg)	48	50
엽산(μg)	6	10
사이아노 코발라민(μg)	0.5	0.4
비타민 C(μg)	2	1

2) 요구르트 제조공정

- 탈지분유 12% 또는 시유에 탈지분유 3%를 첨가한 후 85℃에서 살균 처리를 거쳐 40℃로 냉각함.
- 탈지유의 2~3% 양에 시판발효유를 첨가 후 35~40℃에서 5~7시간 배양함.
- 탈지유의 9% 양으로 감미료를 첨가한 후 과일즙을 첨가하여 맛을 냄.
- 용기에 나누어 넣은 후 냉장 보관하여 유통함.

3) 치즈 제조공정

- 치즈 제조에 사용되는 원유의 품질에 따라 치즈의 품질이 결정되는 것이므로 세균 오염 수준이 적은 고품질 원유를 사용해야 함.
- 먼저 원유를 63℃에서 30분 동안 살균하여 32℃에서 냉각시킴.
- 보통 15초 동안 72~75℃ 처리하는 고온살균을 하거나 30분 동안 65℃ 처리하는 저온 살균 방법을 이용함.
- 스타터가 가장 잘 자라는 온도가 32℃이기 때문에 32℃로 냉각함.
- 스타터로는 유산균주인 *Lactococcus lactis*와 *Lactococcus cremoris*를 사용함.
- *L. lactis* 0.007%, *L. cremoris* 0.007% 양의 스타터를 첨가한 후 30분 동안 정치시킴.
- 원유량의 0.003% 양의 렌넷을 첨가한 후 50분~1시간 정후하여 커드의 상태를 주기적으로 관찰함.
- 1×1×1cm 되는 정방향으로 커드를 절단하고 치즈 배트 안에 있는 유청과 커드를 5분

에 1℃ 올라가게 가열하면서 40℃까지 되게 한 후 주걱을 사용하여 커드를 저어주면서 유청이 빠져나오도록 함.
- 40℃까지 되었을 때 이 온도를 1시간 정도 유지하면서 가끔씩 커드를 저어준 다음 유청을 빼주게 되는데 이때 pH는 5.1 정도까지 떨어지게 됨.
- 유청이 제거된 커드는 잘게 부숴 주고 원유량의 0.4% 농도로 소금을 첨가하여 가염 해 준 뒤 잘 섞어준 다음 15~20 psi에서 압착하여 하룻밤 방치 후 숙성함.
- 숙성온도는 10℃에서 1개월 정도 단기 숙성을 거치게 됨.

표 9-4. 주요 치즈의 일반성분 및 pH 조성

치즈 100g당	총고형분	지방	단백질	회분	pH
Mozzarella	53.0	23.7	21.0	3.0	5.2
Cheddar	63.0	32.0	25.0	4.1	5.5
Camembert	47.5	23.0	18.5	3.8	6.9
Gouda	59.0	28.5	26.5	3.0	5.8
Emmental	64.5	30.5	27.5	3.5	5.6

4) 칼피스 제조공정
- 칼피스란 일본에서 시작된 발효유 음료로 구연산 및 젖산을 첨가하여 pH 3.5 적정산도 1%로 조정한 후 설탕과 향료를 첨가하여 만든 유제품임.
- 가정에서도 손쉽게 만들어 여름철의 청량음료로 즐길 수 있으며, 이 액을 이용하여 아이스케이크를 만들어 먹기도 함.
- 우유에 열을 가하여 설탕을 첨가하고 용기에 담아 냉장 보관하는 공정으로 만듦.

참고문헌

곽병만 외 5명 (2006), Composition of Vitamin A, E, B1 and B2 Contents in Korean Cow's Raw Milk in Korea, Food Science of Animal Resources, 26(2), 245-251.

김명애 (1983), 우유의 처리과정, Korea Dairy Industries Association, 4(3), 11-16.

김선효 (2010), A Review on the Relationship of Milk Consumption, Dietary Nutrient Intakes and Physical Growth of Adolescents, Korean Society of Dairy Science and Biotechnology, 28, 9-16.

김철현 (2009), 유산균과 유단백질 유래 Peptide의 면역 조절 기능 연구 동향, 한국유가공기술과학회지, 27(1).

김필주 (2005), 한국 유가공산업의 발전과 전망-사유, Korean Society of Dairy Science and Biotechnology, 06a, 107-116.

문용규 (1982), 우유의 지질성분, Korea Dairy Industries Association.

이부웅 (1986), 인류와 유제품의 역사, Korea Dairy Industries Association, 24, 27-30.

이승교 (1981), 우유의 성분과 합성, Korea Dairy Industries Association.

이영희, 정문호 (2004), 우리나라 일부 우유의 무기질 함량 조성에 관한 연구, 한국환경위생학회지, 30, 29-40.

이원재 (2007), 발표유제품의 유단백질 기능성 연구 동향, 한국유가공기술과학회지, 25(2).

Don Tribby (2008), Yogurt, The Sensory Evaluation of Dairy Products, 191-223.

Jonas, A. 외 7명 (2017), Lactose, glucose and galactose content in milk, fermented milk and lactose-free milk products. International Dairy Journal.

M. E. Johnson (2006), Major Technological Advances and Trends in Cheese, Journal of Dairy Science, 89(4), 1174-1179.

P. F. Fox, A. L. Kelly (2006), Indigenous enzymes in milk: Overview and historical aspects-Part 1, International Dairy Journal, 16(6), 500-516.

Robert McL. Whitney (1944), Proteins of Milk, Fundamentals of Dairy Chemistry.

Robert G. Jensen, Ann M. ferris, Carol J. Lammi-Keefe (1991), The composition of Milk Fat (Vol. 74). Journal of Dairy Science.

Theodore, M. 외 6명 (1975), Lactose and Milk Intolerance: Clinical Implications. The NEW ENGLAND JOURNAL of MEDICINE.

그림 9-1. 우유의 영양 구성 성분. http://www.iybrb.com/civ/content/2019-10/03/31_375503.html. 연변일보.

그림 9-2. 유당의 형성과 분해 과정. 천정환, 서건호, 정동관, 송광영 (2020), 유당불내증에 효과적인 유당이 없는 낙농 유제품의 개발: 현재와 미래, Korea Science.

그림 9-3. 유지방의 구성 성분 트라이글리세라이드

그림 9-4. 우유 가공 처리 과정. https://imilk.or.kr/?page_id=28915. 우유자조금관리위원회.

표 9-1. 우유에 함유된 무기질 함량(100mL당). http://www.naknong.or.kr/c5/sub1_1_1.php. 한국낙농육우협회.

표 9-2. 한국인의 영양권장량 및 우유 1L의 영양소 함량. http://www.naknong.or.kr/c5/sub1_1_1.phphw12. 한국낙농육우협회.

표 9-3. 우유와 요구르트의 일반조성. https://www.nongsaro.go.kr. 농사로.

표 9-4. 주요 치즈의 일반성분 및 pH 조성. Study on development of making of law fat mozzarella and low salt gouda cheese. 국립축산과학원.

동물생명공학

제10장

계란의 생산

계란의 성분

1. 계란의 영양소
- 계란은 완전식품이라 불릴 정도로 각종 영양소가 풍부함.
- 계란은 단백질을 이루는 필수아미노산을 다양하게 함유하고 있음.
- 식품의약품안전처 자료에 따르면, 계란 한 알(60g)에 든 단백질량은 6.84g으로 중량에 비해 높은 편임.
- 비타민 A, B, D, E, K 등 수용성, 지용성 비타민과 칼슘, 철분, 셀레늄 등 몸에 필수적인 미네랄이 풍부함.
- 계란은 고밀도 콜레스테롤(HDL)을 포함하고 있어 혈중 지질 성분을 몸 밖으로 내보내는 데 도움이 됨.
- 계란 한 알당 콜레스테롤의 양은 약 200mg으로 1일 콜레스테롤 목표 섭취량인 300mg을 넘지 않도록 주의해야 함.

2. 계란의 구조
- 계란은 약 9.5%의 막을 포함한 난각, 63%의 난백 그리고 27.5%의 난황으로 구성됨
- 주성분은 수분(75%), 단백질(12%), 지방(12%) 그리고 탄수화물 및 광물질이며 단백질은 난백과 난황에 모두 존재함.
- 지방은 지단백(lipoprotein) 형태로 대부분 난황에 함유됨.
- 광물질은 소량으로 껍데기에 존재하고 탄수화물은 소량의 구성 물질로 자유 상태 또는 단백질과 지질에 연결된 상태로 전체에 분포되어 있음.

3. 난백의 성분
- 난백은 계란 전체 무게의 60%를 차지하고, 주요 성분은 알부민이며, 이는 수분과 단백질이 주성분임.
- 알부민 중 난알부민이 가장 많은 단백질이며, 난트랜스페린, 난백점소 등의 단백질이 존재함.
- 난백 단백질로는 난백에 점성을 주는 ovomucin, lysozyme, avidin, cystatin, ovo-inhibitor, ovomacroglobulin(ovostatin) 등이 있음.

4. 난황의 성분
- 난황의 주성분은 단백질과 지방임.

- 주로 지단백으로 존재하며 고체 분획과 플라스마 분획으로 나뉨.
- 고체들은 α-와 β-lipovitellin(고밀도 지단백), phosvitin 그리고 저밀도 지단백을 포함하고 있음.
- 플라스마는 저밀도 지단백 분획과 수용성 단백질 분획으로 분리되며 immunoglobulin Y(Ig Y)가 포함되어 있음.
- 또한 난황에는 광물질, 단백질에 결합된 oligosaccharide와 색소가 있음.
- 난황의 지방과 phospholipids의 항산화 효과는 대중들에게 잘 알려져 있어, 이들이 불포화 지방산의 산화를 막는다는 것은 연구의 대상이 되어 왔음.
- Phosvitin은 난황의 항산화 성분으로 이는 철 이온에 킬레이트 함으로써 작용을 함.
- 최근 phosvitin과 phosvitin의 효소 소화물들이 철촉매 된 hydroxy 라디칼의 형성을 막음으로써 DNA를 보호한다는 것이 알려져 이러한 물질들이 직장암 치료에 사용될 가능성이 있음.

표 10-1. 난황 성분들의 생리활성

성분	생리활성
난황	항접착 활성
Immunoglobulin Y	항미생물 활성
Phosvitin	항미생물 활성, 항산화 활성, 칼슘 용해증강
Sialyl oligosaccharide and sialyl glycopeptide	항접착 활성
York lipids	항산화 활성
Lipoproteins	항미생물 활성
Fatty acids	항미생물 활성
Phospholipids	뇌 기능 및 발달, 콜레스테롤 레벨 강하
Cholesterol	세포막들의 성분

산란계 생산 시스템

1. 계란 생산 및 유통 시스템
- 산란계는 산란계사 내 바닥 또는 케이지 등에서 사육되는데 일반적으로 복지증진형 산란계 사육 시스템에서는 산란상을 통해 사육됨.
- 케이지는 바닥이 약 15도 정도 기울어져 있어 계란은 케이지 밖으로 굴러 나오게 됨.
- 계란은 계란 벨트와 컨베이어 벨트를 이용하여 산란계사 옆 집하장으로 이동됨.

- 집하장에서 결함란 제거, 포장, 보관 및 운송을 통해 유통되는 일련의 과정을 거치게 됨.
- 집하장에서는 계란의 세척, 건조, 자외선 살균, 결함란인 파각과 혈란을 제거하고 포장한 후 보관함.
- 또한 집하장에서는 계란 등급이 행해지기도 하는데, 우리나라는 미국과 EU와 다르게 계란 등급이 의무가 아니고 선택 사항이기 때문에 주로 집하장을 자체적으로 가지고 있는 대형 산란계 농장에서 실시함.
- 산란 후기에 산란한 계란의 신선도는 떨어지기에 계란 신선도가 높은 산란계 후기 이전에 생산된 계란을 대상으로 등급으로 사용하는 추세임.
- 현재 집하장은 전국에 약 48여 개 운영 중으로 경기도가 15곳으로 가장 많고, 그다음으로 경상북도가 7곳으로 많음.
- EU와 같은 외국에서는 대부분의 계란 유통이 집하장을 통해서만 등급판정, 포장 및 난각 표시를 실시할 수 있어 계란의 복잡한 유통경로상 위해요소를 차단하고, 방역관리, 업체의 규모화, 조직화 및 거점별 관리에 용이하도록 구축되어 있음.
- 국내에서는 30% 정도만이 집하장을 경유하고 있으며, 대부분의 식용란이 식용란 수집판매업체에서 포장 과정을 거쳐 도소매 형태로 유통되고 있음.
- 등급제 계란의 시장점유율은 꾸준히 상승하고 있으며 총 계란 생산량 대비 6.1%를 차지하고 있음.
- 축산물 표시제에 따라서 계란 난각에 생산농가와 지역번호를 표기하는데, 일반 계란은 지역번호와 생산농가의 이름 정도의 정보만 입력하는 반면, 등급란은 생산지역, 농장명, 계군번호, 등급판정일자 등 계란 생산이력 정보를 포함하고 있음.
- 등급란은 중량등급과 품질등급을 포함하고 있어 일반적으로 계란 세척을 실시한 후 등급 절차를 진행함.

그림 10-1. 계란 생산 및 유통시스템

2. 산란계사 및 사육 형태

- 산란계사의 형태는 주로 개방계사와 무창계사로 나뉠 수 있음.
- 개방계사는 자연 환기 방식이며, 외부의 신선한 공기가 계사의 양 측면에 위치한 연속 입기구를 통해 입기 된 후 닭이 발생시킨 열 등에 의한 가온에 의해 상승되어 지붕에 위치한 연속 배기구를 통하여 배기되는 방식으로 환기가 이루어짐.
- 무창계사는 환경 조절계사라고 하며, 계사 내부의 열 환경이 외부의 기상조건에 의해 민감하게 변하지 않도록 계사의 지붕과 벽에 단열재로 사용하고, 환기 팬을 이용하여 기계적으로 환기가 이루어짐.
- 산란계는 대부분 긴 열로 배치된 철사 케이지 내에서 사육되고 있음.
- 산란계 케이지는 작게는 4단에서 많게는 12단까지 보급되고 있으며, 한 칸의 케이지에 6~8수 정도로 권장 사육밀도 기준인 수당 $0.05m^2$를 초과하지 않도록 사육되어야 함.
- 직립식 케이지 시스템에서 분뇨는 바로 아래에 위치한 분판으로 떨어지게 되고, 분판이 이송벨트 방식으로 움직이면서 외부로 반출하는 작업을 수행하게 됨.
- 지속적인 분변 제거를 통하여 계사 내 암모니아 발생과 파리 발생을 줄일 수 있음.

3. 복지형 사육형태

- 최근 케이지 사육이 복지에 취약하다는 문제 등으로 복지형 사육형태에 대한 관심과 보급이 증가되고 있는 추세임.
- 특히 EU에서는 1999년 7월에 산란계 복지에 필요한 구비조건에 대한 법적 조항을 만들었음.
- 현재 EU에서는 사육밀도, 산란상, 깔짚 등 산란계의 복지에 필요한 구비조건에 합당한 사육형태만이 가능함.
- 이러한 복지형 사육형태는 크게 furnished(enriched) 케이지, aviary(barn) 사육 시스템 2가지로 나뉨.
- furnished(enriched) 케이지는 산란상, 횃대, 모래상자 등 필요한 구비요건을 모두 갖춘 케이지 형태임.
- aviary(barn) 사육 시스템은 케이지가 없는 대체 사육형태로, 가장 큰 특징은 케이지가 없으며, 바닥에서 산란계를 사육하는 형태로 계사 내에 다단계 구조물이 있거나 없을 수 있음.
- 이러한 aviary 사육 시스템에 추가적으로 산란계가 낮 동안에 외부에 자유롭게 왕래가 가능한 형태의 사육 시스템은 자유방목형(free-range)으로 알려져 있음.
- EU의 산란계 사육형태는 전체적으로 enriched cage가 55.7%로 가장 많고, aviary system이 26.6% 그리고 free range가 13.9%, 마지막으로 유기 축산 형태가 3.8%를 차지하고 있음.
- 우리나라에서는 2017년도 4월 기준으로 전국 산란계 동물복지 인증농가 현황은 총 87농

가로 사육 규모가 25,000수 이상인 농가의 비율은 약 7%이었다고 보고하였음.

- 동물복지 인증농가의 계사 구조는 주로 보온덮개 계사(13.4%), 자연농법 계사(41.8%), 그리고 패널 철 골조 계사(29.9%)로 구성되어 있음.

- 2012년부터 케이지 사육의 전면 금지와 더불어, 복지형 사육시설 등 기반 산업이 함께 발달한 EU와 비교하여 우리나라에서 실시하는 동물복지 인증은 국내 사육 환경에 대해 충분한 검토와 이해 없이 진행되었으며 아직 개선할 부분이 많음.

- 복지형 사육 방식은 분변과 야생동물의 접촉 기회가 증가하기 때문에 다양한 내, 외부 기생충과 전염병 질병 발생률이 증가하는 단점 역시 포함되고 있어 향후 산란계의 생산성과 복지가 고려된 사육 방식에 대한 고찰이 필요하다고 할 수 있음.

⟨Aviary⟩ ⟨Furnished⟩ ⟨Free range⟩

그림 10-2. 산란계의 복지형 사육형태

표 10-2. 산란계 사육형태별 장단점 비교

계사 방식	장점	단점
케이지	- 질병과 기생충 감염률이 낮음 - 폐사율이 비교적 낮음 - 깃털쪼기, 카니발리즘 감소 - 발의 지루성 피부염 발생률 감소 - 악취와 분진 감소	- 수수당 공간이 매우 제한적임 - 품종 특이적 행동을 완전히 제한함 - 출하(이동) 시 골다공증으로 인한 골절률이 높음 - 쪼는 개체로부터 피할 수 없음
Enriched	- 질병과 기생충 감염률이 낮음 - 폐사율 비교적 낮음 - 품종 특이적 행동표현이 가능 - 골밀도가 좀 더 강함 - 발의 지루성 피부염 발생률이 낮음	- 계군에서 깃털쪼기와 카니발리즘 증가 - 장시간 횃대 이용으로 인한 가슴골격(흉골) 손상 - 스크래치 매트와 깔짚 공급으로 인한 먼지발생 증가 - 큰 계군 계사에서 출하(이동) 시 굴절률이 높음
Aviary	- 품종 특이적 행동패턴 표현이 가능 - 골밀도의 증가 - 쪼는 개체로부터 피할 공간 확보	- 배설물로 인한 기생충 및 감염성 질병 발생률이 높음 - 젖은 깔짚으로 인한 지루성 피부염의 발병률이 높음 - 횃대, 산란상, 놀이시설과의 충돌로 골절률이 높음 - 깃털쪼기와 카니발리즘의 발생률 차이가 큼 - 쪼는 개체로 약한 개체는 사료, 물 접근이 제한적임 - 깔짚으로 인한 먼지발생 증가
Free range	- 평사형 계사와 동일 - 모이 찾기와 모래목욕이 가능	- 평사형 계사와 동일 - 포식동물로부터의 발생률이 높음 - 내부기생충 감염률 증가 - 야생조류와의 접촉으로 전염성 질병 발생률이 높음

계란의 형성과정 및 계란 품질

1. 계란의 형성과정

- 산란계의 생산표준은 90주령 이상까지 제공하고 있으며, 환우과정을 포함한다면 110주령 까지도 제공하고 있음.
- 육종개량을 통하여 미래 산란계의 생산주기는 더 길어지고, 일정한 계란 품질 유지, 사료의 이용효율도 계속해서 향상될 것으로 예상되고 있음.
- 현재 12개월간의 산란기간에 1수의 산란계는 약 330개의 계란을 생산하는 능력이 있음.
- 계란의 형성은 산란계 왼쪽 난소에서 난관으로 난황이 배란되면서 시작됨.
- 배아는 간에서 합성된 지방과 단백질이 혈액을 통해 난소에 존재하는 난모세포에 침착되면서 발달됨.
- 배란된 난황은 난관의 누두부(infundibulum)에서 약 30분 머물면서 알끈을 포함한 2겹의 난황막이 형성됨.
- 팽대부에서는 약 3시간 동안 난백이 형성되고, 협부에서는 약 1시간 동안 당단백질 등으로 구성된 섬유성 다발인 난각막이 형성됨.
- 자궁부에서는 약 20시간 동안 난각 형성이 시작됨.
- 외난각막의 표면에 작은 유기물질인 유두핵이 부착되며, 이것은 난각 형성의 첫 단계로 대략 5시간에 걸쳐 일어남.
- 여기서 방해석의 결정이 침착되기 시작하여 유두체의 형성에 이어 계속된 무기질화를 통하여 원주층을 형성함.
- 난각은 무기물인 탄산칼슘과 유기기질로 구성됨.
- 단백질, 당단백질과 프로테오글리칸으로 구성되어 있는 유기지질의 합성은 난각의 무기질화를 조절하는 것으로 알려져 있음.
- 결정층이 원주층에 침착되며 마지막에 세균의 침입을 막는 큐티클이 형성됨.
- 난각의 튼튼하고 견고한 구조는 계란이 생산되고 최종 소비자에게 도달하기까지 내용물을 안전하게 유지하는 훌륭한 포장의 역할을 수행함.

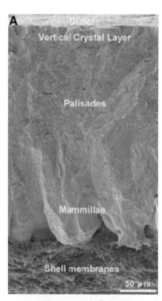

그림 10-3. 난각의 구조

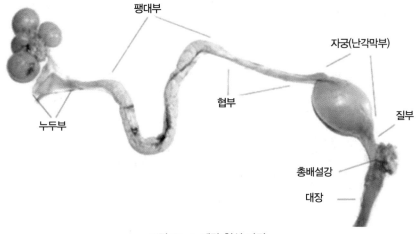

팽대부

자궁(난각막부)

협부

질부

누두부

총배설강

대장

그림 10-4. 계란 형성 과정

2. 계란의 품질

- 계란의 품질은 산란계의 주령이 증가할수록 감소하는 것으로 알려져 있음.
- 주령이 증가할수록 계란의 무게는 증가하지만 난각의 품질은 감소하고 신선도를 나타내는 지표인 호우 유닛도 감소하는 것으로 알려져 있음.
- 계란의 신선도는 산란계의 주령보다는 계란의 보관 온도가 계란의 신선도에 더 중요한 역할을 하는데, 산란계의 주령에 상관없이 상온보다는 저온 냉장 시 계란의 신선도가 오래 유지되는 것으로 보고됨.
- 2015년도에 계란 집하장에서 조사한 계란 품질의 조사에서, 주령이 증가할수록 혈반, 육반 그리고 파각의 발생률이 산란 후기에 급격하게 증가하는 것으로 확인되었음.
- 파각은 육안으로 구분할 수 없지만, 투광 검사를 이용한 검란을 통해 난각막이 손상되지 않았어도 육안으로 확인할 수 없는 실금이 있는 계란을 의미함.
- 주령이 증가할수록 파각의 발생률이 증가한다는 조사가 있는데, 이는 집하장에서 투광 검사를 통과하지 않는 유통시스템에서는 운송 과정에서 발생하는 충격으로 인해 파란이 발생할 수 있다는 것을 의미함.
- 계란의 품질을 유지하기 위해 온전한 난각의 품질을 유지하는 것이 중요함.

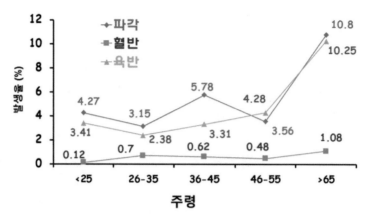

그림 10-5. 국내 계란 집하장에서 계란 품질 조사 결과

3. 계란의 안정성

- 살모넬라와 같은 세균은 계란의 난황에서 증식할 수 있으나, 산란계와 계란은 병원균을 막을 수 있는 다양한 방어기작을 보유함. (문맥 수정)
- 총 배설강 등에 서식하는 유산균은 병원균을 억제하고 기공을 덮고 있는 큐티클층은 세균 감염 확률을 낮춤.
- 큐티클 층, 난각의 유기 기질 그리고 난각막에는 각각 항균 성분을 가짐.
- 난백은 라이소자임과 같은 다양한 항균 단백질을 포함하고 있으며, 난황막은 항균효과와 더불어 물리적인 방어막 역할을 하며, 난황에도 많은 항체가 있어 방어 역할을 수행함.
- 산업동물은 도계장 또는 도축장에서 도축이 이루어지듯이, 신선란 역시 계란 이력제와 더불어 계란의 우생과 안전성을 높일 수 있는 시스템의 적극적인 도입이 필요함.

참고문헌

농사로, https://www.nongsaro.go.kr.

대한민국 정책브리핑, https://www.korea.kr/news/visualNewsView.do?newsId=148899015.

우유자조금관리위원회, https://imilk.or.kr/?page_id=28928.

이경우 (2017), 국내 계란 생산 시스템 현황, https://koreascience.kr/article/JAKO201732663236873.pdf.

임신재, 응용동물행동학.

한국낙농육우협회, http://www.naknong.or.kr/c5/sub1_1_1.php.

헬스조선 뉴스, https://m.health.chosun.com/svc/news_view.html?contid=2017101702099.

Reseat 고경력과학기술인, https://www.reseat.or.kr.

그림 10-1. 계란 생산 및 유통시스템. 이경우, 국내 계란 생산 시스템 현황, https://koreascience.kr/article/JAKO 201732663236873.pdf.

그림 10-2. 산란계의 복지형 사육형태. 이경우, 국내 계란 생산 시스템 현황. https://koreascience.kr/article/JAKO 201732663236873.pdf.

그림 10-3. 난각의 구조. https://www.researchgate.net/figure/Calcified-eggshell-structure-A-Scanning-electron-micrographs-of-avian-eggshell-showing_fig2_51895246. ResearchGate.

그림 10-4. 계란 형성 과정. 국립축산과학원. 2015. 닭 기르기 100문 100답집, 에덴하우스

그림 10-5. 국내 계란 집하장에서 계란 품질 조사 결과. 축산물 품질평가원 (2015), https://koreascience.kr/article/JAKO201732663236873.pdf.

표 10-1. 난황 성분들의 생리활성. 고경력과학기술인. https://www.reseat.or.kr.

표 10-2. 산란계 사육형태별 장단점 비교. 이경우, 국내 계란 생산 시스템 현황. https://koreascience.kr/article/JAKO201732663236873.pdf.

동물생명공학

제11장

식육의 생산

식육의 구성 성분

- 식육의 구성 성분을 살펴보면 약 70% 이상이 수분이며 그 수분을 제외한 건조중량의 절반은 단백질이기 때문에 고단백 식품이라고 불림.
- 식육은 수분과 단백질 외에도 탄수화물, 지방, 비타민 및 미네랄 등의 여러 영양성분을 함유하고 있음.
- 이러한 식육의 구성 성분은 가축의 종류, 성별, 연령, 사양조건, 영양상태, 건강상태 등에 따라 차이가 크게 나타나며, 같은 도체 내에서도 부위에 따라 많은 차이가 있음.
- 특히 지방 함량의 경우 여러 가지 조건에 따라 그 변이의 폭이 매우 크게 나타남.

1. 수분
- 식육의 약 70% 이상을 차지하고 있는 수분의 경우 영양학적으로는 아무런 가치가 없지만 많은 성분들을 용해시켜 포함하고 있기 때문에 저장성, 육색, 보수력, 풍미 등 식육의 품질에 많은 영향을 미침.
- 식육이 수분을 보유할 수 있는 능력을 보수력이라고 하는데, 가열에 의해 수분이 쉽게 분리되어 유실되는 보수력이 낮은 고기의 경우 퍽퍽한 식감과 함께 풍미가 다소 떨어지는 현상이 나타나며 수분이 밖으로 빠져나오는 손실로 인해 무게가 줄어 가격이 낮아지게 됨.
- 육제품 가공 시 보수력이 낮은 고기를 원료로 사용할 경우, 육단백질은 추가로 첨가된 물과 결합하지 못하고 오히려 수율을 떨어뜨려 제품의 식감과 다즙성 등 관능적인 성질에도 나쁜 영향을 미치게 됨.

2. 단백질
- 식육의 구성 성분 중 두 번째로 많은 것은 단백질(protein)로 약 20% 정도를 차지하고 있음.
- 식육은 인간이 얻을 수 있는 가장 중요한 동물성 단백질 자원으로, 영양학적으로 다른 공급원에 비해 인간이 필요로 하는 아미노산을 많이 가지고 있기 때문임.
- 단백질을 구성하는 아미노산은 20가지이며, 이들은 아미노기($-NH_3^+$)와 카복실기($-COO^-$)를 가지고 있어 전기적으로 양성과 음성을 모두 띠고 있으며, 아미노산의 아미노기와 카복실기 간에 펩타이드 결합이 형성되면서 선상의 구조로 이루어진 폴리펩타이드임.
- 펩타이드 결합이 형성될 때 이들의 전기적인 성질은 소실되며 단백질의 특성은 단백질을 구성하고 있는 각 아미노산이 갖는 원자단이 나타내는 성질로써 결정됨.
- 단백질은 보통 수백 개의 아미노산으로 이루어져 있기 때문에 아미노산의 결합 서열이 단

백질의 특성을 결정하게 됨.

- 식육을 구성하고 있는 단백질은 근장단백질, 근원섬유 단백질, 육기질 단백질로 구분할 수 있음.

1) 근원섬유 단백질

- 전체 근육 단백질의 약 50~55% 정도를 차지하고 있으며, 근원섬유 단백질은 식육의 구조를 형성하고 있기 때문에 구조 단백질 또는 염용성 단백질이라 함.
- 근원섬유 단백질은 근육수축을 조절하는 액틴과 마이오신 등 여러 가지 조절단백질들로 이루어져 있음.
- 육제품 제조 시 보수력, 연도, 유화력 등의 기능적 특성에 중요한 역할을 담당함.

2) 근장 단백질

- 전체 근육 단백질의 약 20~30%를 차지하고 있으며, 근장 단백질은 수용성 단백질로 근원섬유 사이의 근장에 용해되어 있음.
- 액체 상태로 고기 속에 존재하며, 신선육이나 냉동육의 유리 육즙에 포함되어 있는 단백질임.
- 마이오글로빈과 헤모글로빈 등 각종 육색소 및 효소 등을 포함함.
- 고기의 사후변화와 육색 등에 밀접한 관계가 있음.
- 가축의 연령에 따라 차이가 있음.

3) 결합조직 단백질

- 전체 근육 단백질의 약 20%를 차지하고 있으며, 육기질 단백질은 주로 근형질막, 모세혈관 같은 결합조직을 이루고 있기 때문에 결합조직 단백질이라고도 부름.
- 콜라겐, 엘라스틴, 레티큘린 등의 섬유상 단백질로 구성되어 있음.
- 주로 운동을 많이 하는 다리와 같은 부위에 많이 함유되어 있는 단백질로, 결합조직 단백질이 많이 함유된 조직이 질기고 영양학적 가치가 높지 않으며, 나이 든 가축에 특히 그 함량이 많음.

3. 지방

- 지질은 인체에 열량을 공급하는 주요 에너지원으로, 다른 영양소의 조절효소로서의 역할도 할 수 있으며, 식육의 지방을 섭취하는 것을 통해 체온을 조절하고, 각종 지용성 비타민

을 공급받을 수 있음.

- 지질은 탄수화물과 단백질에 비하면 분자량이 작고 구조도 간단한 화합물인데, 지질 중 1분자의 Glycerol과 3분자의 Fatty acid로 되어 있는 것을 중성지방 또는 지방이라 함.

- 3분자의 지방산 중 하나가 인산 화합물로 치환된 것을 인지질이라 함.

- 지방은 물에 녹지 않으며, 지방의 성질은 지방산의 종류에 따라 달라짐.

- 포화지방산이 많으면 실온에서 굳고 불포화지방산이 많으면 액체로 되는 성질이 커짐.

- 인지질에서는 지방산뿐만 아니라 인산 화합물의 종류에 따라 그 성질이 달라지는데 인지질은 지방과 달리 친수성도 일부 갖고 있어서 세포막과 같은 구조물을 구성하는 데 쓰이고 있음.

- 일반적으로 돼지고기에서 도체상태 또는 지육상태에서는 지방이 약 20% 내외지만, 살코기에서는 약 2~5% 정도를 차지하고 있음.

- 식육의 지방에는 많은 양의 포화지방산이 함유되어 있어 과다 섭취 시 콜레스테롤의 농도를 높여 혈관벽에 침착되어 고혈압 등 성인병의 원인이 될 수도 있음.

- 식육의 구성 성분 중 지방은 함량의 변화가 가장 크며 축종, 연령, 사양조건, 부위 등에 따라 함량 차이가 크며 성질도 매우 상이함.

- 식육 내 지방은 주로 근육 또는 근섬유(결합조직) 사이에 축적된 축적지방으로 이 축적지방은 대부분이 중성지질로 구성되어 있음.

- 이렇게 축적된 지방을 근육 간 지방, 근간지방 또는 근내지방이라고 부르며, 상강도 또는 마블링(marbling)이라고도 함.

- 상강도는 쇠고기와 같은 적육의 육질을 판단하는 기준으로 사용하는데, 그 이유는 상강도에 따라 고기가 연해지며 맛이 좋아지기 때문임.

4. 탄수화물

- 탄수화물은 여러 개의 포도당이 선상으로 배열된 고분자물이며, 녹말은 식물체에서, 글리코겐은 동물체에서 에너지의 저장 형태로 존재함.

- 포도당은 6개의 탄소로 되어 있어서 6탄당이라 하며, 자연계에는 3, 4, 5 및 7탄당이 있으나 6탄당이 가장 흔함.

- 2개의 포도당이 결합하면 2당류인 말토스가 되고 3개가 결합하면 3당류, 여러 개가 결합하면 다당류인 녹말이나 글리코겐이 됨.

- 6탄당에는 과당이 있어, 이것이 포도당과 결합하면 설탕이 되고, 역시 6탄당인 갈락토오스가 포도당과 결합하면 유당이 됨.

- 당은 다당류의 구성 성분으로써의 이용은 물론 물질대사에서 기본적인 위치에 있어 쉽게 지질 또는 단백질 합성에 필요한 대사에 참여할 수 있을 뿐 아니라 가장 좋은 에너지원으로 이용됨.
- 식육에서의 탄수화물은 소량이며, 대부분 글리코겐 형태로 이루어져 있음.
- 도살 후 식육에 존재하는 탄수화물은 극히 미량이기 때문에 그 영양 가치는 무시되며, 에너지원으로 존재하는 글리코겐은 도축 후 사후강직이 진행되는 동안 모두 사라지게 됨.
- 하지만 근육 내의 Glycogen의 양이나 도살 후 해당 과정(Glycolysis)의 정도가 고기의 색깔, pH, 조직감, 단단함, 보수력, 유화 능력(Emulsifying Capacity)과 보존성에까지 영향을 미치기에 중요한 요인이 될 수 있음.
- Glycosaminoglycans와 Proteoglycans와 같은 탄수화물이 갖고 있는 물질들은 결체조직 (connective tissue)과 관계가 있기 때문에 고기의 연도와도 관련이 있음.

5. 비타민과 미네랄
- 식육 내에는 각종 비타민과 미네랄들이 존재하고 있는데, 식육은 비타민 B군의 훌륭한 공급원이며, 특히 돼지고기는 쇠고기와 닭고기에 비해 많은 양의 비타민 B_1을 함유하고 있음.
- 일반적으로 고기 속의 비타민 함량은 축종에 따라 차이가 큰 반면, 부위에 따른 함량의 차이는 적은 편임.
- 식육 내 미네랄은 약 1% 정도이고, 그 종류는 칼슘, 마그네슘, 칼륨, 나트륨, 황, 철 등 매우 다양함.
- 미네랄은 또한 축종, 품종, 부위에 따라 함량이 다르며, 식육의 보수력, 지방의 산패 등에 영향을 미치기 때문에 영양학적인 측면뿐만 아니라 가공학적 측면에서도 중요함.
- 부족한 비타민으로 인한 부작용을 막기 위해 주로 사료에 섞어 공급됨.

근육의 식육화
- 아무리 좋은 품종개량과 사양기술로 훌륭한 가축이 생산되어도 도축과정에서 약간의 실수라도 발생한다면 고품질의 식육은 얻을 수 없음.
- 그만큼 도축과정은 육질에 많은 영향을 끼치며, 식육 품질관리의 시작점이라고 할 수 있음.
- 고품질의 식육을 얻기 위해 먼저 출하되는 가축의 올바른 선정이 필요하며, 출하 농장에서부터 도축 후까지 도살 전후의 바람직한 취급법이 필요함.

도축 공정

1. 도축

- 도축장은 가축의 근육을 도살과 해체라는 일련의 과정을 통해 식육으로 전환시키는 장소임.
- 도축장의 위치는 산지에서 가까운 곳이 바람직하며, 환경문제와 국민 정서에도 문제가 없는 곳이 바람직함.
- 수축(獸畜)이라 함은 주로 소, 말, 면양, 돼지(사육 멧돼지 포함)와 닭, 오리 등 식육 생산을 위해 도살되는 육축을 말함.
- 수육(獸肉)이라 함은 식용을 목적으로 한 육축의 지육(carcass), 정육(deboned meat), 내장(viscera) 및 기타 부분을 말함.

2. 도축장의 구조 및 설비

- 도축장은 계류장, 생체검사실, 병축 격리사, 냉동냉장실, 작업실, 소독실, 내장 및 도체검사실, 오물 처리실, 경의실, 목욕실, 휴게실 등을 갖추도록 규정되어 있음.
- 특히 작업실은 위생적인 면에서 매우 신경을 많이 써야 하는 곳으로, 냉온수의 공급이 원활하고, 항상 깨끗한 물을 공급할 수 있도록 하며 또한 소음 및 악취 발생에 신경 써야 함.
- 작업실은 다시 도살실, 내장 처리실 및 원피 처리실로 나누어지는데, 내부의 벽과 바닥을 내수성의 콘크리트와 타일 등을 통해 축조하여 청소하기 편리하게 하며, 특히 배수가 잘 될 수 있도록 함.
- 박피 또는 탈모가 끝난 도체는 레일을 타고 운반하는 도중 및 작업 도중 바닥에 닿지 않도록 하여 도체의 위생에 신경 써서 설계되어야 함.
- 오래전에 축조되어 지금까지 사용되고 있는 우리나라의 많은 도축장들은 그 규모가 영세하고 시설이 노후하여 식육 산업계가 풀어야 할 심각한 문제점으로 지적되어 왔음.
- 이런 도축장들은 소비자들에게 식육이 비위생적이라는 이미지를 심어 왔으며, 실제로 육질을 저하시키는 원인이 되어 왔음.
- 1990년대에 들어와 설계된 대규모 도축장들은 도축 처리의 전 과정에 걸쳐 일괄적 작업이 가능하도록 자동화시스템으로 설계되었으며, 작업원은 각종 기기를 적절히 사용하도록 되어 있음.
- 최신식 도축장은 매우 위생적일 뿐만 아니라 생산 공정이 연속적이기 때문에 대량생산이 가능하고, 도체 냉각시설 등이 잘 구비되어 있어 좋은 육질의 식육을 생산할 수 있음.

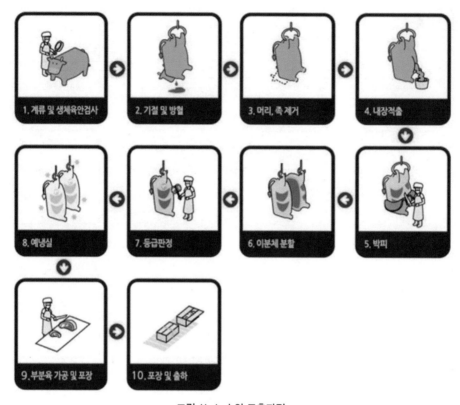

그림 11-1. 소의 도축과정

도살

1. 도살 전 가축의 취급 방법

- 농장에서 가축을 출하하기 위해 운송을 시작하면서부터 도축장에서 도살할 때까지의 살아 있는 가축의 취급은 적절하게 이루어져야 함.
- 아무리 우수한 자질을 가진 육축이라 하더라도 양질의 식육을 생산하기 위해서는 도살 전 후 과정이 생리적 및 생화학적으로 무리 없이 진행되어야 함.
- 도축 전 가축의 취급 방법이 도축 직후 육질에 직접적인 영향을 미치기 때문인데, 도살 직 전 가축의 근육 상태가 도살 후 식육으로 전환되면서 연속적인 생리화학적 변화 가 지속됨.
- 가축의 운송과정 중 가축이 받는 스트레스는 도로의 상태, 운송거리와 시간, 온도, 습도, 적 재 밀도 및 환기 상태 등에 따라 달라짐.

- 특히 고온 다습한 여름철 한낮의 경우 가축에게 엄청난 스트레스를 동반하므로 수송을 피하는 것이 좋으며, 적재 밀도 또한 다른 계절에 비해 넉넉하게 적재해 주어야 함.
- 가축을 적재 시 같은 축사에서 온 무리끼리 함께 적재하는 것이 좋으며, 차량의 급출발 및 급제동 등을 최소화하여 가축들이 안정감을 느껴야 함.
- 출하 농장으로부터 도축장까지의 거리가 멀어질수록 수송비용이 높아질 뿐만 아니라 그에 비례하여 가축이 받는 스트레스와 피로감도 커지며, 이는 곧 체중의 감소 및 육질의 저하를 일으키게 됨.
- 체중의 감소는 출하가격 감소라는 경제적인 손해로 이어지기 때문에 매우 예민한 부분인데, 수송에서 도살까지 평균 1~5% 정도의 체중 감소가 발생하게 되며, 소보다는 돼지에서 더욱 심하게 나타남.

2. 계류
- 도축장의 계류장은 가축이 수송을 통해 받는 불안, 흥분, 피로 및 스트레스 등을 휴식을 통해 줄여 주기 위한 장소임.
- 계류장은 급수시설을 통해 가축의 갈증을 해소시켜 주며, 흥분 및 스트레스로 인해 높아진 체온을 물 분사를 통해 낮춰줌.
- 계류 중 충분한 수분 공급은 피로를 회복시켜 주며 도살 후 완전한 방혈에 도움을 주어 육색이 좋아지게 만듦.
- 도축장에서 발생하는 소음 및 악취를 최대한 줄여 가축이 안락함을 느껴 편하게 쉴 수 있게 해주어야 하며, 약간 어두운 조명은 이에 도움이 됨.
- 계류 시간은 돼지의 경우 6~12시간 정도, 소의 경우 24시간 내외가 적당하고, 너무 지나친 계류는 오히려 좋지 않음.
- 원칙적으로 출하 가축은 절식시켜야 하는데, 먹이를 주지 않고 물만 급여하는 것은 배설기관과 소화기관의 부피를 줄여 도체의 해체 작업 시 내장 적출이 용이해지며, 내장이 파열될 경우 오염의 정도를 최소화할 수 있음.
- 절식하지 않을 경우 내장 처리 시 미처 소화되지 않은 사료와 과다한 오물이 발생하여 도축장의 폐수처리에 문제를 일으키기도 함.
- 소의 경우 오랜 기간 절식할 경우 소화기관에 존재하는 미생물이 혈액 중으로 침투하여 식육의 육색 및 품질에 부정적인 영향을 미칠 수 있음.
- 충분한 계류 이후 안정을 취한 가축은 생체검사를 받게 되며, 생체검사에 합격한 가축은 샤워를 통해 피부 표면에 있는 오물 등을 세척하여 도살 준비를 마친 뒤 생체중을 측정함.

- 따라서 계류 과정을 통해 가축이 휴식을 취함으로써 피로를 회복하고, 스트레스로부터 벗어나 도살 후 DFD나 PSE육의 출현을 예방할 수 있음.

3. 생체검사
- 절식과 안정을 마친 가축이 식육 생산에 적합한 개체인지 아닌지 여부를 판정하는 검사 과정임.
- 따라서 생체검사는 도살 직전에 시행하게 되며, 이 검사에서 합격 판정을 받지 못하면 남은 도살 과정을 진행할 수 없음.
- 도축 전 검사를 통해 인수공통 전염병으로부터 소비자를 보호하고 검사된 식육에 적합 판정을 내려 공적으로 안전성을 보증할 수 있음.
- 검사는 개체별로 망진, 촉진, 타진, 직장검사 등을 실시하는데, 검사원이 먼저 안색, 체표면 상태, 보행상태 등 일반 관찰을 하며 시작됨.
- 이때 전염병에 감염된 것으로 판정된 개체는 격리되어 살처분될 수 있음.

4. 수세 및 계체중
- 생체검사까지 무사히 끝낸 가축은 도살되기 전 체표 면에 붙어 있는 오물 등을 물로 세척하여 도살 및 해체 시 미생물과 오물의 오염을 예방함.
- 수세는 기온이 높은 하절기에는 더위를 식혀 주는 역할을 하기도 함.
- 도축 시 체중은 개체의 경제적 가치를 평가하는 기본적인 요소로 도축되기 전 생체중을 측정하게 됨.
- 소의 경우 우형기를 이용하여 개체별로 중량을 측정하지만, 돼지나 닭과 같은 중소 동물의 경우 집단 계량 방식으로 신속하게 측정함.
- 최근 전자 장치의 보급으로 디지털 저울을 이용하여 더욱 정확하며 신속한 계체량 측정이 가능하게 됨.
- 생체중으로 출하축의 가격을 정하게 될 경우, 일부 농장주들이 출하 전 절식시키지 않고 오히려 과다하게 사료를 급여하여 출하시키는 경우가 있는데, 이는 운송 중 포만감으로 인한 피로 누적이 심해지며, 도축 시 내장 적출이 어려워지고 파열의 가능성을 높이기에 결과적으로 고기의 품질을 떨어뜨림.

5. 기절

- 가축을 안전하고 편하게 도살하기 위해서는 먼저 고통을 최소화하고 작업의 능률과 육질의 개선을 위해 가축의 심폐기능을 유지한 상태에서 순간적으로 의식을 마비시켜야 함.
- 도살 시 가축이 받는 정신적, 육체적 고통을 최소화시켜야 좋은 육질의 고기를 얻을 수 있을 뿐만 아니라 작업의 능률도 높일 수 있음.
- 가축을 기절시키는 이유는 가축이 심폐기능을 유지한 상태에서 경동맥을 절단하면 방혈이 촉진되기 때문이며, 기절 방법에는 타격법, 전격법, 총격법, 가스 마취법 등이 있음.

1) 타격법

- 타격법은 가축 머리의 앞이마를 도축용 해머나 배트로 강타하여 기절시키거나, 후두부를 압축공기로 가격하여 기절시키는 단순한 방법임.
- 두 눈 사이를 타격점으로 두고 가격할 경우 이 부위가 뇌의 내부 조직에 충격을 주기 용이하기 때문에 소, 말과 같은 대동물뿐만 아니라 돼지에서 토끼까지 모든 동물에게 적용시킬 수 있는 방법임.

2) 전격법

- 전격법은 가축의 머리에 강력한 전류를 흘려 그 충격에 의해 기절시키는 방법으로 주로 돼지에 사용하는데, 비명을 지르지 않고 즉시 작업이 진행됨.
- 자동화가 가능하며, 방혈이 비교적 양호하기 때문에 돼지의 기절법으로 적합하다고 인정되고 있음.

3) 총격법

- 총격법은 도축용 피스톨을 앞이마에 대고 발사하여 돌출되어 나오는 철침이 뼈를 뚫고서 뇌조직을 파괴하여 기절시키는 방법으로 주로 소와 같은 대동물에 이용됨.

4) 가스 마취법

- 가스 마취법은 가축을 CO_2 가스실에 밀어 넣어 CO_2 가스에 의해 단순 수면상태에 빠지게 하여 실신시키는 방법으로 주로 돼지에 사용됨.
- 장점으로 다른 기절법에 비해 잔인하지 않으며, 방혈량도 많고, 식육 내 혈반(혈점)도 적게 발생함.

6. 방혈 방법

1) 돼지

- 돼지의 경우, 기절하여 가사상태에 있는 돼지 뒷다리의 아킬레스건과 경골 사이에 셔클 (shackle)을 걸어 레일에 매달아 줌.
- 양날이 선 소독한 칼을 가슴과 인후의 중간지점에 직각으로 삽입한 뒤 경동맥을 절단하면서 방혈이 시작됨.
- 칼을 너무 깊숙이 삽입할 경우 심장, 식도, 기관지 등에 상처가 생겨 방혈이 불완전하게 이루어지거나 견갑골 아래에 혈액이 고이게 될 수도 있음.
- 도체에 묻어 있는 혈액은 미생물의 생장에 좋은 환경이 되어 쉽게 부패하여 악취를 일으키고 식육 부패의 원인이 되므로 위생에 신경 써야 함.
- 따라서 칼의 삽입에는 고도로 숙련된 기술이 요구되며 매우 신중히 이루어져야 함.
- 방혈이 진행되는 동안에도 심장의 박동은 멈추지 않고 한동안 이루어지는데, 이때 미생물이 혈액에 침투할 경우 혈관을 타고 전신에 퍼질 수도 있으므로 칼은 항상 소독하여 미생물의 오염을 막아야 함.
- 가능한 절개 부위를 최소화하여 탕박 작업 시 오염된 물이 체내에 유입되는 것을 최소화시켜야 함.
- 총 방혈량은 생체중의 약 3.5% 정도이며 진행 시간은 약 9분 정도임.
- 기절 후 바로 방혈을 실시하면 방혈량도 많고 방혈상태도 좋지만 만약 다른 이유로 인해 방혈상태가 좋지 못할 경우 근육조직 내 모세혈관이 파열하여 고기에 혈반(splash)이 발생할 수 있음.
- 이 혈반은 전격법으로 기절시켰을 때 많이 발생하며 주로 등심이나 뒷다리 부위에 나타나 문제가 됨.
- 전격법으로 기절시킨 후 약 5초 이내에 방혈을 시작할 경우 혈반의 발생이 거의 없으나 약 25초를 초과한 뒤 방혈을 시작하면 많이 발생하게 되기 때문에, 기절 후 신속한 방혈을 시작하는 것이 매우 중요함.

2) 소

- 소의 경우, 먼저 기절시킨 소의 뒷다리에 셔클을 걸어 레일에 매단 다음, 역시 소독한 칼을 경추를 기준으로 하여 45도 각도로 가슴 아래에 삽입하여 가슴과 인후 사이를 약 30cm 절개하여 동맥과 정맥을 동시에 절단하면 방혈이 시작됨.

- 방혈 시 주의 사항은 돼지와 같으며, 방혈은 10분 이내에 끝나고 생체중의 약 3.5%가량의 혈액이 밖으로 나오게 됨.
- 생체의 혈액량은 생체중의 약 8% 정도이기 때문에 방혈을 통해 외부로 나오는 양은 절반에도 못 미치며, 나머지 절반 이상은 체내에 잔류하게 됨.

해체

1. 돼지의 해체

1) 탕박과 박피
- 방혈이 끝난 돼지도체는 박피(박피기를 이용하여 가죽을 벗기는 과정) 또는 탈모(탕박조와 탈모기를 사용하여 털만 제거) 과정을 거치게 됨.
- 우리나라의 경우 대부분 탕박을 실시하고 있으며(2012년 기준 탕박 비율 96.2%), 2015년 돼지 값 결정 기준이 적은 물량이었던 박피 돼지(전체 물량의 2% 수준)에서 탕박 돼지로 전환되며 대부분 탕박으로 굳어짐.
- 탈모된 도체는 탕박 또는 탕박 도체라고 부르는데, 이는 탕박조에 도체를 침지시킨 후 실시하기 때문임.
- 탕박 도체의 장점은 껍질이 붙어 있어 박피와 달리 오염원에 대해 보다 안전하며, 냉장 중 감량이 적고, 지육률이 높으며, 도체 작업 시 효율도 높아 대량의 도체를 연속으로 처리하기 적합함.
- 탕박 도체의 단점은 뜨거운 물을 이용한 탕박, 기계적인 탈모 그리고 가스 불꽃에 의한 잔모 제거 시 도체가 고온에 노출되어 도체의 온도가 높아지게 되고, 높은 도체 온도는 사후 해당 과정의 가속, pH의 급격한 감소를 일으켜 단백질의 변성을 유발할 수 있음.
- 박피 과정
 ① 방혈이 끝난 돼지의 머리와 네 다리를 절단함.
 ② 도체의 사지 내측과 복부를 박피기에 물려 실시함.
 ③ 가급적 가죽에 상처를 내지 않고 지방이 부착되지 않도록 함.
 ④ 가죽의 생산량은 일반적으로 생체중의 약 3~8% 정도인데, 가죽에 붙어 나오는 지방의 양에 따라 조금씩 다름.

- 탕박 과정
  ① 방혈이 끝난 도체를 탕박조에 그대로 침지시킴.
  ② 털이 잘 빠질 수 있도록 약 65 ℃에서 6분간 가열시킴.
  ③ 탈모기로 옮겨 기계적으로 털을 제거함.
  ④ 도체의 다리의 안팎, 귀, 안면, 턱 등과 같이 굴곡진 부분의 잔모는 가스 불꽃을 이용하거나 냉수로 씻어내며 예리한 칼로 다듬어 마무리함.

2) 내장 적출과 이분체

① 박피나 탈모 과정까지 끝난 도체는 물로 깨끗이 씻은 뒤, 레일에 걸린 상태로 해체작업을 실시함.
② 우선 머리를 절단하고, 도체 복부의 전면에 선 상태에서 복벽의 정중선을 따라서 칼로 흠집을 낸 다음 생식기를 도려냄.
③ 칼날을 도체 바깥쪽(작업자 쪽)으로 향하게 한 후 복벽 위쪽에 칼을 집어넣어 아래쪽으로 천천히 내려오며 배를 반으로 완전히 가르는데, 이때 칼날에 장기가 다치지 않도록 해야 함.
④ 배를 가른 후 도체 내의 직장, 위장 등 각종 장기류를 끌어내며, 신장과 신지방은 관습상 도체에 붙여 놓음.
⑤ 머리와 장기류를 제거한 도체를 지육이라고 부르며, 취급과 냉각을 쉽게 하기 위해 전기톱을 사용하여 척추의 정중선을 따라 절단하여 이분체로 나눔.
⑥ 이분체가 완료된 도체는 즉시 차가운 물을 이용하여 절단 부위 및 도체 표면을 씻어내야 하는데, 이때 사용하는 물은 미생물의 살균을 위해 약한 농도의 염소수를 사용하기도 함.
⑦ 세척이 끝나면 온도 체중을 측정하고 도체등급 검사를 받고 냉각실로 운송함.

3) 도체의 냉각

- 냉각실에 운반된 도체는 빠르게 지육의 심부 온도를 4 ℃ 이하로 떨어뜨려야 함.
- 돼지의 경우 쇠고기와 달리 저온단축 현상이 크게 일어나지 않기 때문에 빠른 도체 냉각을 통해 육질을 보호해야 함.
- 냉각실의 온도는 보통 0~4 ℃ 정도를 유지시키고 효과적인 냉각을 위해 송풍식 냉각기를 사용하는 것이 좋음.
- 최근에 축조된 대규모 도축장은 급속냉각 터널을 갖추고 있는데, 기존의 도체 냉각 속도

보다 월등히 빠른 속도로 도체를 냉각시킬 수 있기 때문에 냉각감량도 줄일 수 있을 뿐만 아니라 저품질의 돈육이 발생할 확률이 낮아졌음.
- 냉각 실내 상대습도는 약 90%가 좋으며, 송풍기의 송풍 방향도 천장에서 바닥 쪽으로 향하게 하여 도체가 현수 된 상태에서 근육이 두꺼워 냉각이 늦는 뒷다리 부위(엉덩이살)에 먼저 냉기가 닿게 하는 것이 바람직함.

2. 소의 해체

1) 도체의 박피, 내장적출, 이분체, 냉각
- 돼지에 비해 체적이 훨씬 큰 소의 경우는 전반적인 도살, 해체 공정은 비슷하지만 세부적인 방법에서 차이가 있음.
- 방혈이 끝난 도체는 곧바로 박피기를 이용하여 가죽을 벗기게 되는데, 박피 설비에는 여러 종류가 있음.
- 장비의 발달로 레일에 현수한 상태에서 연속 작업이 가능한 박피기를 이용함.
- 통상적으로 박피는 머리와 사지를 절단한 다음 머리 부분과 사지의 끝에서부터 시작하며, 복부는 정중선을 절개하여 박피하는데, 이때 박피와 내장 적출을 쉽게 하기 위해 고환, 음경, 유방 및 항문 주위는 칼로 미리 도려 놓음.
- 박피가 끝난 도체는 내장 적출을 실시하는데, 먼저 복부를 정중선을 따라 절개한 이후 골반의 치골 융합부를 절단하고 복강을 열어 위장의 분문부를 잘라 자연스레 내장이 쏟아져 나오게 함.
- 이후 흉골을 톱으로 절개하여 횡격막을 자른 뒤 흉강 내부의 장기를 적출함.
- 소는 돼지에 비해 장기가 크기 때문에 한꺼번에 모든 내장을 적출시키기 어려워 부위별로 떼어내야 함.
- 내장 적출 후 척추의 정중선을 전기톱으로 절단하여 이분도체로 만들고 냉수나 온수를 사용하여 도체에 붙어 있는 혈액과 찌꺼기 및 뼛가루 등을 씻어냄.
- 도체의 냉각을 빠르게 진행할 경우 위생 및 육질적인 측면에서는 좋지만, 너무 급격한 냉각은 적색 근섬유의 비율이 높은 쇠고기에서 저온단축 현상을 일으킬 수도 있음.
- 반대로 도체의 냉각이 늦어지게 될 경우 우둔이나 설도 같은 엉덩이 살 부위는 높은 온도로 인해 부패 및 변성이 발생할 수 있어 보통 사후 24시간 후에는 심부 온도를 10℃ 이하로 떨어뜨려 주는 것이 바람직함.

분할

1. 부분육의 분할, 발골, 정형

- 장에서 도살, 해체 작업이 끝난 도체를 지육(dressed carcass)이라고 부름.
- 기절, 방혈, 박피 또는 탈모, 내장 적출을 하고 남은 지육은 고기와 지방 그리고 뼈로 구성되어 있음.
- 생체중 대비 냉각이 끝난 냉도 체중에 100을 곱한 것을 냉도체율 또는 지육률이라고 함.
- 돼지의 경우, 정상적인 지육률의 범위는 68~78% 정도로 박피도체와 탕박도체 간의 차이가 크게 나타남.
- 소의 경우 품종 및 개체에 따라 차이가 많이 나는데, 생체중이 520kg인 육우의 평균 지육률은 62% 정도임.
- 냉각 또는 숙성이 끝난 지육은 유통단계에서 용도에 따라 부위별로 분할, 발골, 정형이 이루어짐.
- 먼저 대분할육으로 절단되고 이어서 부위별로 세분하는 소분할육으로 절단되어 부분육 상품으로 만들어짐.
- 부분육은 각 부위를 이루고 있는 근섬유의 구성, 지방조직 함량, 결합조직 함량 등에 의해 육색 및 육질에 차이를 나타냄.
- 이 육질의 차이로 인해 식감과 풍미는 물론 조리 방법 또한 달라지며, 결국 소비자는 원하는 요리 용도에 적합한 부분육을 구매해야 함.
- 따라서 각 부분육은 품질의 특성상 소매거래에서 공정성을 가지는 것이 중요하며, 객관적인 공정성을 위해서는 부분육의 규격화가 필요함.
- 부분육의 규격화는 한 나라 또는 한 지역의 요리 형태나 소비자의 기호성에 따라 보다 높은 지육의 부가가치를 창출할 수 있는 지육의 절단 규격을 의미함.
- 부분육 규격화가 되어 있지 않은 시장의 경우 각 부분육의 명칭이나 분할 방법 또는 정형 요령 등이 모두 달라져 식육의 유통에 혼란을 겪으며 소비자의 신뢰도 얻을 수 없어 시장의 가치가 흔들릴 수 있음.
- 따라서 한 국가 내에서는 하나로 통일된 기준으로서 부분육의 규격화가 필요함.
- 우리나라의 경우는 돼지와 소의 대분할, 소분할 부분육의 명칭과 분할, 정형 요령이 농림부령으로 고시되어 있음.

등급판정

1. 육량등급 판정기준
- 소도체의 육량등급판정은 등지방두께, 배최장근단면적, 도체의 중량을 측정하여 산정된 육량지수에 따라 A, B, C의 3개 등급으로 구분함.

2. 육질등급 판정기준
- 소도체의 육질등급판정은 등급판정부위에서 측정되는 근내지방도(Marbling), 육색, 지방색, 조직감, 성숙도에 따라 1++, 1+, 1, 2, 3의 5개 등급으로 구분함.

3. 쇠고기의 등급표시
- 위에 따라 판정된 육량등급과 육질등급을 병행하여 다음과 같이 표시하고 등외로 판정된 경우에는 "등외"로 표시함.

출하

- 도살할 가축의 건강 상태는 곧 식육의 품질 및 소비자의 건강에까지 영향을 미칠 수 있기 때문에 출하 가축을 선발하는 일은 매우 중요한 일임.
- 가축은 인수공통전염병 및 기생충으로부터 안전해야 하며, 가벼운 질병이라도 치료 중에 있는 가축이나 외상을 입은 흔적이 보이는 가축을 도축하여 식육으로 사용할 경우 위생 및 안전상에 문제가 발생할 수 있음.
- 가축들은 특성상 치료제 및 항생제의 투여로 항생물질 등이 체내에 잔류하고 있을 가능성이 높은데, 식육 내 항생물질, 합성항균제, 호르몬제, 농약 및 중금속 등에 대한 잔류물질의 허용기준이 제정되어 있으며, 이러한 물질을 투여한 가축은 최소 투여 이후 7일이 지나야 출하 가능함.
- 출하 가축 또는 도축을 구매할 경우 가축의 건강상태뿐만 아니라 품종, 성별, 연령 등을 고려해야 함.
- 현대 소비자들은 식생활 패턴의 변화에 따라 식육 내 지방의 함량에 매우 민감하기 때문에 지방함량이 적고 살코기가 많은 품종으로 육종 및 개량이 이루어지고 있음.

- 이러한 육용종의 특징으로는 정육량이 많고 성장 속도가 빠르다는 장점이 있지만, 단점으로는 스트레스에 민감하고 근육 간 지방이 적어 풍미가 떨어질 수 있다는 단점이 있음.
- 육질에 있어 성별이 미치는 영향도 큰데, 주로 연도, 정육 생산량, 냄새(특히 수컷의 웅취) 등이 있음.
- 수컷이 성숙기에 도달하게 되면 불쾌한 냄새를 풍기는 웅취가 심해지는데, 이를 방지하기 위해 생후 2~3주경에 거세하는 것이 좋음.
- 거세를 하지 않고 종모돈으로 이용된 후 도태되어 출하되는 돼지의 경우 극심한 웅취로 인해 판매 시 불이익을 받을 수 있음.
- 일반적으로 암컷은 수컷에 비해 연도와 육질 및 풍미가 좋고 정육 생산 시 수율이 뛰어나기 때문에 문제가 없지만, 발정 또는 임신 중인 번식 모돈은 호르몬의 변화로 인해 육질에 영향을 미치므로 피하는 것이 좋음.
- 연령의 경우 출하 체중과 밀접한 관련이 있으며, 가축이 어릴수록 정육 생산율이 높고 육질이 연할 뿐만 아니라 지방이 적고 수분이 많아 맛도 담백함.

근육의 구조

근육의 구조

1. 상피조직(Epithelial tissues)
- 상피조직은 동물체의 내, 외부의 표면을 보호하는 조직으로 몸과 외부 환경의 경계를 형성하며, 외부자극을 가장 먼저 받아들여 중추신경계로 전달하는 역할을 함.
- 다른 조직에 비해 가장 적으며, 보호, 분비, 배설, 수송, 흡수, 감각, 인지 등 여러 기능을 효과적으로 수행하는 다기능 세포를 이루고 있음.
- 형태에 따라 입방 상피, 편평 상피, 원주 상피, 중층 상피 등으로 구분됨.

2. 신경조직(Nerve tissues)
- 신경조직은 뇌에서 전달하는 전기적 자극을 근육으로 전달하는 신경세포와 신경아교세포로 분류되며 중추신경계와 말단신경계는 뉴런(Neuron)이라는 신경세포로 이루어져 있음.
- 중추신경계는 뇌와 척수로 구성되어 있으며, 말단신경계는 전기적 자극을 받는 신경세포

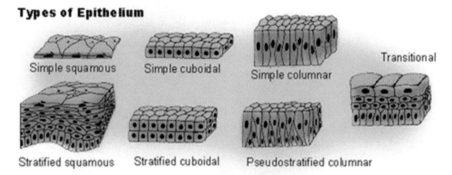

Types of Epithelium

Simple squamous Simple cuboidal Simple columnar Transitional

Stratified squamous Stratified cuboidal Pseudostratified columnar

그림 11-2. 상피조직의 종류

(Neuron)와 지지, 단열, 보호, 도포하는 비전달세포(아교세포: glia cell)로 구성됨.
- 뉴런은 공통적으로 신경 세포체, 가지 돌기 및 축삭 돌기를 기본 구조로 가지고 있고 모양에 따라 기능을 달리하는 감각, 중간 및 운동뉴런으로 나뉨.

① 감각 뉴런
- 특정 유형의 자극(시각, 청각, 후각, 촉각, 미각)을 받아 그 자극을 전기신호로 변환하여 중추신경계로 전달 역할을 하는 뉴런으로 신경세포체를 가짐.
- 이 과정을 "감각전달"이라고도 부르며 자극을 뇌로 전달하는 역할을 함.
② 중간 뉴런
- 중추신경계에 존재하며, 뉴런과 뉴런을 서로 이어주며, 전기적 신호를 상호 전달해 주는 역할을 하는 뉴런임.
- 형태가 다른 뉴런에 비해 다양하며 축삭 돌기와 가지 돌기가 매우 복잡한 형태를 띠고 수많은 다른 뉴런과 연결되어 있음.
③ 운동 뉴런
- 여러 감각기관을 통해 받아들인 자극을 전기 신호의 형태로 중추신경계에 전달하여 다시 반응하게 하는 역할을 담당하는 뉴런임.
- 즉, 감각 뉴런과는 반대로 뇌의 신호를 근육이나 신체 부위로 전달하여 자극에 대하여 반응 역할을 담당함.
- 운동뉴런은 아래의 그림과 같이 근육에 결합해 있으며, 뇌에서 전달된 전기적 신호를 근육에 전달하여 근육이 움직일 수 있도록 함.

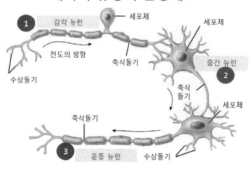

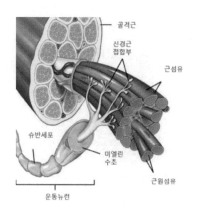

① 감각뉴런 ② 중간뉴런 ③ 운동뉴런　　　　　근육과 연결된 뉴런

그림 11-3. 세 종류의 뉴런과 근육과 연결된 뉴런

1) 신경과 근육의 막전위

- 감각부위(피부, 장 점막, 혀와 같은 통증 부위 등)에서 인지한 외부 자극 등을 중추신
  경계를 통해 뇌로 전달하거나, 반대로 뇌에서 전달되는 신호를 신체 각 부위로 전달하
  여 근육이나 기타 신체 조직이 움직일 수 있도록 하는 신호전달 과정은 뉴런의 막전위
  (Membran potential)를 통해 이루어짐.

- 정상적인 휴지기 상태(자극이 없는)에서 뉴런 세포의 전위(Electrical potential)는 세포
  내부와 외부 사이에 항상 존재하고 있음.

- 뉴런의 원형질막을 통한 Na^{++}와 Cl^{+-}의 농도기울기는 세포 밖으로 일어나는 Na^+의 능동
  수송과 세포 안으로 일어나는 K^+의 능동 수송에 의해 유지됨. 이 전위는 10~100mV로
  세포 유형에 따라 다양하며, 이들 내외부에 있는 액은 동등한 양의 양이온과 음이온을
  함유하고 있음.

- 안정된 막전위를 유지하는 휴지기 상태에서 감각부위가 자극을 받게 되면 전위에 변화
  가 발생하는데, 이를 활동 전위(Action potential)라고 함.

- 신경세포는 활동전위 과정을 통해 근육 부위 등으로 신호를 전달하게 됨.

- 활동 전위의 단계는 크게 휴지기, 탈분극과 활동 전위 형성, 재분극의 3단계로 나눌 수
  있음.

표 11-1. 활동 전위의 발생

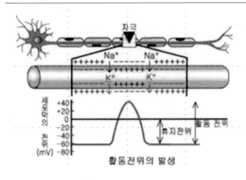

신경세포에서 활동전위가 발생하는 전 과정

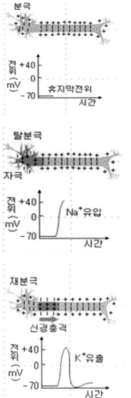

1. 휴지기 단계

첫 번째로 휴지기 단계는 자극이 없는 상태이며 이온 채널이 닫혀 있어 세포막 간 이온의 이동이 발생하지 않는다. 즉 신호의 전달이 없는 상태이다.

2. 탈분극 단계

세포가 자극을 받게 되면, Na^+채널, K^+채널 등 이온이 세포 내, 외부로 이동할 수 있는 채널이 열리며 이온의 이동이 발생한다. 이때 Na^+ 이온이 세포막 내부로 급속히 이동하여 세포막 내부가 (+) 전위로 바뀌게 된다. 이것을 탈분극이라고 한다.

3. 재분극 단계

이후에는 Na^+ 이온의 유입보다 K^+ 이온의 유출되는 양이 많아서 세포막 내부는 (−) 전위를 띠고, 세포막 외부는 (+) 전위를 띠게 된다. 이를 재분극이라고 한다. 이 과정이 끝나면 다시 모든 채널이 닫혀 초기와 같은 휴지기 상태를 유지하게 된다. 이러한 탈분극과 재분극이 빠르게 진행되면서 신경세포가 신호를 전달하게 된다.

3. 결체조직(Connective tissues)

- 결체조직은 기관, 혈관, 림프관의 골격 역할을 하며 근육, 인대, 건 등과 같은 구조를 둘러싸는 막으로 세포나 기관 사이에서 뼈와 근육을 연결시켜 주는 결합 작용을 함.
- 결체조직은 지방조직, 연골, 뼈, 혈액, 림프, 신경 간 여러 조직들의 연결을 유지하는 역할을 담당함.
- 또한 장기 주위를 부드럽게 감싸 조직을 형성할 수 있으며, 엘라스틴이라는 탄력을 가지는 물질로 체중을 견디고 스트레칭, 마모 등에 견딜 수 있게 함.
- 신경과 피부는 결체조직에 의해 신체에 붙어 있을 수 있으며, 전염성 인자에 대한 장벽 역할도 하여 신체를 보호하기도 함.
- 결체조직의 유형
  ① 체형(Fluid): 혈액, 림프, 혈장 등 세포 사이의 물질로 운반 역할을 하며 전체 결체조직 중 약 55%를 차지함.
  ② 섬유형(Fibrous): 비정형의 물질로 주요 3대 결체조직으로는 콜라겐, 엘라스틴, 망상조직(Reticulum)이 있음.
  ③ 그 외에도 힘줄(Tendon), 인대(Ligament), 근막(Fascia), 외근주막(Epimysium), 내근주막(Perimysium), 고체형(Solid): 연골(Cartilage), 뼈, 지방(Adipose) 등이 있음.

4. 근육조직(Muscle tissues)

- 물체의 조직은 근육, 지방, 뼈로 구성되어 있으며, 이들의 성질 및 비율은 식육의 품질에 매우 중요하고 살아 있는 생체의 근육은 도축과 함께 식육으로 불리게 됨.

1) 근육의 구조

- 근육은 크게 횡문근과 평활근으로 구분함.
- 횡문근은 가로무늬근이라고도 불리며 현미경에서 보면 가로로 된 무늬를 띠며 다시 골격근과 심근으로 나뉨.
- 골격근은 대부분이 뼈대에 부착되어 있는 근육으로 뼈대근이라고도 불리며, 뇌의 명령에 따라 움직이므로 수의근이라고 함.
- 일반적으로 방추형의 형태를 가지고 있으며, 근육의 수축과 이완을 통해 운동을 수행하는 기관으로서 생체 유지에 필요한 글리코겐과 같은 다양한 에너지원을 저장함.
- 심근은 심장에서만 볼 수 있는 독특한 형태의 근육으로 심장근이라고도 함.
- 골격근과 달리 자극에 따라 수축하지 못하고 의지와 상관없이 움직이는 불수의근으로 강직이 일어나지 않음.

- 평활근은 주로 내장, 림프관, 혈관, 요도, 소화기관, 자궁 등의 벽을 형성하는 근육으로 민무늬근이라고도 불리며 가로무늬가 없는 것이 특징임.
- 내장이나 혈관에 널리 존재하며 자율 신경에 의해 지배되지 않기 때문에 의식적으로 수축시킬 수 없어 내장근 또는 불수의근이라고도 불림.

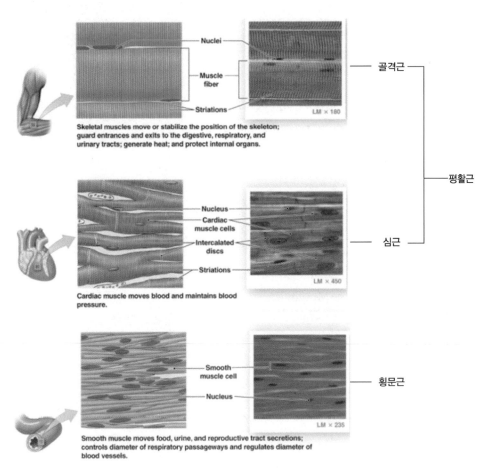

그림 11-4. 주요 근육의 분류와 구조

2) 골격근의 구조

- 골격근(skeletal muscle)은 직접, 간접으로 뼈에 부착되어 있는 근육을 말한다. 모든 골격 근은 얇은 결합조직막으로 덮여 있고, 근육 내부를 통과하는 결합조직이 연속적으로 배열되어 뼈에 부착됨.

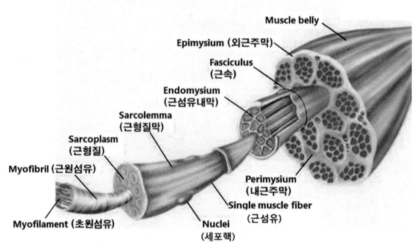

그림 11-5. 골격근의 구성과 구조

- 골격근조직의 구조적 단위로는 근섬유(Muscle fiber)라 부르는 고도로 특수화된 세포가 있으며, 근섬유는 전 근육의 75~92%를 차지함.
- 근육은 가는 필라멘트(Actin, 액틴)와 굵은 필라멘트(Myosin, 마이오신)로 구성된 초원 섬유(Myofilament)로 이루어져 있으며, 이들이 모여 골격근을 구성하는 가장 기본적인 세포조직 단위인 근섬유(Myofibril)가 됨.
- 하나의 근섬유는 근형질막이라는 얇은 결합조직막(근섬유내막; Endomysium)으로 둘 러싸여 있는데, 이 근섬유가 약 50~150개 정도 다발로 묶여 하나의 1차 근속을 이루고, 1차 근속이 모여 2차 근속을 이룸.
- 1차 근속과 2차 근속을 묶어 주는 얇은 결합조직막을 내근주막(Perimysium)이라고 하 며 여러 개의 2차 근속들이 외근주막(Epimysium)이라는 결합조직막에 묶여 하나의 근 육을 이루게 됨.

3) 근육의 미세구조
- 근섬유는 근육의 기본단위로 여러 세포가 모여 하나의 세포처럼 기능하는 조직임.
- 긴 원통 모형을 하고 있으며, 근섬유는 단백질과 지질로 구성된 근형질이라는 막으로 둘 러싸여 있음.
- 근섬유 사이는 액체 상태의 근장(muscle plasma)이 채우고 있는데, 근장은 콜로이드성 물질로 마이오젠으로 불리는 단백질의 혼합물과 글리코겐, 지방구, 리보솜, 비단백질 질 소 화합물, 무기물 및 여러 소기관을 함유하고 있음.

- 일반적으로 적색근 섬유(소, 말, 돼지, 양 등의 근섬유)가 백색근 섬유(닭고기 근섬유)보다 더 많은 근장을 함유하고 있음.
- 근섬유는 전자현미경으로 보면 어두운 부분과 밝은 부분이 규칙적으로 반복되는 것을 볼 수 있는데 밝은 부분을 명대(I band) 어두운 부분을 암대(A band)라고 함.
- 근섬유 주변을 둘러싸고 있는 근형질막은 탄력성이 있어 수축과 이완의 물리적 힘에 견딜 수 있음.
- 액틴 필라멘트와 마이오신 필라멘트가 결합하여 초원섬유가 되고 초원섬유가 결합하여 근원섬유가 되고, 근원섬유가 모여 근섬유가 되고 근섬유가 모여 근속이 되고, 근속이 모여 하나의 근육이 됨.
- 초원섬유를 조금 더 세부적으로 보면 액틴 필라멘트는 G 액틴 분자와 F 액틴 필라멘트로 구성되어 있고, 마이오신 필라멘트는 무거운 마이오신과 가벼운 마이오신으로 구성되어 있음(액틴과 마이오신은 액틴 필라멘트와 마이오신 필라멘트로 사용되지만 같은 의미임).
- 근육의 수축과 이완을 담당하는 근육의 최소단위를 근절(sarcomere)이라고 하며, 하나의 근절은 하나의 마이오신 필라멘트 그룹과 두 개의 액틴 필라멘트 그룹으로 구성되어 있음.
- 근절의 중앙에 위치한 마이오신 필라멘트는 M line과 결합해 있으며 좌, 우측에 있는 Z line과 결합한 양측의 액틴필라멘트를 잡아당기거나 미는 과정을 통해 근육의 수축과 이완이 일어나게 됨.
- 실제로 움직이는 근육 부분은 액틴 필라멘트이지만 액틴을 움직이게 하는 것은 마이오신 필라멘트임.
- 하나의 Z선과 다른 하나의 Z선 사이가 하나의 근절이 됨.

근육의 구조

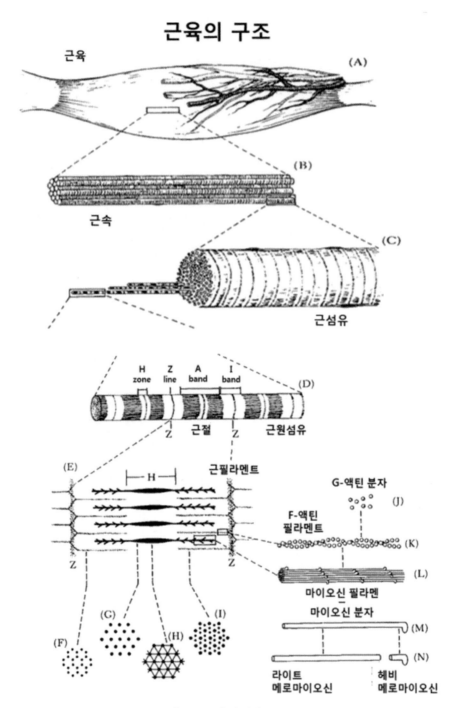

그림 11-6. 근육의 미세구조

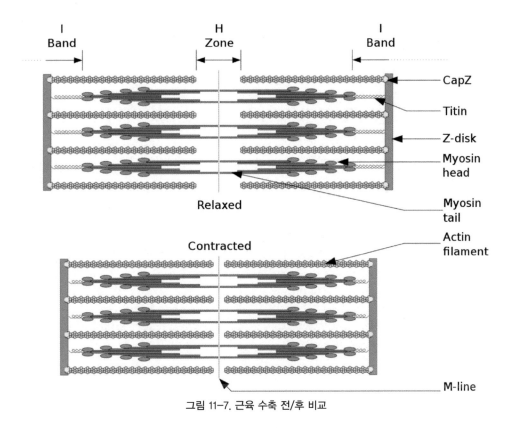

그림 11-7. 근육 수축 전/후 비교

- Z선: I대의 중앙에 위치하며 명대를 이등분하고 좌측 1개의 액틴과 우측 2개의 액틴이 zigzag로 구성되고, 하나의 근절에는 두 개의 Z선이 존재함.
- I대: 명대(Light band, 밝게 보이는 부분)이고, Actin만 존재함. 근육의 수축 시 I대의 길이 는 짧아짐.
- A대: 암대(Dark band, 어둡게 보이는 부분)이고, Actin과 Myosin이 존재함. 근육의 수축·이완 시 변화 없음. 즉, A대는 마이오신의 길이와 동일함.
- H대: A대 중에서 Myosin만 존재함. 근육 수축 시 H대의 길이가 짧아짐.
- M선: 정중앙에 위치하는 중앙의 짙은 선을 말하며, 마이오신과 결합됨.
- 근절(Sarcomere): Z선과 Z선 사이를 말하며, 수축과 이완의 기본단위를 말함. 고기에서 근 절의 길이는 육의 질기고 연함의 지표가 됨.

근육의 발생

- 생의학적으로 중배엽(mesoderm)성이 대부분의 근육을 형성하며, 외배엽(ectoderm)성은 동공괄약근, 산대근, 모양체근, 유선근, 모낭근, 한선근 등의 평활근을 형성함.
- 지속적인 자극으로 인해 근육이 손상될 경우, 몸은 손상된 근육을 재생하게 되는데, 근원섬유가 회복하는 과정에서 근육은 전보다 크고 단단해지게 됨.
- 반세기 전 전자 현미경을 통해 근육 섬유의 기저막을 공유하는 근육 줄기세포가 발견되었는데, 이 세포는 위성세포(Satellite cell)라고 불리게 되며 근육 섬유의 재생에 중요한 역할을 할 것이라 예측됨.
- 성체 근육 줄기세포는 대부분을 세포 회전율이 매우 낮은 상태로 항상성을 유지하며 유사분열성이 휴면기인 상태로 머무름. 이 상태에서 근육 줄기세포는 근섬유에 가깝게 놓인 형태로 근섬유뿐만 아니라 다른 환경에서 오는 인자들의 영향을 직접 받게 됨. 그러나 골격근이 손상될 경우 근육 줄기세포가 활성화되며 세포 주기에 진입하게 됨.
- 빠른 분열 증식에 의해 만들어진 딸세포는 근육 줄기세포의 양을 유지하기 위한 자가증식을 하거나, 근섬유를 재생하기 위한 근원세포로 분화하게 됨.
- 근원세포는 분화하지 않은 상태의 근육세포로 근아세포라고도 하며 분화하기 전까지 거의 차이가 없음.
- 근육 마디를 구성하는 근원세포는 처음에 규칙적인 원통형을 이루지만 점차 자라 방추형이 되며 왕성한 유사분열에 의해 증식하여 평행한 형태로 밀집한 다발을 만듦. 이 근원세포의 집단이 다핵을 가지는 골격근 세포 또는 근원섬유를 이루게 됨.
- 또한 근육성 세포로의 분화능(Myogenic potential)을 가진 간질세포(Interstitial-cells)는 손상된 근육을 재생할 수 있는 능력은 없지만 근육에 존재하고 있는 근분화 잠재력을 가지는 세포 집단임.

근육의 수축과 이완

- 근육은 화학에너지를 이용하여 수축과 이완이라는 기계적 에너지를 생성할 수 있는 골격에 위치하며 부착된 조직임. 또한 수축과 이완으로 몸이 움직일 수 있도록 함.
- 근육의 수축은 근섬유 표면(Sarcolemma)에 도달하는 자극에 의해 시작되는데, 골격근에 있어서 수축과 이완은 중추신경계(뇌 또는 척추) 내에서 시작되어 말초신경계를 경유하여 근육에 전달되는 신경자극에 의해 일어남.
- 이러한 신경자극은 앞서 언급한 활동전위 과정을 통해 근육으로 전달됨.

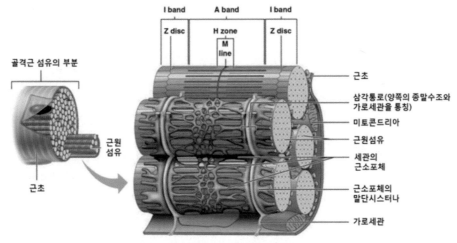

그림 11-8. 근원섬유의 구조

표 11-2. 근수축 과정

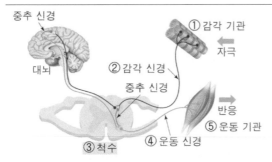

① 먼저 자극을 받으면 감각신경이 그 자극을 받아들이고, 연합 신경을 거쳐 뇌에 전달하게 된다. 그러면 뇌가 그에 대한 반응 신호를 다시 연합 신경을 거쳐 운동신경으로 보내져 반응하게 된다. 활동전위 과정을 통해 신호전달이 이루어진다.

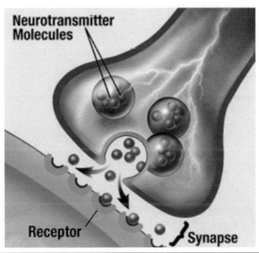

② 근육이 이러한 신호를 받으면 뉴런의 축색 종말에서 아세틸콜린과 같은 신경전달물질이 근육 쪽으로 방출된다.

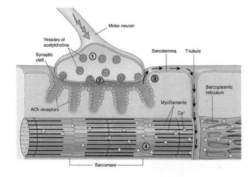

③ 이러한 신경전달물질이 근섬유막에 존재하는 탈분극된 수용기(신호를 받는 부위)에 닿으면 활동전위가 발생한다.

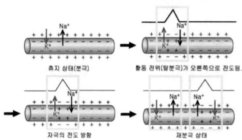

④ 활동전위 발생 전, 분극 상태에서는 막 외부가 양전하, 내부가 음전하를 띠고 있다. 그러다 자극이 주어지면 Na 이온이 유입되어 막 내부가 양전하를 띠는 탈분극 상태가 된다(탈분극이 끝나면 칼륨이온이 막 외부로 확산되어 내부는 다시 음전하를 띠게 된다).

Role of Action Potential and Ca++ in Muscle Contraction

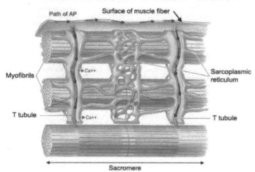

⑤ 근형질막을 따라 흐른 활동전위는 T관을 따라 내려가고 칼슘 저장소를 연다. 이는 Sarcoplasmic reticulum으로 이곳에서 칼슘이온이 나와 근원섬유를 타고 흐른다.

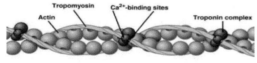

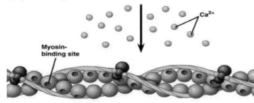

⑥ 방출된 칼슘이온이 트로포닌-C에 붙으면 트로포닌의 모양이 변하게 된다. 트로포마이오신의 활성부위를 막고 있던 부위가 노출이 되어 액틴의 결합 부위가 노출된다.

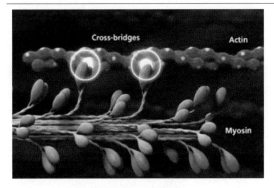

⑦ ATP가 마이오신의 머리에 결합하면 마이오신 머리가 액틴의 결합 부위에 결합하고, 이는 파워 스트로크라고 불리는 가교를 형성하게 된다.

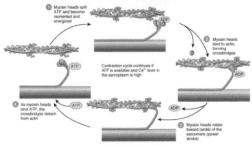

⑧ 이때, ATP가 효소에 의해 ADP와 무기질인으로 분해되는 과정에서 에너지를 방출하고, 이 에너지에 의해 마이오신이 액틴필라멘트를 잡아당기는 활동을 촉발시키고, 이로 인해 근육이 수축하게 된다.

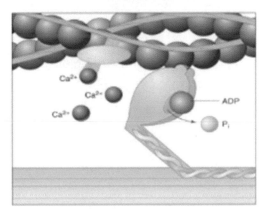

⑨ 이때 칼슘 이온이 제거되는데 이는 Sarcoplasmic reticulum으로 돌아가서 활동전위가 끝난 후에 다시 사용될 수 있다.

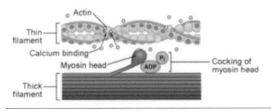

⑩ ADP와 무기질인은 파워 스트로크 동안 방출되고, 마이오신은 새로운 ATP가 닿을 때까지 액틴에 붙어 있다.

⑪ 만약 마이오신이 움직이지 않는다면 그것은 다른 근육 수축 사이클이 일어나기 전이거나, 근육이 쉬고 있는 상태인 것이다.

사후강직

- 가축을 도축한 후 시간이 지나면서 근육이 단단하게 굳어지고 신장성(늘어나는 성질)이 없어지면서 연도와 보수성이 떨어지는 현상을 사후강직이라고 함.
- 물리적으로 신장성이 소실된 시점을 사후강직으로 보며 사후강직의 정도와 사후강직의 속도는 고기의 품질과 밀접한 관련이 있음.

표 11-3. 고기별 사후강직 시간

종	시간
소	6~12시간
양	6~12시간
돼지	20분~3시간
칠면조	1시간 이내
닭	30분 이내
물고기	1시간 이내

- 사후강직은 도축·방혈로 인해 심장의 활동이 정지됨으로 인해 에너지와 산소의 공급이 중단되고, 근육 내에 남아 있던 글리코겐이 해당작용(탄수화물은 산소가 없는 조건에서도 분해되어 에너지를 생성할 수 있음)을 통해 마지막 에너지를 얻는 과정에서 근육이 수축되기 때문에 발생함.
- 강직 전 단계는 도살 직후 1~3시간 동안으로 근육 내에 잔류하는 글리코겐 및 ATP의 양이 많아 근육의 수축과 이완이 일어날 수 있기 때문에 이때 고기는 아직까지 유연하고 신전성이 높은 상태를 유지할 수 있음.
- 강직개시 단계에서는 근육 내 글리코겐과 ATP 양이 일정 수준 이하로 낮아지면서 수축된 근육이 다시 이완되지 않는 경우가 많이 발생하기 시작함.
- 강직 완료 단계에서는 도축 후 시간의 경과로 인하여 글리코겐과 ATP가 완전히 소모됨으로써 근육이 영구적으로 수축하게 되어 신장성을 잃는 단계임.
- 글리코겐이 산소 공급이 없는 혐기성 대사(해당작용)과정을 통해 분해되면서 생성한 젖산으로 인하여 근육이 최종 pH(5.6 정도)에 도달하게 되고, 근원섬유 사이의 공간이 좁아져서 수분을 저장하는 능력도 감소하게 됨.

1. 사후강직의 원인에 따른 분류

1) 산 경직(Acid rigor)
- 안정을 유지하며 운동을 시키지 않은 상태에서 도살할 경우 일어나는 강직의 형태로 지체기가 길고 급속기가 짧음.
- 체온 정도의 온도에서는 강직 중 단축이 일어나며, 경직이 산성 측에서 일어나는데 경직 후의 pH는 5.7 또는 그 이하임.
- 산 경직 중에서도 스트레스를 받은 동물의 경우 지체기가 짧은 특징이 있음.

2) 알칼리 경직(Alkaline rigor)
- 피로한 상태에서 도살된 동물의 근육에서 일어나는 강직으로 지체기 및 급속기가 대단히 짧고 빠른 시간 내에 일어남.
- 체온 및 실온에서도 심한 근육의 단축 현상이 일어나며 경직은 생근과 거의 비슷한 약알칼리 또는 중성에서 일어나는데 경직 후의 pH도 변화가 적은 7.2 부근임.

3) 중간형 경직(Intermediate type rigor)
- 절식시킨 상태에서 도살된 동물의 근육에서 일어나는 경직으로 지체기가 짧고 급속기는 비교적 긴 편이며 약간의 근육 단축이 일어남.
- 경직은 중성 또는 약산성에서 일어나며 경직 후의 pH는 6.7~7.0 정도임.
- 강직된 상태의 고기는 섭취 시 상당히 질길 뿐만 아니라 풍미도 감소함.
- 따라서 이를 개선하기 위해 일정 기간 동안 숙성을 시키게 되는데 이 과정을 통해 근절의 소편화 및 근섬유 단백질의 자기분해 등으로 인해 고기가 연해질 뿐만 아니라 풍미에 관여하는 아미노산 등이 생성되어 풍미가 증진됨.

표 11-4. 육류의 사후강직과 숙성 시간

종류	경직 시작	최대경직(냉장)	숙성완료(냉장)
쇠고기	12시간	24시간	7~10일(4~7℃)
돼지고기	12시간	24시간	3~5일
닭고기	6시간	12시간	2일

표 11-5. 사후강직 단계

강직단계	도살	pH 7.0~7.4	· 산소 공급의 제한으로 글리코겐을 분해하여 젖산 생성 시작 · pH 저하 시작
강직 1단계	사후경직 시작	pH 6.5↓	· phosphatase 작용으로 ATP 분해 · 액틴 + 마이오신 = 액토마이오신 · 근육의 수축 시작(근육이 뻣뻣해짐) · 보수성 감소, 신장성 감소
강직 2단계	최대 사후경직	pH 5.4	· 해당효소 불활성화로 젖산 생성 정지 · 최대 사후경직 · 단백질분해효소 활성 → 근육의 분해 시작, 맛 성분 생성
숙성단계	자가숙성	pH 상승	· 쇠고기의 연화 · 육즙이 풍부, 보수성 증가, 향미

2. 숙성(=사후강직 해제)

- 사후강직이 완료된 이후 저장된 고기에서는 숙성이 일어남. 강직 중에 형성된 액토마이오신(Actomyosin, 액틴 필라멘트와 마이오신 필라멘트의 영구 결합 형태)을 근육 내 존재하는 카텝신(Cathepsin), 칼페인(Calpain) 같은 단백질 분해 효소에 의한 자가소화에 의해 근원섬유 단백질 및 결체조직 단백질이 분해되면서 숙성이 진행됨.

3. 사후강직 전, 후 이상육의 발생

1) 해동강직(해동경직)

- 해동강직이란 도살 후 발생하는 사후강직이 완료되기 전 상태의 고기를 동결 저장한 후 이것을 해동 시 생기는 근육 단축(Shortening) 현상을 말함.
- 사후강직이 완료되기 전 근육이 글리코겐과 ATP의 농도가 아직 높은 상태에서 고기를 동결저장 하게 되면 근섬유를 둘러싸고 있는 근소포체라는 조직에서 칼슘의 배출이 억제됨.
- 근육이 수축하기 위해서는 근소포체에서 칼슘이 근육으로 배출되어야 하는데(칼슘은 근섬유를 수축시키는 신호제 역할을 한다), 근소포체가 얼어 있는 상태이기 때문에 칼슘이 배출되지 못하고 동결되어 있다가 이후에 고기를 해동하게 되면 칼슘이 배출되게 되고, 그로 인해 근섬유가 수축하게 됨(사후강직과 같은 방식으로 수축함).
- 근육이 발골 정육 상태에서는 심하게 단축하기 때문에 고기가 질긴 상태에 이르게 됨.
- 뼈가 붙어 있는 지육상태에서는 해동강직 현상이 상대적으로 적게 발생함.
- 해동강직을 방지하는 가장 기본적인 방법은 도축 후 사후강직이 완료된 이후에 고기를

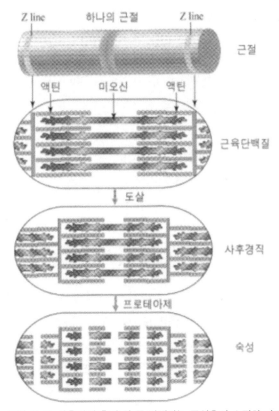

그림 11-9. 사후강직 후 숙성 중 발생하는 근섬유의 소편화 과정

　냉동 저장하거나 냉장 저장하는 것임.

- 해동강직을 방지하기 위한 다른 방법으로는 근육의 수축에 필요한 에너지인 글리코겐과 ATP 잔존량을 미리 충분히 저하시키는 것임.

- 근육 내 잔존 에너지를 제거하는 가장 효과적인 방법은 전기자극법임.

- 전기자극법은 도살 후에 근육 중의 ATP의 소실과 해당작용을 가속화하여 사후경직의 개시 시기를 빠르게 하는 것이기 때문에 수출용 냉동육의 해동경직 방지법으로 호주 및 뉴질랜드에서 실용화되었음.

- 그러나 높은 전압을 사용하는 전기자극법은 물의 사용이 많은 도축장에서 감전의 위험이 있을 수 있기 때문에 사용이 일부 제한적임.

2) 저온단축

- 저온단축이란 도살 후 발생하는 사후강직이 완료되기 전 상태의 고기를 5℃ 이하로 빠

르게 냉각할 때 골격근이 현저히 수축하여 질겨지는 현상을 말함.
- 0℃에서는 50%에 이르는 단축이 일어나며, 16℃에서 단축도가 가장 낮음.
- 이것은 소, 양 등 적색근에서 심하게 일어나고 돼지 및 백색근에서는 상대적으로 적게 발생하는데, 이는 적색근이 백색근보다 미토콘드리아가 많고 근소포체가 덜 발달해서임.
- 저온단축의 발생 과정은 해동강직과 유사하게 사후강직이 진행되는 과정에서 온도를 빠르게 낮추면 칼슘을 배출하여 근육을 수축하게 하는 근소포체나 미토콘드리아가 저온에서 기능 저하를 초래하기 때문에 근육 내에 칼슘 농도가 급격하게 상승하여 근육수축이 심하게 일어나기 때문에 발생함.
- 소, 양은 도살 후 지육을 급속냉각하면 저온단축이 일어나기 때문에 아주 질긴 정육이 얻어지고 풍미도 감소하게 됨.
- 저온단축을 감소시키는 방법은 전기 자극을 실시하여 ATP와 인산염을 소실시킨 이후에 급속 냉각하는 방법이 있음.
- 또한 해당강직과 마찬가지로 15~16℃에서 24시간 정도 보관하여 사후강직이 완료된 이후에 고기의 온도를 낮추는 방법이 있음(미생물의 성장이 높아질 가능성이 있음).
- 저온단축을 방지하는 가장 현실적인 방법은 사후강직이 완료되기 전 도체의 온도를 천천히 떨어뜨리는 것임.

3) 고온단축
- 고온단축은 가금류와 같은 백색육의 가슴살에 많이 일어남.
- 도체의 온도가 16℃ 이상의 높은 상태가 오래 유지되면 빠른 속도로 해당 과정이 일어나게 되고 젖산의 축적이 높아져 급격한 pH의 저하를 야기하게 됨으로써 고기가 질겨지고 보수력이 감소하게 됨.
- 고온단축을 방지하기 위해서는 가금류를 도축 후 즉시 차가운 물에 담그는 수냉 또는 공냉을 통해 예방할 수 있음.
- 또한 탕침 온도를 최대한 낮추고 내장 적출 이후에 빠르게 냉각시켜야 함.

4) Heat ring
- 히트링은 도체가 냉각될 때 냉기를 직접 받는 도체 표면은 급속히 냉각되고 심부는 천천히 냉각되어, 바깥쪽 등심근 색깔이 심부보다 짙은 붉은색의 둥근 고리 모양을 보이는 것을 말함.
- 히트링을 방지하는 방법은 도체를 충분히 수세하여 미생물 오염을 최소화한 다음 냉장고의 공기 흐름을 원활하게 하여 천천히 골고루 고기의 온도가 감소할 수 있도록 함.

소도체의 등급판정(축산물 등급판정 세부기준)

- 국내생산 소고기는 축산물품질평가원의 축산물 등급판정 기준에 따라 도체중, 배최장근단 면적, 근내지방도, 등지방두께, 육색, 지방색, 조직감 및 성숙도 등을 조사함.

1. 소도체의 육량등급판정 기준
- 소도체의 육량등급판정은 등지방두께, 배최장근단면적, 도체의 중량을 측정하여 규정에 따 라 산정된 육량지수에 따라 다음과 같이 A, B, C의 3개 등급으로 구분함.

1) 등지방두께
- 등급판정 부위에서 배최장근 단면의 오른쪽 면을 따라 복부 쪽으로 2/3 들어간 지점의 등지방을 mm단위로 측정함.

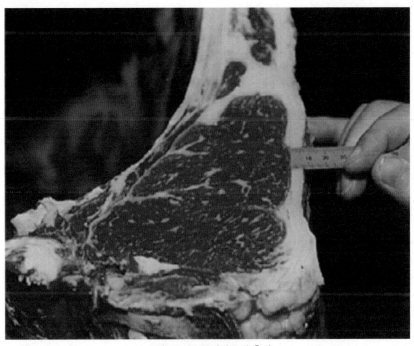

그림 11-10. 등지방두께 측정

2) 배최장근단면적

- 등급판정 부위에서 가로, 세로가 1cm 단위로 표시된 면적 자를 이용하여 배최장근단면적을 cm^2 단위로 측정함.

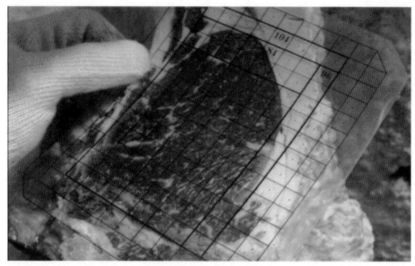

그림 11-11. 배최장근단면적 측정

3) 도체중

- 도축장 경영자가 측정하여 제출한 도체 한 마리분의 중량임.

표 11-6. 육량등급 판정기준(단, 젖소는 육우 암소기준을 적용)

품종	성별	육량지수		
		A등급	B등급	C등급
한우	암	61.83 이상	59.70 이상~61.83 미만	59.70 미만
	수	68.45 이상	66.32 이상~68.45 미만	66.32 미만
	거세	62.52 이상	60.40 이상~62.52 미만	60.40 미만
육우	암	62.46 이상	60.60 이상~62.46 미만	60.60 미만
	수	65.45 이상	63.92 이상~65.45 미만	63.92 미만
	거세	62.05 이상	60.23 이상~62.05 미만	60.23 미만

2. 소도체의 육질등급 판정기준

1) 근내지방도

- 등급판정 부위에서 배최장근 단면에 나타난 지방분포 정도를 기준과 비교하여 해당되는 기준의 번호로 판정하고, 다음과 같이 등급을 구분함.

표 11-7. 근내지방도 등급판정 기준

육색	등급
근내지방도 번호 7, 8, 9에 해당되는 것	1^{++}등급
근내지방도 번호 6에 해당되는 것	1^{+}등급
근내지방도 번호 4, 5에 해당되는 것	1등급
근내지방도 번호 2, 3에 해당되는 것	2등급
근내지방도 번호 1에 해당되는 것	3등급

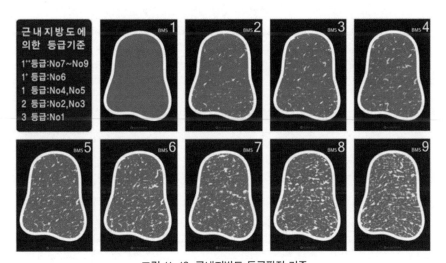

그림 11-12. 근내지방도 등급판정 기준

2) 육색

- 등급판정 부위에서 배최장근 단면의 고기 색깔을 기준에 따른 육색 기준과 비교하여 해당되는 기준의 번호로 판정하고, 다음과 같이 등급을 구분함.

표 11-8. 육색 등급판정 기준

육색	등급
육색 번호 3, 4, 5에 해당되는 것	1⁺⁺등급
육색 번호 2, 6에 해당되는 것	1⁺등급
육색 번호 1에 해당되는 것	1등급
육색 번호 7에 해당되는 것	2등급
육색 정하는 번호 이외에 해당되는 것	3등급

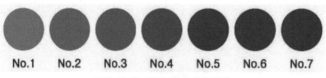
그림 11-13. 육색 등급판정 기준

3) 지방색

- 등급판정 부위에서 배최장근 단면의 근내지방, 주위의 근간지방과 등지방의 색깔을 기준에 따른 지방색 기준과 비교하여 해당되는 기준의 번호로 판정하고, 다음과 같이 등급을 구분함.

표 11-9. 지방색 등급판정 기준

지방색	등급
지방색 번호 1, 2, 3, 4에 해당되는 것	1⁺⁺등급
지방색 번호 5에 해당되는 것	1⁺등급
지방색 번호 6에 해당되는 것	1등급
지방색 번호 7에 해당되는 것	2등급
지방색에서 정하는 번호 이외에 해당되는 것	3등급

그림 11-14. 지방색 등급판정 기준

4) 조직감

- 등급판정 부위에서 배최장근 단면의 보수력과 탄력성을 조직감 구분기준에 따라 해당되는 기준의 번호로 판정함.

표 11-10. 조직감 등급판정 기준

번호	구분기준
1	탄력성과 지방의 질, 광택이 매우 좋은 것
2	탄력성과 지방의 질, 광택이 좋은 것
3	탄력성과 지방의 질, 광택이 보통인 것
4	탄력성과 지방의 질, 광택이 좋지 않은 것
5	탄력성과 지방의 질, 광택이 매우 좋지 않은 것

5) 성숙도

- 왼쪽 반도체의 척추 가시돌기에서 연골의 골화 정도 등을 기준에 따른 성숙도 구분기준과 비교하여 해당되는 기준의 번호로 판정함.

표 11-11. 성숙도 등급판정 기준

육질등급	성숙도 구분기준 (번호)	
	1-7	8-9
1^{++}등급	1^{+}등급	1^{+}등급
1^{+}등급	1^{+}등급	1등급
1등급	1등급	2등급
2등급	2등급	3등급
3등급	3등급	3등급

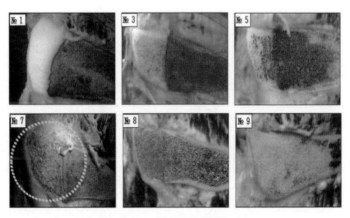

그림 11-15. 성숙도 등급판정 기준

pH의 변화

1. PSE육의 발생과 예방

- 돼지는 다른 동물과 달리 땀샘이 발달하지 않아 고온의 환경에서 체온의 항상성을 위해 물리적인 체온조절작용이 활발하게 일어남.
- 따라서 무더운 여름철에 뜨거운 햇빛에 장기간 노출되면 호흡과 맥박이 증가하고 스트레스로 인해 산독증(acidosis)과 같은 증상을 나타내게 됨.
- 특히 돼지 중에서 할로테인(Halothane)에 양성반응을 보이는 개체가 보유한 스트레스 유전자를 PSS(Porcine stress syndrome) 인자라 하는데, PSS 인자를 보유한 돼지는 스트레스에 민감하기 때문에 더욱 쉽게 근육이 경직되어 PSE육이 발생될 가능성이 상대적으로 높음.
- PSE(Pale, Soft, Exudative)육은 육색이 창백하고(Pale), 조직이 물컹물컹하여 탄성이 없으며(Soft), 다량의 육즙 삼출(Exudative)이 발생한 비정상육을 말하며, 가금류나 돼지에서 잘 발생함.
- PSE육의 발생은 계절적인 특성도 있는데 여름철에 발생 빈도가 높음.
- PSE육이 발생하는 이유는 스트레스를 받은 가축을 그대로 도축할 경우 지육의 높은 온도로 인해 해당 과정이 빨라져 탄수화물(글리코겐)이 젖산을 생성하여 축적되어 pH의 저하가 가속화됨.
- 이로 인해 사후 1~2시간 이내에 pH가 5.4~5.5까지 급격히 저하되어 단백질 변성으로 인해 보수력이 떨어져 육즙이 삼출되며 사후강직이 정상 고기에 비해 빠르게 진행되며 육색이 창백해지는 현상이 발생함.
- PSE 돈육을 이용하여 염지나 숙성 시 중량의 손실이 크며 육색, 맛, 조직감에서 현저히 낮은 기호도를 가지게 됨.
- PSE를 예방하는 방법은 도축 전 동물이 스트레스를 받지 않도록 취급에 주의해야 하며, 만약 동물이 스트레스를 받았을 경우 계류를 통해 스트레스를 해소할 수 있도록 안정시키는 것이 중요함.

표 11-12. 계류시간별 PSE 돈육 발생률(%)

구분		1시간 미만	1~6시간	6~15시간	15시간 이상	전체
정상돈육		34.6	25.6	55.4	60.7	40.8
PSE 돈육	중증	13.9	18.3	4.1	4.5	11.7
	경증	51.5	56.1	40.5	34.8	47.5
	소계	65.4	74.4	44.6	39.3	59.2

2. DFD육의 발생과 예방

- PSE와 마찬가지로 DFD(Dark, Firm, Dry)육은 육색이 지나치게 검고(Dark) 고기가 단단하며(Firm) 건조한(Dry) 비정상 고기를 말하며 돼지나 양보다 소, 특히 수컷 비육우에서 자주 발생함.

- DFD육의 발생은 여름철에 자주 발생하며, PSE육과 달리 가축이 오랫동안 스트레스를 받음으로 인하여 근육 내에 존재하는 탄수화물(글리코겐)이 거의 고갈된 상태에서 도축될 경우 발생함.

- 오랜 스트레스로 인하여 글리코겐이 고갈되면 도축 후에는 해당작용이 거의 일어나지 않기 때문에 고기의 pH가 높은 상태로 유지됨.

- 그 결과 고기의 색을 좌우하는 육색소(Myoglobin)는 산소결합력이 낮아져 암적색 색깔을 지니게 됨. 고기의 최종 pH가 6.0~6.5 이상(정상육 5.6 내외)이 되어 보수력이 높아질 수도 있으나 고기 표면이 건조해질 뿐만 아니라 세균의 번식이 용이한 pH에 가까워져 세균 오염 가능성이 높아짐.

- 그러므로 생육으로써의 이용 가치가 크게 저하될 뿐만 아니라 햄류 등의 가공육 원료로도 부적합해짐.

- DFD를 예방하는 방법 또한 도축 전 동물이 스트레스를 받지 않도록 취급에 주의해야 하며, 만약 동물이 스트레스를 받았을 경우 계류를 통해 스트레스를 해소할 수 있도록 해야 함.

- 현재 국내의 많은 도축장이 충분한 면적의 계류장을 보유하고 있지 못하기 때문에 스트레스를 받지 않도록 취급에 주의해야 하는 실정임.

- 그러므로 가축을 출하 시에는 가축이 스트레스를 받지 않도록 농장 내 이동, 승차, 밀집 농도, 도로 이동 또는 하차 시에 최대한 주의해야 함.

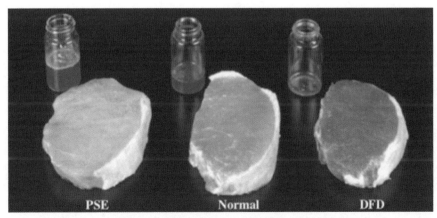

그림 11-16. 정상육, PSE육 및 DFD육의 외관 비교

육색의 변화

- 식육의 색은 소비자들이 고기를 구매할 때 식육의 맛과 품질을 판단하는 가장 주요한 기준이 되기 때문에 매우 중요한 요소임.
- 살아 있는 근육에서 색은 육색소인 마이오글로빈(Myoglobin)과 혈색소인 헤모글로빈(Hemoglobin)에 영향을 받지만, 도축 후 방혈 과정에서 헤모글로빈이 대부분 방출되기 때문에 고기의 색은 대부분 육색소인 마이오글로빈에 영향을 받는다고 볼 수 있음.
- 육색소인 마이오글로빈은 글로빈이라고 하는 단백질 부분과 Heme이라는 비단백질 부분으로 구성되어 있음.
- 살아 있는 근육에서 마이오글로빈은 근육이 필요로 하는 산소를 저장하는 역할을 하지만, 도축 후에는 고기 육색을 좌우하는 색소가 됨.
- 마이오글로빈은 헤모글로빈 분자 크기의 약 1/4 정도이지만, 매우 흡사한 구조를 가지며 헴링(Heme ring)이라고 불리는 은 철 원자를 함유하는 비단백질 부위와 글로빈이라고 하는 단백질 부위로 이루어져 있음.

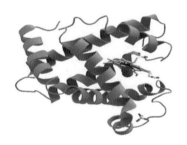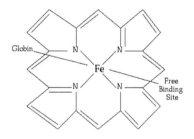

그림 11-17. 마이오글로빈의 헴(heme) 구조

- 위의 그림처럼 포르피린(porphyrin)은 중앙에 철(Fe) 원자가 위치해 있고, 철 원자 주위에는 4개의 질소가 결합하고 있고, 철 원자의 5번째 부위에는 글로빈이 결합하고 있으며, 철 원자의 6번째 결합 부위에 자유 결합 부위가 있음.
- 고기의 색은 헴링 내 철 원자가와 6번째 자유 결합 부위(Free binding site)에 무엇이 붙느냐에 따라 결정됨.
- 신선한 상태의 생육에서 육색은 환원형 마이오글로빈에 의해서 어두운 적자색을 띠고 가운데 철의 전자가는 2가(Ferrous)의 형태이며, 자유 결합 부위에는 물(H_2O)이 붙어 있음.

- 환원형 마이오글로빈을 산소에 노출시키면 산화되어 옥시마이오글로빈이 되고 고기는 선홍색을 띠게 되는데, 자유 결합 부위에 산소가 결합되어 있음.
- 옥시마이오글로빈을 공기 중에 오랜 시간 방치하면, 마이오글로빈의 철은 산화되어 3가(Ferric)로 되고 옥시마이오글로빈은 메트마이오글로빈으로 변화하여 고기의 색은 갈색이 됨.
- 식육을 높은 온도로 가열하면 고기의 색이 갈색으로 변하는데 이러한 이유는 마이오글로빈의 중앙에 위치한 철이 산화되어 헤미크롬으로 변성될 뿐만 아니라, 철과 결합한 글로빈의 열변성이 일어나 메트마이오크로모겐이 됨.
- 환원형 마이오글로빈 철 원자의 6번째 자유 결합 부위에 일산화질소(Nitric oxide)가 결합될 경우 나이트릭 옥사이드 마이오글로빈(Nitric oxide myoglobin)으로 변화되어 고기는 분홍색을 띰.

1. 육색에 영향을 미치는 요소
- 가축의 나이가 많을수록 마이오글로빈의 양이 증가해 어두운 육색이 됨.
- 이뿐만 아니라 가축의 품종, 성별, 영양 조건, 운동량, 근육 부위, 스트레스 등이 육색에 영향을 미침.
- 비타민 E를 급여한 소고기는 마이오글로빈이 메트마이오글로빈으로 산화되는 것을 억제하여 육색의 변화를 방지할 수 있음.
- 미생물의 성장은 고기 표면의 산소 분압을 감소시켜 메트마이오글로빈을 생성하게 하여 육색을 변성시킴.
- 육제품 제조 시 첨가하는 소금과 아질산염 등은 마이오글로빈이 니트로소헤모크롬으로 바뀌어 가열 후 육색은 적색을 유지시킴.
- 육색은 포장법에 의해서 영향을 받음. 진공포장의 경우 산소의 농도가 낮아져 옥시마이오글로빈이 메트마이오글로빈으로 변하기 때문에 갈색이 됨(일시적인 현상으로 공기 중에 노출되면 다시 선홍색으로 되돌아올 수 있다).
- 산소투과율이 높은 포장(랩 포장 등)은 육색소가 옥시마이오글로빈 상태를 유지할 수 있기 때문에 육색이 선홍색으로 유지될 수 있음(저장 기간이 경과하여 미생물이 성장하면 갈색으로 변할 수 있다).

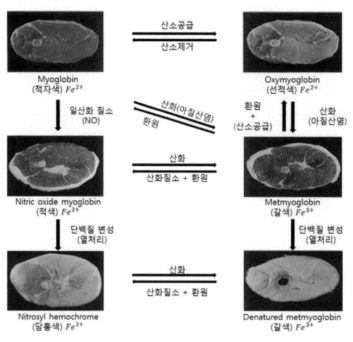

산소공급 / 산소제거

Myoglobin
(적자색) Fe^{2+}

Oxymyoglobin
(선적색) Fe^{2+}

일산화 질소
(NO)

산화(아질산염) / 환원

환원
+
(산소공급)

산화
(아질산염)

산화 / 산화질소 + 환원

Nitric oxide myoglobin
(적색) Fe^{2+}

Metmyoglobin
(갈색) Fe^{3+}

단백질 변성
(열처리)

단백질 변성
(열처리)

산화 / 산화질소 + 환원

Nitrosyl hemochrome
(담홍색) Fe^{2+}

Denatured metmyoglobin
(갈색) Fe^{3+}

그림 11-18. 마이오글로빈의 화학적 상태에 따른 육색의 변화

보수력

- 고기가 내·외부 자극에 대항하여 가지고 있는 수분을 잃지 않고 보유하려는 힘을 보수력 (Water holding capacity)이라고 함.
- 축육이나 어육 등이 수분을 유지하는 능력을 보수력이라고 하며 그 성질을 보수성이라고 함.
- 보수력(또는 보수성)은 고기의 종류나 부위, 사후의 경과 시간 및 도축 전과 후의 취급 등 과 밀접한 관계가 있음.
- 보수력이 높다는 것은 고기가 그 고유의 수분을 잘 보유하고 있다는 뜻임.
- 보수력이 100%라는 것은 수분의 손실이 없다는 뜻이고, 보수력이 50%라는 것은 고기가 보유한 수분의 절반이 고기 밖으로 배출되었다는 뜻임.
- 축종별로는 돼지고기 〈 소고기 〈 닭고기 순으로 보수력이 좋음.
- 즉, 동일 조건에서 닭고기에 비해 돼지고기가 수분의 손실이 적다는 의미임.
- 부위별로는 지방이 많은 부위가 지방이 적은 부위에 비해 보수력이 높게 나타나는데, 그 이유 는 지방이 많을수록 수분의 함량이 낮기 때문에 상대적으로 보수력이 높게 나타나게 됨.
- 돼지고기의 경우 지방 함량이 20~30% 수준인 삼겹살이 지방 함량이 10% 이하인 등심에

비해 보수력이 높게 나타나는 이유가 지방 함량이 높기 때문임.
- 즉, 수분의 함량이 높은 고기일수록 도축, 발골, 절단, 저장 또는 조리 과정에서 수분의 손실에 더 주의해야 함.
- 고기는 평균 70% 이상의 수분을 함유하고 있고, 고기의 수분은 고기의 수율, 풍미, 조직감, 가공적성 등 고기의 품질에 가장 큰 영향을 미치는 요인이기 때문에 수분의 손실을 최소화할 수 있도록 취급해야 함.

1. 고기 내 수분의 종류

- 고기 내에 존재하는 수분의 종류는 수분의 결합 위치와 결합 정도에 따라 결합수, 고정수 및 유리수로 구분함.
- 고기 내에서 결합 정도는 자유수 〈 고정수 〈 결합수 순으로 높으며, 고기 내에서 결합 정도가 높을수록 쉽게 빠져나오지 않음.
- 보수력에 가장 큰 영향을 미치는 수분은 자유수이며 고정수도 보수력에 적게 영향을 미침.
- 그러나 결합수는 일반적인 가공 또는 취급 조건에서 잘 빠져나오지 않기 때문에 보수력에 거의 영향을 미치지 않는 수분임.
- 즉, 보수력을 높이기 위해서 자유수와 고정수의 손실을 최대한 억제해야 함.

1) 결합수

- 식육 내에서 육단백질의 잔기들과 전기적으로 가장 단단하게 결합하고 있는 수분이며, 주로 단백 전하군과 단단하게 수소결합을 하고 있음.
- 결합수는 저온에서도 곧바로 얼지 않고 또 용매로써의 작용도 하지 않음.
- 고기의 경우 단백질 100g당 5~10g 정도 함유하고 있음.
- 결합수는 용매로써의 기능이 없고 0℃ 이하의 저온에서도 얼지 않으며, 수증기압이 극히 낮아서 대기 중에서 잘 증발하지 않고 큰 압력을 가하여도 쉽게 분리, 제거되지 않음.
- 그렇기 때문에 고기의 보수력에 영향을 거의 미치지 않는 수분임.

2) 고정수

- 근육의 80% 정도를 차지하고 있는 수분의 형태로 단백질 구조 안에 들어가 있는 수분임.
- 외부에서 자극을 주었을 때 수분이 결합수보다 쉽게 빠져나오며 보수력에 영향을 적게 줄 수 있는 수분임.
- 마이오신 필라멘트 사이에 존재하며 고기의 pH에 따라 결합력이 결정됨.

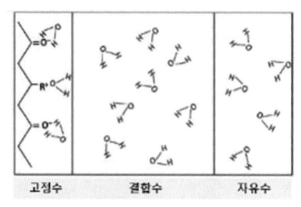

그림 11-19. 결합수, 고정수 및 유리수의 형태

3) 자유수

- 고기 속에 자유롭게 존재하면서 단백질 등과 결합하지 않고 자유롭게 이동할 수 있는 수
  분으로써 모세관 현상에 의해 존재함.
- 자유수는 수용성 물질을 녹이는 용매로 사용될 수 있고, 0℃ 이하에서 얼고 100℃ 이상
  가열 시 쉽게 증발하며, 표면장력에 의해 고기의 표면으로 스며 나올 수 있음.
- 자유수는 보수력에 가장 큰 영향을 줌.

2. 고기 내에서 수분의 기능

- 수분은 고기의 부드러운 식감을 주고, 풍미를 향상시키는 작용을 함.
- 또한 고기에서 가장 많은 함량을 차지하는 성분이기 때문에 수분의 보유와 손실은 경제성
  과 밀접하게 관련이 있음.
- 수분은 육제품을 제조할 때 성분들을 녹이는 용매로 쓰임.

3. 고기에서 보수력에 영향을 미치는 요인

1) 근육 내 ATP 함량

- 사후강직이 일어나면 ATP 생성이 완전히 중단되어 근육이 더 이상 이완할 수 없는 상태
  가 되는데, 이때 단백질이 수분을 함유하기 어려운 구조를 갖게 되어 보수력이 매우 떨
  어짐.
- 하지만 사후강직이 일어나기 전 일정 기간 동안은 근육 내에 남아 있는 글리코겐과 크레아
  틴 인산으로 인해 ATP가 생성되어 수분을 충분히 함유할 수 있어 보수력이 높게 나타남.

- 그렇기 때문에 이 짧은 시간 내에 소금 첨가 및 냉화질소를 이용한 냉동 가공처리를 할 경우 냉동이 되었더라도 온도체육의 장점을 장기간 유지함.

2) pH

- 보수력은 단백질의 +전하와 −전하가 같아지는 등전점(pH 5.0~5.2)에서 가장 낮은 보수력을 나타내며 단백질의 pH가 등전점보다 높거나 낮으면 보수력은 커지게 됨.
- 따라서 도축 직후 높은 pH에서 높은 보수력을 보이다가 pH가 점점 낮아지면 보수력도 낮아짐.

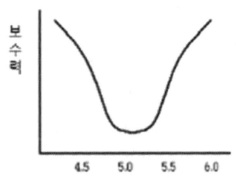

그림 11-20. 고기에서 보수력과 pH의 관계

3) 소금과 인산염

- 소금과 인산염이 증가하면 음전하(-)가 증가하여 고기의 단백질 보수력이 높아짐.
- 그 이유는 수소 양이온(H+)을 중화시킬 음전하가 필요해지기 때문에 단백질의 등전점이 낮아지고, 보수력이 증가함.
- 인산염은 마이오신과 액틴을 느슨하게 만들어 물이 더 결합할 수 있게 됨.

4) 연도

- 식육의 연도는 고기의 연한 정도를 말하며, 식육 내 결합조직이나 근육 내 지방의 함량, 수분의 함량, pH 등에 크게 영향을 받음.
- 나이가 어린 고기, 거세한 고기, 결합조직의 함량이 적은 고기, 근육 내 지방 함량(마블링, 상강도)이 높은 고기, 수분의 함량이 높은 고기, 숙성이 진행된 고기, pH가 등전점 이하 또는 이상인 고기에서 연도가 높게 나타남.

5) 풍미

- 식육의 풍미는 주로 혀에서 느끼는 맛과 코에서 느끼는 냄새와 입속의 압력과 열에 민감한 부분에서 오는 반응이 종합되어 느껴지는 감각으로 소비자의 구매 의사를 결정하는 중요한 요인임.
- 여러 가지 요인이 복합적으로 작용하기 때문에 풍미를 객관적으로 측정하기는 쉽지 않음.
- 식육의 풍미는 가축의 종류, 품종, 성별, 연령, 사양 방법 등에 따라 매우 다양하게 나타남.
- 숙성 또는 저장 중에도 산화, 화학적 분해 및 미생물 증식으로 인해 풍미가 변하기 때문에 관리에 주의해야 함.

6) 다즙성

- 다즙성은 소비자가 근육 식품을 처음 몇 번 저작하는 동안 육즙의 신속한 유출에 의해 입안에서 느껴지는 촉촉함과 계속 씹을 때 혀, 치아 그리고 구강의 여러 부분을 지방이 도포하면서 타액 분비를 촉진하여 야기되는 지속적으로 느껴지는 종합적인 감각을 말함.
- 고기의 수분과 타액의 수분 두 가지 근원에서 유래되며 씹는 동안 초기의 육즙 방출에 의한 촉촉함보다 근육 내에 지방함량이 높은 근육이 더 다즙한 느낌을 줌.
- 냉장온도에서의 쇠고기 숙성은 다즙성을 향상시키지만 온도가 높아질수록 다즙성은 오히려 감소함, 냉동저장 기간을 증가시키면 조리 시 해동 감량, 드립 손실 및 총중량 손실이 증가하여 다즙성에 나쁜 영향을 주고, 햄과 같은 가공육을 제조하였을 때 강직 전 고기가 훨씬 우수한 다즙성을 보임.

4. 식육의 연도

- 근육 내에서 당은 물질대사의 기본적인 위치에 있어 쉽게 지질 또는 단백질 합성에 필요한 대사에 참여할 수 있을 뿐 아니라 가장 쉽게 이용할 수 있는 에너지원임.
- 특히 동물의 뇌는 대부분의 에너지원을 포도당에서 얻음.
- 식물에서는 약 20%가 탄수화물이고, 동물에서는 1~2% 정도를 차지하지만 탄수화물은 동물 체내에서 세포 대사나 에너지 대사에서 중요한 역할을 함.
- 또한 근육 내 글리코겐의 함량이나 도살 후 해당 과정(Glycolysis)의 정도가 고기의 pH, 육색, 조직감, 경도, 보수력(Water-holding capacity), 유화 능력(Emulsifying capacity)과 보존성(미생물 성장 등)에 큰 영향을 미침.
- Glycosaminoglycans와 proteoglycans와 같이 탄수화물이 갖고 있는 물질들은 결체조직(connective tissue)과 관계가 있기 때문에 근육의 탄수화물(glycogen)은 고기의 연도와도 밀접한 관련이 있음.

1) 연도와 숙성 효과 증진

- 전기 자극을 통해 고기의 연도를 증진시킬 수 있는데, 그 이유는 전기 충격에 의한 근육 미세구조의 파괴 및 근육 내 단백질분해효소들의 자가 소화력 증진 등으로 설명될 수 있음.

- 즉, 전기 자극에 의해 근원섬유의 극심한 수축이 일어나 근육의 미세조직들이 파괴됨으로써 연도가 증진됨.

- 전기 자극에 의해 사후 해당 작용이 급속하게 일어나면 도체의 온도가 높은 상태에서 근육의 pH가 급속히 감소되는데, 이때 세포 내의 리소좀 막으로부터 유리된 카뎁신(근육 단백질 분해효소)이 근원섬유 단백질을 분해시키기 때문에 고기의 연도가 증진됨.

- 단백질 분해효소들의 자가 소화력 증가는 숙성효과를 증진시켜 연도 증진 효과를 가져옴.

- 식육의 연도는 고기의 연한 정도를 말하며, 식육 내 결합조직이나 근육 내 지방의 함량, 수분의 함량, pH 등에 크게 영향을 받음.

- 고기의 연도는 입안에서 느껴지는 조리된 고기를 저작(詛嚼)할 때 고기 자체의 연한 정도와 조리된 고기가 보유한 수분의 양과 지방의 함량에 따라 입안에서 느껴지는 촉촉한 느낌, 즉 다즙성(多汁性)이 함께 작용하는 감각임.

- 일반 소비자들이 고기를 먹을 때 느끼는 연도는 일단 먼저 처음 고기를 씹을 때 치아가 고기를 관통하는 난이도, 그리고 입속에서 고기를 계속 씹을 때 고기가 분쇄되는 난이도, 고기를 다 씹고 난 후 삼키기 전에 입속에 남아 있는 잔류물의 양 등이 종합적으로 인식되어 평가되는 먹어보고 입안에서 느끼게 되는 관능적 품질임.

- 근육은 결합조직으로 감싸인 근섬유들이 평행으로 배열된 구조를 가짐.

- 따라서 고기의 연도는 근섬유와 결합조직의 화학적 조성이나 구조의 변이로 인하여 다양한 차이를 보이게 되기 때문에 이들은 유전적 요인들뿐만이 아니라 사육조건들에 의해서도 크게 차이가 나게 됨.

- 연도는 근섬유와 결합조직의 화학적 상태나 물리적 상태에 영향을 주는 다양한 요인들에 의하여 변화되므로 살아 있는 동물 자체의 요인들, 즉 도축 전 가축의 취급 상태와 도축할 때의 조건들에 따라서도 달라짐.

- 그리고 가축의 도축 후에도 고기는 내부에서 지속적으로 끊임없이 생화학적인 변화를 계속하여 고기의 연도에 영향을 미치게 되기 때문에 도축 후 생산된 도체와 부분육으로 분할하여 상품화된 고기를 어떻게 처리, 취급하느냐에 따라 연한 정도가 다른 고기를 얻을 수 있게 됨.

- 고기를 연화시키는 방법으로는 화학적 방법으로 비타민 D 급여, 전기 자극, 숙성, 효소, 소금, 식초를 뿌리는 마리네이드, 칼슘 주입이 있고 물리적인 방법으로는 고기망치의 사용이 있음.

식육의 미생물

1. 식육 미생물

- 식육은 미생물의 성장에 적합한 각종 영양 성분과 영양 조건을 만족하고 있는 식품이기 때문에 미생물이 쉽게 증식할 수 있음.
- 식육은 미생물의 증식으로 인해 품질이 크게 저하될 수 있고, 몇몇 미생물들은 식중독이나 여러 질병을 일으키는 원인이 되기도 함.
- 미생물은 다양한 방법으로 분류되는데, 먼저 미생물은 과(Family), 속(Genus), 종(Species)으로 분류됨.
- 또한 미생물의 모양이나 형태에 따른 분류를 할 수 있고, 미생물이 생장할 수 있는 온도, pH, 수분활성도(Activity Water, AW)에 따라 분류하고, 미생물이 필요로 하는 에너지원과 산소의 유무, 포자를 생성하는 방법과 염색에 따라서도 분류하는데, 이러한 분류는 적합한 목적에 맞게 사용함.
- 형태에 의한 분류: 박테리아(Bacteria), 효모(Yeast), 곰팡이(Fungi)
- 온도에 따라: 저온균(Psychrophilic), 중온균(Mesophilic), 고온균(Thermophilic)
- 산소의 유무에 따라: 호기성균(Aerobic), 통성혐기성균(Facultative anaerobic), 혐기성균(Anaerobic)
- 식육에 있어 문제가 되는 미생물은: 병원성 미생물(Pathogenicity), 부패 미생물(Spoilage)

표 11-13. 식육 미생물의 분류

식육 미생물의 분류			
통성 혐기성 그람 음성 간균 (Facultative anaerobic gram negative bacillus)	장내 세균 (*Enterobacteriaceae*)	엔테로박터(*Enterobacter*)	
		살모넬라균(*Salmonella*)	
		대장균속(*Escherichia*)	

통성 혐기성 그람 음성 간균 (Facultative anaerobic gram negative bacillus)	장내 세균 (*Enterobacteriaceae*)	이질균(*Shigella*)	
		시트로박터(*Citrobacter*)	
		프로테우스(*Proteus*)	
		에르비니아속(*Erwinia*)	
		셀라티아속(*Serratia*)	
	비브리오 과 (*Vivrionaceae*)	비브리오(*Vibrio*)	
		아에로모나스(*Aeromonas*)	
호기성 그람 음성 간균 및 구균 (Aerobic gram negative bacillus & coccus)	슈도모나스과 (*Pseudomonadaceae*)	슈도모나스(*Pseudomonas*)	
	초산균과 (*Acetobacteriaceae*)	초산균(*Acetobacter*)	
	나이세리아과 (*Neisseriaceae*)	아시네토박터(*Acinetobacter*)	
		모락셀라(*Moraxella*)	
	기타	알칼리게네스속(*Alcaligenes*)	
		플라보박테리아(*Flavobacterium*)	

그람 양성 구균 (Gram positive coccus)	미구균과 (*Micrococcaceae*)	미구균(*Micrococcus*)	
		포도상구균(*Staphylococcus*)	
	기타	연쇄상구균(*Streptococcus*)	
		류코노스톡속(*Leuconostoc*)	
그람 양성 포자형성 간균 (Gram positive spore forming coccus)	클로스트리디움 (*Clostridium*)	클로스트리디움(*Clostridium*)	
	간균 (*Bacillus*)	간균(*Bacillus*)	
그람 양성 비포자형성 간균 (Gram positive non spore forming coccus)	리스테리아 (*Listeria*)	리스테리아(*Listeria*)	
	젖산간균 (*Lactobacillus*)	젖산간균(*Lactobacillus*)	
	코리네박테리움 (*Corynebacterium*)	코리네박테리움(*Corynebacterium*)	

2. 식육 미생물 형태에 의한 분류

1) 박테리아(Bacteria)

- 박테리아는 다른 생물과 달리 진핵을 가지고 있지 않은 단세포 미생물로, 핵막이나 미토
콘드리아, 엽록체와 같은 구조를 가지고 있지 않은 원핵생물임.
- 모양에 따라 동그란 구형(Cocci)과 막대 모양의 간상(Bacilli)으로 나누어짐.
- 염색법에 따 그람 양성균(Gram+) 또는 그람 음성균(Gram-)으로 구분함.

- 염색법은 박테리아의 세포벽 구조의 차이에 의해 나타나는 특이성을 이용하여 염색을 실시하게 되면, 그람 양성균은 파란색으로, 그람 음성균은 빨간색으로 염색됨.
- 몇몇 박테리아는 열에 대한 내성이 강한 포자를 생성하는 것이 있는데, 포자를 생성하는 박테리아 중 식중독을 일으키는 박테리아는 *Clostridium perfringens, Clostridium botulium, Bacillus cereus* 등이 있음.

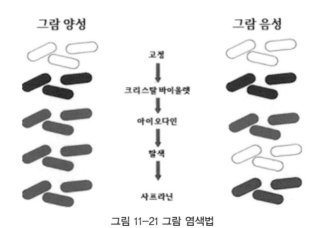

그림 11-21 그람 염색법

- 신선육의 부패는 대부분 그람 음성균에 의해 발생하는데, 음성균은 양성균에 비해 열에 대한 내성이 약하고 수분활성도에 대해서도 내성이 약함.
- 따라서 열을 처리한 육제품이나 수분활성도가 낮은 육제품에서의 부패는 주로 그람 양성균에 의해 발생하게 되고, 이와는 반대로 열처리가 없고 수분활성도가 높은 신선육의 부패는 그람 음성균에 의해 발생하게 됨.
- 신선육의 부패에 관여하는 박테리아는 저장온도에 따라 민감하게 작용함.
- 저장온도에 따라 저온성, 중온성, 고온성 박테리아로 구분하고, 각각의 최적 생장 온도가 다름.
- 저온성 박테리아(Psychrophilic): 0℃~20℃
- 중온성 박테리아(Mesophilic): 10℃~45℃
- 고온성 박테리아(Thermophilic): 40℃~70℃

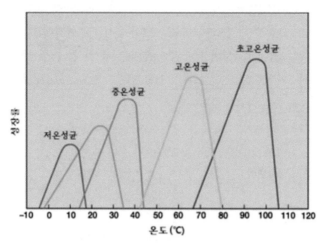

그림 11-22. 온도에 따른 미생물 성장

- 식육을 냉장고에 보관 시 주로 저온성 박테리아가 생장하여 식육을 부패시키고, 냉장고에 보관하지 않을 때는 중온성 박테리아가 부패의 원인이 됨.
- 그 때문에 도축을 하는 과정에서 식육에 오염된 박테리아는 대부분이 가축의 장내에서 생장한 중온성 박테리아라고 할 수 있음.
- 이것들의 성장을 억제시키기 위해서는 무엇보다도 온도 관리가 중요하게 작용하기 때문에 빠른 시간 안에 식육의 온도를 낮추는 것이 중요함.

2) 효모(Yeast)

- 효모는 진핵세포의 구조를 가지고, 크기는 박테리아보다 약 10배 정도 크며 모양은 원형 또는 타원형임.
- 효모의 대부분은 세포의 표면에 작은 돌기가 생기면서 점차 커지게 되고 둘로 나누어져 증식함.
- 제빵 효모나 맥주 효모의 경우, Ascospore라고 하는 포자를 형성하는데, 박테리아의 포자와 달리 내열성이 약해 습윤 살균 시 60℃에서 쉽게 사멸함.
- 하지만 효모는 수분활성도에 대한 내성이 강하여 베이컨이나 발효 소시지같이 수분활성도가 낮은 육제품의 부패를 일으킴.
- 또한 효모는 박테리아보다 증식 속도가 느리기에 보존 기간이 짧은 신선육의 부패보다는 보존 기간이 긴 육제품에서 부패를 일으키는 경우가 많음.

3) 곰팡이(Fungi)

- 곰팡이는 출아법으로 생식을 하는 효모를 제외한 진균류 중에서도 보통 본체가 실처럼 가늘고 긴 모양의 균사로 되어 있는 균을 일컬음.
- 곰팡이는 언제나 사상의 영양세포인 균사(Hyphae)가 분지 되고 집합하여 영양기관인 균사체(Mycelium)를 만들고, 그 위에 포자로 착색하는 생식기관인 자실체(Fruiting body)를 만듦.
- 곰팡이는 식육의 빙결점 이하의 낮은 온도에서도 증식이 가능하며, 산소가 있어야 증식할 수 있기 때문에 대부분 육의 표면에서만 성장이 가능함.
- 곰팡이는 수분활성도에 대해 내성이 강하고, 냉동온도에서도 성장할 수 있기 때문에 장기간 저장된 동결육의 부패와 관련이 있음.
- 이런 부패와 관련된 곰팡이 종류에는 *Aspergillus, Penicillium* 등이 있음.

미생물의 성장

1. 미생물 성장 곡선

- 미생물은 일정한 조건 아래서 증식하게 되는데, 이것을 미생물 성장 곡선(Growth curve), 혹은 증식 곡선이라고 부름.
- 미생물의 증식 과정을 살펴보면, 증식 초기에는 거의 증식이 이루어지지 않는데, 이를 유도기(Lag phase)라고 함.
- 그 후 급격히 미생물의 증식이 일어나는데, 이를 대수기(Log phase, Exponential phase)라고 함.
- 그 다음으로 활발한 증식이 끝나 후 미생물의 수가 더 이상 늘어나지 않고 유지되는데, 이를 정체기(Stationary phase)라고 함.
- 끝으로 미생물 수가 점차 감소되는데, 이를 사멸기(Death phase, Logarithmic decline phase)라고 함.
- 미생물이 최초로 식육에 오염되면 새로운 환경에 적응하기 위한 시간이 필요한데, 이로 인해 성장이 부진하게 됨.
- 따라서 유도기의 기간은 식육의 기질과 환경, 조건에 따라 변화하게 됨.
- 미생물이 기질에 적응하고, 유도기를 지나게 되면 세포분열을 통해 급격히 증식하는 대수기가 시작됨.
- 대수기에서의 미생물 증식 속도는 미생물의 종류, 미생물의 성장에 영향을 미치는 온도,

pH 등의 환경조건에 의해 결정됨.

- 대수기를 지난 후 미생물의 수가 더 이상 늘어나지 않는 정체기에 접어들게 되는데, 이 과정은 완만히 이루어짐.

- 미생물의 증식률의 결정적인 요인은 기질에 영양성분의 농도인데, 이로 인해 정체기의 기간이 결정됨.

- 이후 영양성분이 떨어지고, 미생물들이 분비하는 물질들로 인해 세포분열이 억제되어 미생물들이 감소하는 사멸기가 시작됨.

- *Lactobacilli*나 *E. coli* 등은 산을 생성하고, 효모 등은 알코올(Alcohol)을 생성하는데, 이러한 물질들의 축적들로 인해 미생물의 성장이 억제되어 시간이 지나면서 미생물들이 서서히 사멸되어 감.

- 미생물의 증식은 기하급수적으로 이루어지기 때문에 미생물의 생장조건이 좋으면 폭발적인 증식이 이루어져 식육이 쉽게 부패됨.

- 식육의 부패는 대수기 말기에 시작된다고 할 수 있는데, 이때의 세균 수는 약 10^7/g이며, 점액질이 생성되며 이취가 발생함.

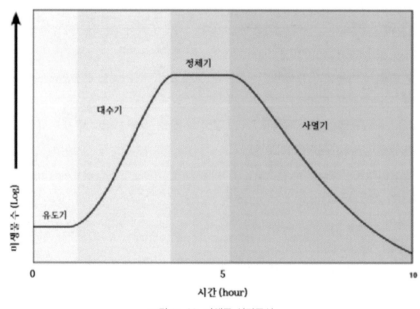

그림 11-23. 미생물 성장곡선

2. 미생물 성장에 영향을 미치는 요인

1) 영양소
- 식육은 미생물이 성장하는 데 있어 필요한 거의 모든 영양소를 충분히 함유하고 있기 때문에 미생물이 성장하기에는 최적의 조건이라고 할 수 있음.

2) 온도
- 앞에서 살펴본 바와 같이 미생물은 고온균(Thermophilic), 중온균(Mesophilic), 저온균(Psychrophilic)으로 구분되는데, 육에 있어 대부분의 식중독균은 중온균이며, 부패균은 저온균인데, 특히 식육 부패의 주요 미생물인 *Pseudomonas*는 저온에 내성이 강한 대표적인 저온균임.

3) 수분활성도(Activity Water, AW)
- 식육의 수분활성도란 같은 온도에서 순수한 물의 증기압에 대한 식육 내 존재하는 수분의 증기압 비율을 뜻함.
- 실제 미생물들이 이용하는 유용 수분은 수분활성도(AW)로 표시함.
- 수분은 미생물이 성장하는 데 있어 필수적인 요소이며, 미생물마다 생장에 있어서 최적의 수분 함량이 다르게 작용됨.
- 식육 내 수분은 유리수, 결합수, 고정수로 분류되는데, 미생물이 이용하는 수분은 유리수임.
- 탈수를 통해 유리수를 제거하면 식육 내 용질의 농도가 높아지게 되고, 수분활성도가 낮아지므로 미생물의 성장은 억제됨.
- 다른 방법으로는 식육 내에 염을 첨가하여 용질의 농도를 높여 저장성을 길게 할 수 있음.

표 11-14. 성장 가능한 최소 수분활성도

성장 가능한 최소 수분활성도	
미생물 분류	최소 수분활성도
Gram 음성 세균	0.97
Gram 양성 세균	0.90
효모	0.88
곰팡이	0.80
호염성 세균	0.75
호건성 곰팡이	0.61
호압 효모	0.60

표 11-15. 성장 가능한 최소 수분활성도

성장 가능한 최소 수분활성도	
미생물 분류	최소 수분활성도
Clostridium botulinum *Bacillus cereus* *Pseudomonas aeroginosa* *Salmonella spp*	0.95
Staphylococcus aureus (혐기성) *Candida spp*	0.90
Staphylococcus aureus (호기성)	0.86
Penicillium spp	0.82
부패 효모	0.88
부패 곰팡이	0.80
호압 효모	0.70

4) 수소이온농도(pH)

- 미생물은 각각 생장에 필요한 최적의 pH 범위가 있으며, 이 최적의 pH 범위를 만족하지 못하면 각각의 미생물의 증식이 억제됨.
- 일반적으로 대부분의 미생물은 중성 pH인 7.0 부근에서 가장 잘 생장하며, 이보다 낮은 pH 5.0 부근에서는 성장이 억제되지만, 일부 세균 및 효모와 같은 경우에는 pH 5.0 부근에서도 잘 성장함.
- 곰팡이는 pH 3.0에서도 증식하며, 몇몇 종은 pH 2.0에서도 성장하는 것도 있음.
- 미생물 중에서는 곰팡이가 가장 넓은 pH의 범위에서 생장이 가능하며, 그다음으로는 유산균, 효모, 포도상구균 등이 있음.
- 이로 인해 식육에 있어서 적정 pH로 갖는 미생물들과 관련하여 문제를 일으키게 됨.
- 그 예로 먼저 돈육에 있어 PSE육은 pH가 낮아 미생물의 성장이 상대적으로 억제되지만, 이와는 반대로 DFD육의 경우 pH가 높기 때문에 미생물의 증식 촉진으로 인해 상대적으로 빨리 부패됨.

5) 산소

- 미생물은 산소가 있어야 생장하는 호기성균(Aerobic), 산소가 있어도 살고 없어도 생장하는 통성혐기성균(Facultative anaerobic), 산소 없이 생장하는 혐기성균(Anaerobic) 등으로 구분됨.
- 곰팡이나 효모는 산소가 있는 상태에서 더 잘 자라며, 주요 부패균인

*Pseudomonas*도 호기성균임.

- 식중독균 중에는 산소가 있으면 살지 못하는 절대적 혐기성균이 많으며, 유산균은 대표 적인 혐기성균이기 때문에 진공 포장육에도 많이 존재함.

6) 산화환원전위

- 생물학적으로 산소 농도에 따라 호기성균이나 혐기성균은 구분하기 어려움.
- 그 이유는 산화 또는 환원은 단지 산소의 이동뿐만 아니라 수소 원자의 이동으로도 설명 될 수 있는데, 이처럼 어떤 호기성균은 산소 분자가 존재하지 않지만 수소 수용체가 있 으면 생장이 가능하고, 반대로 어떤 혐기성균은 전위를 충분히 내리면 산소 분자가 존재 하여도 생장이 가능하기 때문임.
- 미생물은 산소의 정도에 따라 4가지로 구분할 수 있음.

식육의 부패

1. 미생물에 의한 식육의 부패 기작

- 식육의 부패는 식육에서 미생물이 생장하면서 일어나게 됨.
- 미생물은 성장을 위해 영양분을 섭취해야 하는데, 이 과정을 보면 처음부터 고기 자체를 섭취하는 것이 아니고, 우선 효소 분비를 통해 고기를 보다 작은 조각으로 분해한 다음 영 양분으로 섭취하게 됨.
- 식육 내에서 미생물이 가장 쉽게 이용하는 영양분은 탄수화물이고, 그다음으로 단백질, 지방 순임.

1) 탄수화물의 부패

- 탄수화물은 식육 내에서 주로 글리코겐(Glycogen) 형태로 존재하며, 주로 다당류로 분 해되어 흡수됨.
- 이것은 다시 미생물의 체내 효소에 의해 분해되어 CO_2나 산으로 분해됨.

2) 단백질의 부패

- 식육에서 수분을 제외하면 주로 단백질로 구성되어 있는데, 단백질은 먼저 펩타이드 (Peptide)로 분해되고, 다시 아미노산으로 분해됨.

- 아미노산은 다시 일부는 직접 미생물이 이용하거나, 일부는 다시 여러 가지 기체나 지방산 또는 알코올 등으로 분해됨.
- 이때, 암모니아나 아황산가스 또는 CO_2 등의 가스가 식육에 녹아 액체 상태로 되면, 점액이 형성되는데 이는 부패취를 발생시키는 원인이 됨.
- 단백질을 분해하는 대표적인 미생물로는 *Enterobacter, Pseudomonas, Clostridium, Bacillus* 등이 있음.

3) 지방의 부패
- 식육 내 지방은 가수분해에 의해 글리세린(Glycerin)과 지방산으로 분해되는데, 계속해서 미생물에 의해 체내에서 분해됨.
- 지방은 주로 리파아제(Lipase)라는 효소에 의해 분해되고, 이런 효소를 분비해서 지방을 분해하는 대표적인 미생물은 *Pseudomonas, Proteus, Micrococcus* 등이 있음.

2. 신선육의 부패
- 식육에 오염되어 부패를 야기하는 박테리아는 주로 그람 음성(Gram negative)으로, 부패 원인균 중에서 *Pseudomonas*가 대부분을 차지하고 있으며, *Acinetobacter, Aeromonas, Alcaligenes, Flavobacterium, Moraxella, Enterobacteriaceae* 등이 있음.
- 신선육의 처리 보존 시 가장 중요한 것은 냉장실의 상대습도와 송풍 속도임.
- 식육 표면을 어느 정도 건조시켜야 미생물 생장을 줄일 수 있고, 너무 낮은 상대습도와 빠른 송풍 속도는 오히려 도체중의 감량을 유발하게 되어 많은 경제적 손실을 가져올 수 있으므로 주의해야 함.

3. 도축 시 도체의 오염
- 일반적으로 도체는 도살 공정부터 오염은 시작된다고 볼 수 있음.
- 방혈, 박피, 분할 과정에서 발생하는 오염원은 가축의 표피에 묻어 있는 분변이나 장 내용물이 될 수 있음.
- 초기 오염 수준을 낮추기 위해서는 도축 전 수세와 절식, 그리고 도축 후 도체의 수세와 빠른 냉장이 필수적임.
- 도살 방법에 따라서 도체의 미생물 오염 정도와 오염 미생물의 종류는 크게 영향을 받지 않으며, 주로 도살 후 처리 방법에 크게 영향을 받음.
- 가축의 피부, 가죽, 털, 발굽, 내장 등은 오염의 가능성이 크며, 소의 경우 가죽과 도체를

세척하는 물이 식육 부패의 원인이 되는 저온성 미생물들(*Acinetobacters, Pseudomonas, Moraxellas* 등)의 오염원이 될 수 있음.

- 도살 과정에서는 주로 방혈 시 도살 도구(자도)로부터 혈액에 침투된 박테리아가 혈액순환에 의해 조직으로 퍼져서 도체의 심부가 미생물에 오염될 수 있음.

- 피부에서는 주위 환경, 계류, 가축들 간의 접촉에 의해 미생물이 유래될 수 있고, 장 내용물에는 병원성 박테리아가 존재함. 최대한 도살 전에 배설물을 제거하여 미생물 수를 감소시킨 다음 도축장으로 이동시키는 것이 오염을 줄일 수 있는 한 방법이 됨.

- 도축장에서는 가죽과 내장이 미생물의 주 오염원이므로 보다 주의 깊게 다루어야 하며, 도축장에서도 배설물에서 유래된 미생물에 의해서도 오염이 될 수 있으므로 세심한 주의가 필요함.

- 도축과정이 끝난 지육, 박피한 가죽, 가공장의 바닥이나 벽에 식육의 주요 부패균인 저온성 미생물들이 존재하므로 이 또한 취급에 유의해야 함.

4. 지육, 정육의 부패

- 식육은 발골 작업 시 작업자의 손, 도구, 작업대를 통해 미생물에 오염될 수 있는데, 발골 작업 시에는 호냉성균보다 중온성균의 오염이 쉽게 이루어짐.

- 따라서 작업자, 도구, 작업대, 바닥, 벽 등의 위생이 종합적으로 이루어져야 하는데, 특히 작업자를 위한 수세 시설(수도 공급, 세제, 건조 시설 등)이 식육을 취급하는 모든 공정에서 기본적으로 마련되어야 함.

- 작업자는 청결한 손과 발톱의 유지, 위생복, 위생모, 마스크의 착용은 필수적이며, 반지, 목걸이와 같은 보석 착용, 매니큐어 등을 금지하는 것이 바람직함.

- 식육의 냉장저장은 미생물에 의한 식육의 부패를 지연시킬 수는 있지만 미생물의 증식을 막지는 못함.

- 냉장저장이 식육 저장 기간의 연장 수단은 될 수 있으나 절대적인 방법은 아니며, 저장 초기의 미생물 수가 식육의 저장 기간을 좌우하는 것이기 때문에 이를 중요시하여 미생물 오염원을 최대한 감소시키는 것이 중요함.

- 냉장은 일정하게 저온을 유지하고 습도는 너무 높지 않도록 하며, 가능한 한 빠른 시간 내에 지육을 냉각시키는 것이 중온성 미생물들의 성장을 억제하는 좋은 방법이 될 수 있음.

- 식육의 온도가 4℃ 이상일 때 중온성 미생물의 성장이 가능하기에 지육을 발골, 해체하여 유통하는 전 과정에서 냉장상태를 유지하는 것이 중요함.

- 냉장 중 식육에 쉽게 증식하여 부패를 일으키는 것은 *Pseudomonas*를 비롯한 많은 저온성

미생물들, 특히 호기성 박테리아와 곰팡이, 효모 등임.

- *Pseudomonas*는 대표적인 저온성 박테리아로 저온에서 발육이 잘 되며, 식육 내에서 시큼한 이취를 발생시키고 육색도 변화시켜 식육의 품질을 저하시킴. 미생물은 냉동 저장 시 약 -20℃ 이하의 온도에서 증식은 멈추지만 사멸되지는 않음.
- 그러나 쇠고기에 주로 존재하는 기생충인 Trichinella는 -10℃에서 10일 정도면 사멸되기도 함.
- 냉동 전에는 그람 양성균이 25%를 차지하고, 그람 음성균이 75% 정도이지만, 해동 후에는 반대로 그람 양성균이 75%, 그람 음성균이 25% 정도로 그 비율이 변함.
- 이러한 이유는 *E. Coli* 같은 그람 음성균은 냉동 온도에 비교적 민감하여 사멸되기 쉽지만 *Streptococcus* 같은 그람 양성균은 냉동 온도에서 사멸되기 어렵기 때문임.
- 식육을 해동하여 소비하고 남은 식육을 다시 냉동하여 보관하였다가 또 소비하는 것은 매우 바람직하지 못함.
- 미생물은 일정한 조건하에서 급속히 성장하는데, 만약 이 중에서 식중독균 같은 병원성균이 증식하게 될 경우 사람에게 매우 치명적이기 때문임.
- 사람들은 식육의 변패를 이취나 육색 등의 변화로 구분하지만, 눈에 보이지 않는 미생물들이 많이 존재하며 인간에게 질병을 일으킬 수 있음.
- 이러한 균들은 꼭 식육의 부패 단계에서만 존재하는 것은 아님.
- 식육을 진공포장 해서 보관할 경우에도 혐기성 미생물들은 성장할 수 있기 때문에 진공 포장육이라 할지라도 일정 시간이 지나면 부패될 수 있음.

5. 육제품의 부패

- 육제품의 부패에 관여하는 미생물의 오염은 크게 1차 오염과 2차 오염으로 나눌 수 있음.
- 1차 오염은 원료육이나 부재료로 인한 오염을 말하고, 2차 오염은 육제품의 포장이나 취급 시 발생하는 오염을 말함.
- 원료육의 오염 정도는 육제품의 보존 기간(Shelf life)을 결정하게 되며, 제조공정 중 첨가되는 향신료, 대두단백질, 전분 등에 오염되어 있는 미생물도 저장 기간에 중요한 영향을 줌.
- 천연 향신료의 경우에는 미생물의 오염도가 높기에 주의를 기울여야 함.
- 가열 처리된 육제품은 미생물이 증식하기에 알맞은 영양배지가 되기 때문에 역시 초기 오염 미생물을 줄이는 것이 중요함.
- 1차 오염에 관계되는 미생물들은 대부분 포자 상태로 존재하고 있기 때문에 가열처리 후에도 살아남아 발아하여 증식할 수 있음.

- 2차 오염은 육제품 취급자의 손, 의복 또는 포장지 등에 의한 오염으로 발생되는데, 이로 인해 육제품이 부패될 수 있음.
- 일반적으로 육제품은 진공포장을 실시하기 때문에 호기성균보다 젖산균과 같은 혐기성균에 의해 주로 부패가 이루어지는 경우가 많은데, 보통 이러한 공정은 약 10℃ 정도의 낮은 온도에서 이루어지기 때문에 주로 저온성균에 의한 부패가 발생함.

병원성 미생물과 식중독

1. 식중독의 분류

- 식중독이란 음식물의 섭취를 통해 인체에 들어간 미생물이나 여러 가지 유독 물질에 의해 발생되는 질병을 말함.
- 식중독은 주로 겨울보다 여름에 발생률이 높은데, 그 이유는 대부분의 식중독균이 30℃ 정도의 높은 온도에서 잘 성장하기 때문임.
- 일반적으로 병원성 또는 식중독 미생물들은 체온 근처의 온도 37℃에서 가장 잘 자람.
- 식중독은 그 원인에 따라 크게 세균성 식중독과 화학적 식중독으로 구분됨.

표 11-16. 식중독의 분류

대분류	중분류	소분류	원인균 및 물질
미생물	세균성	감염형	살모넬라, 장염비브리오균, 병원성 대장균, 캠필로박터, 여시니아, 리스테리아 모노사이토제네스, 클로스트리디움 퍼프린제스, 바실루스 세레우스
		독소형	황색포도상구균, 클로스트리디움 보툴리눔 등
	바이러스성	공기, 접촉, 물 등의 경로로 전염	노로바이러스, 로타바이러스, 아스트로바이러스, 장관아데노바이러스, 간염 A 바이러스, 간염 E 바이러스 등
화학물질	자연독	동물성 자연독에 의한 중독	복어독, 시가테라독
		식물성 자연독에 의한 중독	감자독, 버섯독
		곰팡이 독소에 의한 중독	황변미독, 맥각독, 아플라톡신 등
	화학적	고의 또는 오용으로 첨가되는 유해물질	식품첨가물
		본의 아니게 잔류, 혼입되는 유해물질	잔류농약, 유해성 금속화합물
		제조, 가공, 저장 중에 생성되는 유해물질	지질의 산화생성물, 니트로소아민
		기타 물질에 의한 중독	메탄올 등
		조리기구, 포장에 의한 중독	녹청(구리), 납, 비소 등

2. 세균성 식중독

- 세균성 식중독은 크게 감염형 식중독과 독소형 식중독으로 나눌 수 있음.
- 감염형 식중독은 식품과 함께 섭취된 병원균이 인체 내에서 증식하거나 또는 이미 균이 증식된 식품을 섭취하여 질병이 발생하는 경우를 말함.
- 감염형 식중독의 대표적인 균으로는 대장균, 살모넬라, 비브리오 등이 있음.
- 독소형 식중독은 식품에서 균이 증식하여 생산된 독소가 포함된 식품을 섭취하여 인체 내에서 발생되는 경우를 말하며, 대표적인 균으로는 포도상구균이나 바츌라이너스 등이 있음.
- 그 이유는 식중독 미생물이 많이 증식되어도 식육의 외관, 냄새, 맛 등에는 영향을 미치지 않으며, 부패미생물은 식중독을 야기하지 않기 때문에 식육에 있어 식중독 균의 오염 여부를 육안으로만 판단하는 것은 어려움.

1) 감염형 식중독

- 신선육에서 주로 발견되는 병원성 미생물은 *Salmonella, Clostridium perfringens, Clostridium botulinum, Staphylococcus aureus*가 있는데, 이 중에서 살모넬라에 의한 식육의 오염이 가장 빈번하게 발생함.
- *Salmonella*는 사람을 포함해서 다양한 동물들의 내장에서 주로 발견되는데, 도축 과정에서 내장을 적출할 때나 감염된 림프선과의 접촉으로 오염될 수 있음. 또한 가공 처리 과정에서 가공자의 손이나 옷에 의해 식육으로 옮겨져 오염이 발생될 수도 있음.
- *Clostridium perfringens*는 자연에 널리 존재하지만, 일반적으로 사람과 동물의 장에 서식함. 그러나 때때로 흙이나 공기, 식육을 담은 접시나 식육을 처리하는 작업장에서 발견되기도 함.
- *Clostridium botulinum*은 혐기성균으로 신선육에서는 큰 문제가 되지 않지만, 만약 오염된다면 다른 병원성 미생물들보다 활성이 좋고, 치명적이기 때문에 더욱 심각한 문제를 야기할 수 있음. 따라서 진공 포장육의 경우 이 병원균에 대한 세심한 주의가 필요함.
- *Staphylococcus aureus*는 주로 피부와 코에 존재하여 항상 이 두 곳으로부터 감염이 시작됨. 하지만 식육의 냉동저장 중에는 쉽게 성장하지 못함.

2) 독소형 식중독

- 독소에 의한 식중독에는 화농성균에 의한 것이 있는데, 식육 처리 과정 중에 작업자의 상처에서 자라는 화농성균이 식육에 오염되어 문제를 일으킴.
- 식중독 사고 중 많은 경우가 이 화농성균에 의해 발생되고 있기에 상처가 있을 경우에는 최대한 고기를 취급하지 않는 것이 좋음.

3) 기생충 감염

- 식육을 생식하는 경우에는 기생충에 감염될 확률이 매우 높을 뿐만 아니라 가열을 하여도 조리기구 등을 통해 기생충에 감염되는 경우도 있음.
- 식육을 통해 감염될 수 있는 대표적인 기생충은 다음과 같음.

① 무구조충: 일명 민촌충이라고도 하며 사람의 소장에 기생한다. 근육 속에 낭충의 형태로 존재하며, 감염된 쇠고기를 섭취하거나 완전히 익히지 않고 섭취하면 감염됨. 주로 쇠고기 육회 등을 먹어 감염됨.

② 유구조충: 갈고리촌충이라고도 하며, 숙주의 내장에 기생하는데, 갈고리와 빨판을 이용하여 기생함. 주로 완전히 조리되지 않은 육류와 생선을 통해 감염되며, 감염 시 장관 내에 충란을 낳아 각 장기에 운반되어 낭충으로 자라나게 됨. 특히, 뇌, 눈에 낭충이 있을 경우에는 치명적일 수 있음.

③ 선모충: 선충류라고도 하며, 돼지나 개, 쥐 등과 같은 포유동물에 기생하며 동물의 소장 점막 내에 기생함. 식육 내 자충이 낭 안에 존재하고 있다가 사람이 섭취하여 감염되며, 감염된 돼지고기를 충분히 가열하지 않고 먹었을 때 감염될 수 있음.

3. 화학적 식중독

- 화학적 식중독은 주로 화학물질의 잘못된 사용으로 발생하는데, 세균성 식중독에 비해 급성중독의 발생빈도는 적은 편임.
- 대표적인 화학적 식중독은 보존제, 색소, 향신료, 표백제 등의 화학적 식품첨가물의 법적 허용 기준을 초과한 과다 사용 또는 농약이나 쥐약 같은 유독성 물질의 사용, 사용 금지된 첨가물의 사용, 또는 다량의 중금속이나 산업용 화학물질에 의한 식품의 오염 등이 있음.
- 화학적 식중독은 만성적인 것이 대부분을 차지함.

표 11-17. 식중독의 종류와 특징

원인	잠복 기간	지속 시간
C.botulinum (독소)	12~96시간	다양
포도상구균 (독소)	0.5~8시간	6~24시간
Streptococcus (독소)	3~22시간	24~48시간
Bacillus cereus (독소)	1~16시간	12~24시간
Sallmonella (감염)	6~72시간	1~7일
E. coli O157:H7 (감염)	3~9일	2~9일
간염 A 바이러스 (감염)	15~50일	수주~수개월

원인	잠복 기간	지속 시간
선모충 (감염)	2~28일	수주
C. perfringens (감염)	8~24시간	24~48시간
Vibrio parahaemolyticus (감염)	2~48시간	2~5일
Shigella (감염)	1~7일	2일~2주
Campylobacter (감염)	2~5일	2~10일
Yersinia enterocolitica (감염)	1~2일	1~3일
Listeria monocytogenes (감염)	12시간~3주	다양

4. 식중독 및 식품 질환

- 식육과 육제품은 각종의 식중독 및 식품 질환을 일으키는 미생물에 오염되어 이로 인해 인체 식중독 및 식품 질환을 일으킬 수 있으며, 이러한 병원성 미생물의 종류는 다음과 같음.

1) Botulinum

- Botulinum은 *Clostridium botulinum* 균이 생성한 독소의 섭취로 발생하는 식중독임.
- 토양 중에서 성장하는 혐기성 박테리아이며, 포자와 가스를 생성하고, 매우 강한 독소를 가지고 있어 중추신경계에 영향을 미치고 호흡 마비를 일으킴.
- 훈연 가공된 물고기, 열처리가 불충분한 고기 통조림, 가정에서 만든 저산성(Low-acid) 채소 및 과일 통조림에서 종종 발생함.
- 열처리가 잘 된 식품은 *C. botulinum* 균의 포자 발생 빈도가 매우 낮아 육제품에서의 Botulism 식중독은 극히 드묾.
- 독소 자체는 열에 의해 쉽게 파괴되나, 박테리아는 내열성이 강하여 120℃에서 약 4분 정도의 강한 열처리가 필요함.

2) *Staphylococcus aureus*에 의한 식중독

- *Staphylococcus aureus*가 생성하는 Enterotoxin에 의하여 발생하는 것으로 이 독소는 위와 장 상피조직에 염증을 일으키지만 병발증이 없는 한 이 식중독에 의해서 사망하는 경우는 없음.
- 자연계에 널리 퍼져 있는 이 박테리아는 박테리아에 의하여 감염된 사람(곪은 상처가 있는 사람)이 식품을 취급할 때 주로 발생함.
- 이 미생물은 열에 의하여 66℃에서 약 10분 정도의 열처리에 사멸함.

3) *Clostridium perfringens*에 의한 식중독

- 혐기성이고 포자를 형성하는 *C. perfringens*가 생성하는 각종 독소에 의해 식중독을 일으
  킴. 이 박테리아는 신선육, 가공육제품을 포함한 각종 식품에 널리 존재함.
- 이 미생물에 의하여 식중독이 일어나려면 상당히 많은 수의 미생물을 섭취하여야 함.
- 육제품 중 로스트비프와 같은 가열 처리한 제품을 빨리 냉각시키지 않고 천천히 냉각시
  키거나, 급식 전까지 장시간 상온에서 방치할 때 발생하기 쉬움.
- 가열 조리된 식품은 가급적 빨리 냉각시켜야 하고, 특히 먹다 남은 음식은 적절히 냉장
  하도록 하여야 함.
- 포자의 내열성 균주에 따라 다른데 100℃ 수분에서 1~4시간 가열해야 함.

4) Salmonellosis

- Salmonellosis를 대량 섭취해서 발생하는 식품 질환으로 이 박테리아는 인체 장내에서
  성장 번식하고, Endotoxin을 생성함.
- 박테리아는 장벽을 자극하여 설사, 구토, 현기증 등의 증상을 일으킴.
- 치사율은 낮지만 유아, 노인, 환자의 경우에는 사망의 위험도 있음.
- 가축의 도살 시 도체가 장 내용물이나 배설물에 접촉되어 오염되거나 가공 과정에서 인
  체에 의하여 오염됨.
- 내열성은 높지 않아 *S. aureus*와 마찬가지로 66℃에서 약 10분 동안 가열하면 거의 사멸함.

5) 기생충에 의한 질환

- 선모충(*Trichinella spiralis*)에 의하여 감염된 돼지고기를 충분히 익히지 않고 섭취 시 발
  생함.
- 돼지고기에 존재하는 유충을 섭취하게 되면 이 유충이 인체 내장벽에 기생하게 됨.
- 유충이 성숙하여 번식하게 되면 다시 혈액 순환계통을 통해 근육조직으로 이동하게 되
  는데, 증상으로는 발열, 복통, 근육통 등이 있음.
- 선모충증(Trichinosis)을 방지하기 위해서는 돼지고기나 돼지고기가 함유된 육제품을 내
  부 온도 60℃ 이상으로 가열하거나, 냉동상태에서 일정 기간 보존하거나, 염지 또는 훈
  연을 통해 유충을 사멸시킬 수 있음.

참고문헌

강성남, 김일석, 남기창, 민병록, 이무하, 임동균, 장애라, 조철훈 (2018), 식육과학 4.0, 유한문화사.

안선정, 김은미, 이은정 (2012), 새로운 감각으로 새로 쓴 조리원리, 백산출판사.

진구복 (2017), 식육 육제품의 과학과 기술, 선진문화사.

Ju, S. T. (1998), 돼지고기 바로알자 (2)-돼지고기의 화학적 조성 및 영양가치. The Korea Swine Journal, 20(2), 172-177.

https://easylaw.go.kr/CSP/OnhunqueansInfoRetrieve.laf?onhunqnaAstSeq=88&onhunqueSeq=5045, 찾기쉬운생활법령 정보

Abdel-Wahab, M. S., Youssef, S. K., Aly, A. M., El-Fiki, S. A., El-Enany, N., & Abbas, M. T. (1992), A simple calibration of a whole-body counter for the measurement of total body potassium in humans. International journal of radiation applications and instrumentation. Part A. Applied radiation and isotopes, 43(10), 1285-1289.

Anatomy and Physiology. (2007), Saladin, Kenneth S. McGraw-Hill.

Ball, D. W., Hill, J. W., & Scott, R. J. (2011), The basics of general, organic, and biological chemistry. Open Textbook Library.

"Biochemistry" (Eighth ed.). (2015), Berg JM, Tymoczko JL, Gatto GJ, Stryer L. New York: W. H. Freeman.

"Calcium" (2017), Linus Pauling Institute, Oregon State University, Corvallis, Oregon.

Domb, A. J., Kost, J., & Wiseman, D. (Eds.). (1998), Handbook of biodegradable polymers (Vol. 7). CRC press.

EFSA Panel on Dietetic Products, Nutrition and Allergies (NDA). (2011), Scientific Opinion on the substantiation of health claims related to fructose and reduction of post-prandial glycaemic responses (ID 558) pursuant to Article 13 (1) of Regulation (EC) No 1924/2006. EFSA Journal, 9(6), 2223.

Frieden, E., & Hsieh, H. S. (1976), Ceruloplasmin: the copper transport protein with essential oxidase activity. Adv Enzymol Relat Areas Mol Biol, 44, 187-236.

Greenwood, N. N. & Earnshaw, A. (1997), Chemistry of the Elements (2nd Edn.), Oxford:Butterworth-Heinemann.

Hider, R. C., & Kong, X. (2013), Iron: effect of overload and deficiency. Interrelations between essential metal ions and human diseases, 229-294.

Klemm, D., Heublein, B., Fink, H. P., & Bohn, A. (2005), Cellulose: fascinating biopolymer and sustainable raw material. Angewandte chemie international edition, 44(22), 3358-3393.

"Magnesium in diet" (2016), MedlinePlus, U.S. National Library of Medicine, National Institutes of Health.

Mann, J., & Truswell, A. S. (Eds.). (2017), Essentials of human nutrition. Oxford University Press.

Marriott, B. P., Birt, D. F., Stalling, V. A., & Yates, A. A. (Eds.). (2020), Present Knowledge in Nutrition: Basic Nutrition and Metabolism. Academic Press.

Patel, Y., & Joseph, J. (2020), Sodium intake and heart failure. International journal of molecular sciences, 21(24), 9474.

Percival, S. S., & Harris, E. D. (1990), Copper transport from ceruloplasmin: characterization of the cellular uptake mechanism. American Journal of Physiology-Cell Physiology, 258(1), C140-C146.

The vitamins: fundamental aspects in nutrition and health. (2007), San Diego: Elsevier Academic Press. pp. 320–324.

Vašák, M., & Schnabl, J. (2016), Sodium and potassium ions in proteins and enzyme catalysis. In The Alkali Metal Ions: Their Role for Life (pp. 259-290). Springer, Cham.

Watanabe, F., & Bito, T. (2018), Vitamin B12 sources and microbial interaction. Experimental Biology and Medicine, 243(2), 148-158.

West AA, Caudill MA, Bailey LB (2020), "Folate." In BP Marriott, DF Birt, VA Stallings, AA Yates (eds.). Present Knowledge in Nutrition, Eleventh Edition. London, United Kingdom: Academic Press.

Westhoff, G. M., Kuster, B. F., Heslinga, M. C., Pluim, H., & Verhage, M. (2000), Lactose and derivatives. Ullmann's encyclopedia of industrial chemistry, 1-9.

Wu, T., Liu, G. J., Li, P., & Clar, C. (2002), Iodised salt for preventing iodine deficiency disorders. Cochrane Database of Systematic Reviews, (3).

Yamada, K. (2013), Cobalt: its role in health and disease. Interrelations between essential metal ions and human diseases, 295-320.

Zimmermann, M. B., Connolly, K., Bozo, M., Bridson, J., Rohner, F., & Grimci, L. (2006), Iodine supplementation improves cognition in iodine-deficient schoolchildren in Albania: a randomized, controlled, double-blind study. The American journal of clinical nutrition, 83(1), 108-114.

그림 11-1. 소의 도축과정. http://fssmall.co.kr/farmstory2/company/lcp.php. 팜스토리.

그림 11-2. 상피조직의 종류. https://ko.wikipedia.org/wiki/%EC%83%81%ED%94%BC_%EC%A1%B0%EC%A7%81. 위키백과.

그림 11-3. 세 종류의 뉴런과 근육과 연결된 뉴런. Cram. The free dictionary.

그림 11-4. 주요 근육의 분류와 구조. Human anatomy library.

그림 11-5. 골격근의 구성과 구조. Pinterest.

그림 11-6. 근육의 미세구조. Poultryhub.

그림 11-7. 근육 수축 전/후 비교. Richfield. D. (2014), Medical gallery of david richfield 2014. *WikiJournal of Medicine. 1*(2). 1-3.

그림 11-8. 근원섬유의 구조. Pearson Education. (2011).

그림 11-9. 사후강직 후 숙성 중 발생하는 근섬유의 소편화 과정. 안선정 (2012).

그림 11-10. 등지방두께 측정. 쇠고기 등급기준 개정 배경과 주요 내용, 축산물품질평가원 연구개발처. 정연복 (2020).

그림 11-11. 배최장근단면적 측정. 쇠고기 등급기준 개정 배경과 주요 내용, 축산물품질평가원 연구개발처. 정연복 (2020).

그림 11-12. 근내지방도 등급판정 기준. 쇠고기 등급기준 개정 배경과 주요 내용, 축산물품질평가원 연구개발처. 정연복 (2020).

그림 11-13. 육색 등급판정 기준. 쇠고기 등급기준 개정 배경과 주요 내용, 축산물품질평가원 연구개발처. 정연복 (2020).

그림 11 14. 지방색 등급판정 기준. 쇠고기 등급기준 개정 배경과 주요 내용, 축산물품질평가원 연구개발처. 정연복 (2020).

그림 11-15. 성숙도 등급판정 기준. 쇠고기 등급기준 개정 배경과 주요 내용, 축산물품질평가원 연구개발처. 정연복 (2020).

그림 11-16. 정상육, PSE육 및 DFD육의 외관 비교. https://m.dongascience.com/news.php?idx=34298. 동아사이언스

그림 11-17. 마이오글로빈의 헴(heme) 구조. 위키피디아. Meat science.

그림 11-18. 마이오글로빈의 화학적 상태에 따른 육색의 변화. https://bohatala.com/chemical-and-physical-properties-of-meat/. BohatALA.

그림 11-19. 결합수, 고정수 및 유리수의 형태. Principles of meat science.

그림 11-20. 고기에서 보수력과 pH의 관계. Principles of meat science.

그림 11-21. 그람 염색법. CMS Education.

그림 11-22. 온도에 따른 미생물 성장. Pearson Education. (2004).

그림 11-23. 미생물 생장곡선. Pearson Education. (2004).

표 11-1. 활동 전위의 발생. https://m.blog.naver.com/PostView.naver?isHttpsRedirect=true&blogId=msnayana&log No=80184190063. 활동전위, 신경전위 action potential.

표 11-2. 근수축 과정. 천재학습백과.

https://m.blog.naver.com/PostView.naver?isHttpsRedirect=true&blogId=sanchna&logNo=221666766253.

https://www.jdimesmedivisual.com/physical-life-sciences/. Msnayana.

https://m.blog.naver.com/PostView.naver?isHttpsRedirect=true&blogId=jjj_1&logNo=221309584263.

https://blog.naver.com/PostView.naver?blogId=msnayana&logNo=80122448213&parentCategoryNo=&categoryNo=79&viewDate=&isShowPopularPosts=true&from=search

https://www.researchgate.net/figure/Scheme-of-the-troponin-complex-of-the-thin-filament-and-the-effect-of-Ca-2-ion-12_fig8_301895506.

https://m.blog.naver.com/PostView.naver?isHttpsRedirect=true&blogId=smile_fit&logNo=221442761342.

https://m.blog.naver.com/PostView.naver?isHttpsRedirect=true&blogId=eric0606&logNo=40193539845.

https://m.cafe.daum.net/panicbird/OU7w/141?listURI=%2Fpanicbird%2FOU7w%3FboardType%3D.

https://courses.lumenlearning.com/suny-ap1/chapter/muscle-fiber-contraction-and-relaxation/.

표 11-3. 고기별 사후강직 시간. Principles of meat science.

표 11-4. 육류의 사후경직과 숙성 시간. 안선정 (2012).

표 11-6. 육량등급 판정기준[단, 젖소는 육우 암소 기준을 적용]. 농림축산식품부 (2020), 축산물 등급판정 세부기준.

표 11-7. 근내지방도 등급판정 기준. 농림축산식품부 (2020), 축산물 등급판정 세부기준.

표 11-8. 육색 등급판정 기준. 농림축산식품부 (2020), 축산물 등급판정 세부기준.

표 11-9. 지방색 등급판정 기준. 농림축산식품부 (2020), 축산물 등급판정 세부기준.

표 11-10. 조직감 등급판정 기준. 농림축산식품부 (2020), 축산물 등급판정 세부기준.

표 11-12. 계류시간별 PSE 돈육 발생률(%). 대한한돈협회.

표 11-13. 식육 미생물의 분류.

https://research.caluniv.ac.in/publication/bioremediation-of-chromium-by-novel-strains-enterobacter.

https://www.foodsafetynews.com/2018/05/tiger-brands-recall-was-costly-for-company-but-effective-for-country/.

https://fr.wikipedia.org/wiki/Guide_phylog%C3%A9n%C3%A9tique_illustr%C3%A9_du_monde_unicellulaire.

https://ko.wikipedia.org/wiki/%EB%B3%91%EC%9B%90%EC%B2%B4.

https://ko.wikipedia.org/wiki/%EC%9E%A5%EB%82%B4%EC%84%B8%EA%B7%A0%EA%B3%BC.

https://en.wikipedia.org/wiki/Proteus_mirabilis.

https://pixels.com/featured/erwinia-carotovora-scimat.html.

https://healthjade.net/serratia-marcescens/.

https://trassae95.com/all/news/2019/06/28/v-vodoemah-odesskoj-oblasti-obnaruzheny-holernye-vibriony-53868.html.

https://fineartamerica.com/featured/1-aeromonas-hydrophila-dennis-kunkel-microscopyscience-photo-library.html.

https://fineartamerica.com/featured/pseudomonas-fluorescens-bacteria-dennis-kunkel-microscopyscience-photo-library.html.

https://journals.plos.org/plosone/article?id=10.1371/journal.pone.0162172.

http://bioip.co.kr/bio_rsc/20.

https://fineartamerica.com/featured/branhamella-moraxella-catarrhalis-eye-of-science.html.

https://sfamjournals.onlinelibrary.wiley.com/doi/full/10.1111/jam.13537.

https://microbiomology.org/microbe/flavobacterium/.

https://ko.thpanorama.com/articles/biologa/micrococcus-luteus-caractersticas-taxonoma-morfologa-enfermedades.html.

https://ko.wikipedia.org/wiki/%ED%99%A9%EC%83%89%ED%8F%AC%EB%8F%84%EC%83%81%EA%B5%AC%EA%B7%A0.

https://www.imperial.ac.uk/news/166651/scientists-find-variant-streptococcal-bacteria-causing/.

https://genome.jgi.doe.gov/portal/leume/leume.home.html.

https://www.alamy.com/microscopic-x-ray-view-of-clostridium-perfringens-bacteria-image431667420.html.

https://ko.wikipedia.org/wiki/%EC%84%B8%EA%B7%A0. https://twitter.com/rki_de/status/1352285574560886784.

https://www.qb-labs.com/blog/2020/10/13/lactobacillus-101.

https://www.vitascientific.com/news/article/corynebacterium-accolens-chaotic-good-or-chaotic-evil?cpath=22.

표 11-14. 성장 가능한 최소 수분활성도. https://ko.nuturi.wikia.com. 식품영양위키.

표 11-15. 성장 가능한 최소 수분활성도. https://slideshare.net. slideshate.

표 11-16. 식중독의 분류. https://www.kfda.go.kr. 식품의약안전처.

표 11-17. 식중독의 종류와 특징. 진상근 (2016), 실용육가공학.

동 물 생 명 공 학

제12장

동물세포 및 발생공학

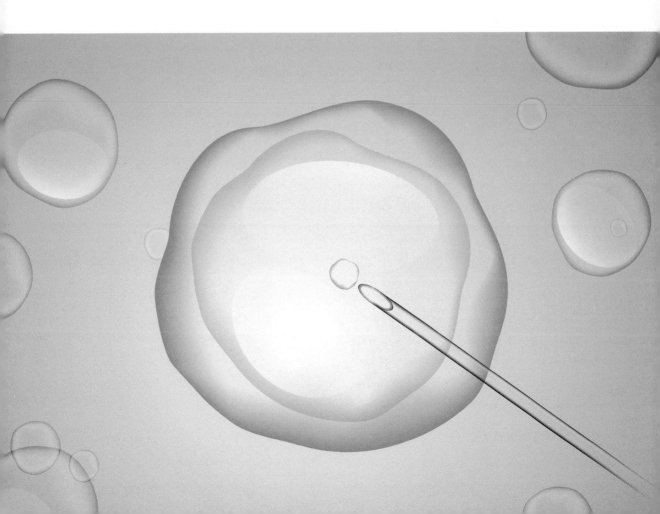

줄기세포 기술

줄기세포 기술의 활용

- 줄기세포는 손상된 세포·조직의 재생에 기반이 되는 원시세포로, 이를 통해 형성된 새로운 세포는 노화되거나 병든 세포를 대체할 수 있음. 이러한 이유로 인간 질병치료에 있어 줄기세포는 기존 질병치료법을 넘어 근본적인 세포치료 가능성을 제시하며 생명공학 및 재생의학에 새로운 패러다임으로 부각되고 있음.
- 오늘날 줄기세포는 인간의 질병치료 목적을 넘어 산업동물 및 반려동물에서 형질전환동물 생산, 멸종위기 동물 보존, 영양 및 면역연구, 질병치료, 신약개발 등 동물자원 이용 및 동물의약품시장의 극대화를 추진할 수 있는 효율적인 세포자원임.
- 제12장에서는 줄기세포의 소개와 인간 및 동물에서의 줄기세포 활용에 관한 최신 동향을 개괄하되, 인간의 경우 이미 많은 평론에서 개괄된 바 있으므로 동물에 초점을 두고자 함.

줄기세포

1. 정의 및 특성
- 줄기세포란 다양한 종류의 세포를 생산할 수 있는 능력을 지닌 미분화상태의 세포를 통칭함.
- 줄기세포는 미분화상태를 유지하며 자가 재생산(self-renew)을 통해 일정한 수를 유지하고, 필요시 특정 환경에서 다양한 세포로 분화(differentiation)할 수 있는 특징을 지님.
- 하나의 줄기세포가 반드시 모든 세포로 분화할 수 있는 능력을 보유하는 것은 아니며, 분화되는 세포의 능력이 높은 순으로 전능성(totipotent, 전형성능), 만능성(pluripotent, 전분화능), 다분화성(multipotent), 단일 분화성(unipotent)으로 분류됨.

2. 종류
- 줄기세포는 일반적으로 확립 방법 및 근원(source)에 따라 크게 생명의 시초가 되는 수정란 유래 배아줄기세포와 출생 후 개체의 각 조직에 소량으로 존재하는 성체줄기세포로 구분됨.
    ① 배아줄기세포: 개체를 구성하는 모든 세포로 분화 가능한(태반 제외) 전분화능 줄기세포.
    ② 성체줄기세포: 어느 정도 운명이 정해져 본래 자신이 있던 조직과 성격이 유사한 특정 세포로만 분화 가능한 줄기세포.

③ 유도만능줄기세포: 분화 완료된 체세포의 역분화를 통해 인위적으로 생성된 전분화
능 줄기세포.

- 배아줄기세포와 성체줄기세포는 자연적인 산물임에 반해 유도만능줄기세포는 인위
적으로 생성된 줄기세포임. 본문에서는 각 줄기세포에 대한 세부 분류 및 특징을 전분
화능 줄기세포와 성체줄기세포로 나누어 구분하고자 함.

표 12-1. 줄기세포의 특징 및 종류

분화능	분류	정의	종류
높음	전능성(Totipotent, 전형성능)	태반을 포함하여 완전한 개체형성이 가능한 능력	수정란(fertilized egg), 접합체(zygote)
	만능성(Pluripotent, 전분화능)	태반을 제외한 성체의 모든 세포로 분화할 수 있는 능력	배아줄기세포 (embryonic stem cell),
	다분화성(Multipotent)	특정 제한된 세포들로 분화하는 능력	조혈모줄기세포 (hematopoietic stem cell), 중간엽줄기세포 (mesenchymal stem cell), 신경줄기세포 (neural stem cell)
낮음	단일분화성(Unipotent)	오직 한 종류의 특정 세포로만 분화하는 능력	표피줄기세포 (epidermal stem cell), 정원줄기세포 (spermatogonial stem cell)

전분화능 줄기세포

1. 정의 및 특징

- 전분화능 줄기세포는 생체 외에서 특정 조건하에서 무제한 자가 복제가 가능하며(생체 내
에서는 일시적), 배아 발달의 내배엽·중배엽·외배엽을 구성하는 거의 모든 조직의 세포
로 분화 가능한 세포임. 따라서 재생의학에서 그 활용 가치가 높이 평가됨.

- 배아모체(embryoblast)의 내세포집단(inner cell mass)의 전분화능을 지닌 배아줄기세포로
부터 인체의 모든 조직, 장기 등 신체 구성 요소들로 분화함.

- 전분화능 줄기세포는 형태학, 분자적 특징에 따라 완전(naïve)만능성(또는 전분화능)과 준
(primed)만능성으로 구분됨.

- 1981년 영국 Martin 연구팀은 처음으로 생쥐의 착상 전 배반포(blastocyst)의 내세포집단
(inner cell mass)으로부터 회수된 배아줄기세포 배양에 성공함.

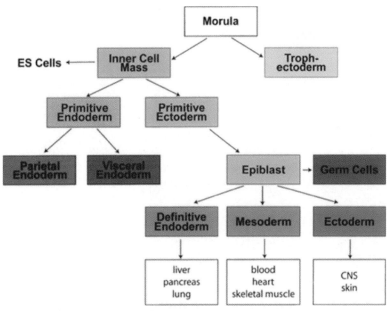

Gordon Keller Genes Dev. 2005;19:1129-1155

그림 12-1. 배아줄기세포의 발생 및 분화 모식도

- 이후 2007년 Brons 연구팀이 착상 후 배반포의 배반엽 상층으로부터 생쥐 배반엽 상층 줄기세포(Epiblast stem cell, EpiSC)를 확립하였으며, 그 특징이 내세포집단으로부터 회수된 배아줄기세포와 동일한 분화능을 보이나 세포적·분자적 특성에서 다소 차이가 있는 것으로 밝혀짐.

- 세포적·분자적 특성에서 차이점이 존재하는 이유와 분화능 제어를 위한 비교 분석연구의 수행으로, 모든 전분화능 줄기세포가 동일한 만능성을 나타내는 것이 아님이 밝혀졌고, 이러한 연구 결과를 토대로 특성에 따라 줄기세포를 완전만능성과 준만능성으로 구분하게 되었음.

- 완전만능성과 준만능성은 다양한 차이가 존재하나, 완전만능줄기세포는 후성적 특성이 완전히 제거되어 분화 자극에 보다 효율적으로 반응하여 준만능성 줄기세포보다 우수한 분화능 및 체외배양에 용이한 특성을 나타내고 있음.

- 연구를 통한 줄기세포의 복잡한 다능성에 대한 이해는 과학자들로 하여금 효율적인 세포 운명 조절을 가능하게 함.

표 12-2. 완전(naïve)만능성과 준(primed)만능성의 차이

분류	완전만능성	준만능성
세포회수단계	착상 전 배반포(blastocyst)	착상 직후의 배반엽 상층(epiblast)
콜로니 모양	위로 올라타는 돔 모양	바닥에 붙어 퍼져 있는 모양
성장 속도	빠름	비교적 느림
필수 성장인자	LIF	Activin, FGF2
배반포 키메라 형성	높음	낮음
대사	해당작용, 산화적 인산화	해당작용
종양 형성 여부	형성 가능	

2. 종류 및 활용

1) 배아암종세포(Embryonic carcinoma cell, EC cell)

- 전분화능줄기세포 분야의 시초는 1950년대로부터 시작됨.
- 1954년 Stevens와 Little은 전분화능생식세포에 의해 발생하는 암인 기형암종(teratocarcinoma)이 미분화상태의 암종세포와 삼배엽으로 분화 유도된 세포로 구성되어 있다는 것을 확인함.
- 그러나 기형암종의 생성률은 1%로 매우 낮아 연구 진행에 걸림돌이 됨.
- 이후 1964년 Kleinsmith와 Pierce는 기형암종으로부터 한 세포의 분리 및 분리된 세포의 무한 자가증식력과 전분화능 입증을 토대로, 오늘날 배아암종세포로 알려진 세포의 존재를 밝혀내었음.
- 기존의 연구를 바탕으로 1980년 영국 Martin 연구팀은 초기 생쥐 배아의 자궁 외 기관에 이식 후 형성된 기형암종으로부터 배아암종세포를 안정적으로 확립하였고, 이를 생쥐 배반포에 주입함으로써 배아암종세포의 전분화능을 확증함.
- 하지만 배아암종세포는 세포주마다 그 특성이 일관되지 않고, 종종 비정상적인 유전자 변이에 따른 여러 제한점이 많음.
- 점차적으로 배아암종세포와 배반포의 내세포집단의 유사성이 깊다는 사실이 도출되었고, 정상적인 세포인 배반포로부터의 전분화능세포주 확립의 필요성이 강조됨.

2) 배아줄기세포(embryonic stem cells, ESCs)

- 배아줄기세포는 착상 전 마지막 단계인 배반포의 내세포집단에서 유래한 전분화능 줄기세포임.

- 수정 후 인간의 배아는 배반포를 형성하며 그 내부에는 내세포집단으로 불리는 30~40개의 세포로 구성되어 있음.
- 배반포의 내세포는 착상 후 배아 발달 과정을 통해 피부, 혈액, 장기 등 태아의 몸을 구성하는 세포로 분화하여 하나의 개체로 최종 발생하게 됨.
- 이러한 발생학적 관점에 따라 배아줄기세포는 하나의 세포가 다양한 기관으로 발전할 수 있는 전분화능의 특징을 지님.
- 1981년 Martin 연구팀의 생쥐 배반포로부터 최초로 배아줄기세포 배양에 성공하였음.
- 이후 1998년 미국 Thomson 연구팀이 인간의 잉여 수정란으로부터 인간 배아줄기세포를 수립함.
- 인간 배아줄기세포는 면역추출법으로 회수된 내세포집단을 생쥐 유래 지지세포와 공배양하는 방식으로 확립되었고, 초기 배양법은 세계적으로 인간 배아줄기세포 확립을 위한 기반기술로 활용되었으나, 세포의 배양에 생쥐 유래 지지세포 및 동물유래 혈청을 포함해 실질적인 임상 적용에 한계가 존재함.
- 동물유래 성분의 사용을 극복하기 위한 지속적인 연구를 통해 2005년 Robert 연구팀이 지지세포 없이(feeder-free) 무혈청조건(serum-free)의 인간 줄기세포배양법을 개발함.
- 이와 같은 안정된 세포배양법을 통해, 인간 배아줄기세포의 연구 및 활용 분야의 발전을 위한 연구가 활발히 진행 중임.

3) 배아생식세포(embryonic germ cells, EGCs)
- 배아생식세포는 배아의 원시생식세포(primordial germ cells, PGCs)로부터 유래된 줄기세포로, 이는 성 성숙 이후 기능을 갖는 성체 생식세포의 전구체인 배아원시생식세포를 세포주화시킨 것임.
- 생쥐 배아생식세포는 1992년 최초로 세포주 배양에 성공하였으며, 이후로 소, 염소, 돼지, 양 등 다양한 포유동물에서 성공적으로 세포주가 확립됨.
- 사람 배아생식세포주는 1998년에는 존스홉킨스 대학의 Gearhart 박사 연구팀에 의해서 처음으로 확립됨.
- 배아생식세포의 특징으로는 배아줄기세포와 마찬가지로 무한한 자가 재생산능과 전분화능을 나타내므로, 키메라(chimera) 및 형질전환동물 생산을 위한 배아줄기세포의 새로운 대체원으로 주목받고 있음.
- 또한, 배양된 배아생식세포의 형태학적 특징이 배아줄기세포와 매우 유사하며, 배아줄기세포의 대표 마커인 SSEA1과 Oct4의 정상적인 발현도 관찰되는 반면, 배아줄기세

포와 달리 배아생식세포는 genome-wide demethylation, erasure of genomic imprints, reactivation of X-chromosome 측면에서 그 기반이 되는 원시생식세포의 몇몇 특징을 공유하는 차이를 나타내고 있음.

- 그럼에도 배아생식세포는 형질전환동물 생산에 있어 특정 세대에서만 형질전환이 제한 되는 배아줄기세포와 달리 생식선 변화(germline modification) 형질전환동물 생산을 통 해 다음 세대로 전달이 가능하다는 점이 가장 큰 이점으로 알려져 있음.

4) 체세포 복제 배아 줄기세포(ESCs by somatic-cell nuclear transfer)

- 배아줄기세포 및 배아생식세포는 분화능이 뛰어나고, 비교적 쉽게 대량증식이 가능하다 는 측면에서 그 가치가 높게 평가되고 있으나, 생명 발달 가능성이 있는 배아를 이용한 다는 점에서 생명윤리 문제를 피해 갈 수 없으며, 숙주 유래 세포가 아니므로 세포치료 후 면역거부반응을 야기하게 됨.

- 이처럼 배아줄기세포 및 배아생식세포의 활용에 있어 야기되는 많은 논란을 해결하기 위해 체세포 핵치환(somatic-cell nuclear transfer, SCNT)을 통한 체세포복제 배아줄기 세포 생산 관련 연구가 시행됨.

- 체세포핵치환 기술이란 핵이 제거된 난자에 분리된 체세포의 핵을 이식하여 복제하는 기술을 칭함.

- 1962년 영국 Gurdon 박사가 최초로 올챙이 장세포와 개구리 난자를 이용하여 체세포 핵치환에 성공하였으며, 이후 1997년 복제양 돌리를 시작으로 다양한 포유류의 복제동 물(clone)이 생산됨.

- 2013년 미국 오리건 건강과학대학(Oregon Health and Science University)의 Tachibana 연구팀은 세계 최초로 치료용 복제를 통한 환자 맞춤형 배아줄기세포를 확립하는 데 성 공함.

- 체세포 핵치환을 통한 연구 결과는 환자와 유전적으로 일치하는 세포주 생산을 통해 환 자 맞춤 질환 연구 및 치료에 유용한 모델로 활용될 수 있다는 점에서 매우 고무적임.

- 단, 체세포 핵치환기술을 이용하는 것이 기존 배아줄기세포 혹은 배아생식세포와 관련 된 생명윤리 및 면역거부반응 논란에서 완전히 자유로워진 것은 아니며, 일례로 세포소 기관인 미토콘드리아의 유전자가 모계유전이라는 점을 감안한다면, 이를 통해 회수된 복제 배아줄기세포가 숙주의 세포와 유전적으로 완전히 일치하는지에 대한 문제는 여 전히 해결해야 할 과제임.

- 또한, 복제를 위한 난자 수급의 문제 및 체세포 핵치환을 통해 생산된 배아를 대리모의

자궁에 착상시킨다면 인간 복제 논란을 일으킬 수 있다는 점을 바탕으로 생명윤리적인 측면에서 체세포 핵치환을 통한 연구는 철저히 관리되어야 함.

5) 유도만능줄기세포(Induced pluripotent stem cells, 역분화 줄기세포)

- 줄기세포 활용 극대화를 위해 숙주와 유전적으로 일치하는 면역거부반응으로부터 자유로운 전분화능줄기세포 확립의 필요성이 대두됨에 따라 2000년대 이후 관련 연구가 활발히 진행됨.

- 2006년 세계 최초로 일본 교토대 Yamanaka 연구팀은 체세포 핵이식만으로도 세포의 만능성이 유도된다는 것에 기초하여 배아줄기세포 내 만능성 유지에 중요한 24개의 유전자(Klf4, Oct4, cMyc, Sox2, Sox15, Ecat1, Ecat8, Stat3, Nanog, ERas, Dnmt3l, Gdf3, Dppa2, Dppa3, Dppa4, Dpp5, Fbx015, Fthl17, Sall4, Rex1, Utf1, Tcl1, b-cat, Grb2)를 후보로 선별하였고, 그중 Klf4, Oct4, cMyc, Sox2, 4개의 유전자가 전분화능 줄기세포에서 분화능 유지를 위해 필수적인 전사인자임을 밝혀내었음.

- Yamanaka 박사는 Gurdon 박사의 핵치환기술을 보다 현실적인 기술로 구현하기 위해 레트로바이러스 벡터를 이용하였고, 4가지 전사인자가 포함된 레트로바이러스 벡터를 생쥐 피부 섬유아세포(fibroblast)에 도입함으로써 마침내 체세포로부터 생쥐 만능 줄기세포 생산을 성공시켰음.

- 이를 통해 생산된 줄기세포를 유도만능줄기세포(또는 역분화줄기세포)라 명명하였으며, 2007년에는 인간 유도만능줄기세포를 성공적으로 생산함.

- 이미 분화가 완료된 세포를 미분화상태로 역분화시켜서 다시 모든 조직으로의 분화 가능성을 입증하였고, 이러한 기술은 줄기세포 연구에서 새로운 분야로서 인정받게 되었음.

- 유도만능줄기세포는 각 개체로부터 회수된 체세포를 이용하여 면역거부반응이 없고, 배아줄기세포 연구에서 비난받았던 생명윤리 문제로부터 보다 자유로워 환자 맞춤형 치료를 위한 연구 및 활용을 가능케 하는 세포로 부각됨.

- 단, 유도만능줄기세포 게놈의 불안정성에 따른 높은 빈도의 암 발생 문제 및 DNA의 돌연변이 가능성이 보고되었으며, 예상과 달리 유도만능줄기세포가 면역반응을 발생시킨다는 연구 결과에 따라, 유도만능줄기세포의 임상 적용을 위해서는 보다 면밀한 연구 및 안전성 평가의 선행이 이루어져야 함.

성체줄기세포

1. 정의 및 특징

- 성체줄기세포(adult stem cell) 또는 체세포줄기세포(somatic stem cell)는 분화된 조직 안에 분포하고 있으며 매우 소수의 세포로 구성됨.
- 자가 재생산(self-renewal), 클론생성(clonogenic), 다분화능(multipotent)의 특징을 지니며 일반 세포와는 달리 줄기세포의 특별한 환경을 형성하는 독특한 구조(niche)에서 기능을 발휘함.
- 성체줄기세포는 외부환경의 변화 혹은 조직 손상에 의한 회복에 관련된 특이적인 기전을 통해 증식 혹은 발달하게 됨.
- 성체줄기세포는 혈액, 장, 피부, 근육, 뇌, 심장, 지방, 제대혈 등 다양한 조직에서 발견되며, 이에 대한 기전 연구, 줄기세포를 활용한 세포치료제 개발 및 재생의학 분야에서 다양한 연구가 수행되고 있음.

2. 종류 및 활용

1) 조혈모세포

- 주로 성인의 골수 내에 존재하는 조혈모세포(hematopoietic stem cell)는 줄기세포의 공통적인 특성인 자가 재생산(self-renewal)과 분화능을 지님.
- 이는 다능전구세포 및 수임전구세포로의 분화단계를 통해 최종적으로 B세포, T세포, 과립구, 단핵구와 같은 혈액 성분 세포를 형성하게 됨.
- 동물의 혈액을 생산할 수 있는 조혈모세포는 인공혈액 생산을 위한 세포로의 활용 가능성으로, 혈액제제 및 세포 유전자 치료제의 개발을 위한 산업적 이용이 가능함.
- 현재는 제대혈에서 조혈모세포를 회수하여 적혈구를 생산하는 기술은 회수율이 제한적임에 따라 유도만능줄기세포(induced pluripotent stem cell)를 활용한 적혈구 생산 기술 개발이 이루어지고 있음.
- 하지만 유도만능줄기세포를 활용한 적혈구의 생산은 핵이 그대로 존재하여 탈핵화 기술이 요구되며, 직접적인 수혈을 위한 효율성 증진에 관한 연구가 계속적으로 필요한 상황임.
- 조혈모세포를 활용한 인공혈액 개발은 부족한 헌혈로 인한 혈액 수급을 완화하고 첨단 재생의료 기술 및 의약품 기술 개발이 가능하게 하므로 매우 중요한 분야임.

2) 신경줄기세포

- 미분화된 신경줄기세포(neural stem cell)는 줄기세포의 대표적인 특성인 자가 재생산 (self-renewal) 및 다능성(multipotent)의 특징을 지님. 하나의 세포로부터 신경원세포 (Neuron), 희소돌기아교세포(oligodendrocyte) 및 별아교세포(astrocyte)와 같은 모든 유형의 신경세포로 분화할 수 있음.
- 신경줄기세포 전구세포는 산후 신경 유전 부위(postnatal neurogenic region)에 위치하고 있음.
- 또한 대부분 포유류의 중추신경계에 신경줄기세포가 존재하며 증식과 분화 과정을 통해서 일생 동안 신경원 및 교세포를 생성함.
- 신경줄기세포는 파킨슨병, 루게릭병, 다발성경화증 및 다양한 질환 치료를 위해 이용될 수 있으며, 신경줄기세포 활용 및 이해를 위한 세포 성장과 분화 조절에 관한 기전 규명 연구가 이루어지고 있음.
- 최근 신경줄기세포를 활용한 뇌 오가노이드 연구가 활발히 진행되고 있으며, 뇌 조직과 유사한 특징으로 뇌 발달 과정, 세포의 분화와 이동에 대한 관찰 및 분화 유도 인자를 첨가하여 중뇌(midbrain), 소뇌(cerebellum), 해마(hippocampus), 시상하부 (hypothalamus) 등의 조직으로 발달할 수 있음을 확인함.
- 이러한 신경줄기세포는 나이가 들면서 찾아오는 노화에 매우 취약하며, 신경줄기세포에 관한 연구는 현재 노인 인구의 급격한 증가로 인한 사회적 문제로 대두되는 치매와 같은 신경성 질환의 원인 및 이를 해결하기 위한 방법을 제시할 수 있음.

3) 중간엽줄기세포

- 중간엽줄기세포(mesenchymal stem cells)는 수정된 난자의 수정란이 분열하며 생긴 중배엽으로부터 분회된 조직에 존재함. 이는 연골, 골조직, 지방조직, 골수의 기질 등 여러 조직에서 존재하며 질병 및 조직 치료를 위한 줄기세포로 매우 활발하게 이용되고 있음.
- 특히 배아줄기세포와 달리 성체에서 얻을 수 있는 장점으로 윤리적인 문제가 없으며 기형 발생의 위험성도 매우 낮음.
- 중간엽줄기세포는 다분화능(multi-directional potential, plasticity)의 특징을 지니며, 뼈, 지방, 연골 세포로의 분화 및 면역조절(immune-modulatory), 항염증작용(anti-inflammatory property) 능력을 지니고 있음.
- 일반적으로 치료가 어려운 크론병과 같은 자가면역질환 치료에 사용 가능하며 동종 및 이종 이식이 가능함. 하지만 이에 대한 면역조절 메커니즘은 자세하게 밝혀지지 않아 추가적인 연구가 필요함.

- 중간엽줄기세포는 암과 노화의 치료에도 이용되며, 현재 많은 임상 연구가 수행 중임.
- 특히 동물산업 분야에서는 반려견의 치료를 위한 목적으로 활용되고 있음. 개의 중간엽 줄기세포는 대부분의 골수 유래 세포를 가장 많이 사용하며, 지방, 제대혈 유래 순으로 사용됨.
- 정형외과 관련 질병 치료 및 신경 재생 및 심장, 당뇨 치료를 위한 목적으로도 활용되고 있음.
- 하지만 동물에서 줄기세포를 활용한 연구는 아직 전임상연구를 위한 목적으로 활용되는 경우가 많으며, 반려동물의 치료를 위한 목적으로 활용하기 위해서는 이에 대한 의식적 변화와 치료지침의 제정이 필요할 것으로 생각됨.

4) 정원줄기세포
- 남성 생식줄기세포인 정원줄기세포(spermatogonial stem cells)는 원시생식선세포(primordial germ cells)에서 유래된 세포로 자기재생(self-renewal) 및 정자로의 분화(differentiation) 능력을 동시에 지니고 있음.
- 하지만 성인의 고환 내에서 극소수로 존재하며 정원줄기세포의 증식(proliferation) 속도는 5~6일 정도로 길며, 체외에서 1주일 이상 증식을 유지하기가 힘들다는 점으로 연구 및 활용이 어려웠으나, 미국 Pennsylvania 대학 Brinster 교수 연구팀에서 생쥐에서 정원줄기세포의 배양을 성공하고 정원줄기세포의 줄기세포 활성 검증을 위해 정소에 직접적으로 세포를 이식(transplantation)하는 연구 기법을 고안함으로써 이에 관한 연구가 활발히 이루어지기 시작함.
- 이후 렛트, 소, 영장류와 인간에서의 정소 내 생식세포의 이식에 관한 연구가 이루어졌음.
- 하지만 쥐와 렛트를 제외한 고등동물에서의 순수한 정원줄기세포의 분리 및 배양에 대한 연구를 위해서는 보다 정교한 순수 정원줄기세포가 특이적으로 발현되는 바이오마커 및 배양액 개발이 요구되며, 지속적인 증식을 위한 세포 특성에 관한 연구가 요구됨.
- 정원줄기세포는 멸종위기 동물의 종 보존을 위한 생식세포 보존 및 복제동물 생산에도 이용될 수 있음.
- 유전자 편집(gene editing) 기술을 활용하여 유전자가 변형된 정원줄기세포를 동물의 정소에 이식하면 자연적인 임신 과정을 거친 형질전환동물을 생산할 수 있음.
- 또한 현재 사회적인 저출산 문제 해결을 위해 생식선줄기세포를 활용하여 불임 치료 및 항암치료 등으로 인한 생식능력이 소실된 환자의 생식능력 보존을 위해 사용될 수 있으며, 난치병 해결을 위한 새로운 치료법 제시 및 재생의학 발전에 크게 기여할 수 있을 것으로 예상됨.

줄기세포의 연구 동향 및 전망

- 인간으로부터 회수 가능한 줄기세포는 배아줄기세포를 비롯하여 뇌, 표피, 심장, 간, 지방, 뼈, 근육, 골수 등 다양한 조직에서 성체 줄기세포의 회수가 가능함.
- 특히 현재 인간 배아줄기세포를 활용한 연구를 대처할 수 있는 유도만능줄기세포 기술의 발전과 성체줄기세포를 활용하여 생체 유사 조직으로 분화 및 구성, 3차원 배양(3D culture), 장기유사체(organoid) 등에 대한 응용 연구로 확장되고 있으며, 이는 새로운 세포 자원으로서 신약 개발, 세포치료, 독성 테스트, 환자 맞춤 의료 서비스, 질병 모델 연구, 줄기세포은행, 불임 치료 등 다양한 분야에서 활용이 기대되고 있음.

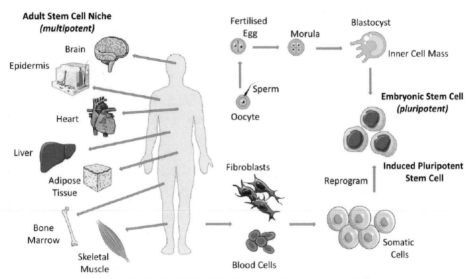

그림 12-2. 줄기세포의 종류 (Naqvi and McNamara, 2020)

- 인간의 줄기세포는 성인 인간의 다양한 조직에 존재하는 성체줄기세포, 배아에서 유래한 배아줄기세포 및 분화가 완료된 체세포에서 리프로그래밍을 유도한 유도만능줄기세포(induced pluripotent stem cells)로 분류됨.
- 줄기세포 연구는 동물산업 분야에서도 매우 활발하게 활용되고 있음. 특히 개와 돼지는 사람과 유사한 생리학적 특성을 지니고 있으며 세포 이식을 통한 질환 및 질병 치료에 대한 시도가 꾸준히 수행되고 있음.
- 특히 가축은 사람과 유사한 환경에 노출됨으로써 당뇨, 비만, 암, 알레르기 등 많은 장애가

유사하게 발생하므로 이에 대한 치료를 목적으로 한 줄기세포 기술의 연구는 큰 이익의 창출이 가능함.

- 현재 대동물의 조혈모 및 성체 줄기세포를 활용한 치료 연구가 활발한 진행 중에 있음.
- 1960년대부터 개 모델을 이용한 조혈모세포의 이식 및 치료에 관한 연구는 꾸준히 수행되어 왔으며, 이를 통한 기술의 향상은 인간 환자의 이식 및 치료 방법에 대한 개발 및 개선에 대한 방향성을 꾸준히 제시해 주고 있음.
- 또한 혈액 생산이 가능한 조혈모 줄기세포를 활용한 적혈구 생산 및 인공혈액에 관한 연구는 2000년대 들어서 재생의학 분야의 활용을 위하여 각광 받고 있음.
- 중간엽줄기세포는 뼈, 제대혈, 지방, 근육 등 다양한 조직에 존재하므로 조혈모세포에 비해 비교적 회수가 용이하며, 다양한 조직으로 분화가 가능한 다분화능을 지니고 있어 이에 대한 연구가 꾸준히 수행 중임.
- 이는 인간뿐만 아니라 개, 토끼, 소, 돼지, 양, 말과 같은 가축에서의 전임상 모델로도 매우 활발하게 활용되고 있음.
- 동물의 근골격계 손상 및 당뇨, 비만과 같은 만성 질환의 치료를 위한 활발한 연구는 궁극적으로 인간의 치료를 위한 임상적 연구 결과를 제시할 수 있을 것으로 기대됨.
- 동물산업에서 가축 생산 형질의 향상을 위해 능력이 우수한 종축 선발 및 개량은 우수 종축의 보급화에 크게 기여하였으나, 이면에는 우수한 소수의 개량 품종들이 대부분을 차지하게 됨으로써 생물의 다양성이 빠른 속도로 감소하게 되었음.
- 이러한 상황은 예상치 못한 환경 변화 또는 질병의 영향으로 특정 개량 품종이 소실된다면 이에 대한 고유의 유전자원이 소실되는 것을 의미함.
- 따라서 축산업에서 개량된 우수 종축뿐만 아니라 다양한 유전적 정보를 지닌 개체의 유전적 정보를 보존하는 것은 필수적임. 이를 위해 개체 자체를 보존하는 것이 가장 명확한 방법이나 제한된 수명, 공간, 먹이 등으로 무한한 보존은 현실적으로 어려운 실정임.
- 반면, 전분화능 줄기세포는 보존법 및 배양법이 안정화되어 있고, 무한대로 증식할 수 있다는 점에서 종축을 효과적으로 보존할 수 있는 새로운 방안으로 제안될 수 있음.
- 미국 반려동물산업협회에 따르면, 미국 반려동물 산업 소비 지출액은 증가하고 있는 추세이며, 작년 2020년에는 시장이 더 성장해 990억 달러(한화 약 112조 원)를 돌파하였음. 가장 큰 비율을 차지하고 있는 분야인 사료 · 간식(약 384억 달러) 다음으로 동물의료용품(약 302억 달러)이 그 뒤를 이었음.
- 이는 동물의료용품에 대한 관심이 고조되고 있다는 것을 의미하며, 이에 발맞추어 줄기세포 연구자들은 반려동물의 난치병 및 다양한 질병 치료를 위한 줄기세포치료제 개발에 힘

쓰고 있음.
- 심혈관질환, 신경계질환, 피부질환, 기능성 위장관질환, 근골격계질환, 암 등 다양한 질병의 치료를 위한 연구가 시도된 바 있으며, 이를 통해 많은 수는 아니지만 몇몇 긍정적인 결과를 도출하였음.
- 또한 동물 전분화능 줄기세포의 배양법은 신약 개발 및 독성 테스트를 위한 기술로 활용되어 동물의약품시장의 극대화에 기여할 것으로 기대됨.
- 국내 연간 육류 소비량은 지속적으로 증가하고 있는 추세로 지금 현 상황에서 기존 축산방식으로는 앞으로의 고기 수요량을 충족시키기에는 역부족이며, 이에 대한 해결책이 마련되었다 할지라도 온실가스 배출에 따른 자연 공해 및 공장식 사육으로 인한 동물윤리 문제를 외면할 수 없음.
- 물론 상용화가 되기 이전에 많은 문제를 해결해야 하나, 현재 직면한 문제를 해결하기 위해 가축 전분화능 줄기세포를 활용하여 배양육을 생산하기 위한 연구가 진행되고 있음.
- 또한, 최근 관심이 급증하고 있는 오가노이드 배양기법은 체외에서 체내환경을 유사하게 구사함으로써 실험동물의 이용을 감소시킴과 동시에 가축의 장내 균총에 따른 영양 및 병원체에 의한 면역 등의 연구가 진행되고 있음.
- 세계 최초로 1982년, Brinster 박사가 생산한 인간 성장호르몬 유전자가 삽입된 형질전환 거대 생쥐의 출현은 성장 속도가 곧 수입과 직결되는 축산 분야에서 큰 관심을 유도하였음.
- 기대와 달리 성장호르몬 유전자가 삽입된 돼지에서 거대돼지가 생산되지 않았으나, 이후 확립된 체세포 복제 배아줄기세포는 형질전환동물 생산을 가능하게 함으로써 질환모델동물 및 생리활성물질 생산을 위해 활용되어 왔음.
- 생식선줄기세포의 연구는 종의 보존 및 멸종위기종의 관리에 대한 측면에서 매우 중요함.
- 따라서 생쥐 배아줄기세포 혹은 유도만능줄기세포로부터 원시생식세포(primordial germ cell)를 구축한 후 생식세포로 발달시키는 연구가 진행되고 있음.
- 2011년 일본 교토대 Hayasi 팀은 배아줄기세포와 유도만능줄기세포부터 외체유사세포(epiblast-like cell) 유도 후 원시생식유사세포(primordial germ-like cell)를 구축한 결과를 발표하였으며, 이를 통해 구축된 세포는 이식과정을 통해 정자, 난자로의 발생 및 산자 생산이 가능하다는 매우 획기적인 연구 성과를 나타내었음.
- 하지만 동물의 다분화능세포로부터 원시생식유사세포의 생산은 효율성이 매우 낮고 배양하는 과정에서 생식체세포(gonadal somatic cell)가 요구되며 세포가 리프로그래밍이 되는 과정에서의 분자 메커니즘(molecular mechanism)에 대한 이해가 부족하다는 단점이 있음.
- 그럼에도 불구하고 생식줄기세포의 연구는 현재 사회적으로 문제가 되고 있는, 저출산, 불

임, 난임 문제 등의 해결 및 이와 더불어 소아암환자의 항암치료(chemotherapy)로 인한 생식(reproduction) 기능 상실에 대한 대처 및 치료 방안으로 활용될 수 있다는 이점을 지니고 있음.

- 현재 지구 환경의 급격한 변화, 내분비 교란 물질의 사용, 미세 플라스틱 및 미세 먼지 증가, 전염 및 감염성 질환 발생 증가 등으로 인한 원인불명의 인간과 동물의 생식기능 상실에 대한 원인 규명 및 메커니즘에 대한 이해가 점차 증가되고 있으며, 이에 따라 활발한 연구가 요구됨.

- 줄기세포의 연구는 생명윤리, 암 및 돌연변이 DNA 발생 등의 한계가 있음.

- 그럼에도 전분화능줄기세포에 대한 끊임없는 연구가 진행되어 온 이유는 전분화능 줄기세포의 분화능을 비롯한 다양한 생명현상을 이해하기 위한 기초연구의 세포자원으로서 그 활용 가치가 인정되기 때문임.

- 또한 인간의 입장에서 시험관에서 원하는 특정 세포를 무한하게 생산하여 손상기관에 이식할 수 있다면, 지금까지 해결할 수 없는 난치병 치료를 위한 새로운 길의 확장과, 실험동물 감소, 질병 치료, 형질전환동물생산 및 멸종위기 동물 보존을 통한 유용 동물자원 이용의 극대화를 추진할 수 있기에 줄기세포 활용 연구는 여전히 현재 진행 중에 있음.

- 인간과 동물 모두 분화가 완료된 체세포와 중간엽줄기세포를 이용하여 유도만능줄기세포의 구축이 가능하며 이를 활용한 분화 연구 및 조직 재생에 관한 연구가 수행 중임.

- 특히 생식세포의 근간이 되는 정원줄기세포는 세포 이식(cell transplantation) 방법을 통해 종의 보존 및 산자 생산을 가능하게 함.

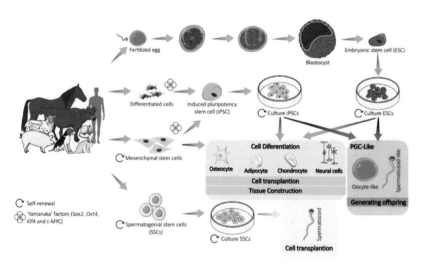

그림 12-3. 줄기세포의 활용 및 응용 방향 (Pieri et al., 2019)

줄기세포 연구의 발전

- 1998년 Thomson 박사 팀이 인간 수정란 유래 배아줄기세포를 처음 확립하면서 줄기세포
의 연구는 매우 활발하게 수행 중임.
- 또한, 특정 유전자의 도입으로 체세포에서 리프로그래밍 과정을 통한 유도만능줄기세포의
등장은 21세기 혁명적인 과학기술로 부각되며, 현대의학으로 해결이 어려운 난치병 치료,
원인불명 질병의 메커니즘 분석, 신약 개발, 암 치료, 세포 이식을 통한 조직 재생 등, 무궁
무진한 가능성을 제시하고 있음.
- 또한, 동물 줄기세포를 활용한 전임상연구, 바이러스 및 전염병 치료 및 발생 기전 연구, 반
려동물의 증가로 인한 건강 유지 및 치료 연구, 미래 식량자원의 해결책으로 제시된 배양
육 개발, 우수 종축 개발을 위한 줄기세포 활용 등 사회 전반을 통해 줄기세포를 통한 연구
가 진행 중임.
- 생식줄기세포를 활용한 종의 보존 및 유지가 가능하다는 관점에서 줄기세포 활용 산업의
중요성은 날로 증가할 것이나, 이러한 줄기세포의 활용을 위해 가장 시급한 점은 안전성의
확보이며, 이를 위해서는 기초연구와 임상 연구 간의 보완연구가 반드시 필요한 실정임.
- 현재 줄기세포 학문은 조직공학, 재료공학 등 다양한 학문과의 융합을 통한 재생의학이라
는 새로운 패러다임을 창출하며 과학 분야를 선도하고 있음.
- 안전하고 지속적으로 활용 가능한 줄기세포 연구는 과학기술의 발전 및 국제적인 경쟁력
제고를 위해 반드시 필요로 하는 분야이며, 이에 대한 전문가 육성, 지속적인 투자 및 연구
노력이 지속적으로 이루어져야 할 것임.

\# 배양육(Cultured meat)

배양육

- 배양육 가축의 세포를 기반으로 하여 축산물을 재현하는 기술임.
- 배양육 생산에 이용되는 세포는 주로 줄기세포의 일종인 근육위성세포(satellite cell)를 이용하고, 특정 환경에서 체외배양 과정을 통해 증식시키며, 근관 및 근육으로 분화시켜 인공적으로 고기를 만들어낼 수 있음.
- 배양육 생산을 위한 근육위성세포는 살아 있는 동물의 골격근에서 획득함.
- 근육 위성세포는 근섬유를 감싸고 있는 근형질막이 손상될 경우 활성화되어 조직을 재생하기 위한 self-renewing 주기에 들어감.
- 이 과정을 근육 형성(myogenesis)이라 하며, 배양육 생산의 기초 원리임.
- 근육위성세포는 자극이 없는 평소에는 비활성화 상태지만, 근육 손상이나, 산화적 스트레스에 노출되어 자극을 받게 될 경우 손상된 근육을 재생시키기 위해 근육위성세포가 활성화 상태로 전환됨.
- 근육위성세포가 활성화되어 증식 주기로 들어서면 이를 근모세포(myoblast)라고 하며, 근모세포는 대칭 및 비대칭 분열 과정을 수회 거친 뒤 세포 주기를 종료하고 근세포(myocyte)가 되어 서로 또는 기존의 근관세포(myotube)와 융합하게 되어 다핵의 근관을 형성함.
- 이렇게 형성된 다핵 근관들이 다발로 모여 근섬유(myofiber)를 이루게 됨.

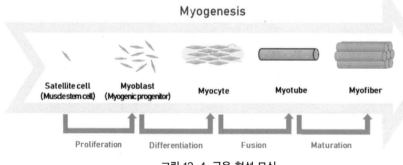

그림 12-4. 근육 형성 모식

1. 배양육의 생산

- 2013년 마크 포스트 교수가 소고기 패티 배양육을 출시한 이후로, 많은 회사들이 배양육 개발에 뛰어들고 있음.
- 미국의 Eat Just사가 개발한 배양육 치킨은 세계 최초로 싱가포르에서 판매를 승인받았으며, 이스라엘의 스타트업 기업인 슈퍼미트는 세계 최초로 세포기반 레스토랑을 오픈하였음.
- 또한, 2022년 11월 16일 FDA는 Upside Food의 닭 세포 유래 배양육의 안정성에 대하여 인간이 섭취하기에 안전한 것으로 승인하였음.
- 국내의 경우 스페이스에프는 scaffold를 이용한 배양 돼지고기를 선보였고, 씨위드는 해조류를 이용해 배지 성분을 대체하고, 한우 배양육을 선보였음.

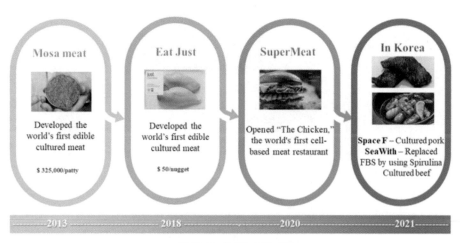

그림 12-5. 배양육 생산 기업

표 12-3. 배양육 생산 기업 동향

기업	내용
Mosa Meat (네덜란드)	- 가축의 근육위성세포를 콜라겐 등으로 만든 기둥을 둘러싸도록 배양하면 근육위성세포가 근섬유로 분화하면서 링(ring) 형태를 띠게 되는 개념을 정립함. - 2019년 동일한 링(ring) 형태의 근섬유를 다량으로 생산하는 방법에 대해 특허를 출원함.

Memphis Meat
(Upside Foods)
(미국)

- 근육세포를 보조물질에 고정 후 수백 마이크로미터 두께의 시트(sheet) 형태로 키우는 방식을 핵심 기술로 보유함.
- 단백질 발현을 조절하여 세포배양육 시트의 두께를 두껍게 하는 방법을 특허로 보유함.
- 유전자 조작을 통해 세포에 글루타민 합성효소(glutamine synthetase)를 과발현시키는 방법을 특허로 보유함.

Super Meat
(이스라엘)

- 2020년 11월 항시 닭고기 배양육 시식을 할 수 있는 레스토랑을 오픈함.
- 현재 1,000리터급의 배양기가 운영 중에 있음. 근섬유를 형성시키지 않고 분화하지 않은 세포 그대로를 식품원료로 사용하고 있음.
- 슈퍼미트의 시식용 제품은 식물성 대체육에 동물성 세포가 혼합된 하이브리드 세포배양육이며, 동물성 세포의 혼합률은 30%를 넘지 않음.
- 닭의 배아줄기세포주를 스타터세포로 사용하는 특허를 보유함.

Aleph Farms
(이스라엘)

- 콩으로부터 기름을 짜고 남은 물질인 대두박을 근육세포의 지지체로 사용하는 기술을 보유함.
- 축우 유래 다양한 세포를 섞어 지지체에 배양하면서 지지체가 부스러지지 않는 조건을 제시함.
- 3차원 성장이 일어나는 지지체 내에서 최초로 근섬유의 분화에 성공함.

Eat Just
(미국)

- 닭고기 배양을 주력으로 하며 2020년 세계 최초로 세포 배양육의 식품 허가를 받은 3개의 회사 중 하나로 실제 판매까지 시행함.
- 불멸화된 세포를 부유 및 배양시키고 근섬유로의 분화 없이 식용하는 기술로 배양육을 제작함.
- 유전자 조작을 통해 불멸화된 섬유아세포 및 유전자 조작 없이 자연적으로 불멸화된 섬유아세포를 사용하는 특허를 모두 보유함.

Shiok Meats
(싱가포르)

- 2020년 잇저스트와 함께 새우 딤섬 식품을 허가받음.
- 유전자 조작을 통한 세포 불멸화를 진행시켜 GMO 세포주를 실험 단계에서 사용함.
- 대량생산은 부유배양 방식으로 시행함.
- 지지체 사용은 하지 않음.

Wild Type
(미국)

- 연어 배양육을 만들어 초밥 등의 제품을 출시하는 것을 목표로 함.
- 스타터세포를 어류의 알에서 직접 채취함.
- 유전자 조작을 시행하여 체외에서 수명을 늘리며, electrospinning 방식으로 제작한 지지체를 사용하는 특허를 보유함.

스페이스에프

- 혈청 대체물질을 발굴하여 개발한 '무혈청 배양액'과 '세포 대량 배양기'를 활용하여 배양육을 생산한 바 있음.
- 현재 대상 주식회사와 업무 협약을 맺고 단가 절감된 가식성 배양액 개발을 함께 진행 중이며, 롯데정밀화학과는 배양육 생산에 필요한 고기능성 소재를 공동 개빌 중임.

셀미트

- 배양육 상용화를 위해 해결해야 할 과제인 소태아혈청(FBS)을 대체할 무혈청 세포배양액 (CSF-A1) 개발에 성공함.
- 무혈청 세포배양액을 사용하여 세계 최초로 배양 세포를 이용한 독도 새우를 개발함.

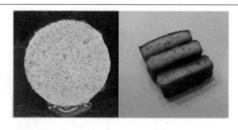

다나그린

- 3차원 세포배양 지지체에 줄기세포를 배양하고 분화시켜 미니장기를 만드는 원천기술을 보유함.
- 소와 닭, 돼지 등에서 추출한 근육세포 및 그 주변 세포들을 식물성 단백질 성분의 3차원 지지체에 넣어 근육조직으로 키워내는 하이브리드 방식으로 배양육을 생산함.

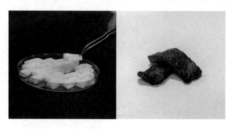

씨위드

- 해조류의 주요 성분인 알긴산을 분리하여 지지체 생산에 성공하였으며, 배양 시 후처리로 사용하는 미역을 70%까지 줄이는 데 성공함.
- 세포배양을 위한 배양액을 소 태아 혈청이 아닌 해조류를 기반으로 하여 배양액을 만들고 있음.

2. 배양육 생산에 사용되는 배지 및 시약

1) 기초 배지(Basal media)
- 세포가 성장하는 데 필요한 다양한 요소를 공급해 주는 물질로, 세포의 물리적, 화학적 기능을 유지시킬 수 있도록 배합되어 있는 배지임.
- 포도당: 대부분 기초 배지에 함유되어 세포의 주요 에너지원을 공급함.
- 아미노산: 사람이 필수아미노산을 음식을 통하여 획득하는 것처럼, 세포 또한 필수아미노산을 배지로부터 획득. 그중에서도 L-glutamine은 단백질 합성뿐만 아니라 에너지 생산에 기여하기 때문에 매우 중요함.
- 무기염류: 세포 배양 시 세포에 필요한 삼투압 균형을 유지하는 데 도움을 주며, 미네랄을 제공해 주어 막 전위를 조절하는 데 도움을 줌.
- 비타민: 비타민 B군은 세포 증식을 위해 필요한 요소로 잘 알려져 있으며, 성장시킬 수 있는 세포주의 범위를 확장시키고, 특정 세포주를 적절하게 만들기 위해 특정 비타민으로 보강시키는 경우가 있음.
- 기타 첨가물: pH 확인이 용이하도록 추가하는 페놀레드, pH 변화에 대한 완충 역할을 하는 HEPES 등이 있음.

그림 12-6. Basal media

2) 항생제

- 세포 배양 시 발생할 수 있는 세균, 곰팡이와 같은 여러 오염원들의 성장이 저해되도록 첨가하는 물질임.
- 세포 성장에 반드시 필요한 요소는 아니며, 지속적으로 사용 시 내성균에 의한 오염이 가려질 수 있기 때문에 지속적 사용은 권고되지 않음.
- 주로 그람 양성균과 그람 음성균을 동시에 억제할 수 있도록 페니실린과 스트렙토마이신의 혼합제제를 이용함.

그림 12-7. 항생제(Penicillin-streptomycin)

3) 성장인자

- 성장인자는 세포 배양에서 세포의 유지, 증식, 분화 및 발달 등을 촉진함.
- 대체로 세포 사이의 신호 분자 역할을 하며, 사이토카인과 호르몬이 있음.
- 하지만 가격이 비싸며, 주로 섬유아세포 성장인자(FGF) 계열을 이용함.

그림 12-8. 성장인자(basic fibroblast growth factor, bFGF)

4) FBS

- 근육줄기세포 배양 시 가장 중요한 물질 중 하나로, 세포의 생존과 증식에 도움을 주는 필수 영양소, 성장인자, 호르몬, 아미노산, 단백질, 비타민, 무기염류, 항체를 함유함.
- 알부민, 트랜스페린과 같은 다양한 결합단백질을 제공하여 영양소를 다른 세포로 운반함.
- 피브로넥틴과 같은 세포의 부착을 촉진하는 단백질을 공급해 세포 성장에 도움을 줌.
- 단백질 분해효소 억제제가 함유되어 외인성 효소로부터 세포를 보호함.
- 이 외에도 수많은 unknown factor들이 함유되어 있음.

그림 12-9. 소 태아 혈청(fetal bovine serum, FBS)

3. 배양육 생산과정

1) 근육위성세포(satellite cell) 분리

① 연구소 동물관리지침에 따라 동물(돼지)을 안락사시키고, 원하는 근육 부위 표면을 EtOH 스프레이로 세척 후, 수술 도구를 사용하여 동물의 (뒷다리에서) 근육을 절제함.
② 근육을 모으는 동안 머리카락 등 외부 물질이 포함되지 않게 주의해야 함.
③ 채취한(약 10g) 근육조직(약 1×1cm)을 75% EtOH와 1% P/S가 포함된 얼음같이 차

가운 DPBS(v/v)에서 3회 세척하여 멸균함.

④ 지방과 기타 결합조직을 제거하고 멸균된 가위와 면도날(35mm)을 사용하여 근육 조직(약 2~5g, 5×5mm)을 다짐.

⑤ 근육세포를 분리하기 위해 세포 외 기질(extracellular matrix)을 소화과정을 통해 분해함. 준비된 소화 효소 용액을 1:3 비율로 37°C의 15mL tube에서 30~60분 동안 반응함.

⑥ 소화 효소 반응 후 170μm, 40μm 여과기를 이용하여 비특이적 덩어리를 제거함.

⑦ 여과된 cell은 차등 원심분리(350×g, 4°C에서 5분)를 통해 회수함. 상등액을 버리고 이 단계를 두 번 반복하여 효소를 씻어내고 FBS를 20% 넣은 배양배지를 사용하여 추가 소화 및 pH 변화를 통해 세포를 조절함.

⑧ Pelleted cells(약 1g)을 회수하고 배양배지 10mL(Ham's F-10의 20% FBS, 1% P/S)와 10ng/mL bFGF를 현탁하여 T75 플라스크에 넣음.

⑨ T75 플라스크에 현탁된 세포는 37°C, 5% CO_2 인큐베이터에 2시간 동안 배양함. 이러한 단계는 동물의 근육세포 집단에서 위성세포를 분리하는 모든 단계에서 적용될 수 있음.

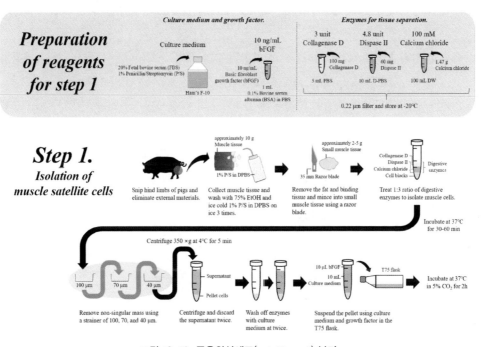

그림 12-10. 근육위성세포(satellite cell) 분리

2) 근육위성세포 배양

 - 분리한 근육위성세포를 배양하는 과정임.

① 1단계에서 얻은 배양된 T75 플라스크에서 상등액을 0.1% 젤라틴 또는 Matrigel© 코팅된 T75 플라스크로 옮김.

② 배양 배지(약 3~5mL)를 이용하여 T75 플라스크에 남은 배양 세포를 2회 채취하여 코팅된 T75 플라스크에 넣음.

③ 젤라틴 또는 Matrigel로 코팅된 T75 플라스크에 옮겨진 세포를 37°C, 5% CO_2 인큐베이터에 72시간 동안 배지 교체 없이 배양함.

④ 72시간 후 배양된 세포를 세척하고 배지를 2~4일 간격으로 교환함.

⑤ 계대 배양은 오래된 배지를 제거하고 DPBS로 2회 세척한 후 0.05% 트립신 1~2mL를 넣고 37°C, 5% CO_2 인큐베이터에 2~3분간 배양함.

⑥ 배양 후 세포 생존성을 유지하기 위해 DPBS 0.5mL를 넣어 트립신을 중화시키고 소화과정을 정지시킨다. 중성화된 트립신 용액을 300xg의 원심분리기를 사용하여 4°C에서 5분간 분리함.

⑦ 원심분리 후 Pelleted cells을 7~10mL 배양 배지(Ham's F-10의 20% FBS, 1% P/S)에 현탁함.

⑧ 배양된 세포를 0.1% 젤라틴으로 코팅된 T75 플라스크를 사용해 1시간 동안 배양하고 섬유 세포와 sample 근육 위성세포만 분리하기 위해 두 번 반복함.

⑨ 근육 위성세포의 특성에 따라 T75 플라스크의 위성세포 상등액을 채취하여 0.1% 젤라틴으로 코팅된 T75 플라스크에 옮김.

⑩ 위성세포가 풍부할 가능성이 있어 배양 배지(Ham's F-10의 20% FBS, 1% P/S)를 이용하여 9번 단계를 2~3회 반복함.

⑪ Isolated 된 위성세포를 0.3×10^6 농도로 7~10mL 배양 배지(Ham's F-10의 20% FBS, 1% P/S)에 seeding 함.

⑫ 세포를 37°C, 5% CO_2 인큐베이터에서 배양함.

⑬ 세포의 passage가 13~15가 될 때까지 계대 배양을 통해 세포를 유지함.

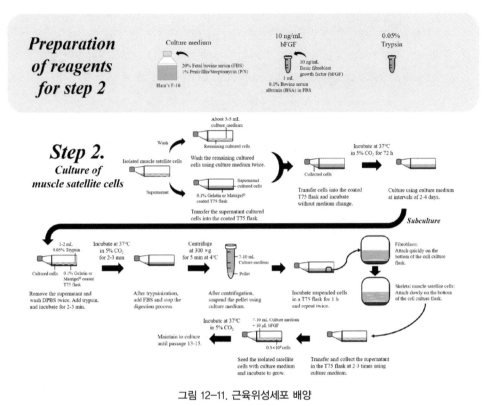

그림 12-11. 근육위성세포 배양

3) 분화 및 확인

- 배양한 satellite cell을 분화시킨 뒤 그 형태를 확인하는 과정임.

① 근육위성 세포의 분화를 유도하기 위해 배양 배지를 근원성(myogenic) 배지(2% HS, 1% P/S)로 변경함.

② 배양 배지를 조심스럽게 흡입한 후 배양된 근육 위성세포를 근원성 배지(2% HS, 1% P/S) 10mL에 넣고 37°C, 5% CO₂ 인큐베이터에서 1주일간 배양함.

③ 일주일 후 형광염색 시약을 사용하여 세포의 분화 및 근관 형성을 관찰함.

④ 4단계. 바이오마커를 이용한 차별화된 위성 세포/myogenesis를 식별함.

⑤ 형광염색 시약(Mito Tracker Red CMX-Ros 200μM)은 세포 염색 직전에 준비하고 형광 능력의 손실 방지를 위해 신선한 상태로 즉시 사용함.

⑥ T75 플라스크 내의 분화된 세포를 10mL의 labeling 용액(200μM Mito Tracker Red CMX-Ros [최종 농도: 50nM]의 2.5μL와 Hoechst 33342 [최종 농도: 1μM]의

10μL)으로 37°C에서 30분간 배양함.

⑦ 배양 후 labeling 용액을 제거하고 세포 배지를 사용해 2회 세척함.

⑧ 염색된 세포는 4% 포름알데히드 용액을 사용해 37°C에서 고정한 후 DPBS로 세척함.

⑨ 형광 현미경을 사용해 분화된 세포와 근관을 관찰함.

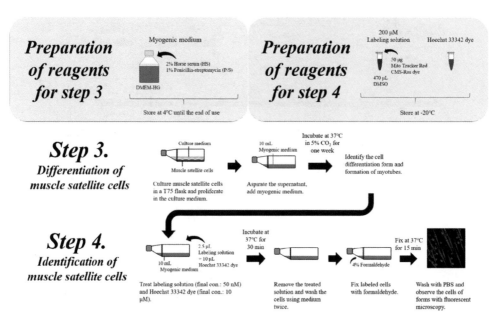

그림 12-12. 근육위성 세포의 분화

참고문헌

Andrews, P.W., Matin, M.M., Bahrami, A.R., Damjanov, I., Gokhale, P., Draper, J.S., 2005. Embryonic stem (ES) cells and embryonal carcinoma (EC) cells: Opposite sides of the same coin, in: Biochemical Society Transactions. Biochem Soc Trans, pp. 1526–1530. https://doi.org/10.1042/BST20051526

Arinzeh, T.L., Peter, S.J., Archambault, M.P., Van Den Bos, C., Gordon, S., Kraus, K., Smith, A., Kadiyala, S., 2003. Allogeneic mesenchymal stem cells regenerate bone in a critical-sized canine segmental defect. J. Bone Jt. Surg. – Ser. A 85, 1927–1935. https://doi.org/10.2106/00004623-200310000-00010

Bartunek, J., Croissant, J.D., Wijns, W., Gofflot, S., De Lavareille, A., Vanderheyden, M., Kaluzhny, Y., Mazouz, N., Willemsen, P., Penicka, M., Mathieu, M., Homsy, C., De Bruyne, B., McEntee, K., Lee, I.W., Heyndrickx, G.R., 2007. Pretreatment of adult bone marrow mesenchymal stem cells with cardiomyogenic growth factors and repair of the chronically infarcted myocardium. Am. J. Physiol. – Hear. Circ. Physiol. 292. https://doi.org/10.1152/ajpheart.01009.2005

Brinster, R.L., Zimmermann, J.W., 1994. Spermatogenesis following male germ-cell transplantation. Proc. Natl. Acad. Sci. U. S. A. 91, 11298–11302. https://doi.org/10.1073/pnas.91.24.11298

Brons, I.G.M., Smithers, L.E., Trotter, M.W.B., Rugg-Gunn, P., Sun, B., Chuva De Sousa Lopes, S.M., Howlett, S.K., Clarkson, A., Ahrlund-Richter, L., Pedersen, R.A., Vallier, L., 2007. Derivation of pluripotent epiblast stem cells from mammalian embryos. Nature 448, 191–195. https://doi.org/10.1038/nature05950

Cao, L., Liu, G., Gan, Y., Fan, Q., Yang, F., Zhang, X., Tang, T., Dai, K., 2012. The use of autologous enriched bone marrow MSCs to enhance osteoporotic bone defect repair in long-term estrogen deficient goats. Biomaterials 33, 5076–5084. https://doi.org/10.1016/j.biomaterials.2012.03.069

Cherny, R.A., Stokes, T.M., Merei, J., Lom, L., Brandon, M.R., Williams, R.L., 1994. Strategies for the isolation and characterization of bovine embryonic stem cells. Reprod. Fertil. Dev. 6, 569–575. https://doi.org/10.1071/RD9940569

Ding, F., Wu, J., Yang, Y., Hu, W., Zhu, Q., Tang, X., Liu, J., Gu, X., 2010. Use of tissue-engineered nerve grafts consisting of a chitosan/poly(lactic-co-glycolic acid)-based scaffold included with bone marrow mesenchymal cells for bridging 50-mm dog sciatic nerve gaps. Tissue Eng. – Part A 16, 3779–3790. https://doi.org/10.1089/ten.tea.2010.0299

Erickson, I.E., Van Veen, S.C., Sengupta, S., Kestle, S.R., Mauck, R.L., 2011. Cartilage matrix formation by bovine mesenchymal stem cells in three-dimensional culture is age-dependent, in: Clinical Orthopaedics and Related Research. Clin Orthop Relat Res, pp. 2744–2753. https://doi.org/10.1007/s11999-011-1869-z

Gaddam, S., Periasamy, R., Gangaraju, R., 2019. Adult stem cell therapeutics in diabetic retinopathy. Int. J. Mol. Sci. https://doi.org/10.3390/ijms20194876

Gao, G., Fan, C., Li, W., Liang, R., Wei, C., Chen, X., Yang, Y., Zhong, Y., Shao, Y., Kong, Y., Li, Z., Zhu, X., 2021. Mesenchymal stem cells: ideal seeds for treating diseases. Hum. Cell. https://doi.org/10.1007/s13577-021-00578-0

Gurdon, J.B., 1962. The Developmental Capacity of Nuclei taken from Intestinal Epithelium Cells of Feeding Tadpoles. Development 10, 622–640. https://doi.org/10.1242/DEV.10.4.622

Gurusamy, N., Alsayari, A., Rajasingh, S., Rajasingh, J., 2018. Adult Stem Cells for Regenerative Therapy, in: Progress in Molecular Biology and Translational Science. Prog Mol Biol Transl Sci, pp. 1–22. https://doi.org/10.1016/bs.pmbts.2018.07.009

Hayashi, K., Ogushi, S., Kurimoto, K., Shimamoto, S., Ohta, H., Saitou, M., 2012. Offspring from oocytes derived from in vitro primordial germ cell-like cells in mice. Science (80-.). 338, 971–975. https://doi.org/10.1126/science.1226889

Hayashi, K., Ohta, H., Kurimoto, K., Aramaki, S., Saitou, M., 2011. Reconstitution of the mouse germ cell specification pathway in culture by pluripotent stem cells. Cell 146, 519–532. https://doi.org/10.1016/j.cell.2011.06.052

Houdebine, L.M., 2005. Use of transgenic animals to improve human health and animal production, in: Reproduction in Domestic Animals. Reprod Domest Anim, pp. 269–281. https://doi.org/10.1111/j.1439-0531.2005.00596.x

Ishikura, Y., Yabuta, Y., Ohta, H., Hayashi, K., Nakamura, T., Okamoto, I., Yamamoto, T., Kurimoto, K., Shirane, K., Sasaki, H., Saitou, M., 2016. In Vitro Derivation and Propagation of Spermatogonial Stem Cell Activity from Mouse Pluripotent Stem Cells. Cell Rep. 17, 2789–2804. https://doi.org/10.1016/j.celrep.2016.11.026

Jang, B.J., Byeon, Y.E., Lim, J.H., Ryu, H.H., Kim, W.H., Koyama, Y., Kikuchi, M., Kang, K.S., Kweon, O.K., 2008. Implantation of canine umbilical cord blood-derived mesenchymal stem cells mixed with beta-tricalcium phosphate enhances osteogenesis in bone defect model dogs. J. Vet. Sci. (Suwŏn-si, Korea) 9, 387–393. https://doi.org/10.4142/jvs.2008.9.4.387

Jia, W., Yang, W., Lei, A., Gao, Z., Yang, C., Hua, J., Huang, W., Ma, X., Wang, H., Dou, Z., 2008. A caprine chimera produced by injection of embryonic germ cells into a blastocyst. Theriogenology 69, 340–348. https://doi.org/10.1016/j.theriogenology.2007.08.037

Jo, J., Xiao, Y., Sun, A.X., Cukuroglu, E., Tran, H.D., Göke, J., Tan, Z.Y., Saw, T.Y., Tan, C.P., Lokman, H., Lee, Y., Kim, D., Ko, H.S., Kim, S.O., Park, J.H., Cho, N.J., Hyde, T.M., Kleinman, J.E., Shin, J.H., Weinberger, D.R., Tan, E.K., Je, H.S., Ng, H.H., 2016. Midbrain-like Organoids from Human Pluripotent Stem Cells Contain Functional Dopaminergic and Neuromelanin-Producing Neurons. Cell Stem Cell 19, 248–257. https://doi.org/10.1016/j.stem.2016.07.005

Kang, M.H., Park, H.M., 2020. Challenges of stem cell therapies in companion animal practice. J. Vet. Sci. https://doi.org/10.4142/JVS.2020.21.E42

Kerr, C.L., Gearhart, J.D., Elliott, A.M., Donovan, P.J., 2006. Embryonic germ cells: When germ cells become stem cells. Semin. Reprod. Med. https://doi.org/10.1055/s-2006-952152

Kim, H.O., 2016. Production of Transfusable Red Blood Cells from Stem Cells. Korean J. Blood Transfus. 27, 209–219. https://doi.org/10.17945/kjbt.2016.27.3.209

Kim, S., Baek, E.J., 2018. Cell sources for large-scale manufacture of red blood cells. ISBT Sci. Ser. 13, 268–273. https://doi.org/10.1111/voxs.12430

Kleinsmith, L.J., Pierce, G.B., 1964. Multipotentiality of Single Embryonal Carcinoma Cells. Cancer Res. 24, 1544–1551.

Klimanskaya, I., Chung, Y., Meisner, L., Johnson, J., West, M.D., Lanza, R., 2005. Human embryonic stem cells derived without feeder cells. Lancet 365, 1636–1641. https://doi.org/10.1016/S0140-6736(05)66473-2

Labosky, P.A., Barlow, D.P., Hogan, B.L.M., 1994. Mouse embryonic germ (EG) cell lines: Transmission through the germline and differences in the methylation imprint of insulin-like growth factor 2 receptor (Igf2r) gene compared with embryonic stem (ES) cell lines. Development 120, 3197–3204. https://doi.org/10.1242/dev.120.11.3197

Ladiges, W.C., Storb, R., Thomas, E.D., 1990. Canine models of bone marrow transplantation. Lab. Anim. Sci.

Lajitha, L.G., 1979. Stem Cell Concepts. Differentiation 14, 23–33. https://doi.org/10.1111/j.1432-0436.1979.tb01007.x

Ledda, S., Bogliolo, L., Bebbere, D., Ariu, F., Pirino, S., 2010. Characterization, isolation and culture of primordial germ cells in domestic animals: recent progress and insights from the ovine species. Theriogenology. https://

doi.org/10.1016/j.theriogenology.2010.05.011

Lee S.Y., Kang H.J., Lee D.Y., Kang J.H., Ramani S., Park S., Hur S.J. Principal protocols for the processing of cultured meat. J. Anim Sci Technol. 2021 Jul;63(4):673-680. doi: 10.5187/jast.2021.e40. Epub 2021 Jul 31. PMID: 34447947; PMCID: PMC8367396.

Luz, A.L., Tokar, E.J., 2018. Pluripotent stem cells in developmental toxicity testing: A review of methodological advances. Toxicol. Sci. https://doi.org/10.1093/toxsci/kfy174

Martin, D.R., Cox, N.R., Hathcock, T.L., Niemeyer, G.P., Baker, H.J., 2002. Isolation and characterization of multipotential mesenchymal stem cells from feline bone marrow. Exp. Hematol. 30, 879–886. https://doi.org/10.1016/S0301-472X(02)00864-0

Martin, G.R., 1981. Isolation of a pluripotent cell line from early mouse embryos cultured in medium conditioned by teratocarcinoma stem cells. Proc. Natl. Acad. Sci. U. S. A. 78, 7634–7638. https://doi.org/10.1073/pnas.78.12.7634

Martin, G.R., 1980. Teratocarcinomas and mammalian embryogenesis. Science (80-.). 209, 768–776. https://doi.org/10.1126/science.6250214

Matsui, Y., Zsebo, K., Hogan, B.L.M., 1992. Derivation of pluripotential embryonic stem cells from murine primordial germ cells in culture. Cell 70, 841–847. https://doi.org/10.1016/0092-8674(92)90317-6

Mayshar, Y., Ben-David, U., Lavon, N., Biancotti, J.C., Yakir, B., Clark, A.T., Plath, K., Lowry, W.E., Benvenisty, N., 2010. Identification and classification of chromosomal aberrations in human induced pluripotent stem cells. Cell Stem Cell 7, 521–531. https://doi.org/10.1016/j.stem.2010.07.017

Naqvi, S.M., McNamara, L.M., 2020. Stem Cell Mechanobiology and the Role of Biomaterials in Governing Mechanotransduction and Matrix Production for Tissue Regeneration. Front. Bioeng. Biotechnol. https://doi.org/10.3389/fbioe.2020.597661

Nishihara, S., 2017. Glycans define the stemness of naïve and primed pluripotent stem cells. Glycoconj. J. https://doi.org/10.1007/s10719-016-9740-9

Pain, B., 2021. Organoids in domestic animals: with which stem cells? Vet. Res. https://doi.org/10.1186/s13567-021-00911-3

Palmiter, R.D., Brinster, R.L., Hammer, R.E., Trumbauer, M.E., Rosenfeld, M.G., Birnberg, N.C., Evans, R.M., 1982. Dramatic growth of mice that develop from eggs microinjected with metallothionein-growth hormone fusion genes. Nature 300, 611–615. https://doi.org/10.1038/300611a0

Pieri, N.C.G., de Souza, A.F., Botigelli, R.C., Machado, L.S., Ambrosio, C.E., dos Santos Martins, D., de Andrade, A.F.C., Meirelles, F.V., Hyttel, P., Bressan, F.F., 2019. Stem cells on regenerative and reproductive science in domestic animals. Vet. Res. Commun. https://doi.org/10.1007/s11259-019-9744-6

Qian, X., Jacob, F., Song, M.M., Nguyen, H.N., Song, H., Ming, G.L., 2018. Generation of human brain region-specific organoids using a miniaturized spinning bioreactor. Nat. Protoc. 13, 565–580. https://doi.org/10.1038/nprot.2017.152

Resnick, J.L., Bixler, L.S., Cheng, L., Donovan, P.J., 1992. Long-term proliferation of mouse primordial germ cells in culture. Nature 359, 550–551. https://doi.org/10.1038/359550a0

Ryu, B.Y., Orwig, K.E., Oatley, J.M., Lin, C.C., Chang, L.J., Avarbock, M.R., Brinster, R.L., 2007. Efficient generation of transgenic rats through the male germline using lentiviral transduction and transplantation of spermatogonial stem cells. J. Androl. 28, 353–360. https://doi.org/10.2164/jandrol.106.001511

Schlatt, S., Rosiepen, G., Weinbauer, G.F., Rolf, C., Brook, P.F., Nieschlag, E., 1999. Germ cell transfer into rat, bovine, monkey and human testes. Hum. Reprod. 14, 144–150. https://doi.org/10.1093/humrep/14.1.144

Shamblott, M.J., Axelman, J., Wang, S., Bugg, E.M., Littlefield, J.W., Donovan, P.J., Blumenthal, P.D., Huggins, G.R.,

Gearhart, J.D., 1998. Derivation of pluripotent stem cells from cultured human primordial germ cells. Proc. Natl. Acad. Sci. U. S. A. 95, 13726–13731. https://doi.org/10.1073/pnas.95.23.13726

Shim, H., Gutiérrez-Adán, A., Chen, L.R., BonDurant, R.H., Behboodi, E., Anderson, G.B., 1997. Isolation of pluripotent stem cells from cultured porcine primordial germ cells. Biol. Reprod. 57, 1089–1095. https://doi.org/10.1095/biolreprod57.5.1089

Singh, V.K., Saini, A., Kalsan, M., Kumar, N., Chandra, R., 2016. Describing the Stem Cell Potency: The Various Methods of Functional Assessment and In silico Diagnostics. Front. cell Dev. Biol. 4, 134. https://doi.org/10.3389/fcell.2016.00134

Stevens, L.C., Little, C.C., 1954. Spontaneous Testicular Teratomas in an Inbred Strain of Mice. Proc. Natl. Acad. Sci. 40, 1080–1087. https://doi.org/10.1073/pnas.40.11.1080

Stockmann, P., Park, J., Von Wilmowsky, C., Nkenke, E., Felszeghy, E., Dehner, J.F., Schmitt, C., Tudor, C., Schlegel, K.A., 2012. Guided bone regeneration in pig calvarial bone defects using autologous mesenchymal stem/progenitor cells – A comparison of different tissue sources. J. Cranio-Maxillofacial Surg. 40, 310–320. https://doi.org/10.1016/j.jcms.2011.05.004

Tachibana, M., Amato, P., Sparman, M., Gutierrez, N.M., Tippner-Hedges, R., Ma, H., Kang, E., Fulati, A., Lee, H.S., Sritanaudomchai, H., Masterson, K., Larson, J., Eaton, D., Sadler-Fredd, K., Battaglia, D., Lee, D., Wu, D., Jensen, J., Patton, P., Gokhale, S., Stouffer, R.L., Wolf, D., Mitalipov, S., 2013. Human embryonic stem cells derived by somatic cell nuclear transfer. Cell 153, 1228–1238. https://doi.org/10.1016/j.cell.2013.05.006

Tada, S., Tada, T., Lefebvre, L., Barton, S.C., Surani, M.A., 1997. Embryonic germ cells induce epigenetic reprogramming of somatic nucleus in hybrid cells. EMBO J. 16, 6510–6520. https://doi.org/10.1093/emboj/16.21.6510

Takahashi, K., Tanabe, K., Ohnuki, M., Narita, M., Ichisaka, T., Tomoda, K., Yamanaka, S., 2007. Induction of Pluripotent Stem Cells from Adult Human Fibroblasts by Defined Factors. Cell 131, 861–872. https://doi.org/10.1016/j.cell.2007.11.019

Takahashi, K., Yamanaka, S., 2006. Induction of Pluripotent Stem Cells from Mouse Embryonic and Adult Fibroblast Cultures by Defined Factors. Cell 126, 663–676. https://doi.org/10.1016/j.cell.2006.07.024

Tesar, P.J., Chenoweth, J.G., Brook, F.A., Davies, T.J., Evans, E.P., Mack, D.L., Gardner, R.L., McKay, R.D.G., 2007. New cell lines from mouse epiblast share defining features with human embryonic stem cells. Nature 448, 196–199. https://doi.org/10.1038/nature05972

Thomson, J.A., 1998. Embryonic stem cell lines derived from human blastocysts. Science (80-.). 282, 1145–1147. https://doi.org/10.1126/science.282.5391.1145

Vidal, M.A., Robinson, S.O., Lopez, M.J., Paulsen, D.B., Borkhsenious, O., Johnson, J.R., Moore, R.M., Gimble, J.M., 2008. Comparison of chondrogenic potential in equine mesenchymal stromal cells derived from adipose tissue and bone marrow. Vet. Surg. 37, 713–724. https://doi.org/10.1111/j.1532-950X.2008.00462.x

Volk, S.W., Radu, A., Zhang, L., Liechty, K.W., 2007. Stromal progenitor cell therapy corrects the wound-healing defect in the ischemic rabbit ear model of chronic wound repair. Wound Repair Regen. 15, 736–747. https://doi.org/10.1111/j.1524-475X.2007.00277.x

Volk, S.W., Theoret, C., 2013. Translating stem cell therapies: The role of companion animals in regenerative medicine. Wound Repair Regen. https://doi.org/10.1111/wrr.12044

Walton, R.M., 2012. Postnatal neurogenesis: Of mice, men, and macaques. Vet. Pathol. https://doi.org/10.1177/0300985811414035

Yamanaka, S., 2020. Pluripotent Stem Cell-Based Cell Therapy—Promise and Challenges. Cell Stem Cell. https://doi.org/10.1016/j.stem.2020.09.014

Zhao, T., Zhang, Z.N., Rong, Z., Xu, Y., 2011. Immunogenicity of induced pluripotent stem cells. Nature 474, 212-216. https://doi.org/10.1038/nature10135

Zhu, S., Lu, Y., Zhu, J., Xu, J., Huang, H., Zhu, M., Chen, Y., Zhou, Y., Fan, X., Wang, Z., 2011. Effects of intrahepatic bone-derived mesenchymal stem cells autotransplantation on the diabetic Beagle dogs. J. Surg. Res. 168, 213-223. https://doi.org/10.1016/j.jss.2009.10.008

그림 12-1. 배아줄기세포의 발생 및 분화 모식도 Keller G., 2005, Embryonic stem cell differentiation: emergence of a new era in biology and medicine. Genes Dev. May 15;19(10):1129-55. https://doi.org/10.1101/gad.1303605

그림 12-2. 줄기세포의 종류. Naqvi SM and McNamara LM, 2020. Stem Cell Mechanobiology and the Role of Biomaterials in Governing Mechanotransduction and Matrix Production for Tissue Regeneration. Front. Bioeng. Biotechnol. 8:597661. https://doi.org/10.3389/fbioe.2020.597661

그림 12-3. 줄기세포의 활용 및 응용 방향. Pieri, N.C.G., de Souza, A.F., Botigelli, R.C. et al., 2019. Stem cells on regenerative and reproductive science in domestic animals. Vet Res Commun 43, 7-16. https://doi.org/10.1007/s11259-019-9744-6

그림 12-6. Basal media, https://www.thermofisher.com/order/catalog/product/kr/ko/11965092. ThermoFisher.

그림 12-7. 항생제(Penicillin-streptomycin), https://www.thermofisher.com/order/catalog/product/15140122. ThermoFisher.

그림 12-8. 성장인자(basic fibroblast growth factor, bFGF), https://www.fishersci.com/shop/products/gibco-bfgf-recombinant-human-protein/13256029. fisherscientific.

그림 12-9. 소 태아 혈청(fetal bovine serum, FBS), https://www.thermofisher.com/order/catalog/product/16000044. ThermoFisher.

그림 12-10. 근육위성세포(satellite cell) 분리. Lee SY, Kang HJ, Lee DY, Kang JH, Ramani S, Park S, Hur SJ. Principal protocols for the processing of cultured meat. J Anim Sci Technol. 2021 Jul;63(4):673-680. doi: 10.5187/jast.2021.e40. Epub 2021 Jul 31. PMID: 34447947; PMCID: PMC8367396.

그림 12-11. 근육위성세포 배양. Lee SY, Kang HJ, Lee DY, Kang JH, Ramani S, Park S, Hur SJ. Principal protocols for the processing of cultured meat. J Anim Sci Technol. 2021 Jul;63(4):673-680. doi: 10.5187/jast.2021.e40. Epub 2021 Jul 31. PMID: 34447947; PMCID: PMC8367396.

그림 12-12. 근육위성 세포의 분화. Lee SY, Kang HJ, Lee DY, Kang JH, Ramani S, Park S, Hur SJ. Principal protocols for the processing of cultured meat. J Anim Sci Technol. 2021 Jul;63(4):673-680. doi: 10.5187/jast.2021.e40. Epub 2021 Jul 31. PMID: 34447947; PMCID: PMC8367396.

표 12-2. 원전(naïve)만능성과 준(primed)만능성의 차이. Nishihara, S., 2017, Glycans define the stemness of naïve and primed pluripotent stem cells. Glycoconj J 34, 737-747. https://doi.org/10.1007/s10719-016-9740-9

표 12-3. 배양육 생산 기업 동향,

https://mosameat.com/, MosaMeat.

https://www.perishablenews.com/meatpoultry/food-innovation-leader-memphis-meats-is-now-upside-foods-and-officially-announces-chicken-as-its-first-consumer-product/, PerishableNew.com.

https://supermeat.com/our-meat/, Supermeat. https://www.aleph-farms.com/our-steak-1, Aleph Farms.

https://www.google.com/search?q=eat+just+cultured+meat&sxsrf=ALiCzsbVsvFMd1Udzux3pCZESFSyhaJFt A:1671775384236&source=lnms&tbm=isch&sa=X&ved=2ahUKEwiPuK_PiI_8AhWNHXAKHWX2AdQQ_ AUoAXoECAEQAw&biw=1920&bih=929&dpr=1#imgrc=zpUVz7E5rfXGlM, businesswire.

https://aqua-spark.nl/news/aqua-spark-makes-first-investment-in-cell-based-seafood-arena/, AquaSpark.

https://www.gustopiadina.it/Blog/ricette-piadina/piada-integrale-salmone-e-avocado, Gustopiadina.

http://www.spacef.biz/gb/bbs/board.php?bo_table=notice&wr_id=18, SPACE F.

http://news.heraldcorp.com/view.php?ud=20220818000589, 헤럴드경제.

https://www.etnews.com/20200522000119, 전자신문 etnews.

https://wowtale.net/2021/02/10/22635/, WOWTAIL. https://www.hellodd.com/news/articleView.
html?idxno=92014, HelloDD.com.

제13장

기능유전체 생물정보학

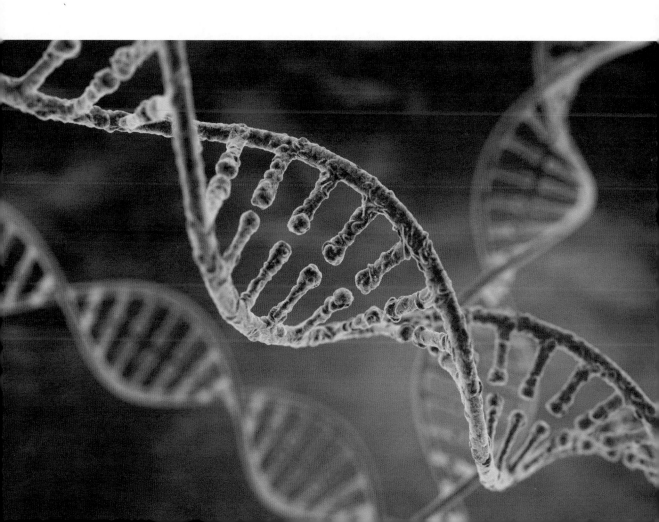

기능유전체 및 오믹스데이터의 이해

- 차세대염기서열분석기법(next-generation sequencing, NGS) 등의 분자유전학기술이 급속
  도로 진보하면서 가축의 각종 유전체데이터를 대규모로 양산할 수 있게 됨.
- 기존의 유전체데이터만으로는 시도될 수 없었던 다양한 연구도 동시에 이루어질 수 있음.
- 동물생명공학 분야에서도 다양한 오믹스 데이터 양산과 기능유전체 분야와의 접목을 통해
  서 기존에 유전학적인 배경지식을 토대로 오직 유전적인 요인만으로 추정할 수밖에 없었
  던 개체의 육종가를, 유전과 환경 간의 상호작용을 정밀하게 추정할 수 있게 됨으로써 가
  축의 유전능력평가에 있어 새로운 접근이 가능하게 됨.

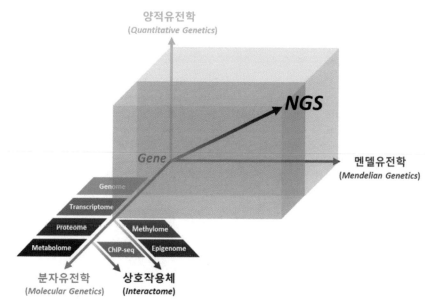

그림 13-1. NGS 데이터를 기반으로 한 다양한 기능유전체 분야

1. 오믹스데이터 통합(Multi-Omics Integration)

- 분자유전학 분야에서 주요 용어에 '오믹스(omics)'를 추가하는 것은 분자집합에 대한 포괄적이고 전체적인 평가를 의미함.
- 최초의 광범위한 오믹스 데이터로, 유전체연구(genomics)는 개개의 변종이나 단일유전자를 조사하는 유전학과 대조됨.
- 멘델유전양상 및 복합질병에 기여하는 특정유전변이의 지도작성연구에 매우 유용한 틀을 제공하기도 했음.
- 1990년대 후반에 개발된 cDNA발현 마이크로어레이기술(microarray)을 통해서, 특정 조직 내 전사단백질을 코딩하는 모든 단백질을 정량화할 수 있게 되었음.
- 유전체 이후 전체유전자 발현양상(전사체, transcriptome)을 조사하는 기술은 질병유전체 분석을 포함하여 생물학 분야의 많은 분야에서 빠르게 적용되고 있음.
- 2000년대 초에 마이크로어레이를 이용한 전사체 데이터는 전장유전체연관성연구(genome-wide association study, GWAS)를 통해서 생물학적 네트워크의 모델링을 기반으로 '발현수준 양적 특성 유전자좌위(expression quantitative trait loci, eQTL)'라고 불리는 유전자발현을 제어하는 유전자좌위 지도 작성이 이루어지게 됨.
- 이를 활용해서 유전체와 전사체 간의 데이터통합분석이 이루어지게 됨.

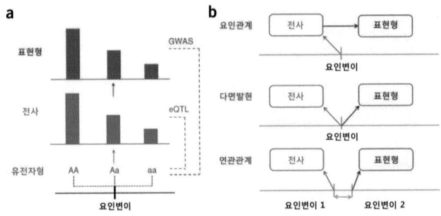

그림 13-2. 유전체와 전사체 간의 데이터통합 기본개념. 유전자형에 의한 표현형과
유전자발현의 관계(a)와 세 가지 설명 유형(b)

- 전사체뿐만 아니라 단백질체(proteome) 및 대사체(metabolome), 후성유전체(epigenome) 등 유전체 발현과정상의 다양한 종류의 오믹스데이터 분석기술이 활용됨.
- 이 같은 다양한 오믹스데이터는 유전자의 발현 전반에 걸친 과정과 환경과의 상호작용 및 생체 내 미생물유전체(metabolomics)까지 아우르게 됨.
- 각 유형의 오믹스데이터는 일반적으로 표현형질과 연관된 차이를 목록화하여 관계를 제공하고, 유전과 환경이라는 큰 범주 안에서의 표현형을 생물학적인 형성경로 또는 과정의 세분화된 요소로써 설명할 수 있음.

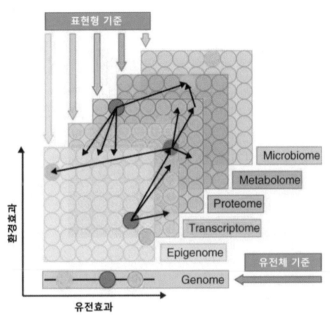

그림 13-3. 다양한 오믹스데이터 통합의 기본 개념도

2. 오믹스데이터 유형

- 유전체학(Genomics)은 오믹스의 가장 포괄적이고 오래된 개념이자 학문 분야임. 전체 게놈의 DNA 염기서열을 해독하는 것으로부터 비롯되었고, 표준유전체지도(reference genome) 작성에 방점을 두고 있음.
- 유전체정보를 활용한 GWAS연구는 복잡한 표현형질과 연관된 유용유전자원 및 변이를 발굴하는 데 광범위하게 활용됨. 연관 기술로는 genotype array, NGS전장유전체염기서열분석, exome sequencing 등이 있음.
- 전사체학(Transcriptomics)은 유전체전장에 걸친 유전자들에 대해서 RNA 수준에서의 양

적, 질적 발현 프로파일링임. 센트럴도그마(central dogma)에서 DNA와 단백질 사이의 중간자로써, RNA는 DNA의 기능성을 확인할 수 있는 가장 첫 번째 과정임.

- RNA-seq분석을 통해서, 특정 처리군과 대조군의 전사체의 차등발현수준(differential expressed gene, DEG)을 비교하는 연구가 주로 행해짐. 단백질코딩전사체뿐만 아니라, non-coding RNA 발생과정과 기능성을 새로이 개척할 수 있게 됨.

- 최근에는 다양한 기능성을 갖는 것으로 밝혀진 lncRNA(long non-coding RNA)에 대해서 활발한 연구가 진행되고 있음. 연관 기술로는 마이크로어레이, RNA-seq 등이 있음.

- 단백질체학(Proteomics)은 발현된 전체 단백질의 질적, 양적 특성과 변형, 상호작용 등을 정량화하는 것으로부터 시작됨. 특정 조건과 특정한 시점에 한 시료(조직, 기관, 세포, body fluid)가 갖는 단백질의 총체를 일컬음.

- 단백질체의 정량화분석은 NGS 염기서열 분석기법과는 다르게 Mass spectrometry(MS)를 이용함. 전기장 혹은 자기장에서 전하를 가진 입자의 분자량(molecular weight)을 측정하여, 입자의 질량을 결정하고 펩타이드나 여타 화학물질의 화학구조를 결정하여 발현된 단백질 총체를 확인하는 방법임.

- 특정 DNA (또는 유전자)와 단백질 간의 상호작용하는 총체를 이해하기 위해서, ChIP-seq 등도 이루어지고 있음. 전사후단백질 변형이나 proteolysis, glycosylation, phosphorylation, ubiquitination 등 단백질의 구조 및 화학적인 변이체 전반에 걸친 분석도 포함함.

- 후성유전체학(Epigenomics)은 DNA메틸화나 히스톤단백질 아세틸레이션 등에 의해서 가역적으로 변형되는 DNA서열을 유전체전장에 걸쳐서 확인하는 연구분야임.

- DNA의 변성은 유전자발현을 조절하거나 세포의 사멸을 결정하기도 함. 이러한 DNA변성은 유전요인과 환경요인에 의해서 일어날 수 있으며, 다음 세대로 유전될 수 있어서, 유전과 환경의 상호작용을 설명할 수 있는 후성적 유전요인으로 간주됨.

- EWAS(epigenome-wide association study) 등에 의해서 DNA메틸화가 유의적으로 높게 일어난 유전자와 metabolic syndrome에 의한 다양한 질환이나 질병의 발병기작에 관한 연관성 연구가 행해지고 있음. 이러한 유효한 후성적인 흔적(epigenetic signature)들은 각 조직별 후성유전체지도(epigenome map) 작성을 통해서 이루어지게 됨(Roadmap Epigenomics and International Human Epigenome Consortium). 연관기술로는 NGS를 이용한 WGBS, RRBS, MeDIP-seq, MBD-seq 등이 있음.

- 대사체학(Metabolomics)은 개체 및 조직 내의 저분자 대사물질(metabolite) 총체를 포괄적으로 프로파일링하는 연구 분야임. 아미노산이나 지방산, carbohydrates 또는 기타 기능성 세포대사 산물들이 대사물질에 포함될 수 있으며, 이들을 정량화하고 기능을 구명하는

것이 주요 연구에 속함.

- 이러한 대사체(metabolome)는 환경변화와 세포 및 조직 간 차이에 의해서 다양한 변화를 보이게 됨. 그 종류 또한, 이전의 오믹스데이터들에 비해 훨씬 광범위함. 주로 MS 기반의 기술을 이용하여 정량하는 방법을 취하지만, 시료의 종류나 분석자의 시료추출 조건에 따라서 대사체 결과물의 양적, 질적인 차이가 나타나기도 함.

- 미생물체학(Microbiomics)은 유전과 환경의 상호작용을 설명하는 데 있어 아직까지 거의 밝혀지지 않은 미지의 영역으로서, 앞으로 가장 주목받게 될 분야임. 주로 동물의 생체 내 장관조직이나 후각상피, 피부조직, 생식기관 등에서 존재하는 모든 미생물의 유전체를 분석하고 정성화(microbiota composition)하여, 미생물집단의 기능적 특성을 이해하는 학문임.

- 가축에서는 주로 장관미생물과 소화효율, 메탄가스생성 등과의 연관성 연구가 행해지고 있음. 최근에는 기타 바이러스성 질병에 의한 매개 숙주의 반응성 연구 및 생식능력과의 연관성 등 다양한 분야로의 활발한 연구가 시도되고 있음. 미생물유전체(microbiome)는 박테리아의 16S rRNA유전자의 염기서열분석에 의해서 기본적인 프로파일링이 이루어지고, NGS분석방법에 의해서, QIIME와 같은 Metagenomics분석과 타깃16S분석 등의 분석이 주를 이룸.

- 하나의 오믹스데이터 유형만으로 분석하면 단순한 1차원적인 상관관계에 국한될 수밖에 없지만, 여러 개의 오믹스데이터 유형을 통합함으로써 복합적인 차원에서의 생물학적인 설명이 가능하게 됨.

- 이는 표현형 형성 및 변이에 관한 보다 고차원적인 해석과 또는 잠재적인 원인을 밝히는 연구가 가능하게 함. 이를 구현하기 위한 구체적인 방법으로는 유전자 상호발현 네트워크(Gene co-expression network, GCN) 분석방법과 알고리즘 적용(WGCNA 및 PCIT 등) 및 시스템생물학(system biology)적인 접근 등이 있음. 그러나 현재까지는 방법론적인 면에서 다양한 오믹스데이터를 통합할 수 있는 획기적인 기술이 다양하게 보고되고 있지 않은 상황이어서, 앞으로 더욱 발전 가능성이 큰 분야임.

질병유전체

- 주요 전염성 질병들이 양적 형질 양상을 보이게 되면서, 유전체 수준의 연구가 요구되고 있음. 더욱이 가축육종에 있어서 이러한 전염성 질병은 여러 가지 이유로 중요한 의미를 지니게 됨.

- 전염성 질병의 발생은 가축생산 체계에 있어서 본질적으로 모든 생산시스템의 마비를 불

러일으키며, 결과적으로 큰 비용을 부과시키게 됨. 이러한 개별질병발생에 의한 직접비용을 근거로 총질병비용을 산정해 봤을 때 선진국에서는 축산 부문 매출액의 20%까지, 개발도상국에서는 매출액의 35~50% 정도까지 높은 것으로 나타남.

- 그러나 직접비용뿐만 아니라, 간접비용 및 질병통제조치에 의해 발생하는 추가비용에 따라서, 질병발생에 의한 실제 소요비용은 이보다 더욱 복잡하고 방대함. 이러한 가축의 전염성 질병은 이종 간을 통해서도 전파될 수 있으며, 인수공통전염병(zoonosis) 같은 몇몇 동물의 유행성 감염성 질환은 다른 종의 감염을 위한 심각한 매개체로 작용할 수 있음.

- 우리나라는 지난 수년간의 구제역(food and mouth disease, FMD)과 조류인플루엔자(조류독감; avian A influenza virus, AVI) 발병에 의해서 이를 절실하게 확인한 바 있음.

- 또한 동물복지 문제를 해결하고 광범위한 항생제 및 화학 물질을 이용한 질병조절 전략에 의한 생산체계의 의존도를 줄이기 위한 요구가 커지고 있음. 이러한 유행성 전염병(epidemic disease)은 전통적인 방제전략의 실패에 의해서 더욱 그 피해가 커진다는 점에서 더 큰 도전과제임.

- 구제역이나 조류독감 이전에 전 세계적으로 중요한 사례로는 가축의 진드기와 선충류를 예로 들 수 있으며, 이로 인해 살충제의 과도한 이용과 구충제저항성 증가가 수반되었음. 따라서 이를 대체 또는 보완할 수 있는 제어전략이 필요함.

- 감염이나 질병에 대한 숙주저항성 증대를 위한 육종 전략 수립이 접근법 중 하나가 될 수 있음. 질병저항성을 갖는 숙주의 유전적 변이는 감염에 대한 숙주의 면역반응의 가변성 때문에 대부분 변함없이 존재함.

- 따라서, 원칙적으로는 이미 감염되어 질환이 발병된 현장 상황에서는 저항성 표현형을 확인하는 것이 어려울 수 있지만, 대부분의 질병에 대한 숙주의 유전적 저항성을 높여주는 기술개발은 가능함.

- 질병저항성 증진을 위한 분자육종연구의 일환으로, 저항성을 갖는 유전능력을 가진 개체를 선발하기 위하여 저항성 관련 표현형질을 선정하고 측정할 수 있음. 이는 선발지수 등 육종전략을 수립함에 있어 그러한 형질들을 포함시키는 것은 충분한 경제적 가치를 얻을 수 있을 것으로 판단됨.

- 그러나 충분한 질병저항성 관련 유전적 지표를 확인하기 위해서는 부득이하게 광범위한 집단을 대상으로 다양한 양상의 감염형태의 표현형 관찰이 필요함.

- 이로 인해 감염성 질병을 그대로 방치하는 것과 같은 정도의 시간과 비용 소요를 요구할 수 있음. 즉, 이러한 연구는 경제성이 떨어지며 지나친 논리적 비약으로 인해 현실적으로 실현이 어려움. 따라서 질병저항성 형질의 개량은 유전체정보를 활용한 분자육종연구의

일환으로 고려대상이 될 수 있음.

- 유전체분석의 이점은 시험축을 감염에 노출시키지 않거나 혹은 자연적으로 전염병에 일부 노출되더라도 가축의 유전능력을 평가하고 선발할 수 있다는 것임. 이는 저항성 관련 주요 유전자(major gene)나 QTL탐색과 SNP칩 기반 유전체선발기법 등을 통해 정확하게 개체의 육종가 추정이 가능함.
- 이러한 질병유전체연구 사례로 가축에서는 최근 돼지호흡기증후군 바이러스(porcine reproductive and respiratory syndrome virus, PRRSV) 감염에 따른 숙주의 저항성과 관련된 육종가 추정과 후보유전자발굴 연구를 들 수 있음. 이 연구를 통해서 PRRSV에 대한 숙주의 저항성과 관련하여 돼지염색체 4번 내에서 QTL을 탐색했으며, 주요 유전자마커로써 WUR을 선정한 바 있음. 앞으로 다양한 가축질병에 대한 유전체연구가 이루어질 것으로 기대됨.

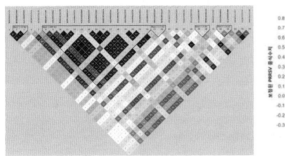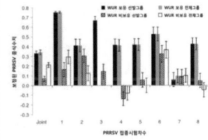

그림 13-4. 돼지염색체 4번 내 PRRSV저항성 관련 연관(linkage disequilibrium; LD)된 영역(좌)과 WUR좌위의 효과(우)

영양유전체

- 영양유전학(nutrigenetics)은 사료의 조성이나 영양소(nutrient) 혹은 맛의 원료(미각원, tastant)에 따라서 유전자발현 수준의 변화와 그에 따른 상호작용 및 기능성 구명에 초점을 둔 연구 분야임.
- 영양유전학은 질병 및 계절 변화 등 다양한 환경에서의 맞춤형 사양 환경을 이해하고 유전능력을 평가하는 데 유효함. 특히, 가축의 중요한 경제형질과 사료효율 및 성장이라는 축산업 과제에 있어서, 유전요인과 영양환경 간의 상호작용 및 관련 역할을 이해함으로써 새로운 접근법을 제시할 수 있음.

- 영양유전체학(nutrigenomics)에서는 기본적으로 영양환경의 변화를 처리군으로 한 집단을 대상으로 체내의 생리활성 및 지질대사와 산화과정 등과 관련된 유전체전장에 걸친 유전자들의 발현에 어떻게 영향을 미치는지 보여주는 연구를 수행하게 됨.
- 궁극적으로는 사료섭취와 소화효율, 육류 및 우유의 품질과 조직구성이 어떻게 바뀔 수 있는지 예측함으로써, 가축의 유전능력평가에 활용하는 데 그 목적을 둘 수 있음.

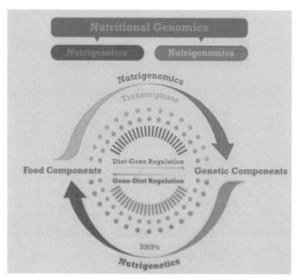

그림 13-5. 영양유전체 개념도

- 영양학 분야에서 비만이나 심혈관질환 및 암과 같은 질병의 근원적인 요인으로 유전요인와 영양요소 또는 식이유형 간의 상호작용의 결과를 이해하는 것을 주목적으로 인간과 쥐에서 많은 연구가 수행되어 왔음.
- 최근 기능유전체학의 발달로 인하여 전사체(transcriptome) 및 단백질체(proteome), 대사체(metabolome) 등의 다양한 기능유전체데이터의 접목이 가능하게 되었고, 또한 영양학 및 생물정보학, 분자생물학, 역학 및 후성유전학과 같은 많은 분야의 통합으로, 가축의 유전육종 분야에서도 영양유전체에 관해 연구할 수 있는 기술적 기반이 충분히 마련됨.
- 가축의 중요한 사양환경 요소의 하나인 영양소와 유전자 간의 상호작용을 이해하고 기능성을 구명하는 연구는 물론, 유전체의 서열 및 구조적 변이가 식이효과에 미치는 직접적인 영향성을 구명하는 연구도 가능하게 되었음.

표 13-1. 가축에서의 영양유전체 연구사례

축종	오믹스	분석조직	영양소 처리	참고문헌
돼지	전사체학	Muscle	Low protein (14.5%DM)	(Hamill *et al.*, 2013)
돼지	전사체학	Leukocytes	Selenium	(Ovilo *et al.*, 2014)
돼지	단백질체학	Muscle	Linoleic acid	(Benitez *et al.*, 2015)
돼지	전사체학	Muscle	l-Carnitine	(Keller *et al.*, 2011)
돼지	전사체학	Intestine	Glutamine	(Joseph *et al.*, 2010b)
소	전사체학	Adipose	Level of protein	(Joseph *et al.*, 2010a)
소	전사체학	Adipose	Pasture with corn oil vs corn grain vs concentrate	(Laible, 2009)
소	전사체학	Adipose	Omega-6	(Dervishi *et al.*, 2010)
닭	전사체학	Liver	Inulin	(Xiao *et al.*, 2011)
닭	전사체학	Muscle	Algae based antioxidant and vitamin E	(Pavlovic *et al.*, 2009)
닭	전사체학	Intestinal lymphocyte	Carvacrol, cinnamaldehyde, Capsicum or oleoresin	(Zhang *et al.*, 2014)

- 무엇보다 영양유전체학은 유전학연구와 영양학연구를 유전요인과 환경요인 간의 상호작용(genotype x environment interaction)의 관점에서 통합한다는 점에서 큰 의의를 둘 수 있음. 지금까지 가축을 생산함에 있어 영양학과 유전학은 생리학적 및 신진대사 과정에서 발생하는 다양한 상호작용을 고려하지 않은 채, 독립적인 학문으로 여겨짐.
- 영양유전체 연구를 통해 이 둘의 상호작용에 대한 지식을 근거로 깊이 있는 학술적 교류기반을 마련할 수 있게 되었음. 궁극적으로는 맞춤형 품종개량과 사양관리 개발이라는 공동의 목표를 지향할 수 있을 것으로 기대함.

후성유전체

- 동물분자육종 분야에 있어서 후성유전체(epigenomics)는 복합형질(complex traits)이나 유전력 추정이 매우 어려운 형질 및 질병관련 유전형질과 관련이 높으므로 적용의 이점이 크고, 가축의 유전능력을 추정함에 있어 새로운 유전분산 요인으로써 중요하게 다루어질 수 있음. 따라서, 이러한 후성유전학적 정보가 DNA서열변이정보 외에도 전반적인 표현형을 결정한다는 것은 최근에 더욱 분명해지고 있음.

- 토머스 헉슬리(Thomas Henry Huxley, 1853)의 '세포이론(The Cell-Theory)'에서 세포 표현형 특징이 반드시 유전자서열과 관련이 있는 것이 아니라는 주장 이래로, 후성유전학 (epigenetics)이라는 용어가 1940년대에 콘라드 와딩턴(Conrad Waddington)에 의해 정의 됨.
- 표현형변이를 야기하는 유전자에 작용할 수 있는 인과적 메커니즘의 개념에 적용되고 있 음. 그 이후로 후성유전학의 개념과 정의는 점차적으로 유전자 자체의 염기서열에 영향을 미치지 않으면서 어떻게 유전자의 발현이 변화되고 안정적으로 유지될 수 있는지를 설명 하는 개념으로 진화되었음.
- 또한, 후성유전적 돌연변이(이후, 후성적 변이)는 '각인(imprinting)'으로 유지되며, 유사분 열과 감수분열을 통해서 세대 간에 전달이 가능하므로 유전학의 범주 안에 머무를 수 있게 되었음.

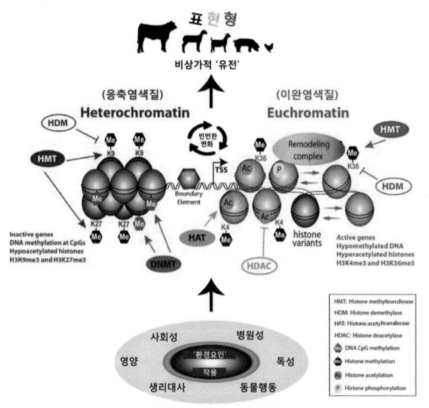

그림 13-6. 가축에서의 후성유전체에 의한 분자유전연구 모식도

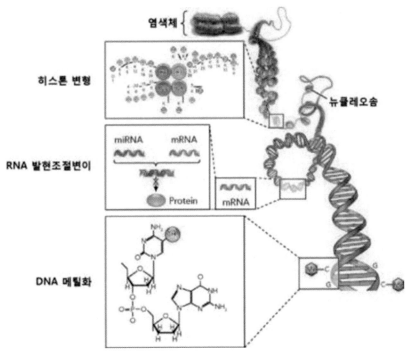

그림 13-7. 주요 후성유전적 조절 메커니즘; 뉴클레오솜(nucleosome), 염색체의 기본 단위

- 후성적 변이는 DNA변이와 마찬가지로 이로운 또는 해롭거나 중립적인 유전적 특성을 가질 수 있음. 유전 및 육종에 큰 영향을 미치는 환경신호에 적응하고 대응할 수 있다는 점에서 매우 큰 잠재력을 가질 수 있음.
- 이러한 후성적 변이는 다양한 형태의 조절 메커니즘을 갖게 되며, DNA메틸화(DNA methylation)나 non-coding RNA 등에 의한 RNA 발현조절변이(RNA interference), 또는 히스톤 단백질 변형(histone modification) 등에 의한 크로마틴 리모델링 기작(chromatic remodeling) 등으로 관찰됨.
- 현재까지 가축의 후성유전체연구는 안타깝게도 인간과 모델생물체에서의 광범위한 연구에 비해 매우 제한적으로 이루어지고 있음. 가축 분야에서의 이러한 주요 연구의 부재는 후성유전체 지도작성에 대한 제한적 연구능력의 한계로부터 비롯됨.
- 최근에 Couldrey and Cave (2014)에 의해서 가축의 DNA메틸화 수준을 평가하는 데 사용할 수 있는 기술들을 검토하였으나, 현재의 기술 수준이 가축에서 광범위하게 응용되기 전에 많은 선행작업이 필요할 것으로 결론지음.
- DNA메틸화 같은 후성적 변이는 전사인자활성화 같은 일차원적인 기능변화만을 수반하지 않고, 각 세포유형으로부터 다방면적인 변이형태를 분석함으로써, 유용하고 적용 가능

한 정보형태로 정리되어야 함. 즉, 각 세포유형, 기관 및 조직 안에서 일어나는 전체 유전체 수준에서의 후성적 변이(후성유전체, epigenome)를 관찰하고 유전체지도를 생산하는 것이 반드시 선행되어야 함. 인체에서는 대규모 글로벌 연구네트워크팀의 자금과 참여의 뒷받침으로 광범위하고 다양한 후성유전체지도(epigenome map)를 만듦.

- 이 지도로 인하여 여러 생물학적 후성유전학적 기작에 대한 이해를 촉진시킬 수 있게 되었으며, 인간에서 후성유전학연구를 용이하게 하는 중요한 도구로써 다양한 표현형 등에 대한 진화적 양상 등을 설명할 수 있는 계기를 마련하게 됨. 따라서 가축에 있어서도 후성유전체 분석연구의 적용을 위한 컨소시엄 구성과 같은 국제협력연구 등이 활발히 이루어질 필요가 있음.

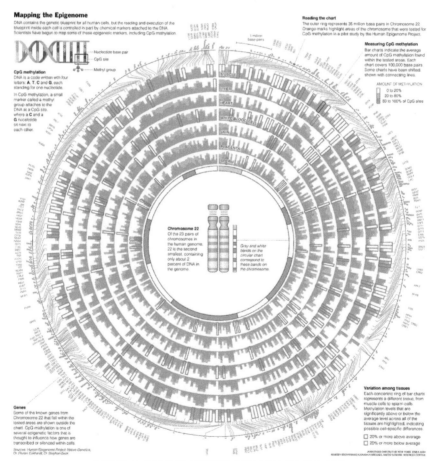

그림 13-8. 인간 22번 염색체의 후성유전체지도 주요 조직

(근육, 간, 심장, 백혈구, 피부, 태반, 정자 등)의 유전자별 CpG 메틸화 정도와 조직 간
차등메틸화 영역(differentially methylated region, DMR)을 원형으로 도식화함

- 후성유전체지도 연구와 별도로 최근 유전체 각인(genomic imprinting) 연구도 활발히 진행되고 있음. 유전체 각인은 후성유전적 조절 메커니즘의 일환으로 자손이 동일한 유전자형을 갖더라도 양 부모 각각의 성별(대립) 유전자를 기원으로 한 후성 유전적 변이에 의해서, 유전자의 차등 발현 양상이 관찰되는 것을 일컬음. 가축 유전학 분야에서 유전체 전반에 걸친 각인 유전자 발굴과 기능을 이해하는 것은 한성형질을 해석하고 이용하는 데 매우 유용할 것임.

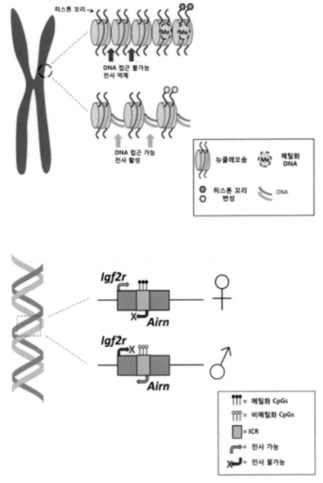

그림 13-9. 유전체 각인과 연관된 가축의 후성유전기작연구 사례

참고문헌

Autuoro J.M., Pirnie S.P. & Carmichael G.G. (2014), Long Noncoding RNAs in Imprinting and X Chromosome Inactivation. Biomolecules 4, 76-100.

Benitez R., Nunez Y., Fernandez A., Isabel B., Fernandez A.I., Rodriguez C., Barragan C., Martin-Palomino P., Lopez-Bote C., Silio L. & Ovilo C. (2015), Effects of dietary fat saturation on fatty acid composition and gene transcription in different tissues of Iberian pigs. Meat Sci 102, 59-68.

Bersanelli M., Mosca E., Remondini D., Giampieri E., Sala C., Castellani G. & Milanesi L. (2016), Methods for the integration of multi-omics data: mathematical aspects. BMC Bioinformatics 17, S15.

Bijma P., Muir W.M. & Van Arendonk J.A.M. (2007), Multilevel Selection 1: Quantitative Genetics of Inheritance and Response to Selection. Genetics 175, 277-88.

Bishop S.C. & Woolliams J.A. (2010), On the Genetic Interpretation of Disease Data. PLoS One 5, e8940.

Boddicker N.J., Bjorkquist A., Rowland R.R., Lunney J.K., Reecy J.M. & Dekkers J.C. (2014), Genome-wide association and genomic prediction for host response to porcine reproductive and respiratory syndrome virus infection. Genetics Selection Evolution 46, 18.

Boichard D., Ducrocq V., Croiseau P. & Fritz S. (2016), Genomic selection in domestic animals: Principles, applications and perspectives. Comptes Rendus Biologies 339, 274-7.

Burt A. (2003), Site-specific selfish genes as tools for the control and genetic engineering of natural populations. Proceedings of the Royal Society B: Biological Sciences 270, 921-8.

Carroll D. & Charo R.A. (2015), The societal opportunities and challenges of genome editing. Genome Biology 16, 242.

Couldrey C. & Cave V. (2014), Assessing DNA methylation levels in animals: choosing the right tool for the job. Anim Genet 45, 15-24.

Dervishi E., Serrano C., Joy M., Serrano M., Rodellar C. & Calvo J.H. (2010), Effect of the feeding system on the fatty acid composition, expression of the Delta9-desaturase, Peroxisome Proliferator-Activated Receptor Alpha, Gamma, and Sterol Regulatory Element Binding Protein 1 genes in the semitendinous muscle of light lambs of the Rasa Aragonesa breed. BMC Vet Res 6, 40.

Gantz V.M., Jasinskiene N., Tatarenkova O., Fazekas A., Macias V.M. & Bier E. (2015), Highly efficient Cas9-mediated gene drive for population modification of the malaria vector mosquito Anopheles stephensi. Proc Natl Acad Sci USA 112.

García-Ruiz A., Cole J.B., VanRaden P.M., Wiggans G.R., Ruiz-López F.J. & Van Tassell C.P. (2016), Changes in genetic selection differentials and generation intervals in US Holstein dairy cattle as a result of genomic selection. Proceedings of the National Academy of Sciences 113, E3995-E4004.

Gerber P., Vellinga T., Opio C. & Steinfeld H. (2011), Productivity gains and greenhouse gas emissions intensity in dairy systems. Livestock Science 139, 100-8.

Ghahramani Z. (2015), Probabilistic machine learning and artificial intelligence. Nature 521, 452-9.

Gonen S., Jenko J., Gorjanc G., Mileham A.J., Whitelaw C.B.A. & Hickey J.M. (2017), Potential of gene drives with genome editing to increase genetic gain in livestock breeding programs. Genetics Selection Evolution 49, 3.

Hagood J.S. (2014), Beyond the Genome: Epigenetic Mechanisms in Lung Remodeling. Physiology 29, 177-85.

Hamill R.M., Aslan O., Mullen A.M., O'Doherty J.V., McBryan J., Morris D.G. & Sweeney T. (2013), Transcriptome analysis of porcine M. semimembranosus divergent in intramuscular fat as a consequence of dietary protein restriction. BMC Genomics 14, 453.

Hasin Y., Seldin M. & Lusis A. (2017), Multi-omics approaches to disease. Genome Biology 18, 83.

Huxley T.H. (1853), The Cell-Theory. British and Foreign Medico-Chirurgical Review 12, 221–43.

Ibanez-Escriche N. & Simianer H. (2016), Animal breeding in the genomics era. Animal Frontiers 6, 4-5.

Jenko J., Gorjanc G., Cleveland M.A., Varshney R.K., Whitelaw C.B.A., Woolliams J.A. & Hickey J.M. (2015), Potential of promotion of alleles by genome editing to improve quantitative traits in livestock breeding programs. Genetics Selection Evolution 47, 55.

Joseph S.J., Pratt S.L., Pavan E., Rekaya R. & Duckett S.K. (2010a), Omega-6 fat supplementation alters lipogenic gene expression in bovine subcutaneous adipose tissue. Gene Regul Syst Bio 4, 91-101.

Joseph S.J., Robbins K.R., Pavan E., Pratt S.I., Duckett S.K. & Rekaya R. (2010b), Effect of diet supplementation on the expression of bovine genes associated with fatty acid synthesis and metabolism. Bioinformatics and Biology Insights 4, 19-31.

Keller J., Ringseis R., Priebe S., Guthke R., Kluge H. & Eder K. (2011), Dietary L-carnitine alters gene expression in skeletal muscle of piglets. Molecular Nutrition & Food Research 55, 419-29.

Kim J.-M., Lim K.-S., Byun M., Lee K.-T., Yang Y.-r., Park M., Lim D., Chai H.-H., Bang H.-T., Hwangbo J., Choi Y.-h., Cho Y.-M. & Park J.-E. (2017), Identification of the acclimation genes in transcriptomic responses to heat stress of White Pekin duck. Cell Stress and Chaperones.

Laible G. (2009), Enhancing livestock through genetic engineering--recent advances and future prospects. Comp Immunol Microbiol Infect Dis 32, 123-37.

Langfelder P. & Horvath S. (2008), WGCNA: an R package for weighted correlation network analysis. BMC Bioinformatics 9, 559-.

Libbrecht M.W. & Noble W.S. (2015), Machine learning applications in genetics and genomics. Nat Rev Genet 16, 321-32.

Lillico S.G., Proudfoot C., Carlson D.F., Stverakova D., Neil C. & Blain C. (2013), Live pigs produced from genome edited zygotes. Sci Rep 3.

Lillico S.G., Proudfoot C., King T.J., Tan W., Zhang L. & Mardjuki R. (2016), Mammalian interspecies substitution of immune modulatory alleles by genome editing. Sci Rep 6.

Lipschutz-Powell D., Woolliams J., Bijma P., Pong-Wong R., Bermingham M. & Doeschl-Wilson A. (2012), Bias, Accuracy, and Impact of Indirect Genetic Effects in Infectious Diseases. Frontiers in Genetics 3.

Lopez I.P., Marti A., Milagro F.I., Zulet Md Mde L., Moreno-Aliaga M.J., Martinez J.A. & De Miguel C. (2003), DNA microarray analysis of genes differentially expressed in diet-induced (cafeteria) obese rats. Obes Res 11, 188 94.

Meuwissen T.H., Hayes B.J. & Goddard M.E. (2001), Prediction of total genetic value using genome-wide dense marker maps. Genetics 157, 1819-29.

Muir W.M. (2005), Incorporation of Competitive Effects in Forest Tree or Animal Breeding Programs. Genetics 170, 1247-59.

Neeteson-van Nieuwenhoven A.-M., Knap P. & Avendaño S. (2013), The role of sustainable commercial pig and poultry breeding for food security. Animal Frontiers 3, 52-7.

O'Doherty A.M., MacHugh D.E., Spillane C. & Magee D.A. (2015), Genomic imprinting effects on complex traits in domesticated animal species. Frontiers in Genetics 6.

Okser S., Pahikkala T., Airola A., Salakoski T. Ripatti S. & Aittokallio T. (2014), Regularized machine learning in the genetic prediction of complex traits. PLOS Genet 10, e1004754.

Ordovas J.M. & Corella D. (2004), Nutritional genomics. Annu Rev Genomics Hum Genet 5, 71-118.

Ovilo C., Benitez R., Fernandez A., Isabel B., Nunez Y., Fernandez A.I., Rodriguez C., Daza A., Silio L. & Lopez-Bote

C. (2014), Dietary energy source largely affects tissue fatty acid composition but has minor influence on gene transcription in Iberian pigs. J Anim Sci 92, 939-54.

Pavlovic Z., Miletic I., Jokic Z. & Sobajic S. (2009), The effect of dietary selenium source and level on hen production and egg selenium concentration. Biol Trace Elem Res 131, 263-70.

Perry B. & Grace D. (2009), The impacts of livestock diseases and their control on growth and development processes that are pro-poor. Philos Trans R Soc Lond B Biol Sci 364, 2643-55.

Proudfoot C., Carlson D.F., Huddart R., Long C.R., Pryor J.H. & King T.J. (2014), Genome edited sheep and cattle. Transgenic Res 24.

Rivera Chloe M. & Ren B. (2013), Mapping Human Epigenomes. Cell 155, 39-55.

Rodenburg T.B. & Turner S.P. (2012), The role of breeding and genetics in the welfare of farm animals. Animal Frontiers 2, 16-21.

Triantaphyllopoulos K.A., Ikonomopoulos I. & Bannister A.J. (2016), Epigenetics and inheritance of phenotype variation in livestock. Epigenetics & Chromatin 9, 31.

Valletta J.J., Torney C., Kings M., Thornton A. & Madden J. (2017), Applications of machine learning in animal behaviour studies. Animal Behaviour 124, 203-20.

Waldmann P. (2016), Genome-wide prediction using Bayesian additive regression trees. Genetics Selection Evolution 48, 42.

Watson-Haigh N.S., Kadarmideen H.N. & Reverter A. (2010), PCIT: an R package for weighted gene co-expression networks based on partial correlation and information theory approaches. Bioinformatics 26, 411-3.

Whitworth K.M., Rowland R.R.R., Ewen C.L., Trible B.R., Kerrigan M.A. & Cino-Ozuna A.G. (2016), Gene-edited pigs are protected from porcine reproductive and respiratory syndrome virus. Nat Biotechnol 34.

Xiao R., Power R.F., Mallonee D., Crowdus C., Brennan K.M., Ao T., Pierce J.L. & Dawson K.A. (2011), A comparative transcriptomic study of vitamin E and an algae-based antioxidant as antioxidative agents: investigation of replacing vitamin E with the algae-based antioxidant in broiler diets. Poult Sci 90, 136-46.

Yao C., Zhu X. & Weigel K.A. (2016), Semi-supervised learning for genomic prediction of novel traits with small reference populations: an application to residual feed intake in dairy cattle. Genetics Selection Evolution 48, 84.

Zhang H.B., Wang Z.S., Peng Q.H., Tan C. & Zou H.W. (2014), Effects of different levels of protein supplementary diet on gene expressions related to intramuscular deposition in early-weaned yaks. Anim Sci J 85, 411-9.

Zhang Q., Gou W., Wang X., Zhang Y., Ma J., Zhang H., Zhang Y. & Zhang H. (2016), Genome Resequencing Identifies Unique Adaptations of Tibetan Chickens to Hypoxia and High-Dose Ultraviolet Radiation in High-Altitude Environments. Genome Biology and Evolution 8, 765-76.

Zhu Z., Zhang F., Hu H., Bakshi A., Robinson M.R., Powell J.E., Montgomery G.W., Goddard M.E., Wray N.R., Visscher P.M. & Yang J. (2016), Integration of summary data from GWAS and eQTL studies predicts complex trait gene targets. Nat Genet 48, 481-7.

그림 13-2. 유전체와 전사체 간의 데이터통합 기본개념. 유전자형에 의한 표현형과 유전자발현의 관계(a)와 세 가지 설명 유형(b). Yao C., Zhu X. & Weigel K.A. (2016), Semi-supervised learning for genomic prediction of novel traits with small reference populations: an application to residual feed intake in dairy cattle.

그림 13-3. 다양한 오믹스데이터 통합의 기본 개념도. Hasin Y., Seldin M. & Lusis A. (2017), Multi-omics approaches to disease.

그림 13-4. 돼지염색체 4번 내 PRRSV저항성 관련 연관(linkage disequilibrium; LD)된 영역(좌)과 WUR좌위의 효과(우). Boddicker N.J., Bjorkquist A., Rowland R.R., Lunney J.K., Reecy J.M. & Dekkers J.C. (2014), Genome-wide association and genomic prediction for host response to porcine reproductive and respiratory syndrome virus infection.

그림 13-5. 영양유전체 개념도. https://www.acecgtnutrigene.com/genomics.htm. Acecgt NutriGene.

그림 13-6. 가축에서의 후성유전체에 의한 분자유전연구 모식도. Triantaphyllopoulos K.A., Ikonomopoulos I. & Bannister A.J. (2016), Epigenetics and inheritance of phenotype variation in livestock.

그림 13-7. 주요 후성유전적 조절 메커니즘. Hagood J.S. (2014), Beyond the Genome: Epigenetic Mechanisms in Lung Remodeling.

그림 13-8. 인간 22번 염색체의 후성유전체지도. New York times, 2008.

그림 13-9. 유전체 각인과 연관된 가축의 후성유전기작연구 사례. Autuoro J.M., Pirnie S.P. & Carmichael G.G. (2014), Long Noncoding RNAs in Imprinting and X Chromosome Inactivation.

표 13-1. 가축에서의 영양유전체 연구사례.

Hamill R.M., Aslan O., Mullen A.M., O'Doherty J.V., McBryan J., Morris D.G. & Sweeney T. (2013), Transcriptome analysis of porcine M. semimembranosus divergent in intramuscular fat as a consequence of dietary protein restriction.

Ovilo C., Benitez R., Fernandez A., Isabel B., Nunez Y., Fernandez A.I., Rodriguez C., Daza A., Silio L. & Lopez-Bote C. (2014), Dietary energy source largely affects tissue fatty acid composition but has minor influence on gene transcription in Iberian pigs.

Benitez R., Nunez Y., Fernandez A., Isabel B., Fernandez A.I., Rodriguez C., Barragan C., Martin-Palomino P., Lopez-Bote C., Silio L. & Ovilo C. (2015), Effects of dietary fat saturation on fatty acid composition and gene transcription in different tissues of Iberian pigs.

Keller J., Ringseis R., Priebe S., Guthke R., Kluge H. & Eder K. (2011), Dietary L-carnitine alters gene expression in skeletal muscle of piglets.

Joseph S.J., Pratt S.L., Pavan E., Rekaya R. & Duckett S.K. (2010a), Omega-6 fat supplementation alters lipogenic gene expression in bovine subcutaneous adipose tissue.

Joseph S.J., Robbins K.R., Pavan E., Pratt S.I., Duckett S.K. & Rekaya R. (2010b), Effect of diet supplementation on the expression of bovine genes associated with fatty acid synthesis and metabolism.

Laible G. (2009), Enhancing livestock through genetic engineering--recent advances and future prospects.

Dervishi E., Serrano C., Joy M., Serrano M., Rodellar C. & Calvo J.H. (2010), Effect of the feeding system on the fatty acid composition, expression of the Delta9-desaturase, Peroxisome Proliferator-Activated Receptor Alpha, Gamma, and Sterol Regulatory Element Binding Protein 1 genes in the semitendinous muscle of light lambs of the Rasa Aragonesa breed.

Xiao R., Power R.F., Mallonee D., Crowdus C., Brennan K.M., Ao T., Pierce J.L. & Dawson K.A. (2011), A comparative transcriptomic study of vitamin E and an algae-based antioxidant as antioxidative agents: investigation of replacing vitamin E with the algae-based antioxidant in broiler diets.

Pavlovic Z., Miletic I., Jokic Z. & Sobajic S. (2009), The effect of dietary selenium source and level on hen production and egg selenium concentration.

Zhang H.B., Wang Z.S., Peng Q.H., Tan C. & Zou H.W. (2014), Effects of different levels of protein supplementary diet on gene expressions related to intramuscular deposition in early-weaned yaks.